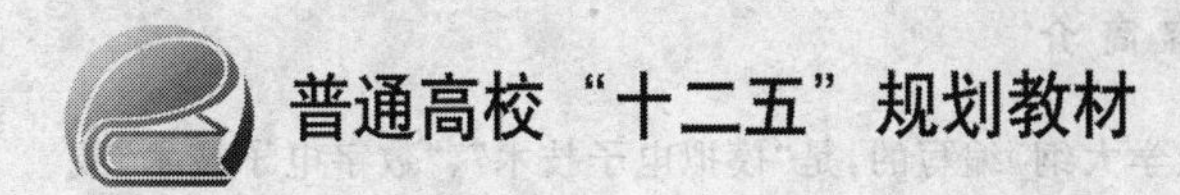

电子技术设计实训

靳孝峰　编著

北京航空航天大学出版社

内容简介

本书是根据教育部颁发的《电子技术技能训练教学大纲》编写的，是“模拟电子技术”、“数字电子技术”或“电子技术”课程的配套实训教材。全书以常用元器件，常用电子测试仪器，电子技术的基础实验、设计及综合性实验和电子技术课程设计为主要内容，介绍电子技术的实验方法、电子技术的设计方法；以典型设计为例详细介绍电子电路的设计方法和步骤、电子电路的组装与调试方法，并给出多个课程设计的设计方案以供参考学习。另外在附录中给出常用集成芯片的型号、引脚排列图，以供实验与设计参考使用。

本书立足于本科，兼顾高职高专，适合高等院校电子、电气、信息技术及自动化等专业的本科生作为实践教材使用，也适合高职高专电子、电气、信息技术及相关专业作为教材以及从事电子技术工作的工程技术人员作为技术参考书使用。

图书在版编目(CIP)数据

电子技术设计实训 / 靳孝峰编著. -- 北京 : 北京航空航天大学出版社，2011.8

ISBN 978-7-5124-0473-1

Ⅰ. ①电… Ⅱ. ①靳… Ⅲ. ①电子技术 Ⅳ. ①TN

中国版本图书馆 CIP 数据核字(2011)第 107994 号

电子技术设计实训

靳孝峰 编著

责任编辑 杨 昕 刘爱萍

*

北京航空航天大学出版社出版发行

北京市海淀区学院路 37 号(邮编 100191) http://www.buaapress.com.cn

发行部电话:(010)82317024 传真:(010)82328026

读者信箱:emsbook@gmail.com 邮购电话:(010)82316936

北京时代华都印刷有限公司印装 各地书店经销

*

开本:787×960 1/16 印张:22.75 字数:510 千字

2011 年 8 月第 1 版 2011 年 8 月第 1 次印刷 印数:3 000 册

ISBN 978-7-5124-0473-1 定价:39.50 元

前言

电子技术的发展日新月异，知识更新的速度不断加快，再加上电子技术又是实践性很强的学科，因此它不但要求专业技术人员具有广泛、扎实的电子技术理论基础，而且要求其具备较强的创新能力和实践动手能力。目前，学生会用实验的方法组装、测试和调试电子电路以及设计电子电路，已成为必须，因此一定要加强实践环节。

电子技术发展迅速而且内容宽泛，对电子技术实践教学提出了新的要求，在有限的时间内和一定的实验室条件下，以何种方式和内容来进行电子技术实验，是多年来电子技术教学改革中一直在研究和探讨的问题。为了适应学生创新能力和实践动手能力培养的需要，作者依据教育部颁发的《电子技术技能训练教学大纲》的基本要求编写了本教材。本书是“模拟电子技术”、“数字电子技术”或“电子技术”课程的配套实训教材，符合学生对电子技术实践能力的基本要求。本书具有以下特点：

① 减少验证性的基础实验，增加设计和综合性实验，努力反映新技术，采用新器件，提高集成电路应用和其他具有实用价值的项目所占的比例，以提高学生的实验基本技能及实际应用设计能力。

② 许多学校在开设电子技术实验课的同时，还设置有电子技术课程设计的教学环节，以进行电子技术综合技能训练。为此，本书第 5 章安排了多个典型实际应用系统作为电子技术课程设计，详细介绍了电子系统设计的一般方法和步骤，使学生能够完全理解并掌握电路设计的全过程。

③ 本书给出一些设计题目的指标及设计方案，供有课程设计的学校选用。其中有不少是全国大学生电子设计竞赛题，以提高学生综合处理和解决问题的能力，从而为学生参加各类电子竞赛、做好毕业设计和毕业后的工作打下良好的基础。

④ 每一类知识都安排了多个难易程度各不相同的实验项目，不同的学校可以根据本专业实验教学课时数和生源情况自行选择。为使实验教学与电子技术应用的实际情况更接近，建议有条件的学校，每个实验项目都自己设计制作印制电路板（或通用电路板）进行实训。

⑤ 本书内容板块组合顺序合理，逻辑性强，同时将知识点和能力点有机结合，注重学生工

程应用能力和解决实际问题能力的培养；内容叙述条理清晰、简明扼要、深入浅出、通俗易懂、可读性强，读者更易学习和掌握，也便于教师组织教学。

⑥ 本书通用性强。内容上，不针对具体实验系统、不针对具体软件，而针对共同原理和步骤，不同高校、不同专业、不同实验系统学生都可以快速掌握，满足各个学校对实验、实习和课程设计的不同教学需要。本书适合高职、应用型大学本科学生及工程人员，适合开设模拟电子技术、数字电子技术或电子技术的不同专业。

本书由焦作大学靳孝峰编著，编写中得到了兄弟院校及企业的大力支持和热情帮助，北京航空航天大学出版社的工作人员为本书的出版付出了艰辛的劳动。作者在此对为本书出版作出贡献的所有工作人员以及所有参考文献的作者表示衷心的感谢。

书中的错漏之处在所难免，敬请专家、同行和读者指正，以便不断改进。有兴趣的读者可发送邮件到 jxfeng369@163.com 与本书作者交流，也可发送邮件到 emsbook@gmail.com 与本书策划编辑交流。

作　者

2011 年 5 月

本教材还配有教学课件。需要用于教学的教师，请与北京航空航天大学出版社联系。

北京航空航天大学出版社联系方式如下：

通信地址：北京海淀区学院路 37 号北京航空航天大学出版社教材推广部

邮　　编：100191

电　　话：010-82339483

传　　真：010-82328026

E-mail：　bhkejian@126.com

目 录

第1章 电子技术实践基础知识与相关技术……1
1.1 电子技术实践概述……1
1.1.1 电子技术实验的性质和任务……1
1.1.2 电子技术实验的类别和特点……3
1.1.3 电子技术实验的基本要求……4
1.1.4 电子技术实验的三个阶段……5
1.1.5 电子技术实践的基本教学方法……8
1.2 测量误差与实验数据……10
1.2.1 测量误差及其削弱和消除措施……10
1.2.2 实验数据的获取和一般处理方法……12
1.3 常用电子测量仪器及其使用……14
1.3.1 电子测量仪器的分类……14
1.3.2 典型电子测量仪器的介绍与使用……15
1.3.3 使用电子测量仪器的一般规则……28
1.4 电子工艺与相关技术……31
1.4.1 电路原理图的绘制……31
1.4.2 印制电路板的设计与制作……32
1.4.3 焊接工艺与操作……36
1.4.4 实验电路安装……38
1.4.5 调试技术……41
第2章 常用元器件的识别与检测……44
2.1 阻抗元器件的识别与检测……44
2.1.1 电阻器及其识别与检测……44
2.1.2 电容器及其识别与检测……50
2.1.3 电感器及其识别与检测……55

2.2 常用半导体器件的检测和判别…………………………………………………… 58
2.2.1 半导体二极管的检测和判别……………………………………………… 58
2.2.2 半导体三极管的检测和判别……………………………………………… 61
2.2.3 半导体场效应管的检测与选择…………………………………………… 64
2.2.4 晶闸管的检测与选择……………………………………………………… 66
2.2.5 单结晶体管的检测和判别………………………………………………… 68
2.3 常用集成电路及其简单检测…………………………………………………… 69
2.3.1 集成电路的类型…………………………………………………………… 69
2.3.2 集成电路的型号命名与替换……………………………………………… 70
2.3.3 集成电路的外形及引线排列……………………………………………… 71
2.3.4 集成电路的检测…………………………………………………………… 71
2.3.5 集成电路的选择和使用…………………………………………………… 73
2.4 电子元器件手册的使用………………………………………………………… 75
2.4.1 正确使用电子元器件手册的意义………………………………………… 75
2.4.2 电子元器件手册的类型…………………………………………………… 75
2.4.3 电子元器件手册的基本内容……………………………………………… 75
2.4.4 电子元器件手册的使用方法……………………………………………… 76

第3章 模拟电子技术实验 …………………………………………………… 77

3.1 模拟电子技术实验概述………………………………………………………… 77
3.1.1 模拟电子技术实验的主要内容…………………………………………… 77
3.1.2 模拟电子技术实验的常用仪器和实验装置……………………………… 81
3.1.3 模拟电子实验电路的故障检查与排除…………………………………… 81
3.2 模拟电路基础实验……………………………………………………………… 84
3.2.1 常用电子仪器的使用……………………………………………………… 84
3.2.2 晶体管共射极单管放大电路……………………………………………… 89
3.2.3 射极跟随器………………………………………………………………… 97
3.2.4 场效应管放大电路 ……………………………………………………… 100
3.2.5 差动放大电路 …………………………………………………………… 102
3.2.6 负反馈放大电路 ………………………………………………………… 106
3.2.7 集成运算放大器指标测试 ……………………………………………… 109
3.2.8 集成运放构成的模拟基本运算电路 …………………………………… 115
3.2.9 有源滤波电路 …………………………………………………………… 120
3.2.10 集成运放构成的电压比较器…………………………………………… 125
3.2.11 集成运放构成的波形发生器…………………………………………… 128
3.2.12 分立元器件构成的RC正弦波振荡器 ………………………………… 132

3.2.13 LC 正弦波振荡器 …… 135
3.2.14 分立元器件构成的低频 OTL 功率放大器 …… 137
3.2.15 串联型晶体管直流稳压电源 …… 141
3.2.16 晶闸管可控整流电路 …… 146
3.3 设计与综合性实验 …… 149
3.3.1 单级低频电压放大电路设计 …… 149
3.3.2 电压-频率转换电路的设计 …… 150
3.3.3 简易电子琴的设计 …… 151
3.3.4 函数信号发生器的设计、组装与调试 …… 152
3.3.5 语音告警电路的设计 …… 155
3.3.6 集成低频功率放大器的应用设计 …… 156
3.3.7 集成稳压器的应用及直流稳压电源的设计 …… 161
3.3.8 用运算放大器组成万用表的设计与调试 …… 165
3.3.9 光控报警电路的设计 …… 169
3.3.10 集成运放构成的低频功率放大器设计 …… 172
3.3.11 温度监测及控制电路的安装与调试 …… 173
3.3.12 超外差式收音机的组装与调试 …… 178

第 4 章 数字电子技术实验 …… 185

4.1 数字电子技术实验概述 …… 185
4.1.1 数字集成电路与数字逻辑系统 …… 185
4.1.2 数字电路实验的常用仪器以及实验内容 …… 193
4.1.3 数字电子实验电路的故障检查与排除 …… 197
4.2 数字电子技术基础实验 …… 201
4.2.1 晶体管开关特性、限幅器与钳位器 …… 201
4.2.2 TTL、CMOS 集成逻辑门的逻辑功能与参数测试 …… 205
4.2.3 集成逻辑电路的连接和驱动 …… 213
4.2.4 集成加法器、集成数值比较器及其应用 …… 216
4.2.5 集成编码器、译码器及其逻辑功能测试 …… 220
4.2.6 集成数据选择器及其应用 …… 228
4.2.7 触发器及其应用 …… 231
4.2.8 集成计数器及其应用 …… 237
4.2.9 集成移位寄存器及其应用 …… 242
4.2.10 集成 555 时基电路及其应用 …… 247
4.2.11 集成 D/A、A/D 转换器及其应用 …… 253
4.2.12 随机存取存储器 2114A 及其应用 …… 259

4.3 设计与综合性实验 …… 268
4.3.1 TTL集电极开路门与三态门的应用 …… 268
4.3.2 组合逻辑电路的设计与测试 …… 270
4.3.3 时序逻辑电路的设计与测试 …… 272
4.3.4 集成555定时器应用电路设计 …… 273
4.3.5 脉冲分配器的应用及其设计 …… 275
4.3.6 集成门电路构成的自激多谐振荡器 …… 278
4.3.7 简单智力竞赛抢答装置的设计与调试 …… 281
4.3.8 电子秒表的设计与调试 …… 283
4.3.9 三位半直流数字电压表的设计与调试 …… 287
4.3.10 红外线自动水龙头控制电路的设计与调试 …… 295
4.3.11 电冰箱保护器的设计与调试 …… 296
4.3.12 拔河游戏机的设计与调试 …… 297

第5章 电子技术课程设计 …… 302

5.1 课程设计基础知识 …… 302
5.1.1 电子技术课程设计的目的与基本要求 …… 302
5.1.2 电子电路的设计方法和步骤 …… 303
5.1.3 电子电路的组装与调试 …… 306
5.1.4 课程设计总结报告 …… 308
5.1.5 电子技术课程设计的成绩评定 …… 309
5.2 课程设计实例及参考题目 …… 309
5.2.1 数字电子钟的设计与调试 …… 309
5.2.2 数字频率计的设计与调试 …… 313
5.2.3 多路可编程控制器的设计与调试 …… 320
5.2.4 串联直流稳压电源的设计与调试 …… 325
5.2.5 集成电路扩音机的设计与装调 …… 328
5.2.6 课程设计参考题目 …… 330

附录A 放大电路中干扰、噪声的抑制及自激振荡的消除 …… 343

附录B 常用集成电路型号及引脚排列图 …… 346

B.1 74LS系列 …… 346
B.2 CC4000系列 …… 349
B.3 CC4500系列 …… 353

参考文献 …… 355

第1章 电子技术实践基础知识与相关技术

1.1 电子技术实践概述

从广义上来说,电子技术实践范围较广,例如,实验、实习、课程设计与制作、毕业设计以及课外科技活动等都属于实践内容。这里探讨的仅指在学校开设的实验以及课程设计与制作等内容,通过这些实践活动,学生可以获得较强的技能,人们习惯称为技能训练或实训。

首先要弄清楚:什么是电子技术实验?为什么要做电子技术实验?怎么做电子技术实验?做电子技术实验有何意义?通过做电子技术实验应达到什么目的?

1.1.1 电子技术实验的性质和任务

1. 电子技术实验的性质

电子、电气、信息技术以及相关专业是实践性很强的专业,无论高等职业教育还是普通高等教育都应该加强对学生实践能力和创新能力的培养。仅靠电子技术理论知识的学习是远远达不到要求的,电子技术实践课程的开设已成为必须。

电子技术实验作为一门独立的课程,真正体现了实践的重要性。电子技术实验就是根据教学、生产和科研的具体要求,进行检测、设计、安装与调试电子电路的过程。

目前,电子技术的发展日新月异,新器件、新电路不断涌现,并迅速转化为新产品服务于生产与生活中。要认识和应用类型繁多的新器件和新电路,最为有效的途径就是实验。通过实验可以分析器件和电路的工作原理,完成性能指标的检测;可以验证和扩展器件、电路的功能,扩大使用范围;可以设计并制作出各具特色的实用电路和设备。

总之,电子技术实验是将技术理论转化为实际电路或产品的过程。在上述过程中,理论与实践相辅相成,理论指导实践,实践验证理论,既能验证理论的正确性和实用性,又能发现理论的近似性和局限性。由于认识的进一步深化,往往可以发现新问题,产生新的设计思想,促使电子电路理论和应用技术的进一步向前发展。可见,熟练掌握电子电路实验技术,对相关专业学生及从事电子技术工作的人员是至关重要的。

2. 电子技术实验的任务

电子技术实验是培养电子、电气、信息技术等专业技能型人才的基本内容之一和重要手段。电子技术实验的任务是使学生具备作为电子技术领域生产、服务、技术和管理工作的高素质技能人才所必需的基本知识、基本技能和职业技能。

另外，通过它可以巩固和深化应用技术的基础理论和基本概念，并付诸于实践。在实验这一过程中，应特别注重动手能力的培养，不仅要求学生掌握相关技术和技能，还要培养学生理论联系实际的学风、严谨求实的科学态度和基本工程素质，以适应后续发展及实际工作的需要。

电子技术实验是教学任务中不可缺少的环节，主要包括以下内容。

(1) 实验目的

① 训练工程实践的基本技能。

② 巩固、加深所学到的理论知识，培养运用基本理论分析、解决问题的能力。

③ 培养实事求是、严谨认真、细致踏实的科学作风。

④ 熟悉电子电路中常用的元器件的性能，并能正确地选用。

⑤ 掌握常用电子仪器的正确使用方法，熟悉测量技术和调试方法。

(2) 实验技能要求

① 能正确熟练地使用万用表、交流毫伏表、双踪示波器、信号发生器等电子仪器。

② 按电路图连接线路，能合理布线并能分析排除故障。

③ 能认真观察实验现象，正确读取数据；能合理地处理数据，正确书写实验报告。

④ 要具有根据实验任务确定实验方案，设计实验线路，选择电子元器件和仪器设备的初步能力。

(3) 实验准备和实验注意事项

每次实验前必须认真阅读实验讲义，明确本次实验的目的和要求，理解实验步骤和需要测试和记录的数据的意义；复习与实验内容有关的理论知识和仪器设备的使用方法。实验中应注意以下事项：

① 检查所用的元器件及仪器设备是否齐全、完好。

② 认真检查实验电路的接线是否正确；熟悉元器件的安装位置，以便实验时能迅速准确地找到测量点。

③ 实验进行中，若发现有异常气味或危险现象时，应立即切断电源并报告教师，等排除故障后方可继续实验。

④ 要认真细致地测量数据和调整仪器，并注意人身安全和设备安全，对 220 V 以上的电源进行操作时要特别小心，以免发生触电事故。

⑤ 实验结束时应先切断电源但暂不拆线路，待认真检查实验结果没有遗漏和错误后再拆线。最后应将全部仪器设备和器材恢复原状，整理好导线和元器件后方可离开实验室。

(4) 实验后的要求

每个学生都应认真独立地完成实验报告。实验报告必须按时交指导教师批改。实验报告包括以下内容：

① 实验名称、日期、院系、班级、姓名、学号、实验课程名称、指导教师。

② 实验目的、工作原理、实验内容、实验线路图、实验元器件。

③ 实验数据或曲线、波形图。

④ 对实验结果进行分析，回答问题，对实验有何收获，有何改进意见等。

1.1.2 电子技术实验的类别和特点

1. 电子技术实验的分类

① 依据实验电路传输的信号：可分为模拟电子技术实验和数字电子技术实验，两种电路传输的分别是模拟信号和数字信号。

② 依据实验目的与要求：可分为验证性、设计性和综合性实验三种。

其中验证性实验为基础实验，一般针对某些内容进行训练，知识涉及比较单一。它主要培养学生操作使用各种实验设备和仪器的能力，识别、检测各种常用元器件的能力以及基本实验操作技能。其目的是验证电子电路的基本原理；通过实验，探索提高电路性能(或扩展功能)的途径或措施；检测器件及电路的性能(或功能)指标，为分析和应用准备必要的技术数据。基础实验比较成熟，一般学校都有固定的实验箱或实验板，学生在其上操作就行，也可自制实验板，进行连接测试。

设计性或综合性实验，其目的是综合运用有关知识，设计、安装与调试自成系统的实用电子电路，综合性实验涉及的内容一般更加广泛。其基本过程一般是：根据实际设计要求拟出设计任务书，然后根据任务书设计出原理电路，可以采用传统设计方案，也可使用计算机辅助设计；根据设计电路选择元器件，先在面包板上进行初步安装调试，成功之后，制作印刷电路板；再进行安装焊接，最后再进行调试，直至达到设计要求的指标。

2. 电子技术实验的特点

电子技术实验有理论性强、工艺性强、测试技术要求高等特点。

① 理论性强：没有正确的理论指导，就不可能设计出性能稳定，工作可靠，符合设计要求的实验电路，也不可能拟定出正确的实验方法和步骤，更无法排除实验中发生的故障。因此，要做好实验，必须掌握模拟电子技术和数字电子技术的理论知识以及充分做好实验准备。

② 工艺性和技能性强：有了成熟的实验电路方案，若装配工艺不合理，也很难取得满意的实验结果，甚至于无法完成实验，在工作频率高的实验电路上尤为重要。因此，需要熟练掌握安装、焊接、制版等电子工艺技术，并认真完成。

③ 测试技术要求高：实验电路类型繁多，不同的电路有不同的功能和性能指标，测试方

法和测试仪器各有不同。因此，应熟练掌握电子测量技术及常用测试仪器的使用方法。

总之，做电子技术实验需要具备多方面的理论知识和实践技能，否则，实验效果将受到不同程度的影响。

1.1.3　电子技术实验的基本要求

1. 思想要求

高职高专和普通高等院校的毕业生都应具备较强的实践能力，因此，实践性教学占有重要位置。

① 要求学生重视实践课程，遵守课堂纪律，不迟到，不早退。电子技术实验是一门独立的课程，独立考核，纪律也是成绩考核中的一项。

② 要求学生做事认真细心，责任心强，具有实事求是的科学态度，严谨负责的工作作风和吃苦耐劳的敬业精神。一个人的技术水平、业务能力很重要，思想素质尤其重要。

2. 安全要求

实验安全尤其重要，学生一定要树立实验安全操作意识，养成良好的安全习惯。实验安全包括人身安全和设备安全两方面。

(1) 人身安全

① 实验时，要注意仪容，不得着短裤、背心，不得赤脚、裸背、散乱长发，这些现象不仅粗俗，还会带来安全隐患。

② 在任何情况下，不能以手触摸带电部分来判断是否有电；开关的保险丝烧断后不能用铜等导线代替，应该使用专用保险丝；更换保险丝，要先切断电源，严禁带电操作。

③ 焊接时，烙铁不能随意放置，以免烫伤自己或他人；酒精等易燃物品不能放在明火或过热处，以免留下火患；工作台表面要保持干净整洁，各种物品要摆放整齐，不准乱堆乱放，实验废弃料要及时清理。

④ 实验室的地面要有绝缘良好的地板或垫；各种仪器设备应有良好的接地线；仪器设备、实验装置中通过强电的连接导线应有良好的绝缘外套，芯线不得外露。

⑤ 实验电路接好后，检查无误才能接通电源。应养成实验时先接电路后接通电源，实验完毕先断开电源再拆卸实验电路的操作习惯。另外，在接通交流 220 V 电源前，应通知实验伙伴。

⑥ 在进行强电或有一定危险性实验时，应有两人以上合作。测量高压时，一定要站在绝缘垫上，最好用单手操作。

⑦ 万一发生触电事故，应迅速切断电源，如距电源开关较远，可用绝缘器具将电源线切断，使触电者立即脱离电源并采取必要的急救措施。

(2) 仪器设备安全

① 使用仪器前，应认真阅读使用说明书，掌握仪器的使用方法及注意事项；使用仪器，应

按要求正确接线；实验中要有目的地旋动仪器面板上的开关或旋钮，切忌用力过大。

② 实验过程中，态度必须认真，精神必须集中。当看到器件表面变色，见到烟雾和火花，闻到焦臭味，听到噼啪声，感觉设备过烫及出现保险丝熔断等异常情况时，应立即切断电源，在故障未排除前不准再次接通电源开机。

③ 搬动仪器设备时，必须轻拿轻放。未经允许不准随意调换仪器，更不准擅自拆卸仪器设备；仪器使用完毕后，一定要切断电源，将面板上各旋钮、开关置于合适的位置，如数字万用表应将电源关闭，模拟指针式万用表不能将旋钮指向电阻挡等。

3. 知识要求

培养实践能力，理论知识及一些技巧知识是不可或缺的。

① 必须牢固掌握电子技术的理论知识。因为，电子技术的实验选题，一般与电子技术的理论知识结合比较紧密，只有学好电子技术理论知识，才能正确选择和使用学过的单元电路以达到正确指导实验，进而完成实验的目的。一般模拟电子技术的实验（或课程设计）难于数字电子技术。

② 要掌握各种实验工具、设备装置、仪器的使用知识，熟悉各种耗材的性能。

③ 要掌握制板、安装、焊接等相关知识。

④ 应具备一定的读图知识和读图技巧，掌握电子电路的一般分析方法。

⑤ 要了解电子产品设计与制作的一般过程，掌握电子电路的一般设计方法。

4. 技能要求

通过实验或技能训练应获得以下能力。

① 具备电子元器件（包括中小规模集成电路）的识别、检测能力；具备利用技术资料查阅电子元器件及材料的有关数据的能力，能正确合理地选择使用电子元器件和材料。

② 能读懂基本电子技术电路图，具有分析电路作用或功能的能力；具有设计、组装和调试基本电子技术电路的能力；包括具备计算机仿真、分析、设计的能力；能对所制作电路的指标性能进行测试并提出改进意见。

③ 具有制作印制电路板（PCB）的能力，具有合理选用元器件构成单元系统电路的能力。

④ 具有分析和排除基本电子技术电路一般故障的能力。

⑤ 具有常用电子测量仪器的选择与使用能力，以及各类电子技术电路性能（或功能）的基本测试能力。

⑥ 能够独立拟定基本电路的实验步骤，写出严谨的、有理论分析的、实事求是的、文字通顺和字迹端正的实验总结报告。

1.1.4 电子技术实验的三个阶段

电子技术实验类型繁多，但都可以分为实验准备、实验操作、撰写实验报告三个阶段。

1. 实验准备

实验能否顺利进行并取得预期的效果，很大程度上取决于实验前的准备是否充分。实验准备一般包括以下三个阶段。

① 实验前，应按"实验任务书"的要求写出"实验准备报告"或称"预习报告"。具体要求是：第一，认真阅读教材或相关资料中与本实验有关的内容，独立完成实验准备报告。第二，根据实验的目的与要求，设计或选用实验电路或测试电路。对于验证性等基础实验，一般给出参考实验电路，只要连接好就可以顺利进行实验；对于设计及综合性实验，所设计的电路要正确，设计步骤要清楚有条理，画出的电路要规范，电路中的图形符号和元器件指标数值标注要符合现行国家标准；列出本次实验所需元器件、仪器设备和器材详细清单，在实验前交实验室。第三，拟定详细的实验步骤，包括实验电路的调试步骤与测试方法，设计好实验结果记录表格。

② 在实验前，应主动到开放实验室或相应课程实验室，或查阅校园网上多媒体课件，熟悉测试仪器的使用方法、实验原理和有关注意事项。应将阅读过的参考资料记录，为后续查阅提供方便。

③ 实验开始，应认真检查所领到的元器件型号、规格和数量，并进行预测试，检查并校准电子仪器状态，若发现故障应及时报告指导教师。这一步也可算在实验操作中。

2. 实验操作

正确的操作方法和操作程序是提高实验效果的可靠保障。因此，要求在每一操作步骤之前都要做到心中有数，即目的要明确，操作时，既要迅速又要认真。实验操作要做到以下几点：

① 应调整好直流电源电压，使其极性和大小都满足实验要求；要调整好信号源电压，使其频率和大小都满足实验要求。

② 实验中仔细认真，观看全局。读取实验数据时，应先观察电路及仪表有无不正常现象（例如仪表超量），然后再读取数据。对于指针式仪表，读数前，要认清仪表量程及刻度，读数时，身体姿势要正确，眼要正对指针。

③ 利用电路板（如面包板等）插接元器件及导线时，要求插接迅速，接触良好，并且电路要布局合理，要为实验创造方便条件，以免造成短路、断路等故障。

④ 不得带电插拔（或焊接）电子元器件，应在关闭电源后进行。

⑤ 电子电路一般有静态和动态两种状态，应首先进行静态测试，然后进行动态测试。测试时，手不得接触测试表笔（或探头）的金属部分，最好用高频同轴电缆（或屏蔽线做测试线），地线要尽量短，且接地良好。

3. 撰写实验报告

撰写实验报告的过程就是对电路的测试方法、设计方法及实验方法加以总结，对实验数据加以处理，对实际现象加以分析并从中找出客观规律和内在联系的过程。

总之，按照一定的格式和要求，表达实验过程和结果的文字材料称为实验报告。它是实验工作的全面总结。

(1) 撰写实验报告的目的

通过撰写实验报告可获得以下能力。

① 能够深化对电子技术理论知识的理解和认识，提高电子技术理论的应用能力。

② 能够促进电子测量基本方法和电子仪器使用方法的掌握，提高记录、处理实验数据和分析、判断实验结果的能力。

③ 能够培养严谨的学风和实事求是的科学态度，锻炼科技文章的写作能力。

总之，撰写实验报告是实验工作不可或缺的一个重要环节、一种基本技能训练，一般作为实验成绩考核的重要依据，切不可忽视。

(2) 实验报告的内容

电子技术实验报告的一般内容如下。

1) 实验名称和实验目的

① 实验名称：每篇报告均应有其名称(或称标题，一般给出)，应列在报告的最前面，只看标题就知道报告的性质和内容。实验名称应写得简练、明了、准确。简练就是字数尽量少；明了就是令人一目了然；准确就是能准确反映实验的性质和内容。

② 实验目的：指明为什么要进行本次实验，要求写得言简意赅。一般情况下，要写出三个层次的内容，即通过本次实验要了解什么、熟悉什么、掌握什么。有时为了突出主要目的，次要内容可以不写入报告。

2) 实验设备和器件

应列出实验仪器的名称和型号，了解实验仪器的精度等级和先进程度，以便对实验结果的可信度做出合理的评价；应列出实验器件的名称和型号，包括电阻、电容、半导体器件等。

3) 实验测试电路及工作原理

测试电路除了能够表明被测电路与测试仪器的连接关系以外，还能反映出所采用的测试方法和测试仪器。一般而言，不同的测试方法有不同准确度的测量结果。所以，画出测试电路是必要的；另外要说明电路工作原理，因为不理解电路原理很难正确指导实验。

4) 装配与调试步骤

装配与调试步骤中，若采用印制电路板装配，则要画出装配示意图，采用面板可以省去装配示意图；对于调试，应写出调试方法、步骤和内容等。

5) 实验数据记录和实验结果

实验数据是在实验过程中从仪器、仪表上所读取的数值，一般称为“原始数据”。要根据仪表的量程和精密度等级确定实验数据的有效数字位数，并进行记录。在整理实验数据时，如发现异常数据，不得随意舍弃，应进行复测加以验证。

实验结果一般由实验数据代入相应公式计算得到。例如，一放大电路加输入电压 $U_i = 0.01$ V时，测得输出电压 $U_o = 0.36$ V，则电压增益 $A_u = U_o/U_i = 0.36/0.01 = 36$。

实验数据和实验结果必然存在误差，首先要进行误差分析。分析的目的：一是对提出误差要求的实验，要看实验结果是否超过容许误差；二是弄清误差过大的原因，对超差或异常现象做出合理的解释，提出改进措施；最后，要对实验结果做出切合实际的结论。

6）思考和体会

思考和体会包括回答思考题及对实验方案、实验方法、实验装置等提出改进建议以及通过做该实验获得的知识、技能和心得。

另外，对于设计性和综合性实验还应包括设计任务和方案、预测量与设计方案修正等内容。其中：设计任务和方案要合理，且符合设计要求；预测量与设计方案修正中，应写入预测量数据与设计要求是否相符的内容，以及不符合设计要求时的修正方案内容（包括电路修正及元器件参数修正），此步骤常与装配与调试结合使用。

因实验的类型、性质及内容有别，上述内容并非一成不变，具体实验可以根据要求适当增减、优化组合。

(3) 撰写实验报告应注意的几个问题

做好实验是撰写实验报告的基础，实验不成功不可能写好实验报告。另外，撰写实验报告还要注意以下几点：

① 撰写实验报告要严肃认真、实事求是，不经重复实验不得任意修改数据，更不得伪造数据；撰写实验报告既要从实际出发，又要有理论依据，实验报告要有理论分析，但不可照抄资料或教材。

② 在处理实验数据时，应按照有关规定处理实验测量误差和有效数字位数；图与表是表达实验结果的有效手段，比文字叙述更直观、简明，应充分利用，实验电路以及图、表要符合国标规定画法。

③ 实验报告是一种技术说明文体，内容要言简意赅，技术术语要恰当确切，能充分明了表达实验过程和实验结果即可，而对文体的文艺性不作要求。

1.1.5 电子技术实践的基本教学方法

1. 自学和重点讲解相结合

为了培养学生的自学能力，对于模拟电路和数字电路理论课上教过的内容，不必重复讲解，必要时，只需根据实验要求，提出参考书目，让学生自学就可以；对于实验中可能碰到的重点和难点，要通过典型分析和讲解，启发学生的思路，帮助他们掌握自学方法，这样，就可以达到举一反三、触类旁通的作用；实验中，还要教给学生查阅资料，使用工具书的方法，让他们遇到问题时，不是立即找老师，而是通过独立思考，查阅资料和参考书，自己找答案。“勤学好问”，“勤学”应放在首位。

2. 强调独立，锻炼手脑并用

要锻炼独立分析、解决问题的能力，必须放手让学生在实践中自己锻炼，鼓励学生开动脑筋，大胆探索，充分发挥主动性和创造性。教师只需引导、启发学生明确实验内容和实验方法，在时间安排上，要留有余地，保证学生有时间去探讨、解决实践中的问题。同时，还可以通过经验交流，集体讨论等形式，互相启发，集思广益。

要提高实践能力，关键是让学生把动手和动脑结合起来。例如，安排综合设计性实验及课程设计等实践内容时，不能再由教师包办代替，而是由学生按照需要自拟内容、操作步骤，自选所需仪器，独立测试记录，并对实验结果做出正确的分析和处理。让学生自己明确每一步的目的，出现问题也就能主动解决，从而提高动手调试电子电路的能力。学生从挑选测试元器件开始，一直到完成实验或做出合格产品，全是自己动手完成，打消依赖性，有利于增长实践本领。

强调学生以自学为主，独立完成实验任务，并不是削弱教师的作用，相反，对教师提出了更高的要求。教师必须负责做好审查、把关的工作，并且，帮助学生处理疑难问题。例如，在实践的全过程中，安装调试是关键环节，它是理论和设计矛盾的焦点。教科书上的结论，由于多种因素影响，在实际中可能发生变化。大量的实际问题有时难以从现成的结论上解释清楚。学生往往在这一环节上最生疏，最需要教师帮助，所以要求教师先要将选做的课题做一遍，并且把各种情况做出实验分析，找出可能出现的各种问题，做好总结。这样在辅导学生时，不仅能掌握住重点、难点，而且能做好启发引导工作。

学生基础和能力差别较大，要对不同能力的学生提出不同的要求，辅导时也各有侧重，做到因材施教。对基础差的同学要加强辅导和检查；对学习能力强的同学，应适当提出更高的要求，增加些选作内容，让他们发挥潜力。

辅导好实践课要比讲解理论课难得多，要求教师不仅理论丰富，还要有较强的实践能力。只有把理论和实践统一起来，有机地组织到实践教学环节中，才能为学生创造出既能动脑又能动手的新型学习环境。

3. 增加综合设计性实验

实验包括基本验证性实验和综合设计性实验。综合设计性实验既可以实际测试和设计，也可以进行仿真。多开设综合设计性实验是培养学生设计和应用能力之必须。实验教学应以设计为主，验证为辅，验证性实验尽量以演示实验的方式与课堂教学相符合。而在实验室实验时，尽量把一些验证性实验改为设计、测试、调试性实验，开发一些设计性、应用性和综合性实验，以增强实训能力。在学生初步掌握基本实验方法和仪器的使用知识后，只提出实验任务，学生依据基本概念、原理、要求，独立设计实验电路，完成实验。例如，可以要求学生设计一个音频放大器或数字时钟，要求自己设计，并组装、调试，写出实训报告。

4. 虚拟仪器和传统仪器相结合的实验环境

利用计算机进行虚拟实验，有利于学生对计算机辅助分析、仿真、设计等现代新技术的学习和掌握。在计算机上进行虚拟实验，可不受场地、设备、器件等客观条件的限制，避免学生因错误操作导致元件和仪器的损坏，对电路参数的调整也可“随心所欲”，任意发挥。演示和设计性实验都可以在计算机上进行模拟，这样做也有利于培养学生的创新意识。

传统实验设备有利于学生基本技能的培养，虚拟实验有利于学生对计算机辅助分析、仿真、设计等现代新技术的学习和掌握。实践证明，二者的合理结合，相辅相成可以达到相当好的效果。

5. 利用计算机辅助设计，强化课程设计

课程设计可以加深对理论知识的理解，进一步培养学生的设计能力和动手能力。选题要准确，所涉及的知识和技术内容要有一定的深度和广度，让学生通过查资料拓宽知识面。通过独立的设计培养创新意识和科学的工作方法，通过具体的安装调试提高实际技能。例如，可以向学生布置多功能数字钟的设计，在动手之前向学生提供设计任务书(包括设计题目、设计要求、技术指标、可选器件)，要求在两周时间内画出整机电路图，确定合适器件，安装调试完成整机。对于基础较好、动手能力强、能提前完成任务的学生，增加一定难度的额外设计要求(如整点自动打点、报时要求音响三高一低等)，以增加学习兴趣，激发潜能；对基础较差、动手能力较弱的学生，实行重点辅导，对关键步骤安排讲解。

计算机辅助设计对于课程设计是十分重要的。因为设计在计算机上完成，可进行功能仿真，出现问题可以很快发现，并快速调整设计方案，因而提高了设计速度。但是理论与实际具有明显差别，一定要把实际设计与计算机虚拟设计相结合，用虚拟设计去指导实际设计，这样才能设计出性能优越的实际电路。

6. 广泛开展课外科技实践活动

实现实验室对外开放，让学生可以在业余时间内，在教师的指导下，选择一些趣味性、实用性强的电路(如音乐门铃、声控彩灯、多路抢答器、交通信号灯控制器等)，自费或公费购置器材，自制印刷板，自己安装调试，加深对所学知识的理解，增强动手能力。同时可举办一些电子技术讲座，使学生了解电子技术的新发展、新动向。

组织一些学习好、动手能力强的学生成立科研小组，对传统实验设备的电路进行改进，对力所能及的一些课题进行研究。条件许可的学生多到工厂进行实习，进一步加强理论与实践的联系。

1.2 测量误差与实验数据

1.2.1 测量误差及其削弱和消除措施

1. 测量误差的表示方法

不论用什么测量方法，也不论怎样进行测量，测量的结果与被测量的实际数值总存在差别，把测量结果与被测量真实值之差称为测量误差。其中，真实值简称为真值，它由理论给定

或计量标准规定。误差是不可避免的，用绝对误差和相对误差来描述。

(1) 绝对误差

绝对误差是指测量仪器的示值(用 x 表示)与被测量真值(用 x_0 表示)之差，用 Δx 表示，即 $\Delta x = x - x_0$。绝对误差 Δx 是具有大小、正负和量纲的数值，其大小和符号表示了测量值偏离实际值的程度和方向。

在实际工作中常用标准仪器的指示值作为被测量的真值。测量前，测量仪器应由标准仪器进行校正，校正量常用修正值表示，对于某些被测量，用标准仪器的示值减去测量仪器的示值，所得的差值就是修正值(用 C 表示)，$C = -\Delta x$。例如，用电压表测量电压时，电压表的示值为 5 V，若真值为 5.56 V，则绝对误差 $\Delta x = x - x_0 = -0.56$ V，修正值 $C = -\Delta x = 0.56$ V。

绝对误差的表示方法只能表示测量的近似程度，但不能确切地反映测量的准确程度，为了便于比较测量的准确程度，提出了相对误差的概念。

(2) 相对误差

相对误差是指测量的绝对误差与被测量真值之比(用 γ 表示)，常用百分数表示，即 $\gamma = (\Delta x / x_0) \times 100\%$，实际中，一般满足 $\Delta x \ll x_0$，则 $\gamma \approx (\Delta x / x) \times 100\%$。

例如，用电压表测量电压时，电压表的示值为 5 V，若修正值为 0.5 V，则相对误差 $\gamma \approx (\Delta x / x) \times 100\% = -10\%$。

相对误差是一个比值，其数值与被测量所取的单位无关，能反映误差大小和方向，能确切地反映测量准确程度。

例如，测量频率时，甲频率计的示值为 60 MHz，频率计的修正值为 -60 Hz，则相对误差 $\gamma \approx (-60/60 \times 10^6) \times 100\% = -0.000\ 1\%$；乙频率计的示值为 600 Hz，修正值为 -0.6 Hz，则相对误差 $\gamma \approx (-0.6/600) \times 100\% = -0.1\%$。

可以看出，乙频率计的绝对误差远小于甲频率计，但相对误差却远大于甲频率计，甲频率计的测量准确度实际上高于乙频率计。

因此，在测量过程中，欲衡量测量结果的误差或评价测量结果准确程度，一般都用相对误差表示。

(3) 容许误差(又称允许误差、最大误差、引用误差、满度相对误差)

通常测量仪器的准确度用容许误差表示。它是根据技术条件的要求，规定某一类仪器的误差不应超过的最大范围，一般用相对误差表示。仪器(包含量具)技术说明书中所标明的误差，都是指容许误差，我国电工仪表按相对误差取值分为 0.1、0.2、0.5、1.0、1.5、2.5 和 5 共七级。

2. 测量误差的分类

根据误差的性质可分为：系统误差、随机误差和粗大误差三类。

(1) 系统误差

由于测量原理近似精确、测量方法不完善、仪表制造时所使用的材料和工艺有缺陷、仪表测量时放置的位置不合规定以及测量环境等原因引起的误差，称为系统误差。例如，仪表零点不准、温度、湿度、电源电压等因素变化所造成的误差均属于系统误差。

系统误差有一定的规律性，可以通过实验和分析，找出产生的原因，设法削弱和消除。其大小可以衡量测量数据与真值的偏离程度，以表征测量结果的正确性。系统误差能够用校正的方法消除或减小。

(2) 随机误差

随机误差是指在同一量的多次测量中，以不可预知方式变化的测量误差（不规则变化），又称为偶然误差。例如，热骚动、外界干扰以及测试人员感觉等因素引起的误差都属于随机误差。随机误差就个体而言是不确定的，但其总体服从统计规律，若测试次数足够多，随机误差的平均值可趋于零，所以多测试几次，求其平均值就接近真值。

(3) 粗大误差

粗大误差是指明显超出了规定条件下预期的误差，又称为过失误差。这种误差是由于实验者的粗心，错误读取数据；或使用了有缺陷的计量器具；或计量器具使用不正确；或环境的干扰等引起的。例如，用了有问题的仪器、读错、记错或算错测量数据等。含有粗差的测量值称为坏值，通过多次测试和分析，确认是粗差应该去掉。

3. 削弱或消除误差的主要措施

对于随机误差、粗大误差，只要认真细致，注意环境，多测试几次即可以削弱或消除。系统误差一般包括仪器、装置、人身、方法（即理论误差）等误差，系统误差能够用标准表校正的方法消除或减小，也可以采用正负误差抵消法解决。

注意：测量结果中可能出现的最大误差与测量方法有关。

测量方法有直接法和间接法两类，直接法是指直接对被测量进行测量并取得数据的方法；间接法是指通过测量与被测量有一定关系的其他量，然后换算得到被测量的方法。采用间接法可能使测量相对误差增大，例如，若 $F=A-B$，通过测试 A、B 计算 F 时，当 A、B 较接近时，相对误差可能增大到不能允许的程度，所以，在选择测量方法时，应尽量避免用两个量之差来求第三个量。

1.2.2 实验数据的获取和一般处理方法

1. 实验数据的获取

获取数据的方式一般可分为指针显示、波形显示和数字显示3大类。在使用仪表进行电子测量时，要注意采用正确的方法读取测量数据，以减小误差。

(1) 指针显示类仪表

传统仪表大都是指针显示类，它靠指针在仪表刻度盘上的指示位置来显示被测量的大小。这类仪表比较常见的有指针式万用表、晶体管毫伏表等。

指针显示类仪表数据的读取，首先要确定仪表表盘各分度线所表示的刻度值，然后根据指针所在的位置进行读数。当指针停留在刻度盘上两小分度之间时，需要估读一个近似的数值，即取一个比较合理的近似读数。

(2) 波形显示类仪表

可以将被测量的波形直观地显示在仪表的显示屏上。根据显示的波形可读出被测量的有关数据。显然，这类仪表可以一次读取被测量的几个参数，如双踪示波器可同时显示两个信号波形的周期、最大值等参数。

波形显示类仪表读取数据时，要确定仪表在横轴（X 轴）、纵轴（Y 轴）方向上每一坐标格所表示的电量数据，然后依据波形在轴上占有的格数进行读数。

(3) 使用数字显示类仪表

可以根据仪表显示的数据直接读数，有些仪表还可以直接显示被测量的单位。目前，较先进的数字仪表还有自动换挡的功能，使用非常方便。

数字显示类仪表依靠发光二极管、液晶、数码管等显示器件来显示被测参数的数据。使用数字显示类仪表不会产生读数误差和刻度误差，所以读数方便、准确，其应用范围也越来越广。

2. 实验数据的一般处理方法

通过测量取得数据后，通常还要对这些数据进行计算、分析、整理，有时还要把数据归成一定的表达式或画成表格、曲线等，也就是要进行数据处理，得出结论，以供撰写报告使用。

实验数据的处理极为重要，处理得好能带来很好的实验效果，减小误差，所以必须重视。实验数据都是近似值，用有效数字表示，在记录和计算数据时，必须掌握有效数字的正确取舍。不能认为一个数据中，小数点后面位数越多，这个数据就越准确；也不能认为计算测量结果中，保留的位数越多，准确度就越高。

(1) 有效数字的概念

从一个数左边第一个非零数字开始至右边最后一个数字为止所包含的数字，即是有效数字。例如，测得的频率为0.036 9 kHz，它是由3、6、9三个有效数字表示的，其左边的两个零不是有效数字，因为通过单位变换，可以写成0036.9 Hz；若测得的频率为2.036 9 kHz，则它的有效数字由2、0、3、6、9五个数字组成。其末尾数字“9”通常是测量中的估计值，称为欠准确数字（简称欠准数字），其他有效数字是准确数字。有效数字的表示要遵守以下两点：

① 在有效数字中，只应保留一个欠准数字。在记录测量数据时，只有最后一位是欠准数字，这样记取的数据表明被测量可能在最后一位数字上变化±1单位。例如，用一只满量程为50 V的电压表，测得的电压为36.5 V，则该电压是用三位有效数字表示的，其中，3和6两个数字都是有效数字，而5是欠准确数字，因为它是估计出来的，它可能被估计为4，也可能被估计为6，可以表示为(36.5±0.1)V。

② 欠准数字中，要特别注意“0”的情况。例如，测量某电流值为39.600 mA，表明前面3、9、6、0是准确数字，最后一位0是欠准数字；若改写成39.6 mA，则表明前面3、9是准确数字，

而6是欠准数字。两种写法，表示同一数值，但实际上反映了不同的测量准确度。另外，39.600×10^6有3、9、6、0、0五位有效数字，即10的次方前都是有效数字。

(2) 有效数字的运算

① 加、减法运算。由于参与加、减法运算的数据必为相同单位的同一物理量，所以其精确度最差的就是小数点后面有效数字位数最少的。因此，在进行运算前，应将各数据所保留的小数点后的位数处理成与精度最差的数据相同，然后再进行运算。

② 乘、除法运算。运算前对各数据的处理应以有效数字位数最少的数据为标准。所得的积或商，其有效数字位数应与有效数字位数最少的那个数据相同。

(3) 有效数字的处理

处理有效数字的方法一般有以下几种：

① 对于π、$\sqrt{2}$、e等除不尽的常数，在运算中根据需要取适当的位数。

② 对于计量测定或通过计算所得的数据，应根据精度需要去掉精度范围以外的那些数字，一般按照“四舍五入”的原则处理。

③ 用图解法处理有效数字。图解法处理有效数字也是一种手段，图解法处理测量数据比较简单易行，图解法处理时应按照一定的规则进行。图解法适合对最终测试结果精度要求不高的场合；另外，有些测量的目的并不是单纯地测试某几个量的值，而是在求出某两个量或多个量之间的函数关系，如晶体管特性曲线的测量。对于这种确定函数关系的测量，一般不对测量精度进行估计，同样适于采用图解法处理。

1.3　常用电子测量仪器及其使用

1.3.1　电子测量仪器的分类

利用电子技术对各种电量(或非电量)进行测试的设备，统称为电子测量仪器(简称为电子仪器)。电子仪器品种繁多，有多种分类方法，按功能可分为专用仪器与通用仪器两大类。

专用电子仪器是为特定测量目的专门设计制造的仪器，适合应用于特定的测试对象，例如，晶体管特性图示仪专用于测量晶体管等半导体的特性，而不能他用。

通用电子仪器应用范围广，灵活性强。例如，电子示波器可用于测量电信号的电压、电流、周期(或频率)和相位等参量，配上相应的器件(如传感器)和电路，也可用于非电量的测量。本节所介绍的仪器多数是通用仪器，按其用途可分为下列几种。

① 信号发生器：用来产生测试用的信号。主要有高频或低频正弦波信号发生器、脉冲发生器、函数发生器、噪声发生器等。现在的信号发生器一般功能齐全，除了产生上述信号外，还可以产生三角波、锯齿波等波形。

② 电压表：用来测量交、直流和脉冲信号的电压。电压表的种类较多，主要有模拟式电

子电压表和数字式电子电压表两大类。一般习惯用的万用表就归为电压表范围。

③ 电子示波器：用来显示电信号波形，测量电信号参数。主要有通用示波器、多踪示波器（双踪常用）、数字存储示波器等。

④ 频率、相位测量仪器：用来测量电信号的频率和相位。主要有电子计数式频率计、数字式频率计、数字式相位计等。

⑤ 模拟电路特性测试仪：用来测量电路频率特性、噪声特性。主要有扫描仪（即频率特性测试仪）、相位特性测试仪、失真度测试仪、噪声系数测试仪等。

⑥ 数字电路特性测试仪：用来测量数字电路功能。主要有逻辑分析仪、逻辑脉冲信号发生器、逻辑笔等。

⑦ 信号分析仪器：用来分析电信号的频谱。主要有谐波分析仪、频谱分析仪等。

⑧ 元器件参数测量仪器：用来测量元器件参数，检测元器件工作状态或功能。主要有电桥、Q表、晶体管特性参数图示仪、模拟和数字集成电路测试仪等。

⑨ 智能仪器：将微处理器用于电子仪器中，形成智能仪器。智能仪器具有自动化测试功能，它能够进行自动测试、分析并显示测试结果。智能仪器虽然先进，但它还不能取代传统的电子仪器，因为并非所有场合都需要自动化测试。在实际工作中，只有在需要大量重复或快捷测试的情况下，使用智能仪器才有意义。生产、科研和教学中，大量使用的仍是传统的电子仪器，因此熟练掌握传统电子仪器的使用技术仍十分必要。

1.3.2 典型电子测量仪器的介绍与使用

电子测量仪器种类繁多，各高校所用型号各不相同，本小节仅对几种常用仪器进行简单介绍。详细内容，请参阅具体仪器说明书。

1. 指针式万用表

万用表是由电流表、电压表和欧姆表等各种测量电路通过转换装置组成的综合仪表，是一种常用的便携式多功能电压表，主要用来测量电压、电流、电阻、晶体管放大倍数、电容、电感等参数。它具有体积小、携带使用方便、价格低、检测精度较高等优点，是维护、检修电子、电气设备的常用工具。万用表可以分为指针式和数字式万用表两大类。指针式万用表又称为模拟式万用表，有MF－30型、MF－66型、MF－122型、MF－500型等多种型号。

(1) 指针式万用表的结构

指针式万用表的种类很多，功能有所差别，但结构和原理基本相同。其内部结构主要由磁电式微安表、测量电路、转换开关等几大部分组成；外部结构主要由外壳、表头、表盘、机械调零旋钮、电阻挡调零电位器旋钮、转换开关、专用插孔、表笔及其插孔组成（可以统称为面板）；而内部的测量电路则是由电池、电阻、电容、二极管、三极管以及集成电路等元器件组成。

测量电路的作用是把被测量转换成适合磁电式仪表测量的小直流电流，各测量电路的原理基础实际上就是欧姆定律、串并联分压规律以及二极管整流知识。

表头是万用表的重要组成部分，决定了万用表的灵敏度。表头由指针、磁路系统和偏转系统组成。为了提高测量的灵敏度和扩大电流的量程，表头一般都采用内阻较大、灵敏度较高的磁电式直流安培表。

转换开关的作用是针对不同的测量电量实现不同测量电路的转换和量程的转换。

图1-1所示为MF-500型万用表面板示意图。MF-500型万用表是一种高灵敏度、磁电整流式仪表，由磁电式微安表、测量电路、转换开关等几大部分组成。

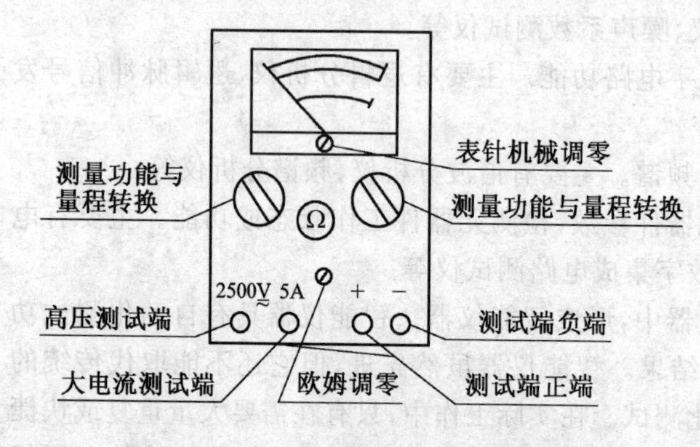

图1-1 MF-500型万用表面板示意图

1）表 盘

由刻度线及具有说明作用的符号组成，通过指针指示的表盘刻度值可测出被测参数的数值。

2）转换开关与专用插孔（或插座）

万用表的型号不同，转换开关的工作方式也不同，有“功能开关/量程开关”合用型、“功能开关/量程开关”分离型、“功能开关/量程开关”交互使用型。MF-500型万用表采用“功能开关/量程开关”分离型，在测量过程中，首先根据被测值选择功能开关旋钮，再根据被测值的大小选择量程开关旋钮。

有些型号的万用表还设置有专用插孔，与功能开关配合，以完成某些专项测量任务，例如，测试二极管、三极管、电容、电感等。

3）机械调零旋钮和电阻挡调零旋钮

① 机械调零旋钮的作用是，万用表在没有使用的状态下，指针应指在刻度线左端的“零”位上。如有偏移，可调节机械调零旋钮，使指针处在“零”位置。

② 电阻挡调零旋钮的作用是，测量电阻时，无论选择哪一挡旋钮，当两表笔短接时，都要先将指针指在“0”处，否则，会给测量值带来一定的误差，换挡需重新调零。

4）表笔插孔

不同的万用表，其表笔“＋”、“－”插孔的表示方法也各不相同，有的直接用“＋”、“－”表示；有的用“＋”、“*”表示；有的用“＋”、“COM”表示等。

指针式万用表的红笔插孔与万用表内部电池的负极相连，黑笔插孔与万用表内部电池的正极相连（数字万用表则相反）。用万用表测量二极管、三极管以及某些极性元件时，要特别注意表笔对应的电源极性，以免引起误判。

MF-500型万用表有4个表笔插孔如图1-1所示，分别如下。

① 高压插孔：在其上方标有“2 500 V”标记。在测量500 V以上的交/直流电压时，红表笔应插在该插孔里，这时，万用表的最大量程为2 500 V。

② 大电流插孔：在其上方标有“5 A”标记。在测量 1 000 mA 以上的直流电流时，红表笔应插在该插孔里。这时，万用表的最大量程为 5 A。

③ 正极插孔：在其上方标有“+”标记。在测量电阻、1 000 mA 以下的直流电流及 500 V 以内的交/直流电压时，红表笔应插在该插孔里。

④ 负极插孔：在其上方标有“−”标记。在做任何项目的测量时，黑表笔都应插在该插孔里。

面板上一般用$\underline{A}$表示测直流电流，用$\underline{V}$表示测直流电压，用$\underset{\sim}{V}$表示测交流电压，用$\underset{\sim}{A}$表示测交流电流，用 Ω 表示欧姆挡测电阻等。

MF－500 型万用表有 24 个挡位，可分别测量直流电压、直流电流、交流电压、交流电流、电阻、电容、电感及音频电平。通过改变表盘上两个转换开关的挡位来改变测量电路的测量结构，以满足各种功能的测量要求。测量范围和精度等级见技术说明书。

(2) 指针式万用表的使用方法及注意事项

万用表属于常规仪器，使用频繁，稍有不慎，轻则损坏表内元器件，重则损坏表头，甚至危及人身安全。因此，使用时要格外小心，并要注意以下几个方面。

1) 要全面了解万用表的性能

在使用前，必须仔细阅读使用说明书，了解刻度线对应量程，熟悉各种转换开关、旋钮、测量插孔及专用插孔的作用。万用表有垂直放置和水平放置之分，不按规定放置会引起倾斜误差。

2) 测量前应注意的事项

测量前应明确测量目标和测量方法，并依此正确选择测量对象和量程。若不能估计被测对象的大小，应该先用最大量程来测量，然后再根据初测结果逐次递减，选用合适的量程，使指针的读数在刻度的三分之一至三分之二之间即可，这时读数才比较准确。使用前检查指针是否指在零位上，如果没有指示在零位上，可通过机械调零使指针指示零位上。

3) 测量直流电压的方法及注意事项

选择直流电压挡和合适量程，将万用表两表笔与被测电路并联，且红表笔（“+”）接于直流电路中的高电位，黑表笔（“−”）接于直流电路中的低电位。若不知极性，可先将量程旋至最大挡后做快速检测，如果指针向左偏转，说明极性接反，应将红、黑笔快速调换即可。

要养成单手测量的习惯，应先把一只笔固定在被测电路的公共端，用另一支笔去触碰测试点。当误用直流电压挡去测交流电压时，指针不动或稍有摆动；用交流电压挡去测直流电压时，读数会偏高很多。

4) 测量交流电压的方法及注意事项

对于交流电压的测量，与直流测量颇为相似，只是交流电没有正负极而已；万用表用来直接显示被测正弦交流电压或电流的有效值。万用表测量的电量频率较低，一般在 1 kHz 以下，只能用来测正弦交流电，若是非正弦交流电会产生很大的误差。

5) 测量电流的注意事项

选择直流电流或交流挡以及合适量程。万用表必须串联在被测电路中，操作时必须先断开电路再串入万用表。若将万用表与负载并联，会造成电路和仪表的损坏。

测量直流电流时，应注意电流的正负极性，极性的判别与量程的选择方法与直流电压相同。

6) 测量电阻值的方法及注意事项

测量时被测电阻应接在“＋”、“－”两端，当转换开关置于电阻挡及相应量程时，可读出相应的电阻值。电阻值的刻度与电流值刻度相反，被测电阻愈小，即电流愈大，因此指针的偏转角愈大。

测量前应将“＋”、“－”两端短接，指针偏转角应为最大，即电阻值为零而电流满刻度(刻度的最右边)，否则应调零欧姆调节电位器进行校正。测量前或每次更换倍率挡时，都应重新调整零点。若×1挡不能调零，应更换电池，否则应以测量值减去零点误差作为测试结果。

电阻测量的倍率挡分为×1，×10，×100，×1k，×10k共五挡。转换开关置于R×1挡时，应在标度尺上直接读取数据。置于其他挡位时，应乘以相应倍率。电阻挡的刻度呈非线性，越靠近高阻端，刻度越密，读数误差也越大，因此，合理选择适当的倍率挡，使被测电阻的读数在刻度的三分之一至三分之二之间，读数才比较准确。

测量电阻时要接入电池，面板上的“＋”端接在电池的负极，而“－”端接在电池的正极。五个电阻挡中前四个低值挡一般接入1.5 V电池，10 kΩ高阻挡，由于电流过小，无法测试，应增大电源，一般采用1.5 V和9 V电池串联使用。

用电阻挡测量电解电容器的性能时，要先放电，再测量，以免烧坏表头，由于万用表×10k挡采用1.5 V和9 V电池串联，不宜测量耐压低的元器件。

测二极管、三极管、稳压管时，要注意表笔极性，不同量程测量其等效电阻时，结果不同，这是因为非线性器件对不同的测试电流呈现不同的等效电阻。

绝对不允许在带电线路上测量电阻，否则将损坏万用表。停止测量时不要使两支笔相接触，以免短路空耗表内电池。禁止用手同时接触被测电阻两端，以免由于人体电阻的接入使读数变小，造成测量误差。测量热敏电阻阻值时，由于电流的热效应会改变其阻值，故读数仅供参考。

(3) 指针式万用表的维护及注意事项

① 测试电流就用电流挡，而不能误用电压挡、电阻挡，其他同理。否则轻则烧坏万用表内的保险丝，重则损坏表头。

② 在使用万用表过程中，不能用手去接触表笔的金属部分，这样一方面可以保证测量的准确，另一方面也可以保证人身安全。

③ 在测量某一电量时，不能在测量的同时换挡，尤其是在测量高电压或大电流时，更应注意，否则，会使万用表毁坏。如需换挡，应先断开表笔，换挡后再去测量。

④ 为了减少因误操作而造成的损坏，表内加入熔断器进行保护，应养成不使用仪表时，将转换开关置于高电压挡的良好习惯。如果长期不使用，还应将万用表内部的电池取出来，以免电池腐蚀表内其他器件。

2. 数字式万用表

数字式万用表是将测量的电压、电流、电阻等电参数值直接用数字显示出来的测试仪表，另外还可以测量电容、电感、二极管、三极管等参数，是一种多功能的测试工具。数字式万用表主要由测量电路、模/数转换器、显示电路及显示器、电源和功能/量程开关等组成。

功能/量程开关、测量电路的功能与模拟式万用表相似，测量电路将被测量转换成直流电压信号，送给模/数转换器转换为数字量，再通过显示电路驱动显示器，以数字形式显示，一般采用七段数码、液晶等显示。数字式万用表与指针式万用表相比具有以下优点：

① 测量值直接用数字显示，读数变得直观、准确，速度快，易于读取。

② 内部采用大规模集成电路，极大地提高了测量内阻，减少了对被测电路的影响，因此，减小了测量误差，提高了测量精度。

③ 提高了防磁能力，万用表在强磁场下也能正常工作。

④ 增加了保护装置，具备了输入超限显示功能，提高了可靠性和耐久性。

⑤ 内部没有机械损耗，杜绝了机械损耗所引起的读数误差，准确度和灵敏度比模拟式万用表要高得多。

(1) 数字式万用表的结构和各部件作用

常见的数字万用表型号很多，显示数字位数有三位半、四位半和五位半之分，对应显示的数字最大值分别为 1 999、19 999、199 999。DT－830 型就是其中一种三位半袖珍型数字万用表，图 1－2 为DT－830 型数字式万用表的外形图。从外形图可以看出，其上部分是一个数字显示器，下部分有 4 个表笔插孔，中间是量程转换开关、电源开关以及专用插孔（例如 h_{FE}）。其各部件作用如下。

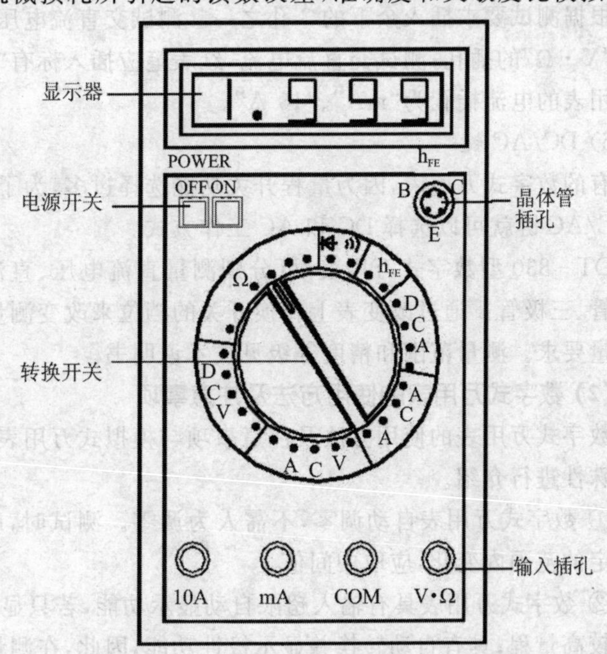

图 1－2　DT－830 型数字式万用表的外形图

1）数字显示器（LCD）

不同型号的数字式万用表有

些差别，但一般都能直接显示被测量的数值及单位，直接读出，避免了指针表的人为读数误差和换算误差。

2）电源开关(POWER)和保持开关(HOLD)

按下POWER，电源接通，不用时，置于弹出状态。有些万用表(例如，VC9805)还设置有保持开关，以方便读数，按下此键，会将当前所测得的数值保持在显示屏上，并出现“H”符号，待到再次按下，“H”符号消失，退出保持状态。

3）选择转换开关

数字式万用表的功能开关与量程开关合用，设置在表的中间，其功能多、测量范围广。一般有电压、电流、电阻挡，有的还设置有测二极管、三极管、频率、电感、电容等功能挡。

4）专用插孔(或插座)

数字式万用表还设置有专用插孔，与功能开关配合，以完成某些专项测量任务，例如，测试二极管、三极管、电容、电感等。例如，DT-830型数字式万用表中，h_{FE}就是一个用来测试三极管放大倍数的专用插孔，有些万用表(例如，VC9805)还设置有电感和电容专用插孔，只要与功能开关配合，将待测电感和电容插入专用插孔即可。

5）表笔插孔

数字式万用表一般有4个表笔插孔。标有“COM”的为公共地插孔，应插入黑表笔，红表笔应根据测试要求插入余下的3孔之一。测试交直流电压、电阻及频率等参数，红表笔应插入标有“V·Ω”的插孔；测试交直流电流，红表笔应插入标有“mA”、“A”的插孔，DT-830型数字式万用表的电流插孔为“mA”、“10 A”。

6）DC/AC键

有的数字式万用表，因为量程开关功能选择过多，为了方便，而将某个功能键专门设置，例如DC/AC键就可以选择DC和AC工作方式。

DT-830型数字式万用表，可分别测量直流电压、直流电流、交流电压、交流电流、电阻、二极管、三极管。通过改变表上转换开关的挡位来改变测量电路的测量结构，以满足各种功能的测量要求。测量范围和精度等级见技术说明书。

(2) 数字式万用表的使用方法及注意事项

数字式万用表的使用方法及注意事项与模拟式万用表基本相同。下面仅就数字式万用表的特殊性进行介绍。

① 数字式万用表自动调零，不需人为调零。测试时，应等到稳定后，再读数，若数值一直在一定的范围内变化，应取中间值。

② 数字式万用表具有输入超限自动显示功能，若只显示“.1”其他消隐，说明已经过载，应选择较高量程；具有自动转换并显示极性功能，因此，在测量直流电压或电流时，可以不考虑表笔的极性。

③ 数字式万用表的“COM”端接内电源负极，另外三个输入插孔中接内电源正极，正好与

模拟式万用表的接法相反。因此,在检测二极管、三极管、电解电容等极性器件时,要注意表笔的极性。

④ 用数字式万用表测量电阻时,黑表笔一般应接“COM”端,红表笔接“V·Ω”。利用高阻挡测大电阻时,显示值要经过一定时间才能稳定下来;利用低阻挡测小电阻时,应先将两只表笔短路,测出表笔引线电阻值,再接电阻测试,测量实际值应等于二值之差。

⑤ 不同的电阻挡测非线性器件的电阻时,结果会有差别。由于数字式万用表内阻较大,电阻挡提供的测试电流较小,测得的二极管正向电阻要比指针式万用表大很多。建议改用二极管挡去测二极管的正向电压,以获得更准确结果。不允许直接测电池的内阻,因为这相对于给万用表加了一个输入电压,不仅测试结果毫无意义,还容易损坏万用表。

⑥ 测量二极管压降时,应将量程开关置于二极管挡,红表笔插入“V·Ω”孔,接二极管的正极,黑表笔插入“COM”孔,接二极管的负极。

⑦ 根据被测三极管的种类、型号,将量程开关置于相应的位置,然后将被测三极管的B、C、E三个极分别插入对应的“NPN”或“PNP”插孔内,则可读出h_{FE}。因为测试电压较低,h_{FE}插孔提供的基极电流又很小,三极管处于低电压、小电流的工作状态,所以,测量结果仅供参考。

⑧ 一些数字式万用表设置有频率挡(例如,VC9805),利用频率挡测量频率时,应将量程开关置于频率挡,红表笔插入“V·Ω”孔,黑表笔插入“COM”孔,输入信号接在两表笔之间。由于频率挡的输入阻抗较高,不接收信号时也可能有一定读数,但不影响正常测量。一般对被测信号的有效值有一定要求。

⑨ 将量程开关置于标有蜂鸣器标志的位置,黑表笔插入“COM”孔,红表笔插入“V·Ω”孔。若所测电路的电阻很小(100 Ω以下),则表内蜂鸣器鸣叫,表示电路导通,常用于短路报警。

⑩ 将量程开关置于电容挡,将电容插入电容插孔,将测试表笔跨接在电容两端,则屏幕显示被测量电容值。**注意:** 测量电解电容时,要先放电再测量,并要注意极性。测量电感,需将量程开关置于电感挡,方法与测量电容相同,多数万用表一般电容、电感插孔共用。

若需精确测量电阻、电容、电感等电参数,则需使用交直流电桥,直流电桥用来精确测量电阻,交流电桥用来精确测量电感、电容、阻抗等电参数。

(3) 数字式万用表的维护

① 注意环境,禁止在高温、强光照射、潮湿、寒冷、尘多的地方使用或存放数字式万用表,以免损坏数字显示器或其他元器件。

② 数字式万用表功能多,相邻挡位距离小,转换时易出错,因此转换量程开关时,要慢且轻,并确保接触良好。严禁在测量时转换量程开关,以防损坏万用表。

③ 不得随意拆卸万用表及线路,以免造成人为故障或改变出厂调好的技术指标。若发生故障,则应对照电路进行检修,最好送有经验的人维修,修理完毕后,要进行校准。

④ 可使用酒精棉球清洗机壳,不得使用汽油等有机溶剂。

⑤ 数字式万用表使用9 V电池，若电池电压不足(显示屏一般有低电压符号显示)，将会引起较大测量误差，应及时更换电池；在电池盒内还装有熔断器，熔断器熔断后，显示屏上将无显示，开启电池盖可进行更换。应养成随时关断电源的习惯，长期不使用应将电池取出，以免损耗电池或腐蚀线路板。

3. 电子电压表

电子电压表一般指模拟式交流电压表，它是一种常用测量仪器，采用磁电式表头作为指示器，属于指针式仪表。

交流电压表种类繁多。按所用电路元器件不同，可分为电子管毫伏表、晶体管毫伏表和集成电路毫伏表3种。电子管毫伏表已被淘汰，最常用的是晶体管毫伏表，例如，CA2171、DF2173B、DA-16等。按所能测量信号频率的不同，可分为视频和超高频毫伏表。

交流电压表与普通万用表相比较，具有以下优点。

① 输入阻抗高。一般输入电阻可达几百千欧，甚至几兆欧，仪表接入被测电路后，对电路的影响小，测量结果更为接近实际值。

② 灵敏度高、电压测量范围广。灵敏度反映了仪表测量微弱信号的能力，灵敏度越高，测量微弱信号的能力越强，最低电压可测到微伏级；电压测量范围广，可以测量从几百微伏到几百伏的正弦电压有效值。

③ 测量频率范围宽。适用频率范围一般为几赫兹到几百兆赫兹，而万用表交流电压挡的信号频率一般为几十赫兹到一千赫兹。

毫伏表的电路结构主要有“检波-放大式”和“放大-检波式”两种形式。“放大-检波式”毫伏表主要由衰减器(一般是量程开关控制的可变分压器)、交流电压放大器、检波器、指示电路以及电源五部分组成，其原理框图如图1-3所示。

被测电压先经衰减器衰减到适于交流放大器输入的数值，再经交流电压放大器进行放大，以提高毫伏表的灵敏度，被放大的交流信号经检波器检波，得到直流电压，输出的直流电压流过表头，推动指针偏转指示数值。指示数值为被测正弦交流电压的有效值，若非正弦交流电压，读数无实际意义。

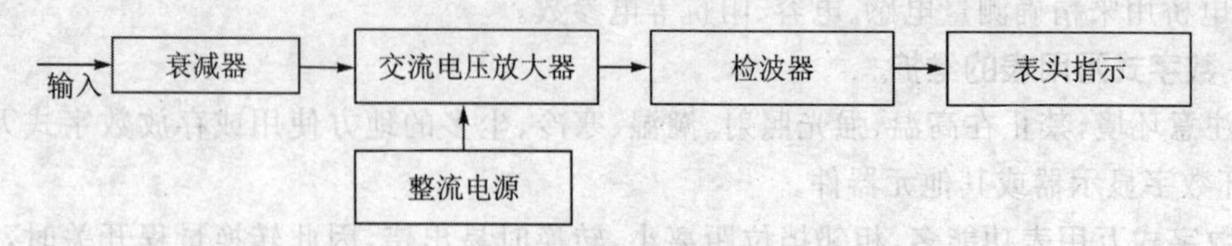

图1-3 放大-检波式毫伏表的原理框图

DA-16、CA2171型交流毫伏表属于“放大-检波式”电子电压表，下面以CA2171型为例简单介绍。

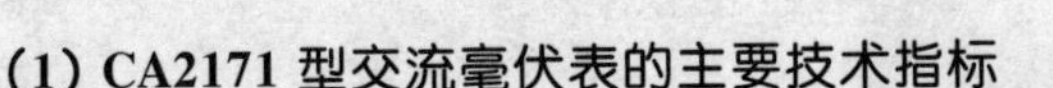

(1) CA2171型交流毫伏表的主要技术指标

测量电压范围：300 μV～100 V，共分12个量程，对应的分贝量程为－70～40 dB。

测量电压的频率范围：10 Hz～2 MHz。

输入阻抗：输入电阻≥2 MΩ，输入电容≤50 pF。

误差：≤5％满刻度。

电压测量电源：220×(1±0.1) V。

(2) 面板结构及部件作用

CA2171面板结构如图1-4所示，其各部分介绍如下。

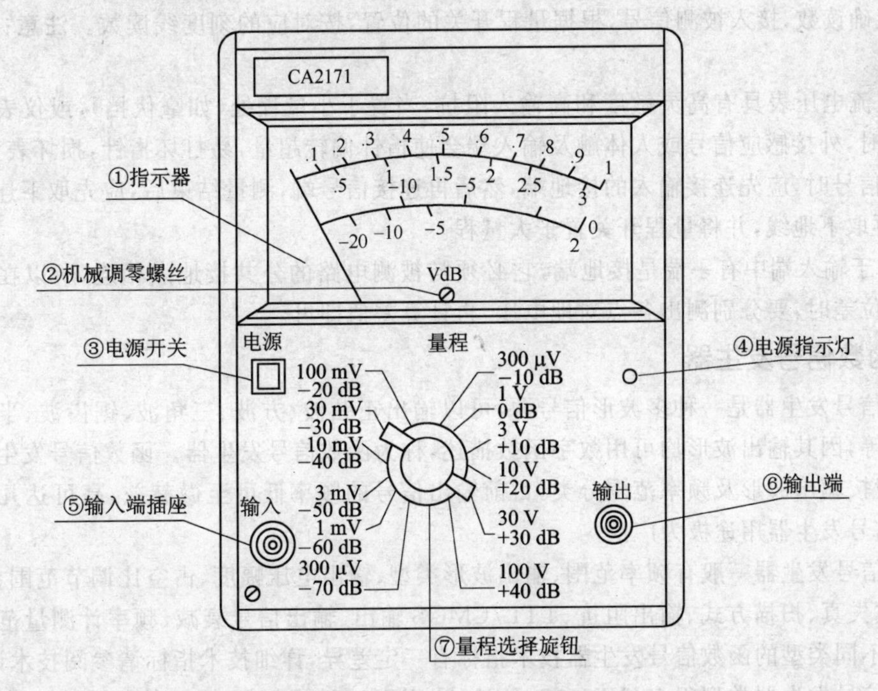

图1-4 CA2171型交流毫伏表面板图

① 指示器：指针指示应测数据。

② 机械调零螺丝：用于机械调零。

③ 电源开关：关闭、开启电源。

④ 电源指示灯：电源开关按下指示灯亮。

⑤ 输入端插座：接被测信号输入端。

⑥ 输出端：CA2171不仅可以测量交流电压，还可以作为一个宽频带、低噪声、高增益的放大器使用，此时，信号由输入插座输入，由输出端输出。

⑦ 量程选择旋钮：用于选择仪表的满刻度值。

(3) 使用方法和注意事项

① 将量程置于较大挡(如 3 V),接通电源,按下电源开关,指示灯亮,仪器工作,开机后指针短暂无规则摆动属于正常现象,稳定后,即可测量。

② 机械调零,应先检查指针是否在零点,若不在零点,应调节调零螺丝,使指针位于零点。**注意:** 每次换挡都要检查调零。

③ 正确选择量程,应按被测电压的大小选择合适的量程,若无法估计被测信号的大小,应先置于大量程,然后再逐步减小量程。**注意:** 合适的量程,应使指针偏转至满刻度的 1/3 以上区域,以保证测量精度。

④ 正确读数,接入被测信号,根据量程开关的位置,按对应的刻度线读数。**注意:** 量程与衰减倍数。

⑤ 交流电压表具有高灵敏度和高输入阻抗,当置于小量程处(如毫伏挡),或仪表输入端连线开路时,外接感应信号或人体触及输入端会使指针偏转超量,易打坏指针,损坏表头,故在接入被测信号时,应先连接输入的接地端,然后再连接信号端,测量结束后,应先取下连接信号端连线,再取下地线,并将量程开关置于大量程。

⑥ 由于输入端中有一端是接地端,它必须与被测电路的公共接地点相连,所以在测量两点间的电位差时,要分别测出各点对地电压,再计算差值即可。

4. 函数信号发生器

函数信号发生器是一种多波形信号源,可以输出正弦波、方波、三角波、锯齿波、半正弦波及指数波等,因其输出波形均可用数字函数描述,称为函数信号发生器。函数信号发生器种类繁多,一般按输出波形及频率范围分类,目前输出信号的频率低可至微赫兹,高可达几十兆赫兹,函数信号发生器用途极为广泛。

函数信号发生器一般有频率范围、输出波形类型、输出电压幅度、占空比调节范围、方波边沿、正弦波失真、扫描方式、输出阻抗、TTL/CMOS 输出、输出信号衰减、频率计测量范围等技术指标。不同类型的函数信号发生器技术指标有一定差异,详细技术指标请参阅技术说明书。

函数信号发生器类型很多,YB1602、YB1610、BC2002、CA1640－2 等都是常用类型。例如,CA1640－2 函数信号发生器采用大规模集成电路和贴片生产工艺,以保证仪器具有高可靠性,采用单片集成精密函数信号发生器电路,利用微控制器进行整周期频率测量和智能化管理,提高了频率测量范围,并数字显示,准确度高,使操作更加方便;采用精密电流源电路,使输出信号在整个频带内均具有相当高的精度,同时,多种电流源的变换使用,使仪器不仅具有多种波形输出,还可对各种波形实现扫描功能。该产品整机造型美观大方,电子控制按钮更舒适、方便,且精度高,可靠性强,具有优良的性价比,平均无故障时间高达数千小时以上,是一种较为的理想的函数信号发生器。其可以输出对称或非对称的正弦波、三角波、方波等信号,输出波形频率范围为 0.2 Hz～2 MHz。

具体函数信号发生器的基本结构、各部件的作用、详细技术指标、使用方法以及注意事项,请参阅读者所用型号函数信号发生器的技术说明书。

这里要说明的是，目前各高校实验室一般都配有相关实验箱或实验仪，信号发生器的基本功能已被组合进去，所以，对信号要求不高时，可以利用实验装置内的信号发生器，一般都能满足实验要求。

5. 电子示波器

电子示波器简称示波器，它可以把随时间变化的电信号用图像显示出来。通过对电信号波形的观察，可以分析电信号随时间的变化规律，测试各种电量参数，如电压、电流、频率、相位以及脉冲宽度、上升沿及下降沿时间等，若配备各种传感器，还能测量温度、压力、声、光、磁效应等各种非电量参数。因此，示波器不仅是电子领域中最基本和最重要的仪器之一，而且在医学、机械、物理、化学、航天等领域也得到了广泛应用。

(1) 示波器的种类

示波器的种类很多，主要有通用示波器和专用示波器两大类。按频率可分为高频和低频示波器；按功能可分为单踪、双踪和多踪示波器；按电路结构分为模拟示波器、数字示波器。常用的单踪、双踪示波器属于通用示波器，一般是模拟示波器。

(2) 通用示波器

通用示波器一般由示波管、垂直偏转系统、水平偏转系统及电源等部分组成，其组成框图如图1-5所示。

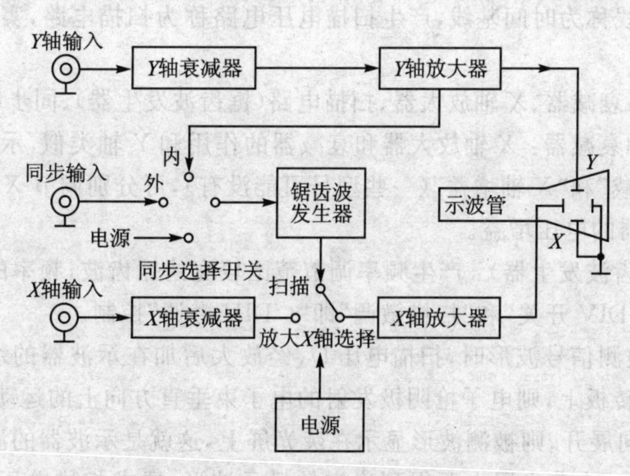

图1-5 通用示波器的基本组成框图

① 示波管是示波器的核心部分，它是将电信号变为光信号的转换器，有黑白和彩色之分，一般包括电子枪、偏转系统、荧光屏三部分。

② 垂直偏转系统（又称垂直通道）是被测信号的主要传输通道，其作用是将被测信号电压进行处理后，送到示波器垂直偏转板（Y轴偏转板）上进行观察。垂直通道主要包括高频探头

(图中未画)、Y 轴衰减器、Y 轴放大器、延迟电路等部分。

- 高频探头：为了避免杂散信号的干扰，被测信号一般都通过同轴电缆或带有高频探头的同轴电缆加到 Y 轴输入端。
- Y 轴衰减器和 Y 轴放大器：衰减器是一个电阻分压器，可以将各种不同幅度的被测信号波形，大小合适的显示在荧光屏上，以免失真；放大器可以放大被测电压信号的幅度，以推动示波器的垂直偏转板。根据被测信号的特点，要求 Y 轴放大器电压增益高、输入电阻高、频率响应好。

示波器面板上设置有“Y 轴衰减”即“灵敏度选择 V/DIV”和“Y 轴增益”即“V/DIV 微调旋钮”，前者用来调节 Y 轴衰减器的衰减量，后者用来调节 Y 轴放大器的电压增益。

- 延迟电路：当示波器处于内触发工作方式时，从 Y 轴放大器取出信号作用于触发电路，产生触发信号去触发扫描电路开始扫描，有可能出现扫描信号滞后被测信号的现象，使得显示的被测信号波形可能缺少开始部分。在垂直通道设置延迟电路后，可使作用于垂直偏转板上的被测信号延迟到扫描电压出现之后到达，从而可以观测到被测信号的全部图形。

③ 水平偏转系统（又称水平通道）的任务是产生用作时间基准的扫描电压，扫描电压(U_X)一般是一个锯齿波电压。若仅在水平偏转板上加一个随时间变化的锯齿波电压，荧光屏上光点将在 X 轴上左右移动，若频率较高，则看到一条水平亮线，称为扫描，此锯齿波电压称为扫描电压，水平亮线称为时间基线，产生扫描电压电路称为扫描电路，实际上就是锯齿波发生器。

水平通道一般由衰减器、X 轴放大器、扫描电路（锯齿波发生器）、同步触发电路组成。

- X 轴放大器和衰减器：X 轴放大器和衰减器的作用和 Y 轴类似，示波器面板上同样设置有“X 轴衰减”和“X 轴增益”（一些型号可能没有），可分别调节 X 轴衰减器的衰减量和 X 轴放大器的电压增益。
- 扫描电路（锯齿波发生器）：产生频率调节范围较宽的锯齿波，频率的调节由面板上“扫描范围”即“t/DIV 开关”和“扫描微调”即“t/DIV 微调”控制。

用示波器观察被测信号波形时，扫描电压 U_X 经放大后加在示波器的水平偏转板上，被测信号 U_Y 加到垂直偏转板上，则电子枪阴极发射的电子束垂直方向上的运动受 U_Y 的控制，同时也随时间在 X 轴方向展开，则被测波形显示在荧光屏上，这就是示波器的波形显示原理。

- 同步触发电路：在荧光屏上要得到稳定的显示波形，要求扫描电压 U_X 的周期 T_X 与 Y 轴输入的被测电压 U_Y 的周期 T_Y 必须满足 $T_X/T_Y=n$（正整数），否则波形就会向左或向右移动，造成不稳定。因此在示波器中要有同步装置，它的作用是引入一个幅度可调的电压来控制 $T_X/T_Y=n$，称为“同步”调节。T_X 由“t/DIV 开关”和“t/DIV 微调”控制。

示波器的扫描方式有连续扫描和触发扫描两类，一般使用触发扫描。触发扫描只有在触发信号作用下才开始扫描，每到一个触发信号只扫描一次，第二次扫描要等到第二个扫描信号到达才能触发。同步触发信号可以从以下3个方面进行选择。

- 内同步触发：从Y轴放大器中取出被测信号电压去控制锯齿波周期。一般均采用此种同步方式。
- 外同步触发：通过“同步输入”端，从外部输入一个电压去控制锯齿波周期。一般不采用此种同步方式。
- 电源同步触发：用50 Hz的交流电压去控制锯齿波周期。此种同步方式多用于测量与电源频率有关的信号。

目前，最常用的通用示波器主要是双踪示波器，其型号很多，例如，DF4320、YB4320C、PNGPOS9020型。其功能相似，具体使用方法和技术指标，请根据学校情况，参考有关资料。

(3) 数字存储示波器

通用示波器擅长测量周期信号，观测随机信号比较困难，数字存储示波器可以方便地观测随机信号。数字存储示波器不是一种模拟信号的存储，而是将它捕捉到的波形通过A/D转换器，转换为数字信号，然后存入示波器内的字存储器中。读出时，将存入的数字化波形通过D/A转换器，还原为捕捉到的波形，并在荧屏上显示出来。

数字存储示波器内部采用大规模集成电路和微处理器，在微处理器的统一协调下工作，具有自动化程度高、功能强等优点。其性能远好于通用示波器，只是价格较高，高校实验室较少使用。

CA1102/2102/1052/2052是数字存储示波器的几种典型产品，其中，CA1102、CA1052为黑白LCD，CA2102、CA2052为彩色LCD。具体型号及使用方法请根据学校情况参阅技术说明书。

6. 其他电子仪器

除了以上介绍的电子仪器外，还有一些电子仪器，例如晶体管特性图示仪、电桥、频率测试仪、集成电路测试仪等。

(1) 晶体管特性图示仪

晶体管特性图示仪是显示半导体晶体管特性曲线的专用仪器，它的工作原理与示波器的原理相似。

(2) 电　桥

电桥可以精确测量电阻、电容、电感等电参数，直流电桥用来精确测量电阻，交流电桥用来精确测量电感、电容、阻抗等电参数。

(3) 频率测试仪

频率测试仪主要用来测试信号频率，由于万用表、示波器等仪器都具有频率测试功能，专用频率测试仪并不常用。一般模拟与数字电子实验装置内都组合有频率测试功能。

(4) 集成电路测试仪

集成电路测试仪一般可以测试集成电路的型号和参数，一般通用性不强。

1.3.3　使用电子测量仪器的一般规则

1. 仔细阅读仪器说明书

(1) 说明书及正确使用说明书的意义

仪器使用说明书(或称技术说明书)是仪器最重要的附件,是了解仪器性能指标、正确使用仪器的依据,是校正仪器、维护与修理仪器必须使用的详细可靠资料。面对未使用过的仪器,只要能认真、仔细地阅读说明书,便能根据说明书了解仪器的性能和使用方法,达到正确使用仪器的目的。正确使用说明书十分重要。

(2) 仪器说明书的主要内容

仪器说明书一般包括以下内容:

① 概述。主要介绍仪器的性能、用途和特点。

② 仪器的主要技术指标,如灵敏度、量程、输入阻抗、工作频率范围、连续工作时间(一定环境)、测试误差范围等。这些指标是选择仪器的主要依据。

③ 面板结构图(或面板图片)。介绍仪器各显示部件(表头、屏幕、指示灯等)、控制(开关、按键、旋钮等)以及插座、保险丝等部件的外形及它们在面板上的位置。

④ 仪器工作原理及电路原理图。介绍仪器电路构成原理和主要电路的工作原理。一般不详细,常用框图表示,并附有文字说明。分析仪器工作原理有助于进一步了解仪器性能和使用方法;电路原理图(或安装图)介绍仪器各部分的电路组成,是分析、维护和修理仪器的主要参考资料。

⑤ 使用方法。说明书的重要内容之一,介绍仪器各控制部件的用途和使用方法,介绍在使用仪器的全过程中需遵守的操作步骤。部分仪器还介绍使用仪器时,读取、计算求得有关数据的方法。若不按照规定的方法进行操作,则不能得到正确的实验结果,甚至会损坏仪器。

⑥ 注意事项。根据仪器的特点,提出有关保证测试精确度、保障仪器安全和维护仪器的要点,强调仪器的使用条件,指出操作过程中容易忽视的问题。使用中,必须充分重视这部分内容。

⑦ 测试、校正、保养方法。为保证仪器的测试精确度,有必要定期或在维修仪器之后对仪器有关部件进行必要的调整,此时,应遵守一定的操作方法和步骤。有效仪器在每次使用前都必须进行必要的调试和校正。

⑧ 故障维修方法。介绍仪器可能出现的故障现象、判断方法及处理措施。有的还附有所用元器件的技术参数和电路中一些测试点的电压数值或电压波形。

⑨ 仪器的附件和元器件清单。

(3) 根据说明书使用仪器的基本步骤

① 详细阅读说明书,重点阅读概述、技术指标、使用方法、注意事项等内容,以便对仪器有一个较为完整的认识,同时考虑仪器的性能指标是否满足实验要求、工作条件是否符合仪器的

使用要求。

② 仔细观察仪器，对照说明书逐个辨认仪器面板（包括后面板、侧盖板）上的旋钮、开关、插座、显示器等部件。搞清各控制、显示等部件的用途和使用方法。反复观察，直到熟悉。

③ 按说明书要求顺序完成操作步骤，边操作、边分析、边记录。为了达到熟练掌握之目的，往往需要反复进行。

另外，还可以根据说明书介绍的方法和步骤，将使用方法要点简要写出。必要时，还可以建立仪器使用卡片，简要写出仪器的用途、主要技术指标、简明使用要点和使用注意事项，以供再次使用该仪器时参考。

以上简单介绍了应用说明书的方法，要真正掌握应用说明书指导使用仪器的方法，还需要不断学习和锻炼。

2. 合理选用电子仪器

在进行电子技术实验时，正确合理地选用电子仪器尤为重要。选用电子仪器应依据被测电路的结构原理，被测量的性质、范围和要求的测量精度，所采用的测量方法，现有的设备条件和使用环境等因素，综合加以考虑，合理地选用电子仪器。若考虑不周，仪器选择不当，轻者会造成测量误差过大，重者损坏测量仪器或损坏被测电路中的元器件。例如，要用测量频率范围为10 Hz～1 MHz的毫伏表测试频率为16 MHz、幅值约为2 V的交流电压，明显是不行的，因为毫伏表频率不符合要求。

选定仪器后，必须正确选择功能位置。例如，用万用表R×1挡测试晶体管发射结上的电阻，由于基极电流过大，很容易损坏晶体管。实际中，用电流挡去测电压，用低量程去测高电压、大电流，用工频电压去测高频电压等都是绝对不允许的，其结果不是损坏仪器，就是无法得出准确的测量结果。电子仪器的种类、型号繁多，下面仅对选用电压表和频率计的一般原则进行介绍，其他仪器可在实际应用中去熟悉。

(1) 电压表选用的一般原则

① 为减小测量误差，宜选用输入电阻高，量程挡级略高于被测量的电压表。

② 测量正弦信号时，要选用电压测量范围和频率测量范围均满足被测电压要求的电压表，测量脉冲信号应选用脉冲电压表。

③ 电流的测量可采用电流表直接测量。由于需串接在电路中，交、直流电流的测量一般均采用测量已知电阻两端电压降，然后换算成电流的间接测量方法。所以，选用仪器的原则与电压测量相同。

(2) 频率计选用的一般原则

宜选用输入电阻高，测量频率范围满足被测频率要求的数字频率计。若选用频率计输入阻抗偏低，可在被测电路与频率计之间加隔离电路（例如，射极、源极输出器、集成运放跟随器），以增大输入电阻，减小频率计对被测电路的影响，提高测量准确度。电子示波器同样可以测试频率，一般能满足实验要求。

这里，还要明白两个问题：第一，仪器使用说明书是正确选用仪器的主要依据，阅读时要结合实际仪器，边读边操作，这样可以收到事半功倍的效果；第二，测试仪器的选择与测量方法的选择是密切相关的，往往为了达到同一测量目的，因采用的测量方法不同，选用的仪器也有所不同。

3. 使用仪器的几点注意事项

正确使用仪器能够减小实验误差，取得正确的实验结果。综述以上分析，可得出正确使用仪器的基本规则如下。

① 正确选用仪器。

② 在规定的条件下使用仪器。各种仪器只有在规定的条件下才能正常工作，这些条件一般指环境温度、湿度、气压、电磁干扰、放置方法等。

③ 按规定要求调校仪器，保证仪器的精确度。校准仪器需按说明书给定的方法进行。

④ 按照说明书规定的方法和步骤使用仪器。仪器使用说明书中介绍的使用方法是正确使用仪器的依据，实验中若不按照正确的方法和步骤使用仪器，则有可能产生较大的误差或损坏仪器，影响实验的顺利进行。例如，需要调零的仪器，若不调零，测试结果将不准确。

⑤ 注意电子仪器的"接地"与"共地"问题。电子仪器"接地"与"共地"是抑制干扰、确保人身和设备安全的重要技术措施。所谓"地"可以指大地，电子仪器往往以地球的电位作为基准，即以大地作为零电位，在电路图中以符号"⊥"表示；"地"也可以是以电路系统中某一点电位为基准，即该点为相对零电位，电子电路中，往往以设备的金属底座、机架、外壳或公共导线作为零电位，即"地"电位，在电路图中以符号"⊥"表示，这种"地"电位不一定与大地等电位，电子电路中，最为常用。

- 接地问题：这里所说的"接地"是指电子仪器相对零电位点接大地。一台仪器或一个测试系统都存在接地问题。电子仪器的外壳通常应接大地，而且接地电阻越小越好，一般应在几十欧姆的范围内。合理接地，一方面可以防止雷击可能造成的设备损坏和人身安全，另外还可以减小外接干扰，提高仪器的工作稳定性，降低测量误差。具体原因请读者思考。
- 共地问题：所谓"共地"，即各台电子仪器及被测量装置的地端，按照信号输入、输出的顺序可靠地连接在一起(要求接线电阻和接触电阻越小越好)。

从测量输入端与大地的关系看，一些仪表两个输入端均与大地无关，即对大地是"悬浮"的，可称为"平衡输入"式仪表，如万用表。当万用表测量50 Hz交流电压时，它的两个测试笔可以互换测量点，而不影响测量结果；在电子测量中，由于被测电路大多工作频率高，信号弱、线路阻抗大，所以干扰问题严重。为了排除干扰，提高精度，大多数电子测量仪器采用单端输入(输出)方式，即仪器的两个输入端中，总有一个与相对零电位点(如机壳)连接，两个测量输入端一般不能互换测量点，可称为"不平衡输入"式仪器。测试系统中，这种不平衡输入式仪器，它们的接地端必须相连在一起。否则，将引入外接干扰，导致测量误差过大。特别是当各测试仪器的外壳通过电源插头接大地时，若未“共地”，会造成被测信号短路或损坏被测电路元器件。

1.4　电子工艺与相关技术

电子技术实验(或电子产品的生产)中，掌握电子工艺及一些技术十分重要。例如，工具的使用、元器件引出线及导线的加工工艺、PCB 的设计与制作、电路安装技术、焊接工艺、调试技术等。

1.4.1　电路原理图的绘制

说明电子产品中各元器件或单元电路之间的连接关系及工作原理的图，称为电路原理图。图中，以元器件的图形符号代替实物，以实线条表示电关系的连接。电路原理图是电子技术实验以及电子产品生产的主要依据，应按要求绘制电路原理图，不可或缺。

一般可以根据设计要求，绘制电原理图，也可根据实物绘制电原理图，本小节主要介绍根据设计要求绘制电原理图的一般规则和绘图步骤。

1. 绘制电原理图的一般规则

在电原理图中，元器件图形符号和文字符号，国家标准局有严格规定(即国标“GB”)，必须严格执行，不得任意更改或乱画。绘制电原理图的一般规则如下：

① 元器件图形符号或单元电路的布局，要疏密得当、顺序合理。应保持图面紧凑、清晰；整个图面应由左到右，由上到下排列各种元器件及单元电路，一般单元电路的输入部分应排在左边，向右依次是功能部分和输出部分。

② 元器件图形符号的排列方向应与图纸底边平行或垂直，尽量避免斜线排列。

③ 两条引线相交时，若在线路上实连接，则在两线相交处用黑点表示，否则无黑点。引线折弯处要成直角。

④ 在电路中，共同完成同一任务的一组元件，不论实际电路中是否在一起，在图上都可以画在一起。

⑤ 图中可动元器件、部件的位置应合适。例如，开关、转换开关在断路或特殊要求位置；继电器、接触器等电磁可动部件应在规定位置。

⑥ 为了清晰明了，允许将某些元器件的图形符号(如继电器等)分开绘在多个部分，但各部分的位置代号应该相同。

⑦ 对于串联或并联的元件组，在图上只绘一个图形符号，但要在元件目录表的备注栏中加以说明。

⑧ 各种图形符号要有一定比例，同一图上的共同图形符号尺寸大小要一致。需要说明波形变化时，允许在图上标出波形形状和特征数据。

⑨ 图形符号位置的安排，应以半导体器件(包括集成电路)为中心进行。通常共射或共集电路基极引线以水平放置为宜，共基电路基极引线以垂直放置为宜。

⑩ 元器件位置符号由文字符号及下标数字组成，如 R_1、R_2、C_1、C_2 等。位置符号应标注在图形符号上方或左方；元器件型号或标称值应标注在位置符号之后或下方。

2. 绘图步骤

依据实际电路的特点，按照绘图规则以及图形符号的尺寸，估算出欲画电原理图的长度和宽度，以便选择合适的图纸及尺寸，目的是绘制出布局合理、疏密适当、清晰的电原理图，以利于读图。

① 估算电路图总体尺寸。首先应对电路图的横向宽度和纵向高度进行估算，无论电路图复杂还是简单，都应以横向元器件图形符号最多处估算宽度，以纵向元器件图形符号最多处估算高度。具体方法是：第一，选定估算位置及其元器件图形符号数目以后，可以实际情况选定每个图形符号的尺寸；第二，选定每个图形符号端点引线的长度，引线长度的选择以元器件图形符号疏密适中和易于标注元器件位置代号、标称值为原则；第三，计算出横向各图形符号尺寸之和，再加上所有图形符号端点引线的长度即为电路图的横向宽度。以同样方法可以得到电路图的纵向高度。

② 按上述同样方法，确定单元电路(或某级电路)的宽度，并确定半导体器件的位置(一般居中)，再依次画出半导体器件(含集成电路)周围的元器件图形符号。

③ 最后，通览全图，并将实连接的线条交叉点涂成黑色(大小要适中)，画上接地符号“⊥”，标注电源符号和电压值，标注元器件位置符号和标称值，即完成了整个电路图的绘制工作。

上述方法仅供参考，实际作图时，可以根据自己能力适当改变顺序。

1.4.2　印制电路板的设计与制作

印制电路板(即 PCB)几乎存在于所有电子产品中，是现代电子设备不可缺少的关键部件。PCB 的设计与制作的技术性和技巧性都很强，既要依据电路原理图，又不能按照原理图的样子制作，因为电路原理图是画在纸上的，为了看起来方便易懂、美观漂亮，它遵守其制图的习惯和规则，而这些规则与实际电路的工作方式关系很小。PCB 的设计与制作既需要技术又需要较强的技巧。

1. 印制电路板及其作用

① 印制线路：在一块平面绝缘基材(多为玻璃布覆铜板)上，提供元器件之间电气连接的导电图形，称为印制线路，其中，起连通作用的线条，称为导线。

② 印制电路：在绝缘基材上，按预定设计制成印制线路、印制元件或由二者结合而成的导电图形，称为印制电路。

③ 印制电路板：印制线路或印制电路的成品板，称为印制电路板，简称印制板(即PCB)。

④ 印制电路板的特点及作用：印制电路与普通导线连接成的电路比具有尺寸小、装配工艺简单、安装效率高、电路可靠性高等优点。其具体作用如下：

- PCB为元器件、零部件、引入端、引出端、测试端等提供固定和装配的机械支撑点。
- 实现元器件、零部件、引入端、引出端、测试端等之间的电气连接良好，且满足电气特性要求。
- 为电子设备的集成化、微型化、生产的自动化提供良好的发展空间；为电子设备的装配、维护提供方便。

2. 印制电路板图的设计

PCB的质量和合理性，对整机性能影响很大。因此在PCB的设计过程中，首先应认真仔细地分析电路图，收集了解各元器件的外形尺寸，再依据电子设备的功能、技术指标要求，设计出合理实用的PCB。

(1) 设计PCB应考虑的几个问题

① 应依据放置电路板的空间尺寸、空间形状，来确定电路板的尺寸、形状、层数、块数。以恰好能放置在设备内置空间为宜；元器件的排列顺序应从弱信号到强信号，从高电位到低电位，左为输入，右为输出，上为输入，下为输出，轻在上，重在下。

② 应考虑PCB与外接部件的连接关系。外接部件一般包括电位器、开关、指示灯、指示仪表、插口等。PCB与外接部件的连接一般采用塑料导线或金属隔离线连接。连接方式有两种，一是采取焊接，二是采用插座形式，即在PCB上设计一个插座，将外接部件的引线焊于插头上，插入插座即可。或在设备内的某一空间安装一个插座，将外接部件的引线焊于插座上，而将PCB设计成可插式，插入插座即可，这种插入式PCB要留出充当插口的接触。

③ 合理安排各种可调元器件的位置，力求做到使用、调整方便，安全、可靠。可调元器件包括：电位器、可变电容、电源开关、波段开关、功能选择开关、按钮及各种接口(例如，信号输入、输出插座、接线柱)等。

④ 在PCB上安装较大元器件(3 cm^2或15 g以上)，应加装金属附件固定，固定的方法有焊接固定和螺栓固定两种，目的是提高耐振动、耐冲击的性能；变压器及整流电路应尽量远离放大电路、接收天线等，避免产生交流感应。

⑤ 印制导线宽度应与传导的电流大小相适应。例如，直流电源线传导电流可达几安培，一般按2～3 mm/A左右加宽线条。直流电源线和地线的宽度，要以减小分布电阻，即减小寄生耦合为依据。必要时，可采取环抱接地的方法，即将印制电路板中的空位和边缘部分的铜箔全部保留作为地线的方法。这样既加大了地线面积，又增强了屏蔽隔离作用。小电流的印制导线主要是考虑其机械强度，一般取宽度为1～1.5 mm，微型设备线条宽度可在0.5 mm以下。

印制导线间距一般取1.5 mm。间距过小抗电强度下降，分布电容增大(高频电路中表现重),容易造成线间击穿和电路工作不稳定等现象。

另外,线间电位差较高时,要注意绝缘强度,应适当增大线间距离。若信号线与高压线平行,可在增加线间距的基础上,在两线之间增加一条地线,以防止高压对信号的泄露;输出信号印制导线与输入信号线平行时,要防止寄生反馈,防止的办法一般是加宽线间距离,或在输出与输入线间加一根地线(直流电源线也可,因其为交流零电位),可起一定隔离作用。

⑥ 焊点是印制导线与元器件的相连点,焊点的形状、大小与元器件引线的形状、大小等有关,主要依据频率、受力(取决于元器件质量)、通过的电流以及元器件的安装形式、排列方式、疏密程度来确定。在许可的情况下,焊点处应加大面积,一般取焊点直径为3 mm左右。加大焊点处面积,一方面可以增大焊点接触面,提高焊点质量;另一方面又可防止在焊接时损伤印制板。

⑦ 同一台电子设备的各块印制电路板,其直流电源线、地线和置零线的引出脚要统一,以便于连线和测试,高压引出脚两侧要留有空脚,电流较大的引出端可几脚并用。

一般将公共地线布置在板的边缘,以便于将印制板安装在机壳上;电源、滤波、控制等直流、低频导线和元器件靠边缘布置;高频导线和元器件,布置在板子中间部位,以减小它们对地或机壳的分布电容。

⑧ 印制板上应标注必要的字或符号。例如,在晶体三极管的旁边注上e、b、c,在电源线上标注"+"或"−"以及电压值等。这样便于焊接和装调,要注意所标注的字和符号不要把印制导线和元器件短路。

⑨ 各元器件及各级之间的连线应尽可能短,在不影响散热的条件下,元器件应尽可能紧凑。设计印制电路时,可以先将元器件按电路信号走向成直线排列在纸上(即排件),并力求电路安排紧凑,元器件密集,以压缩引线长度,这对高频和宽带电路十分重要。然后,用铅笔画线(即排线),排件和排线要兼顾合理性和均匀性。

⑩ 解决导线交叉是设计印制电路要解决的主要问题。在单层板上解决交叉的方法是依靠板上的空位,印制导线只要穿越空位就可避免导线交叉。当单层板不能解决交叉问题时,可采用多层板,例如可采用双面覆铜板解决。

(2) PCB的设计步骤

PCB的设计是依据电路原理图、设备空间尺寸以及元器件的外形尺寸进行的。设计的方法一般有两种:手工设计和计算机辅助设计。计算机辅助设计在电路CAD或Protel课程中,已经学过,这里以手工设计为例,简单介绍PCB的设计步骤。

1) 确定电路板

确定PCB的主要依据是电路原理图、元器件的外形尺寸以及放置电路板的空间尺寸、空间形状,并以此来确定电路板的尺寸、形状、层数、块数。

2) 确定信号的走向

信号的走向应从左到右,从上到下排列,且尽可能使信号流的方向保持一致。正确地确定信号输入、输出端口的位置。

3）确定元器件的位置

确定元器件的位置是 PCB 设计中一个非常重要的环节。确定原则为：以核心元件为中心(例如，半导体器件或集成电路)，优先确定特殊元器件的位置，再次确定较大元器件的位置，最后安排其他元器件的位置，微小元器件可插缝隙放置。

在确定元器件的位置时，应尽量避免可能带来干扰的因素，并采取措施，最大限度地抑制 PCB 上可能产生的干扰。

4）确定元器件间的连接和布线

元器件间的连接是 PCB 设计中又一个非常重要的环节。元器件间的连接就是 PCB 设计图上，按原理图的电连形式，用线条将元器件各引脚连接起来，完成电路设计的确定功能。元器件间的连接好坏，将直接对电路，特别是高频和甚高频电路的性能产生明显的影响，从而影响整机的性能质量。

5）确定 PCB 图及元器件安装图

确定 PCB 图是整个设计过程中，最为关键的一步。在这一步中，要确定：焊点的形状、大小；印制导线的形状、宽度；印制导线之间的间距；测试点的位置；电源线及地线。最后，根据确定的 PCB 图，确定元器件的安装图。

至此，PCB 的设计基本完成，然后就是制作、实验和整理资料，通过实验可以发现问题，改进和优化设计方案，以达到或超过技术要求的指标。整理资料包括元器件安装图的整理、PCB 图的整理、工艺的修整以及相关实验资料的整理。

3. PCB 的制作

PCB 的制作方法较多，实验室常用刀刻法和腐蚀法，下面简单介绍最常用的铜箔腐蚀法。

铜箔腐蚀法是把需要印制的电路图形照相制版，用照相版直接在涂有感光液的铜箔板上感光，得到耐腐蚀的电路图形；然后，用三氯化铁溶液腐蚀，把没有保护层的铜箔腐蚀掉，留下需要的电路图形，成为印制电路板。在学校实验室中，常用简易腐蚀法，其制作一般按以下步骤进行。

(1) 依据设计的 PCB 图，确定电路板的类型及几何尺寸，并进行修整

一般先按照设计的 PCB 图，剪裁下形状、大小合适的铜箔板；然后，将边沿用细锉刀或 0 号细砂纸打磨光滑；最后，把铜箔板上所有氧化物和污物清理掉，一般采用 0 号砂纸打磨，或用文具橡皮擦拭。**注意**：铜箔很薄，不宜多磨，表面擦亮露出未被氧化的铜箔即可。

(2) 描图和上保护漆

描图就是在铜箔板上绘制所设计的 PCB 图。具体方法很多，可以用复写纸将 1∶1 的印制电路图复写在铜箔板上。**注意**：一般按照从上到下、从左至右、先点后面的顺序；绘制的点、线、面的边沿应光滑、均匀、清晰，板面无污物。

保护漆可采用一般油漆进行稀释(一般加入 20％～30％的松节油或是汽油、香蕉水、甲苯、丙酮等有机稀释剂)，否则会因油漆太黏画不出细线条。用小号毛笔、绘图用的鸭嘴笔等粘上油漆，将需要留下的铜箔(线路等)部分用油漆盖住。待油漆干后，用小刀仔细修理，刮掉多余的、不规则的漆即可。**注意：**焊点的形状、尺寸、导线形状宽度应符合 PCB 图；绘制的点、线、面的边沿力求均匀、平滑、图形清晰，板面无污物。

(3) 腐蚀和清洗

用三氯化铁溶液腐蚀，把没有保护层的铜箔腐蚀掉，留下需要的电路图形。铜箔腐蚀的速度与三氯化铁溶液的浓度和温度有关，在常温下，浓度高，腐蚀速度快。具体做法是：将三氯化铁和水按 1：2(质量为准)的比例配好，盛入一磁盘内，液体体积淹没铜箔板即可；再将溶液加热到 30～50 ℃，放入画好 PCB 图的铜箔板，用竹夹子夹住铜箔板边缘来回轻轻晃动，以加快腐蚀速度(加入 5%左右的双氧水可以显著提高腐蚀速度)。一般 15～30 min 即可完成腐蚀。

当铜箔板上未上保护漆的铜箔都被腐蚀掉时，应立即取出铜箔板，马上用清水反复冲洗。冲洗干净后，擦干水迹，用细砂纸磨去保护漆膜(亦可用香蕉水等洗掉)。

注意：配液要注意自身防护；注意掌握腐蚀时间，一般旧液慢、新液快；腐蚀完成，应快速取出，否则会腐蚀保护漆膜下的铜箔，使线条边沿毛糙，影响质量；若三氯化铁溶液变成绿色则必须更换新液；铜箔很薄，在用细砂纸磨去保护漆膜时，不宜多磨，露出铜箔即可。

(4) 钻 孔

用钻孔工具(例如电钻及钻头等)轻轻地在每个焊点的中间位置处打一个定孔眼，常用 0.8～3.0 mm 的钻头。**注意：**使用工具的安全；定位要准确，否则影响安装质量；电钻与钻头要与元器件的引脚尺寸相符合；孔径在 2 mm 以下，需采用高速钻孔。

(5) 刷保护膜

刷保护膜可以保护铜箔板不再被氧化。具体做法是：① 首先仔细除去钻孔后留下的粉尘；② 在铜箔板上刷一层保护膜；③ 待保护膜干后，用无水酒精棉球将钻孔周围的保护漆擦净，清洗吹干后，均匀地刷一层松香酒精液即可，松香酒精液(1 份松香粉配 3 份无水酒精)作为助焊剂，使焊点处易于焊接。

注意：刷保护膜前一定要清理粉尘等污物；插入式印制板的插口位置不宜用助焊剂，以免接触不良；清理焊点时，应将保护膜清理干净，并及时刷上助焊剂(如松香酒精液)。

(6) 质量检查

对照 PCB 图，认真检查是否有断线(断路)、连点(短路)、漏钻的情况，若存在必须排除，以免装配后在通电时损坏元器件和设备。至此，一张合格的 PCB 就制作完成了。

1.4.3 焊接工艺与操作

任何一台电子仪器、仪表或电子产品，都是由基本的元器件与功能部件，采用一定的工艺方法，依据电路工作原理连接组装而成的。它包括机械安装和焊接两种。机械安装通常是指采用一定的工艺方法，将设备的零件、部件、整件和各种元器件按工艺的要求装联于规定的位置上。焊接是电子设备装配中最基本、应用最广泛的一种连接形式。焊接可以使元器件引线与连接导线、焊点之间产生可靠的电气和机械连接。

随着电子工业的不断发展，近年来焊接技术也有更新和发展。在焊接方法上，除了传统的手工焊接外，还有使用机械设备的自动焊接以及无锡焊接。其中，铅锡焊（又称软焊）具有方便、经济和防止焊接头氧化的优点，因此被广泛应用于电子电路的装配过程中。铅锡焊方法有手工焊、浸焊和波峰焊等，本小节简单介绍手工焊和波峰焊。

1. 手工焊接

(1) 电烙铁及其应用

电烙铁有内热式、外热式、吸锡式等类型，以其功率可分为 15 W、20 W、30 W、45 W、100 W、300 W 等几种。应根据所焊元器件的大小和导线尺寸来选用，一般焊接晶体管和小型元件时，选用 15 W、20 W 或 30 W 即可。

烙铁头用紫铜圆棒制成，前端加工成楔状，焊接前应将楔状部分的表面刮光，通电升温后，马上粘上松香，再涂上焊锡，这个过程称为“上锡”，以利于焊接。已用过的烙铁在用前也一定要处理烙铁头后再用。长时间通电而未用，烙铁头会因温度不断升高而氧化发黑，造成“烧僵”现象，必须重新处理才能使用。

改变烙铁头伸出的长度，则烙铁头与加热部分接触面积变化，可以调节烙铁头的温度，这是常用方法。

(2) 铅锡焊中的焊料与焊剂

① 焊料：采用铅锡焊料的焊接，称为铅锡焊接，简称锡焊。铅锡焊料是一种铅锡合金，俗称焊锡。焊锡的作用是把元器件与导线连接在一起。要求焊料具有良好的导电性，一定的机械强度和较低的熔点，一般选用熔点低于 200 ℃的焊锡丝为宜。

② 焊剂：焊剂的作用是提高焊料的流动性，防止焊接面氧化，起到助焊作用。焊剂的配方很多，常用的是松香。松香酒精液效果更好。**注意：**酸性焊油具有腐蚀性，装配电子设备时不准使用。

铅锡焊接因为熔点低，除铝合金等不易焊接外，其他金属材料（如金、银、铜、铁等）大都可以焊接；锡焊方法与其他焊接相比，操作方法比较简单，与其他焊料相比焊接成本也较低。

(3) 手工焊接操作要点

手工焊接时要注意以下几点。

① 根据焊接要求，选择合适的烙铁、焊锡及焊剂，一般电子实验选择 25 W 或 30 W 内热式电烙铁、焊锡丝、松香焊剂即可；要正确使用烙铁及焊丝，注意烙铁的正确握法、焊丝的拿法以及焊接步骤和烙铁头的清理。

② 焊接温度和时间十分关键。烙铁温度低、时间短，焊料流动不开，容易使焊点“拉毛”或造成“虚焊”，虚焊焊点成渣滓状，内部没有真正渗入熔锡，好似焊点包了一层结构粗糙的锡壳；

若烙铁温度过高或时间过长，则焊接处表面被氧化，也容易造成虚焊，即使焊上了，焊点表面也无光泽。

一般烙铁温度应控制在200～260 ℃范围内，焊接时间在2～5 s(依据温度、焊料有差异)。经验表明，焊接开始时，焊锡吸附在烙铁头附近，当看到液态锡流动后焊点收缩那一瞬间，即熔锡已经渗入了焊点，应立即提起烙铁。

③ 用焊锡丝焊接时，应先将烙铁头在焊点表面预热一段时间，再把焊锡丝与烙铁头接触，焊锡熔化流动后就能牢固地附着在焊点周围。良好的焊点应该是锡量适中、光洁圆润。

④ 焊接前，一定要刮去元器件和导线焊接处的氧化层，处理干净后立即涂上焊剂和焊锡，这一过程，称为"预焊"或"上锡"。否则会造成虚焊。

⑤ 焊接MOS管或集成电路时，烙铁外壳必须接地线或断电后焊接，以防止交流电场击穿栅极绝缘层，损坏器件。

⑥ 集成电路引线多，间距小，焊接时一定要注意。例如扁平封装集成电路，焊接前，应使用工具将其外引线合理整形(要一次整好，不要从根部弯曲，否则易断)，每根引线都应对准其焊点，然后逐一进行焊接。

2. 自动焊接法简介

随着微电子技术的发展，元器件的排列密度越来越高，且电子产品的产量越来越大，常规的手工焊接已经很难满足现代电子产品对高生产效率与焊接质量的要求。而自动焊接则很好地解决了上述问题。

自动焊接方法主要有浸焊、再流焊、波峰焊等。波峰焊接法是自动焊接中较为理想的焊接方法，目前已成为PCB的主要焊接方法。

波峰焊接机在结构形式上，一般由涂助焊剂装置、预热装置、焊料槽、冷却风扇、传送装置、加热器和温度调控装置等组成。波峰焊接一般经过涂助焊剂、预热、波峰焊接、冷却、清洗及检验等工序。

波峰焊的特点是，一块印制板上的全部焊点一次完成焊接，并且没有锡渣的影响，具有生产效率高、焊接质量好(焊点合格率可达99.97%以上)等优点。现代电子产品自动生产线上，印制板的焊接一般均采用波峰焊接法。

1.4.4 实验电路安装

电路安装是电子技术实验不可或缺的重要环节，要达到实验目的，取得满意的实验结果，必须合理安装电子技术实验电路。例如，组装一个高增益的放大器，由于布线等不合理，就有可能产生自激振荡，而使放大器不能正常工作。

电子元器件必须安装在实验板上才能构成实验电路。实验板有铆钉板、印制板和插接板三种。形成产品或实际电路多用印制板，实验室实验多用插接板，铆钉板较少使用。下面以插接板为例简单介绍电路安装方法。

1. 插接实验电路板的使用方法

目前,各高校实验室配备的试验装置多种多样,但其实验电路板基本上都是无焊接的插接板(习惯称为面包板)。

插接板元器件插入或拔出极为方便,可迅速改变电路布局,元器件可长期重复使用。插孔之间的连线表示插孔之间内部电的连接关系。板中间的位置一般为直接插入集成电路组件而设置,通用面包板一般不设置专用集成电路插座,但具体试验装置面板一般都在中间部位设置专用集成电路插座。板上每个插孔内部装有金属簧片,以保证元器件插入后接触良好。

若元器件体积较大,不要直接插在电路板上,应装在板外某种形式的安装支架上,再用导线连接在电路板上。连接导线剥头一般在3～6 mm为宜,不宜过长或过短,以接触良好、不外露为准。

使用实验电路板要注意清洁。切勿将焊锡或其他异物掉入插孔内,用完后,应妥善放置,以免灰尘进入插孔。

常用面包板类型较多,但其结构和使用方法基本相同,即每列五个插孔内均用一个磷铜片相连。这种结构的面包板,相邻两空之间分布电容较大,因此,这种电路板不宜用于高频电路实验中。

2. 元器件安装方式

实验电路板上元器件的安装方式有立式和卧式两种。在一般情况下,应以板面为基准,半导体三极管、场效应管、电容器等采用立式安装,电阻、二极管等采用卧式安装。

不能直接插接或焊接在实验电路板上的元器件,如中频变压器、集成电路插座等,需将其引线加长,并将加长的引线插接或焊接在实验电路板上。集成电路可以采用直接插接或焊接在电路板上或将其插座焊接在电路板上两种方式,焊接或插接集成电路时,要确认定位标志,切勿焊(或插)反。具体安装方式,可根据实验电路的复杂程度灵活掌握。无论采用何种安装方式都应注意以下几点:

① 通常实验板左端为输入,右端为输出。应按输入级、中间级、输出级的顺序进行安装。

② 同一块实验板上的同类元器件应采用同一安装方式,距实验板表面的高度应大体一致。若采用立式安装,元器件型号或标称值应朝同一方向,而卧式安装的元器件型号或标称值均应朝上方,集成电路的定位标志方向应一致。

③ 凡具有屏蔽罩的磁性器件,如中频变压器等,其屏蔽罩应接到电路的公共地端。

④ 实验中,元器件的引线一般不宜剪得过短,以便重复使用。

3. 布线的一般原则

电路安装中,布线不合理同样可以造成电路不能正常工作,或达不到应有的技术指标。这种故障不像虚焊、断线、接触不良或器件损坏那样明显,多以产生干扰,甚至自激的形式表现出来,很难检测和排除。

插接电路板元器件之间的联系均由导线来完成，要合理布线，首先要合理布件(或称排件)，即确定各元器件在实验板上的位置，布件不合理，布线也难以合理。一般布线原则如下：

① 一般应按照电路原理图中元器件图形符号的排列顺序进行布件，多级实验电路要成“一”字型直线布局，不能布成“L”或“Ⅱ”字型。若因电路板面限制，需布成“L”或“Ⅱ”字型，则必须采取屏蔽措施。

② 布线前，要弄清元器件各引脚的功能和作用，尽量将电源线和地线布在实验电路板的周边，以起到一定的屏蔽作用。

③ 在集成电路上方不得有导线或元器件跨越。应尽量避免两条或多条引线相互平行，所有引线应尽可能短，并避免形成圈套状或在空间形成网状。

④ 信号引线要按照电流强、弱分开布线；输入与输出引线要分开，还要考虑输入、输出引线各自与相邻引线之间的相互影响，输入线应防止邻近引线对它产生干扰(可用隔离导线或同轴电缆线)，而输出线应防止它对邻近线产生干扰。

⑤ 所用导线的直径应和插接板的插孔粗细相配合，太粗会损坏插孔簧片，太细会接触不良；所用导线最好分色，以利于区分正负电源、输入、输出、地线等。如一般正电源用红线，地线用黑线。

⑥ 布线应按步骤进行，一般应先接电源线、地线等固定电位连接线，然后按照信号传输方向依次接线并尽可能使连线贴近实验面板。

4. 去耦与接地知识简介

(1) 去　耦

去耦又称为退耦，就是消除寄生耦合。寄生耦合是经公共阻抗而产生的。例如，在多级放大器中，各级由同一直流电源供电，由于直流电源存在交流内阻 R，R 上产生的交流压降将被耦合到放大器的输入端。这种通过直流电源内阻将信号经输出端向各级输入端的传送称为共电耦合。寄生耦合普遍存在于各种电子电路中，轻则影响传输信号的质量，重则导致自激振荡，使电路无法正常工作。

消除寄生耦合的有效措施是加 RC(或 LC)去耦电路，消除低频干扰通常用大容量的电解电容，消除高频干扰通常用小容量的瓷片电容。若将大容量电解电容和小容量瓷片电容并联起来，则可同时消除低频和高频干扰，这种方法在实际电路经常采用，例如，电源线上常将电解电容和小容量瓷片电容并联接入，不但可去耦，而且还可补偿频率特性。

(2) 低频单元电路接地问题

在电原理图上，应接地的元件可随处画上接地符号。然而，在实际安装电路时，却不能把该接地的元器件接在“地线”的任意点上。单元电路接地有一点接地和多点接地两种方式。

因为地线的阻抗不可能是理想的零，多点接地会引入地阻抗带来的干扰电压，因此，对于电路而言，应该只有一个接地点，实验电路正确的接地方式应该是一点接地。

综合上述内容，实际操作时，一定要注意去耦和接地问题，要检查电源质量，不要将电源引线接得过长(会增大互阻抗),电路尽量一点接地。

5. SMT 表面安装技术

表面安装技术(SMT,Surface Mount Technology),是将表面贴装元器件,焊到印制电路板表面规定位置上的电路装联技术,所用的印制电路板无须钻孔。其过程是首先在印制板电路焊盘上涂布焊锡膏,再将表面贴装元器件准确地放到涂有焊锡膏的焊盘上,通过加热印制电路板使焊锡膏熔化,冷却后便实现了元器件与印制板之间的互连。

表面安装技术具有安装密度高、可靠性高、高频特性好、成本低、便于自动化生产等优点。

表面安装技术通常包括表面安装元器件、表面安装电路板及图形设计、表面安装专用辅料(焊锡膏及贴片胶)、表面安装设备、表面安装焊接技术(包括双波峰焊、再流焊、气相焊、激光焊)、表面安装测试技术、清洗技术以及生产管理等多方面内容。

表面贴装元器件即无端子元器件,有无源器件和有源器件之分。无源器件如片式电阻、电容、电感称为 SMC(Surface Mounted Componet),有源器件如小外形晶体管(SOT)及四方扁平组件(QFT)称为 SMD(Surface Mounted Devices)。无论 SMC 还是 SMD,其功能都与传统的安装器件相同,与传统的安装器件相比,其体积明显减小、高频特性提高、且耐振动、安装密度高、可靠性高。表面贴装元器件的问世极大地促进了电子产品向多功能、高性能、微型化、低成本的方向发展。

SMC/SMD 贴装是 SMT 产品生产中的关键技术工艺,SMC/SMD 贴装一般采用贴装机进行自动贴装,也可采用手工辅助工具进行。手工贴装只适合单件产品的研制、调试、维护,并且贴装元器件简单、密度不高、数量较少等有限场合,绝大多数场合都使用 SMC/SMD 自动贴装工艺。自动贴装是 SMC/SMD 贴装的主要手段,贴装机是 SMT 产品生产中的核心设备,是决定 SMT 产品组装的自动化程度、组装精度和生产效率的重要因素。

1.4.5 调试技术

由于电子电路设计的近似性、元器件参数的离散性等原因,任何电子技术实验或电子产品的生产都离不开调试这个环节。只有通过调试,才能保证整机及各部分电路具有良好的电气性能,达到和满足设计所规定的技术要求。

1. 调试的一般程序

调试包括调整和测试两个方面。测试是对整机或部分电路通电后,进行电气测量,包括直流性能和交流性能两部分;调整是对整机或部件中影响电路参数的元器件进行改变或更换,使电路达到设计的技术指标要求。

调试可分为单元电路调试与整机调试(若有机械部分,还应进行机械调试)。生产中的调试一般有专用设备、仪器及工具,实验室调试往往只依靠简单的测试仪器、仪表,如万用表、示波器等。

电子设备的调试程序是由其复杂程度决定的。对于简单的电子设备(如电子门铃、稳压电源、声光控延时开关、水位自动控制器等),在正确地组装后,可直接进行整机调试,其调试程序也比较简单;而对于较为复杂的的电子设备(如收录机、电视机、多通道功放机等),其一般的调试原则是先分后合,先机械后电气,先独立项后关联项,先基本点后控制点,最后整机调试。例如,收录机的调试就应先分部分调试(即收音部分、录音部分、放音部分、功放部分、电源部分、机械部分),待各部分都已经调试完毕,达到设计指标要求后,方能进行整机调试。调试程序应实事求是、科学、合理、符合逻辑,应该严格按照调试程序规定进行。

2. 调试的一般方法

在实验室制作的电子产品,由于电子电路设计的近似性、元器件参数的离散性及装配过程中的差错(如焊接、接线)等原因,使得调试成为整个制作过程中最为困难的一步。

(1) 分单元电路调试

具体的电子设备一般都是由不同功能的单元电路组合而成的,因而,调试就可以分单元电路进行。在每个单元电路都调试合格后,再进行整机调试。分单元电路调试适合于较复杂的电子设备、新产品的开发或样机的试制等。其调试程序方法简单,出现问题仅局限于一个单元电路内,有利于问题的发现与解决。单元电路的调试工艺流程一般包括熟悉资料、直观检查、通电观察、静态调试、动态调试等步骤。

① 熟悉资料。就是熟悉电路工作原理,调试规定及文件,各元器件及测试点在电路上的位置。

② 直观检查。电路安装完毕后,首先应检查元器件安装焊接、导线的连接、机械安装以及辅助件的装配是否正确。外观检查对于电路而言,一般采取两种检查方法:其一是按照 PCB 图对照实物逐个逐片检查;其二是按照电路原理图,借助万用表欧姆挡测量实际电路的电阻值,即在电路原理图上找出一些点,计算出这些点的对地电阻,与万用表在实际电路中测得的电阻值进行比较,发现问题后逐步缩小测量范围,查处差错点。

③ 通电观察。电路在经过直观检查后,没有发现问题就可以进行通电观察。将规定电压电源接入电路。观察有无异常现象(如打火、冒烟),触摸元器件是否异常发热(如集成电路芯片、大功率晶体管和变压器等外壳过热),闻闻电路是否有异常气味(如焦糊味),听听电路是否有异常声响,若有异常现象出现,应立即切断电源,防止故障扩大,重新检查电路,查找故障点,待故障排除后才能重新接入电源,若无异常,等待几分钟后,就可以进行测试。

④ 静态(无信号输入)调试。静态调试是在无信号输入的情况下,测试电路各点的直流电位,如模拟电路的直流工作点,数字电路的输入、输出电平及其逻辑关系中的高低电平。

⑤ 动态调试(输入信号)。动态调试就是在有信号输入的情况下,测试电路的各功能参数,例如放大电路中的电压放大倍数、频率特性等;正弦波产生电路中的输出波形、幅度、频率以及相应稳定度等;脉冲电路的输出脉冲、脉冲宽度、脉冲周期、脉冲的上升沿时间和下降沿时间等。

(2) 整机调试

整机调试就是将一个产品全部装配完毕后,实行一次性调试。这种方法适合于较简单的产品、成熟电路和定型产品。对于较复杂电子设备,若模拟电路与数字电路共存,一般应分开调试,然后经过信号及电平转换后才能实现整机联调;若电子电路与机械传动共存,也应分开调试,一般先调电子电路部分,再调机械部分,最后联机统调。如果联机统调失败,则仍需要采用分单元电路调试。

联机统调是在分单元电路调试合格(前述5步合格完成)的基础上进行的调试,一般只测试动态参数。它是将各级连在一起,在统一的条件下加入规定信号,借助仪器、仪表测试输入、输出参数是否满足整机设计指标,从而判定整机性能是否达到设计要求。如功放机就有音量大小、音质等,电视机则有接收灵敏度、图像质量、声音质量、电源波动范围等。

联机统调要依据电路中信号的流程对电子电路进行调试,可以从前往后调试,也可以从后往前调试。若从前往后调试,那么调好的前级就是待调级的信号源,从后往前调,那么调好的后级就是待调级的负载。具体到一个实际的电子产品,采用何种调试步骤、何种调试方法,应依据具体情况合理进行。

3. 调试的一般要求及注意事项

调试是极为重要的技术环节,必须严肃认真对待,具体要求如下:

① 调试场地。调试场地应尽量避免工业干扰、强电磁场干扰以及电源波动干扰;调试场地应有良好的安全措施,应具有良好的绝缘、隔离和接地,特别是对于高压、大功率电路更应注意隔离和绝缘;调试用交流电源应有交流稳压器、隔离变压器;应在屏蔽室调试高频电路。

② 调试设备。应根据技术指标要求正确地选择调试仪表、仪器及其他专用设备。

③ 调试之前的准备。调试是一项技能要求较高的操作,调试之前应严格认真地研读电路原理图,熟悉工作原理,熟悉调试元器件的位置以及检测点的位置;熟悉调试仪表、仪器及其他专用设备的正确使用;应将图纸、工具以及备用元器件放在合适位置。

④ 通电检查。电路应经过严格的直观检查后,才能通电,通电时应注意整机加电的顺序。

⑤ 调试过程。调试中应严格遵守安全操作,严禁带电进行调试线路的拆除、连接,以免触电或损坏其他电子元器件。调试之中,若发现问题,应仔细分析原因,在问题没有弄清楚之前,不要轻易更换元器件、零部件后就通电检查,这样有可能又要损坏元器件,或造成故障扩大。

⑥ 注意安全,养成安全、文明的好习惯。

第2章 常用元器件的识别与检测

任何一个实际的电子电路都是由电阻器、电容器、电感器及半导体电子元器件以及集成电路构成的。熟悉和掌握常用元器件的电性能、规格符号、组成分类、识别方法以及检测判别方法,是选择使用电子元器件的基础,也是设计、组装、调试电子电路所需要的基本技能。

2.1 阻抗元器件的识别与检测

电阻、电容、电感等无源器件在电路中,主要表现为阻抗特性,习惯称它们为阻抗元器件。

2.1.1 电阻器及其识别与检测

电阻器是电子电器设备中用得最多的基本元件之一。它的种类繁多,形状各异,功率也各有不同,在电路中起降压、分压、分流、限流、隔离、匹配、调节信号幅度以及作为负载等作用。电阻器常用 R 表示,单位为 Ω、kΩ、MΩ、GΩ 等。

1. 电阻器的种类与常用电阻器结构特点

① 按电阻器的结构形式分类:可分为固定电阻器和可调电阻器两大类。

➢ 固定电阻器:固定电阻器的电阻值是固定不变的,阻值大小就是它的标称阻值。

➢ 可调电阻器:可调电阻器主要指滑动电阻器、电位器,它们的阻值可以在小于标称值的范围内变化。

② 按电阻器的材料不同分类:可分为碳质电阻器、膜式电阻器(主要有碳膜电阻、金属膜电阻)和绕线电阻器三大类。

③ 按电阻器的用途可分为:通用型电阻、精密型电阻、高频型电阻、高压型电阻、高阻型电阻、敏感型电阻、熔断型电阻、集成电阻等。

表 2-1 是几种常用电阻器的结构和特点。

表 2-1 几种常用电阻的结构和特点

电阻种类		电阻结构特点
实芯电阻	碳质电阻	把碳黑、树脂、粘土等混合物压制后经过热处理制成。在电阻上用色环表示它的阻值。这种电阻成本低，阻值范围宽，但性能差
薄膜电阻	金属膜电阻	在真空中加热合金，合金蒸发，使瓷棒表面形成一层导电金属膜。刻槽和改变金属膜厚度可以控制阻值。这种电阻和碳膜电阻相比，体积小、噪声低、稳定性好，但成本较高
	碳膜电阻	气态碳氢化合物在高温和真空中分解，碳沉积在瓷棒或者瓷管上，形成一层结晶碳膜。改变碳膜厚度和用刻槽的方法变更碳膜的长度，可以得到不同的阻值。碳膜电阻成本较低，性能一般
	碳膜电位器	它的电阻体是在马蹄形的纸胶板上涂上一层碳膜制成。它的阻值变化和中间触头位置的关系有直线式、对数式和指数式三种。碳膜电位器有大型、小型、微型几种，有的和开关一起组成带开关电位器。还有一种直滑式碳膜电位器，它是靠滑动杆在碳膜上滑动来改变阻值的。这种电位器调节方便
线绕电阻	线绕电阻	用康铜或者镍铬合金电阻丝，在陶瓷骨架上绕制成。这种电阻分固定和可变两种。它的特点是工作稳定，耐热性能好，误差范围小，适用于大功率的场合，额定功率一般在 1 W 以上
	线绕电位器	用电阻丝在环状骨架上绕制成。它的特点是阻值范围小，功率较大

2. 电阻和电位器的型号命名方法

电阻和电位器的型号命名方法一般由四部分组成，其表示方法如表 2-2 所列。

表 2-2 电阻和电位器的型号命名方法

第一部分		第二部分		第三部分		第四部分
用字母表示主称		用字母表示材料		用字母或数字表示分类		用数字表示序号
符 号	意 义	符 号	意 义	符 号	意 义	
R	电阻	T	碳膜	1	普通	
W	电位器	P	硼碳膜	2	普通	
		U	硅碳膜	3	超高频	
		H	合成膜	4	高阻	
		I	玻璃釉膜	5	高温	
		J	金属膜	6	精密	
		Y	氧化膜	7	高压或特殊函数	
		S	有机实芯	8	特殊	
		N	无机实芯	9	高功率	

续表 2-2

第一部分		第二部分		第三部分		第四部分
用字母表示主称		用字母表示材料		用字母或数字表示分类		用数字表示序号
符　号	意　义	符　号	意　义	符　号	意　义	
		X	线绕	G	可调	
		R	热敏	T	小型	
		G	光敏	L	测量用	
		M	压敏	W	微调	
				D	多圈	

3. 电阻器的主要参数及表示方法

(1) 固定电阻的主要参数

电阻的主要参数有标称阻值、阻值误差、额定功率、最高工作温度、最高工作电压、温度特性、高频特性等。一般情况仅考虑前三项,后几项参数只在特殊需要时才考虑。

1) 标称阻值

大多数电阻上都标有电阻的数值,这就是电阻的标称阻值。电阻的标称阻值是按国家规定的阻值系列标注的。因此,选用时必须按国家规定的阻值范围去选用。使用时将表中的标称值乘以 10^n(n 为整数)就可得到一系列阻值。例如表 2-3 中电阻标称值为 1.5 的就有 1.5 Ω、15 Ω、150 Ω、1.5 kΩ 等。

表 2-3　普通固定电阻标称阻值系列及误差表

标称值系列	允许误差	标称阻值系列
E24	±5%	1.0、1.2、1.3、1.5、1.6、1.8、2.0、2.2、2.4、2.7、3.0、3.3、3.6、4.3、4.7、5.1、5.6、6.2、6.8、7.5、8.2、9.1
E12	±10%	1.0、1.2、1.5、1.8、2.2、2.7、3.3、3.9、4.7、5.6、6.8、8.2
E6	±20%	1.0、1.5、2.2、3.3、4.7、6.8

2) 电阻阻值误差

电阻器的实际阻值并不完全与标称阻值相符,存在着误差。电阻的实际阻值和标称阻值的偏差,除以标称阻值所得的百分数叫做电阻的误差。普通电阻的误差一般分为三级,即± 5%、± 10%、±20%,或用Ⅰ、Ⅱ、Ⅲ表示。误差越小,表明电阻的精度越高。电阻器的误差选择,在一般电路中选用±5%、±10%、± 20%的即可。表 2-4 是常用电阻允许误差的等级。

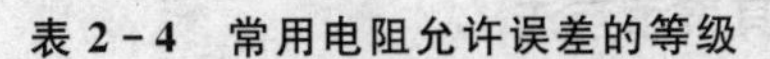

表2-4 常用电阻允许误差的等级

允许误差	±0.5%	±1%	±2%	±5%	±10%	±20%
级 别	005	01	02	Ⅰ	Ⅱ	Ⅲ

国家规定出一系列的阻值作为产品的标准。不同误差等级的电阻有不同数目的标称值。误差越小的电阻,标称值越多。表2-4是普通电阻的标称阻值系列及误差表。表2-3中的标称值可以乘以10、100、1 000、10k、100k。比如1.0这个标称值,就有1.0 Ω、10.0 Ω、100.0 Ω、1.0 kΩ、10.0 kΩ、100.0 kΩ、1.0 MΩ、10.0 MΩ。在电路中,电阻的阻值,一般都标注标称值。如果不是标称值,可以根据电路要求,选择和它相近的标称电阻。

3) 电阻额定功率

电阻长时间工作时允许消耗的最大功率叫做额定功率。若电阻在电路中的工作功率大于它能承受的额定功率,电阻就会烧坏。所以不但要选择电阻阻值,还要正确选择电阻额定功率。电阻器的额定功率选择,一般不能过大,也不能过小。过大势必增大电阻的体积,过小则会烧毁电阻。一般情况下所选用的电阻值应使额定功率大于实际消耗功率的两倍左右,以确保电阻器的可靠性。电阻的额定功率也有标称值,详见表2-5电阻额定功率表。

表2-5 电阻额定功率表

名 称	额定功率/W
实芯电阻	0.25、0.5、1、2、5
线绕电阻	0.5、1、2、6、10、15、25、35、50、75、100、150
薄膜电阻	0.025、0.05、0.125、0.25、0.5、1、2、5、10、25、50、100

(2) 固定电阻器的参数表示法

固定电阻的标称阻值和误差常用直标法、文字符号法、色标法来表示。

① 直标法:就是在电阻的表面直接用数字和单位符号标出产品的标称阻值,其允许误差直接用百分数表示,例如47×(1±5%) kΩ,它的优点是直观,一目了然。但体积小的电阻则无法这样标注。

② 文字符号法:在电阻的表面用文字、数字有规律的组合来表示阻值。阻值的符号和阻值精度的描述都有一定的规则。例如47 kΩ、Ⅰ级精度;3 MΩ、Ⅱ级等。

③ 色标法:电阻的阻值和误差,一般都用数字印在电阻上,但一些体积较小的碳质电阻和一些1/8 W碳膜电阻的阻值和误差常用色环来表示,这就是电阻的色标。用不同色环标明阻值及误差,具有标志清晰、从各个角度都容易看清标志的优点。在电阻上有四道或者五道色环。普通电阻用4条色环表示电阻及误差,其中3条表示阻值,1条表示误差,具体色环颜色所代表的数字或意义详见有关文献。

(3) 电位器的主要参数及其表示方法

电位器为可变电阻器，它的阻值可以在某一范围内变化。按其结构的不同可分为单圈、多圈电位器；单联、双联电位器；带开关和不带开关电位器；锁紧型和非锁紧型电位器。按调节方式又可分为旋转式电位器和直滑式电位器。在电位器的外壳上用字母标志着它的型号，其结构材料主要有碳膜电位器WT、合成碳膜电位器WTH(WH)、线绕电位器WX、有机实芯电位器WS、玻璃釉电位器WI。

实验中常用的碳膜电位器外形如图2-1(a)所示，电位器有三个接线端子。其中1、3脚为电阻固定端(两端阻值为标称值)，2端为电阻可调端。当一端取固定端，另一端取可调端时，通过旋转转轴能使两端电阻值在标称值与最小值之间变化。电位器的金属外壳引出接地焊片，用于屏蔽外界干扰。

电位器可用做可调电阻器，常用的连接方法如图2-1(b)所示。将活动端2与固定端的任意一个(1或3)短接(这是为了防止可调端的活动触点接触不良导致电路断路)。电位器可用做分压器，如图2-1(c)所示电路，当旋转电位器转轴时，在可调端2上可得到电压U_i为+5～-5 V的任意电压值。

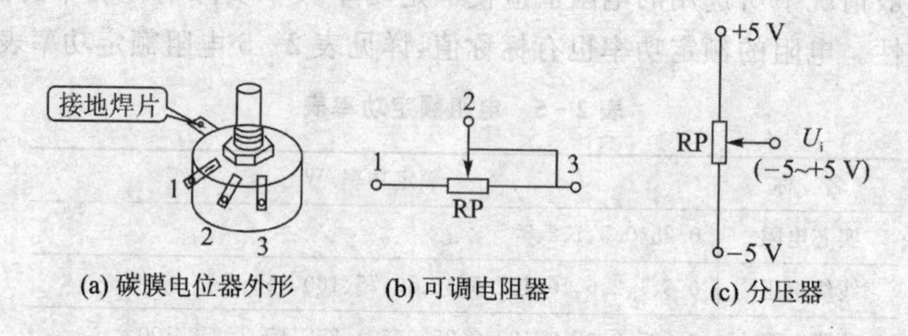

图2-1 碳膜电位器外形及常用连接方法

电位器的主要参数如下。

① 标称阻值：标注在电位器表面的两个固定端之间的阻值，单位为Ω。

② 额定功率：电位器在正常环境及规定的温度下，长期、连续正常、安全工作所允许的最大功率。

③ 允许偏差：实际值与标称值之间允许存在的差值。

④ 最大工作电压：电位器在正常环境及规定的温度下，长期、连续正常、安全工作所允许加在两个固定端之间的最大电压。

⑤ 电位器的行程：电位器的转轴转动的角度或滑动触头滑动的位移范围。

⑥ 机械寿命：在规定条件下，电位器的转轴转动或滑动触头滑动的总次数。通常用周数来表示。

⑦ 阻值变化规律：电位器的阻值随转动角度或滑动位移变化的规律。阻值变化规律通常有直线型、指数型、对数型三种。

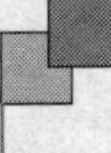

电位器的型号、材料、分类、序号、标称阻值、标称功率通常直接标注在电位器表面。

4. 电阻器的检测

(1) 固定电阻的检测

① 外观观察：可以通过外观观察粗略判定固定电阻或电位器的好坏。若有烧焦、断裂、引线脱落、腐蚀、保护漆脱落等不正常现象，可判定电阻器损坏。

② 万用表检测：将模拟或数字万用表的功能选择开关旋转到适当量程的电阻挡，先调整零点，然后再进行测量。将两表笔(不分正负)分别与固定电阻的两端可靠相接即可测出实际电阻值。若实测电阻值等于或接近电阻标称值，则说明被测电阻器完好，若远小于或远大于电阻标称值，则说明被测电阻器已坏。

(2) 电位器的检测

电位器的检测与固定电阻相似，但要测试外壳与各触点以及各点之间的电阻。检查电位器时，首先要转动旋柄，看旋柄是否平滑，开关是否灵活，开关通、断时“喀哒”声是否清脆，并听一听电位器内部接触点和电阻体摩擦的声音，如有“沙沙”声，说明质量不好。

用万用表测试，先根据被测电位器阻值的大小，选择好万用表的合适电阻挡位，然后可按下述方法进行检测。

① 测量电位器的标称阻值：用万用表的欧姆挡测电位器两固定端，其读数应为电位器的标称阻值。如用万用表测量时表针不动或阻值相差很多，则表明该电位器已损坏。

② 检测电位器的活动臂与电阻片的接触是否良好：用万用表的欧姆挡测“1”、“2”(或“2”、“3”)两端，将电位器的转轴柄按逆时针方向旋至接近“关”的位置，这时电阻值越小越好。再顺时针慢慢旋转轴柄，电阻值应逐渐增大，表头中的指针应平稳移动。当轴柄旋至极端位置“3”时，阻值应接近电位器的标称值。如万用表的指针在电位器的轴柄转动过程中有跳动现象，说明活动触点有接触不良的故障。

③ 引线脚与外壳的绝缘情况：选用万用表的 R×10k 挡，一表笔接外壳，另一表笔分别接触电位器的每一引线脚，可测得绝缘情况是否正常。

④ 测试开关的好坏：对于带有开关的电位器，检查时可用万用表的 R×1 挡测开关两端“4”、“5”间的电阻，旋转开关，观察两焊片间的通、断情况是否正常。

测量时，要注意以下两点：第一，被检测的电阻器必须与电路脱开，才能进行测量，以免电路中的其他元件对测试产生影响，造成测量误差。第二，测试特别是在测几十千欧以上阻值的电阻时，手不要触及表笔和电阻的导电部分。

5. 电阻器的选用

选择电阻器的基本依据是电阻器的阻值、准确度和额定功率。要求严格的还应考虑其稳定性和可靠性。常用的额定功率有 1/8 W、1/4 W、1/2 W、1 W、2 W、4 W、8 W 等。选用时应留有余量，一般选取额定功率比电阻的实际耗散功率大 2 倍左右。电阻器的实际耗散功率可在选定电阻值之后，根据工作电流按 $P=I^2R$ 算出。

(1) 固定电阻器的选择

① 应该依据电子设备的技术指标和电路的具体要求选用固定电阻的型号和误差等级。例如，在那些稳定性、耐热性、可靠性要求比较高的电路中，应选用金属膜或金属氧化膜电阻；对于要求功率大、耐热性能好、工作频率不高的电路，可选用线绕电阻；对于无特殊要求的一般电路，可选用碳膜电阻器，以降低成本。

② 为提高设备的可靠性，延长使用寿命，应选用额定功率大于实际消耗功率的 1.5～2 倍。

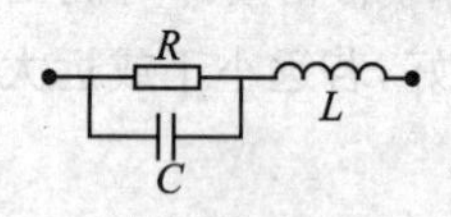

图 2-2　电阻器的等效电路

③ 选用电阻时应根据电路中信号频率的高低来选择。一个电阻可等效成一个 R、L、C 二端线性网络，如图 2-2 所示。不同类型的电阻，R、L、C 三个参数的大小有很大差异。线绕电阻本身是电感线圈，所以不能用于高频电路中，薄膜电阻适合的工作频率较高。

④ 当电路中需串联或并联电阻来获得所需阻值时，应考虑其额定功率。阻值不同的电阻串联时，额定功率取决于高阻值电阻；并联时，取决于低阻值电阻，且需计算方可应用。

(2) 电位器的选用

① 应该依据电子设备的技术指标和电路的具体要求选用电位器的材料、结构、类型、规格和和调节方式；选择合适的参数，如额定功率、标称阻值、允许偏差、最高工作电压等。电位器的额定功率可按固定电阻器的功率公式计算，但式中的电阻值应取电位器的最小电阻值；电流值应取电阻值为最小时流过电位器的电流值。

② 电位器结构和尺寸的选择。选用电位器时应该注意尺寸大小、旋转轴柄的长短、轴上是否需要锁紧装置等。经常调节的电位器，应选择轴端铣成平面的，以便安装旋钮；不经常调整的，可选择轴端带有刻槽的；一经调好就不再变动的，可选择带锁紧装置的电位器。

③ 应依据电位器阻值变化规律选择。在不同的电路中，应选用不同的阻值变化规律的电位器。如电源电路中的电压调节、放大电路的工作点调节，均应选择直线式电位器；音调控制用电位器应采用对数式电位器，音量控制用电位器应采用指数式或用直线式代替，但不宜使用对数式。

另外，电位器还需选轴旋转灵活，松紧适当，无机械噪声的。对于带开关的电位器还应检查开关是否良好。

应选用同型号的电阻器代换已损坏的电阻器，若无同型号电阻器，可用小电阻串联代替大电阻，大电阻并联代替小电阻，但代换用的电阻和电阻材料应相同。大功率可代换小功率；高精度可代换低精度；高频率可替换低频率，反之则不行。

2.1.2　电容器及其识别与检测

电容器简称电容，它是由两个金属极，中间夹有绝缘材料（绝缘介质）构成的，由于绝缘材料不同，所以构成的电容器的种类也不同。电容在电路中具有隔断直流电，通过交流电的特点。因此常用于级间耦合、滤波、去耦、旁路及信号调谐等方面。

1. 电容器的种类和结构特点

电容器按结构可分为固定电容器、可调电容器、半可调电容器；按介质材料的不同又可分为气体介质电容、液体介质电容、无机固体电容。其中无机固体电容最常见，如云母电容、陶瓷电容、电解电容。电容器按极性可分为有极性电容和无极性电容。常见的电解电容是有极性的电容，接入电路时要分清极性，正极接高电位，负极接低电位。极性接反将使电容器的漏电流剧增，最后损坏电容器。在电路中，常见的不同种类的电容符号如图2-3所示。表2-6列出了几种常用电容的结构和特点。

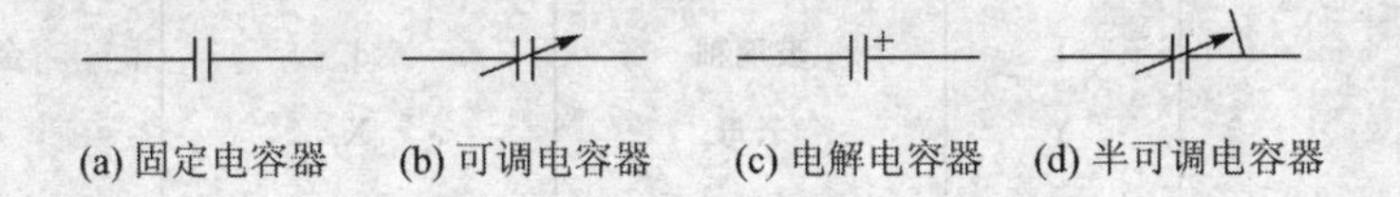

(a) 固定电容器　(b) 可调电容器　(c) 电解电容器　(d) 半可调电容器

图2-3　各种电容的符号

表2-6　几种常用电容的结构和特点

电容种类	电容结构和特点
铝电解电容器	用铝圆筒做负极、里面装有液体电解质，插入一片弯曲的铝带做正极制成。其特点是容量大、但是漏电大、稳定性差、有正负极性，适于电源滤波或低频电路中，使用时，正、负极不要接反
钽铌电解电容器	用金属钽或者铌做正极，用稀硫酸等配液做负极，用钽或铌表面生成的氧化膜做介质制成。其特点是体积小、容量大、性能稳定、寿命长。绝缘电阻大。温度性能好，用在要求较高的设备中
陶瓷电容器	用陶瓷做介质。在陶瓷基体两面喷涂银层，然后烧成银质薄膜作极板制成。其特点是体积小、耐热性好、损耗小、绝缘电阻高，但容量小，适用于高频电路。铁电陶瓷电容容量较大，但损耗和温度系数较大，适用于低频电路
云母电容器	用金属箔或在云母片上喷涂银层做电极板，极板和云母一层一层叠合后，再压铸在胶木粉或封固在环氧树脂中制成。其特点是介质损耗小、绝缘电阻大。其温度系数小，适用于高频电路
薄膜电容器	结构相同于纸介电容器，介质是涤纶或聚苯乙烯。涤纶薄膜电容，介质常数较高，体积小、容量大、稳定性较好，适宜做旁路电容。聚苯乙烯薄膜电容器，介质损耗小、绝缘电阻高，但温度系数大，可用于高频电路
纸介电容器	用两片金属箔做电极，夹在极薄的电容纸中，卷成圆柱形或者扁柱形芯子，然后密封在金属壳或者绝缘材料壳中制成。其特点是体积较小，容量可以做得较大。但是固有电感和损耗比较大，适用于低频电路
金属化纸介电容器	结构基本相同于纸介电容器，它是在电容器纸上覆上一层金属膜来代金属箔。其特点是体积小、容量较大，一般用于低频电路
油浸纸介电容器	是把纸介电容浸在经过特别处理的油里，来增强其耐压。其特点是电容量大、耐压高，但体积较大

2. 电容器的型号命名方法

电容的型号命名一般由四部分组成，其表示方法及意义如表 2－7 所列。

表 2－7　电容器的型号命名方法

第一部分		第二部分		第三部分	第四部分
用字母表示主称		用字母表示材料		用字母表示分类	用数字表示序号
符　号	意　义	符　号	意　义	符　号	意　义
C	电容	C	高频瓷	T	铁电
		T	低频瓷	W	微调
		I	玻璃釉	J	金属化
		Y	云母	X	小型
		V	云母纸	D	低压
		Z	纸介	M	密封
		J	金属化纸	Y	高压
		B	非极性有机薄膜	C	穿心式
		L	极性有机薄膜	S	独石
		Q	漆膜		
		H	纸膜复合		
		D	铝电解		
		A	钽电解		
		G	金属电解		
		N	铌电解		
		E	其他材料电解		
		O	玻璃膜		

3. 电容器的主要参数及表示方法

(1) 电容器的主要参数

表征电容器的主要技术参数有标称电容量、工作电压、精确度及绝缘电阻等。

1) 标称容量

电容的容量是指电容两端加上电压后能储存电荷的能力。储存电荷越多，电容量越大；反之，电容量越小。电容量的单位有：法拉(F)、毫法 (mF)、微法(μF)、毫微法 (nF)、皮法(pF)。它们之间的换算关系是：$1\ \text{F}=10^3\ \text{mF}=10^6\ \mu\text{F}=10^9\ \text{nF}=10^{12}\ \text{pF}$。标在电容外部上的电容量数值称电容的标称容量。常用的固定电容标称容量一般为 pF 和 μF 级。

2）额定耐压值

电容器的耐压是表示电容接入电路后，能连续长期可靠地工作，不被击穿时所能承受的最大直流电压。使用时绝对不允许超过这个电压值，否则电容就要损坏或被击穿。一般选择电容额定电压应高于实际工作电压的10%～20%。如果电容用于交流电路中，要注意所加的交流电压最大值不能超过电容的直流额定工作电压。常用固定电容耐压值从几伏到上千伏，主要有6.3 V、10 V、16 V、25 V、40 V、63 V、100 V、160 V、250 V、300 V、500 V、630 V、1 000 V等。

3）允许误差

电容的容量误差常用百分数表示，一般分为±2%（02级）、±5%（Ⅰ级）、±10%（Ⅱ级）、±20%（Ⅲ级）、+20%～－30%（Ⅳ级）、+50%～－20%（Ⅴ级）、+1 000%～－10%（Ⅵ级）。常用±5%、±10%、±20%三级。

4）绝缘电阻

绝缘介质不是绝对绝缘，电容器两端有一定电阻，称为绝缘电阻或漏电阻，一般在1 000 MΩ以上。漏电阻小，将使得漏电严重，一方面会引起能量损耗，另一面也会影响电容寿命，并会影响电路的正常工作，漏电阻越大越好。

(2) 表示方法

1）直接标注法

在电容表面直接标注容量值。例如：3μ3表示3.3 μF；5n9表示5 900 pF；还有不标单位的情况，当用1～4位数字表示时，容量单位为皮法（pF）；当用零点零几或零点几数字表示时，单位为微法（μF）。例：3 300表示3 300 pF；0.056表示0.056 μF。

2）数码表示法

一般用三位数表示电容容量大小。前面两位数字为容量有效值，第三位表示有效数字后面零的个数，单位是皮法（pF）。例如：102表示1 000 pF；221表示220 pF；104表示100 000 pF（0.1 μF）。在这种表示方法中有一个特殊情况，就是当第三位数字用“9”表示时，表示有效值乘以10^{-1}，例如：229表示$22\times10^{-1}=2.2$ pF。

3）色码表示法

电容器的色标法原则上与电阻器色标法相似，详细使用请参阅有关资料。

4. 电容器的检测

电容的测量，一般应借助于专门的测试仪器，通常用电桥。电容器的常见故障有漏电、断路、短路和失效等，使用前应予以检查。这里只介绍万用表检测法，用万用表仅能粗略地检查一下电容是否有失效或漏电情况。

(1) 固定电容器的检测方法

① 检测10 pF以下的小电容。因10 pF以下的固定电容器容量太小，用万用表进行测量，只能定性地检查其是否有漏电、内部短路或击穿现象。测量时，可选用万用表R×10k挡，

用两表笔分别任意接电容的两个端子，阻值应为∞。若测得阻值为零(指针右摆)，则说明电容漏电损坏或内部击穿。

② 检测 10 pF～0.01 μF 的电容。首先用万用表 R×10k 挡测试一下电容有无短路漏电现象，在确认电容无内部短路或漏电后，选用两只 $\beta>100$，且穿透电流要小的三极管(如 3DG6 等型号)组成复合管。

用红、黑表笔分别接复合管的发射极 e 和集电极 c，被测电容接在第一只三极管的 b、e 之间。由于复合三极管的放大作用，把被测电容的充放电过程予以放大，使万用表指针摆动幅度加大，从而便于观察。应注意的是，在测试操作时，特别是在测较小容量的电容时，要反复调换被测电容端子接触 b、e 两点，才能明显地看到万用表指针的摆动。若指针摆动，并回零，说明正常，若不动或不回零，说明损坏。

③ 检测 0.01 μF 以上的固定电容器。对于 0.01 μF 以上的固定电容，可用万用表的 R×10k 挡直接测试电容器有无充电过程以及有无内部短路或漏电，并可根据指针向右摆动的幅度大小估计出电容器的容量。

操作测试时，先用两表笔任意触碰电容的两端，然后调换表笔再触碰一次，如果电容是好的，万用表指针会向右摆动一下，随即向左迅速返回∞位置。电容量越大，指针摆动幅度越大，如果反复调换表笔触碰电容两端，万用表指针始终不向右摆动，说明该电容的容量已低于 10 pF～0.01 μF 或者已经消失，测量中，若指针向右摆动后不能再向左回到∞位置，说明电容漏电或已经击穿短路。

在采用上述三种方法进行测试时，都应注意正确操作，不要用手指同时接触被测电容的两个端子。

(2) 电解电容器的检测方法

① 万用表电阻挡的正确选择。因为电解电容的容量较一般固定电容大得多，所以，测量时，应针对不同容量选用合适的量程。一般情况下，1～47 μF 间的电容，可用 R×1k 挡测量，大于 47 μF 的电容可用 R×100 挡测量。电容器容量越小，电阻挡倍率应越大。

② 测量漏电阻。测量前，应将电容充分放电(两个引出线短接一下)。将指针万用表红表笔接电容负极，黑表笔接电容正极。在刚接触的瞬间，万用表指针即向右偏转较大幅度，接着逐渐向左回转，直到停在某一位置，此时的阻值便是电解电容的正向漏电阻，通常在 500 kΩ 以上。然后，将红、黑表笔对调，万用表指针将重复上述摆动现象。此时所测值为电解电容的反向漏电阻，略小于正向漏电阻，即反向漏电流比正向漏电流要大。正反向漏电阻越大，说明漏电流越小，电容性能越好。一般说来，表头指针偏转越大，返回速度越慢，则说明电容器的容量越大。

经验表明，电解电容阻值一般应在 500 kΩ 以上，否则，将不能正常工作。在测试中，若正向、反向均无充电现象，即表针不动，则说明容量消失或内部断路，如果所测阻值很小(小于 500 kΩ)或为零，说明电容漏电或已击穿损坏。

③ 极性判断。电解电容器一般在圆柱表面标有“+”、“-”表示极性或用长(正极)短(负极)线表示极性。对于正、负极标志不明的电解电容器,可利用上述测量漏电阻的方法加以判断,即先任意测一下漏电阻,记住其大小,然后交换表笔再测一个阻值,两次测量中阻值大的那一次便是正向接法,即黑表笔接的是正极,红表笔接的是负极。

(3) 可调电容器的检测方法

可调电容器的容量通常较小,主要是检测其动片与静片之间是否有短路情况,用模拟万用表的 R×1k 挡、R×100 挡分别测动片与静片之间的电阻即可判断。

一些型号的万用表具有直接测试电容器容量的功能,具体参考万用表的使用方法。

5. 电容器的选用

① 根据电路的要求合理选用型号、容量和种类。一般大容量电容器多用于低频电路中;小容量电容器多用于高频电路中。如电解电容多用于电源电路或中低频电路中,起滤波、退耦、旁路、隔直、耦合等功能。

高频电路应选用高频特性好的电容器,如云母电容器、玻璃釉电容器和瓷介电容器;在中、低频电路中,例如,低频耦合、旁路等场合应选用纸介电容器、金属化电容器、陶瓷电容器、电解电容器等;在电源滤波或退耦电路中应选用电解电容器;在调谐、振荡等电路中,应选择固体介质可调电容器等。

② 合理确定电容器的精度。在大多数情况下,对电容器的容量要求并不严格,允许误差较大,如低频耦合、旁路、隔直、退耦等。但在振荡、延时电路及音调控制电路中,电容器的容量则应和计算要求尽量符合。在各种滤波电路以及某些要求较高的电路中,电容器的容量值要求非常精确,其误差值应小于±0.3%~±0.7%。

③ 电容器额定工作电压的确定。电容器的工作电压应低于额定电压 10%~20%。在高压电路中,应选用耐高压的云母电容器和瓷介电容器。

④ 要注意通过电容器的交流电压和电流,不应超过给出的额定值。对于有极性的电解电容器不能在交流电路中使用,但可以在脉动电路中使用。

⑤ 注意电容器的温度稳定性及损耗。用于谐振电路中的电容器,必须选用小的电容器,其温度系数也应选小一些的,以免影响谐振特性。

2.1.3 电感器及其识别与检测

电感器又称电感元件或电感线圈,简称电感,是利用电磁感应的原理制成的元件。通常是由漆包线或纱包线等带有绝缘表层的导线绕制而成的,少数电感元件因圈数少或性能方面的特殊要求,采用裸铜线或镀银铜线绕制。电感器分为两大类:一类是自感作用的电感线圈;另一类是互感作用的变压器和互感器。电感元件在电子电路中起阻流、变压、传送信号等作用,常常与电容组成 LC 谐振回路,其作用是调谐、选频、振荡及滤波等。

1. 电感器的种类及电路符号

电感器的种类很多,分类标准各异。

① 依据电感器线圈芯性质可分为空心电感器、磁芯电感器、铁芯电感器。电感元件中不带磁芯或铁芯的一般称为空心电感线圈,带有磁芯的则称作磁芯线圈或铁芯线圈。

电感元件的线圈匝数、骨芯材料、用线粗细及外形大小等因工作频率不同而有很大差别。低频电感元件为了减少线圈匝数、获得较大电感量和较小的体积,大多采用铁芯或磁芯(铁氧体芯)。中频、中高频和中低频电感元件则多以磁芯为骨芯。

② 依据电感器电感量变化情况分为固定电感器、可调电感器、微调电感器等。可调电感器的线圈(有抽头)可调,微调电感器一般磁芯可调。

③ 依据电感器绕制特点可分为单层电感器、多层电感器等类型。单层小型固定电感线圈(色码电感器)最常用。

④ 依据电感器用途分类更是繁多,例如高频扼流圈、低频扼流圈、振荡线圈等,变压器也属于电感器,有高、中、低频变压器之分,其中,中频变压器称为中周,在电子电路中应用广泛。

⑤ 片状(贴片)线圈和印制线圈。随着微型元器件技术的不断发展及工艺水平的提高,片状(贴片)线圈和印制线圈的应用范围也相应拓展。片状线圈外形如同较大的片状电容;印制线圈则是直接制作在印制板上,外形与细长状印刷线路相似,只是匝数、大小、线宽等均按所要求的线圈参数设计。片状(贴片)线圈和印制线圈体积小、频率特性好,目前发展迅速。

图2-4所示为几种常用电感元件的外形及电路符号。不论是何种电感元件,其电路符号一般都由两部分组成,即代表线圈的部分与代表磁芯和铁芯的部分。线圈部分分为有抽头和无抽头两种。线圈中没有磁芯或铁芯时即为空心线圈,则不画代表磁芯或铁芯的符号,磁芯或铁芯符号有可否调节及有无间隙之区别。

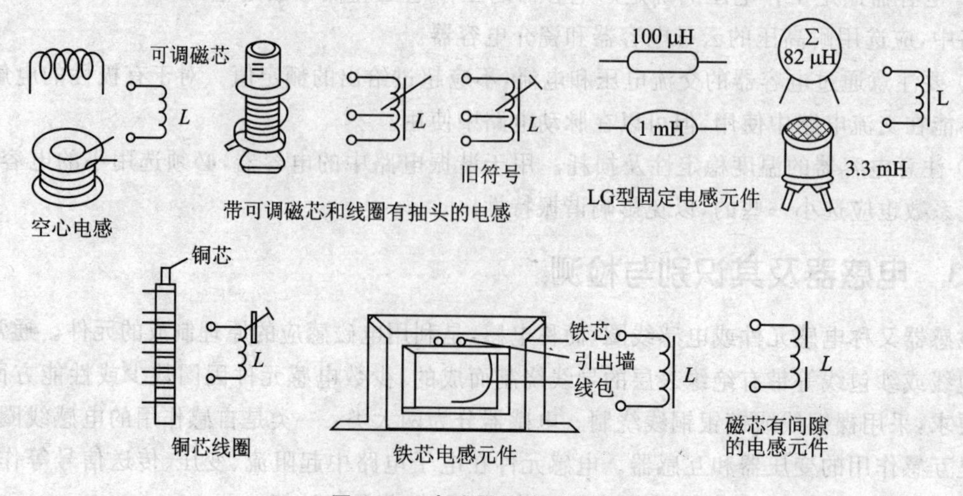

图2-4 电感器的外形及符号

2. 电感元件的主要参数

除固定电感器和部分阻流圈(如低频扼流圈)为通用电感器(只要规格相同,各种机型的机子上均可使用)外,其余的均为电视机、收音机等专用元件。专用电感器的使用应以元件型号为主要依据,具体参数大都不需考虑。通用电感器的主要参数如下。

(1) 电感量 L

电感量 L 也称自感系数,其大小就用电感量 L 来表示。L 的基本单位为 H(亨),实际用得较多的单位为 mH(毫亨)和 μH(微亨),其换算关系是:$1\ \text{H}=10^3\ \text{mH}=10^6\ \mu\text{H}$。

(2) 感抗 X_L

线圈对交流电有阻力作用,阻力大小用感抗 X_L 来表示。X_L 与线圈电感量 L 和交流电频率 f 成正比,计算公式为:$X_L=2\pi fL$,单位为 Ω。

(3) 品质因数 Q

线圈在一定频率的交流电压下工作时,其感抗 X_L 和等效损耗电阻之比即为 Q 值,表达式为:$Q=2\pi fL/R$。

由此可见,线圈的感抗越大、损耗电阻越小,其 Q 值就越高。损耗电阻在频率 f 较低时,可视作线圈的直流电阻;当 f 较高时,因线圈骨架及浸渍物的介质损耗、铁芯及屏蔽罩损耗、导线高频趋肤效应损耗等影响较明显,R 就应包括各种损耗在内的等效损耗电阻,不能仅计算直流电阻。直流电阻是电感线圈的自身电阻,可用万用表电阻挡直接测得。

(4) 额定电流

通常是指允许长时间通过电感元件的直流电流值。选用电感元件时,其额定电流值一般要稍大于电路中流过的最大电流。

电感元件的识别十分容易。固定电感器一般都将电感量和型号直接标在其表面,一看便知。有些电感器则只标注型号或电感量一种,还有一些电感元件只标注型号及商标等,如需知其他参数,只有查阅产品手册或相关资料。

3. 电感器的检测方法

使用万用表可粗略检测电感器与变压器的好坏。方法是用万用表的电阻挡(置于 R×1 挡),依次测试电感器、变压器中线圈各绕组和绕组之间的直流电阻值,并与正常估计值加以比较,以检查绕组有无开路或短路现象及绕组间有无短路。若阻值过大甚至为∞,则为线圈断线;若阻值很小,则为严重短路。不过,内部局部短路一般难以测出。

对有磁芯的可调电感线圈,要求磁芯的螺纹配合要好,既旋转轻便,又不滑扣。要精确测试电感器,可使用万用电桥、数字式电容电感测试仪或高频 Q 表。

4. 电感线圈的选用

选择电感器的主要参数是电感量、品质因数、分布电容和稳定性。一般电感量越大,抑制电流变化的能力越强;品质因数越高,线圈工作时损耗越小;电感器的分布电容是线圈的匝间及层间绝缘介质形成的，工作频率越高，分布电容的作用越显著；电感器的参数受温度影响越小，电感器的稳定性越高。

① 选择电感器要考虑工作频率的要求：例如，用于音频段的一般要用低频铁氧体芯的电感线圈；在几百千赫到几兆赫间的线圈最好用铁氧体芯，并以多股绝缘线绕制的，这样可以减少集肤效应，提高 Q 值。

② 选择电感器要考虑线圈骨架的材料：线圈骨架的材料与线圈的损耗有关，因此，高频电路里的线圈，通常应选用高频损耗小的高频瓷作骨架，对于要求不高的场合，可选用塑料、胶木和纸作骨架的电感器，虽然损耗大一些，但它们价格低廉、制作方便、质量小。

③ 在选用线圈时必须考虑机械结构是否牢固，不应使线圈松脱，引线接点活动等。

2.2　常用半导体器件的检测和判别

半导体器件类型结构繁多，主要有二极管、三极管、场效应管、晶闸管、单结管等。各器件的结构、电路符号、特性及主要参数在相应的理论课程都有详细介绍。本节仅对器件型号命名、器件类型简单介绍，重点探讨用万用表检测器件的方法及器件的选择和使用。

2.2.1　半导体二极管的检测和判别

二极管实质上就是一个 PN 结，在 PN 结两端间装上金属电极，外部用金属、塑料、陶瓷、玻璃等外壳封装，就成为二极管。

1. 半导体二极管的分类和型号命名

(1) 半导体二极管的分类

二极管类型很多。依据功率有大、中、小功率二极管；依据工作频率有高、中、低频二极管；依据材料有硅、锗二极管；依据结构有点接触、面接触等。点接触二极管的工作频率高，但可承受电压不高，允许通过的电流也小，多用于检波、小电流整流或高频开关电路；面接触二极管的工作电流和能承受功率较大，但适用的频率较低，多用于整流、稳压、低频开关电路等；依据应用有普通、特殊二极管，普通二极管包括整流二极管、开关二极管、检波二极管等，特殊二极管包括稳压二极管、变容二极管、光电二极管、发光二极管等。

(2) 半导体二极管的型号命名

我国国标规定，半导体二极管、三极管型号由 5 个部分组成。

第 1 部分：用数字表示器件的电极数，“2”表示二极管，“ 3”表示三极管。

第 2 部分：用字母表示器件的材料和极性，对于二极管有 A、B、C、D 四种，A、B、C、D 分别表示 N 型锗材料、P 型锗材料、N 型硅材料、P 型硅材料；对于三极管有 A、B、C、D、E 五种，A、B、C、D、E 分别表示 PNP 锗材料、NPN 锗材料、PNP 硅材料、NPN 硅材料、化合物材料，我国产品多为 PNP 锗材料、NPN 硅材料 2 种。

第3部分：用字母表示器件的类别。例如，P(表示普通管)；V(表示微波管)；W(表示稳压管)；C(表示参量管)；Z(表示整流管)；L(表示整流堆)；S(表示隧道管)；N(表示阻尼管)；U(表示光电器件)；K(表示开关管)；X(表示低频小功率管，功率小于1 W，特征频率小于3 MHz)；G(表示高频小功率管，功率小于1 W，特征频率大于3 MHz)；D(表示低频大功率管，功率大于1 W，特征频率小于3 MHz)；A(表示高频大功率管，功率大于1 W，特征频率大于3 MHz)。

第4部分：用数字表示器件的序号。其反映了极限参数、直流参数、交流参数等参数的差别。

第5部分：用字母表示器件的规格。其反映了承受反向击穿电压的程度。如规格号A、B、C、D等，其中A承受的反向击穿电压最低，依次类推。

例如，2CN1表示硅材料N型阻尼二极管；3AX31A表示PNP型锗材料低频小功率管。

(3) 半导体二极管的极性外观识别方法

常用二极管的外壳上均印有型号和标记。标记箭头所指的方向为阴极。有些二极管只有一个色点标志，有色点的一端为阴极；有些二极管带有定位标志，判别时，观察者面对管底面，由定位端起，按顺时针方向，引出线依次为正极和负极；有些二极管管壳是透明玻璃，里面连接触丝的一端为正极。

2. 二极管引脚极性、质量的判别

晶体二极管具有单向导电性，其正向电阻小(一般为几百欧)而反向电阻大(一般为几十千欧至几百千欧)，利用此点可进行极性、质量的判别。应用万用表的电阻挡可以鉴别二极管的极性和判别其质量的好坏。测试小功率二极管时一般使用R×100(Ω)或R×1k(Ω)挡，不致损坏管子。

(1) 引脚极性判别

观察外壳上的标志一般可看出极性。若无法看出极性，可用模拟万用表或数字万用表检测。具体方法是：将模拟万用表置于R×1k(或R×100)挡，先用红、黑表笔任意测量二极管两端子间的电阻值，然后交换表笔再测量一次，如果二极管是好的，两次测量结果必定出现一大一小。以阻值较小的一次测量为准，模拟万用表黑表笔所接的一端为正极，红表笔所接的一端则为负极。

利用数字万用表的二极管挡也可判别正、负极，此时红表笔(插在“V·Ω”插孔)带正电，黑表笔(插在“COM”插孔)带负电。用两支表笔分别接触二极管两个电极，若显示值在1 V以下，说明管子处于正向导通状态，红表笔接的是正极，黑表笔接的是负极。若显示溢出符号“1”，表明管子处于反向截止状态，黑表笔接的是正极，红表笔接的是负极。

(2) 鉴别质量好坏

二极管的正、反向电阻差别越大，其性能就越好。如果双向电值都较小，说明二极管质量差，不能使用；如果双向阻值都为无穷大，则说明该二极管已经断路。如双向阻值均为零，说明二极管已被击穿。

用模拟万用表或数字万用表检测的具体方法是：将万用表置于 R×1k 挡，测量二极管的正反向电阻值。如果测得正向电阻为无穷大，说明二极管的内部断路，若测得的反向电阻接近于零，则表明二极管已经击穿，内部断路或击穿的二极管都不能使用。若测得的正向电阻偏大或反向电阻偏小，则表明二极管质量不高。

3. 二极管的选用

应根据具体电路指标要求选用二极管。

(1) 依据用途选用二极管类型

如用作检波二极管，可选用点接触普通二极管或肖特基势垒二极管，因为检波二极管主要要求工作频率高，结电容小；用作整流则选用面接触普通二极管或整流二极管；用作高频整流则选用高频整流二极管；用作光电转换或控制则可选光电二极管；用作发光指示则可选发光二极管；在开关电路中，则应选开关二极管。

(2) 依据具体参数选用二极管

例如，选用整流二极管时，主要考虑最大整流电流、最大反向工作电压及反向电流。整流二极管是一种大面积的功率器件，结电容大，工作频率较低，一般在几十千赫兹。电流容量在 1 A 以下的有 2CP 系列，1 A 以上的有 2CZ 系列。在实际应用中，应根据技术要求查阅有关器件手册进行选择，一般要留有足够余量。

(3) 依据具体要求选用锗或硅二极管

要求正向压降小的选锗二极管；要求反向电流小的选硅二极管；要求反压高、耐温高的选硅二极管；要求稳定性好的选硅二极管。

4. 二极管的使用注意事项

使用二极管时要注意以下几点：

① 应按照用途、参数及使用环境选择二极管。

② 注意正负极性不要接反，通过二极管的电流，承受的反向电压及环境温度不得超过手册中所规定的极限值。

③ 在实际电路中，更换二极管时，应选用同型号、同规格二极管，若缺少所需的型号，可以用高规格的二极管来替换。

④ 二极管的引线弯曲处距离外壳端面应不小于 2 mm，以免造成引线折断或或外壳破裂。总之，二极管在实际应用中，首先应根据电路要求选用合适的管子类型和型号，并且保证管子参数满足电路的要求，同时留有余量以免损坏二极管；另外在实际操作时应注意对二极管的保护。

5. 检查整流桥堆的质量

整流桥堆是把 4 只硅整流二极管接成桥式电路，再用环氧树脂（或绝缘塑料）封装而成的半导体器件。桥堆有两个交流输入端(A、B)和两个直流输出端(D、C)。采用判定二极管的方法可以检查桥堆的质量。桥堆质量完好,其两个交流输入端之间总会有一只二极管处于截止状态,即两端之间电阻很大;其两个直流输出端间的正向压降则等于两只硅二极管的压降之和。因此,用数字万用表的二极管挡测 A、B 间的正、反向电压时均显示溢出,而测 D、C 时显示大约 1 V,即可证明桥堆内部无短路现象。如果有一只二极管已经击穿短路,那么测 A－B 的正、反向电压时,必定有一次显示 0.5 V 左右。

2.2.2 半导体三极管的检测和判别

半导体三极管由 2 个 PN 结组成,具有集电极(c)、基极(b)、发射极(e)3 个引线端点,是一种双极型器件,具有电流放大作用,可作为放大器件,亦可作为开关器件。

1. 半导体三极管的类型和外观识别

(1) 半导体三极管的类型

三极管类型很多,一般可以从晶体管上标出的型号来识别,亦可用万用表等仪器检测。依据材料有硅、锗三极管;依据结构及导电极性有 NPN、PNP 三极管,锗三极管多为 PNP 管,硅三极管多为 NPN 管;依据功率有大功率(大于 1 W)、小功率(小于 1 W)三极管;依据工作频率有低频和高频三极管(大于 3 MHz);依据应用有普通、特殊三极管(例如光电三极管、肖特基三极管);依据结构有点接触、面接触等;依据封装形式有金属封装、塑料封装等。型号命名同二极管,例如 3DA12D 表示硅 NPN 型高频大功率三极管,序号为 12,管子的规格号为 D。

(2) 半导体三极管的外观识别

1) 放大倍数 β 的识别

对一只标志清晰的三极管,可以从外观上辨别出它的类型和型号。有些产品还在管壳上标注色点,以颜色来说明放大倍数 β 的大致范围,注意不是所有产品都这样标注。常用色点对 β 值分挡如下：棕色(0～15);红色(12～25);橙色(25～40);黄色(40～55);绿色(55～80);蓝色(80～120);紫色(120～180);灰色(180～270);白色(270～400);黑色(400 以上)。色点 β 值仅供参考。

2) 三个电极的识别

功率不同、封装不同,三个电极的识别方法差异较大。对于小功率三极管来说,有金属外壳和塑料外壳两种封装。金属外壳的三极管,3 个电极排列成等腰三角形,若壳上带有定位梢,则将管底面朝上,从定位梢开始,按照顺时针方向,3 电极依次为 e、b、c;若为定位梢,则将半圆内的等腰三角形顶点置于上方,按照顺时针方向,3 电极依次为 e、b、c; 塑料外壳三极管的 3 个电极在平面则成直线排列,将 3 个电极置于下方,从左到右依次为 e、b、c。

对于大功率三极管来说,由于带有散热片,外形复杂。常见有两种：一种从外型上只能看到 2 根电极,将管底面面对自己,2 根电极置于左侧,则上为 e,下为 b,散热片为 c;另一种从外型上可看到 3 根电极,将管底面面对自己,3 根电极置于左侧,从最下面电极起,按照顺时针方向,3 电极依次为 e、b、c。

2. 晶体三极管引脚极性、质量的判别

应用万用表的电阻挡可以鉴别三极管的极性和判别其质量的好坏。测试小功率三极管时一般使用 R×100(Ω)或 R×1k(Ω)挡,不致损坏管子。

(1) 管型与基极的判别

万用表置电阻挡,量程选 R×1k 挡(或 R×100),将万用表任一表笔先接触某一个电极——假定的公共极,另一表笔分别接触其他两个电极,当两次测得的电阻均很小(或均很大),则前者所接电极就是基极,如两次测得的阻值一大、一小,相差很多,则前者假定的基极有错,应更换其他电极重测。根据上述方法,可以找出公共极,该公共极就是基极 b。

确定基极 b 后,用模拟万用表红表笔接触基极 b,黑表笔分别接触另外两引脚,若电表读数都很小(约几百欧),可知此管为 NPN 型管,反之则是 PNP 型管。

(2) 发射极与集电极的判别

找出基极和管型之后,再确定发射极与集电极。方法是:以 NPN 型管为例,假定其余两脚中的一个是集电极,并将黑表笔(对应表内电池的正极)接到此脚,红表笔接假设的发射极,并在假设的集电极与已测出的基极之间跨接一只 100 kΩ 以上的电阻(经常将 b、c 捏在手中,用人体电阻替代,但两脚不可相碰),记下此时的阻值读数;再将原假设的集电极设为发射极,而原发射极设为集电极,重复测试读数。两次读数中,电阻值较小(偏转角度较大)的那次假设是正确的,其黑表笔接的一只引脚是集电极,剩下的一只是发射极。若为 PNP 型管,则将表笔对调,再用上述方法判断。

(3) 三极管性能的鉴别

① 判断三极管的好坏:检测时用万用表分别测试发射结与集电结的正反向电阻,若在正常范围内,说明三极管还好,否则,已损坏。

② 穿透电流 I_{CEO} 的判断:用万用表 R×100(Ω)或 R×1k(Ω)电阻挡测量集-射间电阻(对 NPN 管,黑表笔接集电极,红表笔接发射极),此值越大,说明 I_{CEO} 越小。一般硅管应大于数兆欧,锗管应大于数千欧。

当所测阻值为无穷大时,说明管子内部断线;当所测阻值接近于零时,表明管子已被击穿;有时阻值不断地下降,说明管子性能不稳。

③ 电流放大系数 β 的估计:用万用表 R×100(Ω)或 R×1k(Ω)电阻挡测量管子集-射间电阻(对 NPN 管,黑表笔接集电极,红表笔接发射极),观察此时的读数,然后再用手指捏住基极与集电极(两极不可相碰),同时观察表针摆动情况。摆动幅度越大,说明管子的 β 值越高。若为 PNP 管,将表笔对调,再用上述方法判别。当然现在多数万用表(如数字式万用表)都有测放大倍数 β 的挡位端点(h_{FE}),使用时,先确认晶体管类型,然后将被测管子 e、b、c 三脚分别插入数字式万用表面板对应的三极管插孔中,表显示出 h_{FE} 的近似值。

以上介绍的方法是比较简单的测试,要想进一步精确测试,可以使用晶体管图示仪,它能

十分清楚地显示出三极管的特性曲线及电流放大倍数等。

(4) 锗管和硅管的鉴别

判断三极管是锗管还是硅管，既可以用模拟式万用表，也可以用数字式万用表，一般采用测发射结电压的方法区别。

用模拟式万用表，需要电池、电阻和管子发射结构成回路，然后测发射结正向电压；用数字式万用表更为方便，可以直接测发射结正向电压。

(5) 高频管和低频管的鉴别

判别高频管与低频管：高频管的截止频率大于3 MHz，而低频管的截止频率则小于3 MHz，一般情况下，二者是不能互换使用的。由于高、低频管的型号不同，所以当它们的标志清楚时，可以查有关手册，较容易地直接加以区分。当它们的标志型号不清时，可利用其BV_{ebo}的不同，用万用表测量发射结的反向电阻，将高、低频管区分开。

以NPN型管为例，将万用表置于R×1k挡，黑表笔接管子的发射结e，红表笔接管子的基极b。此时电阻值一般均在几百千欧以上。接着将万用表拔至R×10k高阻挡，红、黑表笔接法不变，重新测量一次e、b间的电阻值。若所测量阻值与第一次测得的阻值变化不大，可基本判定被测管为低频管；若阻值变化很大，超过万用表满度1/3，可基本判定被测管为高频管。

(6) 大功率半导体三极管的检测

利用万用表检测小功率管的电极、管型及性能的方法对大功率管基本适用，因为金属外壳为已知(集电极)，所以判别方法较为简单。

需要指出的是，由于大功率管体积大，极间电阻相对较小，若像检测小功率管极间正向电阻那样，使用万用表的R×1k(Ω)挡，必然使得欧姆指针趋向于零，这种情况与极间短路一样，使检测者难以判断。为了防止误判，在检测大功率管PN结正向电阻时，应该使用R×1(Ω)或R×10(Ω)挡。

3. 半导体三极管的选择

应根据具体电路指标要求选用三极管。选用三极管时，应考虑工作频率、集电极最大耗散功率、电流放大系数、反向击穿电压、稳定性及饱和压降等。不过，这些因素中有的相互制约，选择时应根据用途的不同，以主要参数为准，兼顾次要参数。

(1) 依据用途选用三极管类型

如根据频率要求选用高频管或低频三极管，低频三极管的特征频率一般在2.5 MHz以下，而高频管的特征频率一般在几十MHz至上千MHz，甚至更高；在开关电路中，则应选开关三极管；依据集电极电流和耗散功率的大小可选择小功率和大功率三极管，一般集电极电流在0.5 A以上，集电极耗散功率在1 W以上选择大功率三极管，在1 W以下选择小功率三极管；还有，根据电路结构极性要求选择NPN型管或PNP型管以及锗或硅三极管。

(2) 类型确定后，依据具体参数确定三极管

对于小功率开关管，工作频率尤其重要，高频运用时，所选晶体管的特征频率要高于工作频率，以保证晶体管能正常工作；对于放大管，要重点考虑 β、$U_{(BR)CEO}$、I_{CM}、P_{CM}，一般选择 β 在 50～100 之间，太小放大能力差，太大稳定性差，极限参数要大于实际估算值，并要留有余量，否则晶体管容易被热击穿，选择功放管时，要求更严格。晶体管的耗散功率值与环境温度及散热大小形状有关，使用时注意手册说明。

4. 三极管的使用注意事项

使用三极管时要注意以下几点：

① 应按照用途、参数及使用环境选择三极管。

② 注意各极性不要接错，通过三极管的电流、承受的反向电压、功耗及环境温度不得超过手册中所规定的极限值。

③ 实际电路中，更换三极管时，应选用同型号、同规格三极管。

④ 若缺少所需的型号，可以用高规格的三极管来代换，例如穿透电流 I_{CEO} 小的三极管可代换穿透电流 I_{CEO} 大的三极管；β 高的可代换 β 低的三极管。但新换三极管的极限参数应大于或等于原三极管的极限参数，如 $U_{(BR)CEO}$、I_{CM}、P_{CM} 等。

2.2.3 半导体场效应管的检测与选择

场效应管（简称 FET）是利用输入电压产生的电场效应来控制输出电流的，所以又称为电压控制型器件。它工作时只有一种载流子（多数载流子）参与导电，故也叫单极型半导体三极管。它具有很高的输入电阻，能满足高内阻信号源对放大电路的要求，是较理想的前置输入级器件。它还具有热稳定性好、功耗低、噪声低、制造工艺简单、便于集成等优点，因而得到了广泛的应用。

1. 半导体场效应管的类型

根据结构不同，场效应管可以分为结型场效应管（JFET）和绝缘栅型场效应管（IGFET 或 MOS）两大类。根据场效应管制造工艺和材料的不同，又可分为 N 型沟道场效应管和 P 型沟道场效应管。

结型场效应管有 N 型沟道和 P 型沟道两大类；MOS 管有 N 型沟道和 P 型沟道、增强型和耗尽型之分，共四类。结型场效应管的输入电阻可高达 $10^6\ \Omega$ 以上，MOS 场效应管的输入电阻可高达 $10^9\ \Omega$ 以上。场效应管有漏极（d）、栅极（g）、源极（s）三个极（MOS 管多一个衬底端），分别相对于三极管的集电极、基极、发射极，场效应管可作为放大元件，亦可作为开关元件使用。

2. 半导体场效应管的检测

一般来说，场效应管的检测可以用专用测试仪器测量，亦可用万用表进行简单检测。由于 MOS 管的输入电阻极高，不宜用万用表测量，必须用测试仪器测量，而且测试仪必须接地良好。结型场效应管可用万用表判别其引脚和性能的优劣。

(1) 引脚及沟道类型的判别

首先，确定栅极，将模拟万用表置于R×100 Ω或R×1k(Ω)电阻挡，用黑表笔接假设的栅极，再用红表笔分别接触另外两脚。若测得的阻值均比较小(几百Ω至1 kΩ)，再将黑、红表笔对调测量一次，若阻值均很大，则假设的栅极正确，并可知是N沟道管；反之为P沟道管。其次，确定源极和漏极，因元件对称，剩余两极就是源极和漏极，源极和漏极正反向电阻均相同，一般为几kΩ。

(2) 质量判定

用万用表R×100 Ω或R×1k(Ω)电阻挡，黑、红表笔分别交替接源极和漏极，阻值均应很小。随后将黑表笔接栅极，红表笔分别接源极和漏极，对N沟道管阻值应很小，对P沟道管阻值应很大。再将黑、红表笔对调，测得的数值相反，可知管子基本是好的。否则，要么击穿，要么断路。

3. 半导体场效应管的选择和使用

(1) 场效应管的特点

① 场效应管是一种电压控制器件，即通过U_{GS}来控制I_D。

② 场效应管输入端几乎没有电流，所以其直流输入电阻和交流输入电阻都非常高。

③ 由于场效应管是利用多数载流子导电的，因此，与双极性三极管相比，具有噪声小，受幅射的影响小，热稳定性较好而且存在零温度系数工作点等特性。

④ 由于场效应管的结构对称，有时漏极和源极可以互换使用，而各项指标基本上不受影响，因此应用时比较方便、灵活。结型场效应管漏极和源极可以互换使用，但栅源电压不能接反；衬底单独引出的MOS管漏极和源极可以互换使用，NMOS管衬底连电路最低电位，PMOS管衬底连电路最高电位。MOS管在使用时，常把衬底和源极连在一起，这时漏极、源极不能互换。

⑤ 场效应管的制造工艺简单，有利于大规模集成。

⑥ 由于MOS场效应管的输入电阻可高达10^{15} Ω，因此，由外界静电感应所产生的电荷不易泄漏，而栅极上的SiO_2绝缘层又很薄，这将在栅极上产生很高的电场强度，易引起绝缘层击穿而损坏管子。故应在栅极加有二极管或稳压管保护电路。

⑦ 场效应管的跨导较小，当组成放大电路时，在相同的负载电阻下，电压放大倍数比双极型三极管低。

(2) 场效应管的选择

应根据具体电路指标要求选用场效应管。选用场效应管时，应考虑工作频率、漏极最大耗散功率、跨导、反向击穿电压、稳定性及极间电容等。选择时应根据用途的不同，以主要参数为准，兼顾次要参数。

1) 依据用途选用场效应管类型

如在开关电路中，应选MOS管；依据漏极极电流和耗散功率的大小可选择小功率和大功率场效应管；还有，要根据电路结构极性要求选择 N 型沟道管或 P 型沟道管以及结型或 MOS 管。

在模拟电路中，场效应管主要作为放大元件使用，常用 N 沟道结型管或增强型 NMOS 管组成放大电路。在数字逻辑电路中，MOS 管主要作为开关使用，一般采用增强型 MOS 管组成开关电路，并由栅源电压 U_{GS} 控制 MOS 管的截止和导通。

2）类型确定后，依据具体参数确定场效应管

对于开关管，工作频率尤其重要，高频运用时，要选择极间电容小，频率高的 MOS 管；对于放大管，要重点考虑 g_m、$U_{(BR)DS}$、I_{DM}、P_{DM}，一般选择 g_m 尽可能大些，以保证放大作用，极限参数要大于实际估算值，并要留有余量，否则场效应管容易被热击穿。选择功放管时，极限参数要求更严格。晶体管的耗散功率值与环境温度及散热大小形状有关，使用时注意手册说明。

(3) 场效应管的应用

MOS 管与结型管相比开关特性更好。相比于结型场效应管，MOS 器件有着更广泛的用途，发展十分迅速。目前在分立元件方面，MOS 管已进入高功率应用，国产 VMOS 管系列产品，其电压可高达上千伏，电流可高达数十安培。在模拟集成电路和数字集成电路中，都有很多实际产品。

在使用和保存场效应管时，应注意以下几点：①结型管可以开路保存，MOS 管应将各极短路保存。②应按照用途、参数及使用环境选择场效应管。③MOS 管使用时，应在栅极加有二极管或稳压管保护电路，MOS 管需要焊接时，更要慎重，以免损坏 MOS 管。④使用场效应管时，注意各极性不要接错，各极必须加正确的工作电压。⑤使用场效应管时，要注意漏源电压、漏源电流、耗散功率及环境温度等不要超过手册中所规定的最大允许值。⑥实际电路中，更换效应管时，应选用同型号、同规格效应管。

2.2.4　晶闸管的检测与选择

1. 晶闸管的作用、类型及工作特点

晶闸管是一种可控整流器件，又称可控硅（SCR），同时它又是一种大功率半导体器件，具有体积小、质量轻、耐压高、容量大、效率高、控制灵敏、使用和维护方便等优点，它既具有单向导电的整流作用，又具有以弱电控制强电的开关作用。其常应用于整流、逆变、调压和开关等方面，应用最多的是整流。但其过载能力和抗干扰能力较差，控制电路复杂。

晶闸管的种类很多，有单向晶闸管、双向晶闸管、可关断晶闸管、光控晶闸管、温控晶闸管、快速晶闸管等。按其容量有大、中、小功率管之分，一般认为电流容量大于 50 A 为大功率管，5 A 以下则为小功率管，小功率可控硅触发电压为 1 V 左右，触发电流为零点几到几毫安，中功率以上的触发电压为几伏到几十伏，电流几十到几百毫安。

晶闸管的结构、型号、外形、电路符号、工作原理及主要参数详见理论课程。晶闸管的应用特点总结如下。

① 当晶闸管阳极与阴极之间加上反电压时，不管门极与阴极之间加上何种电压，晶闸管

均不导通。

② 当晶闸管阳极与阴极之间加上正电压，且门极与阴极之间也加上正向电压时，晶闸管导通，但对门极电压的幅度有一定要求。

③ 晶闸管在导通情况下，只要阳极与阴极之间维持一定的正电压，不论门极电压如何，晶闸管均保持导通，即晶闸管导通后，门极失去作用。

④ 晶闸管在导通情况下，当阳极与阴极之间的正电压减小到接近于 0 或阳极、阴极之间为负电压时，晶闸管关断。

综上所述，晶闸管是一个可控制的单向开关元件，它的导通条件为：①阳极到阴极之间加上阳极比阴极高的正偏电压；②晶闸管控制极要加门极比阴极电位高的触发电压。而关断条件为晶闸管阳极接电源负极，阴极接电源正极，或使晶闸管中阳极与阴极之间的正电压减小到足够小。

2. 晶闸管引脚电极的判别

从外观上，单向晶闸管三个极差别很大，无需任何测量就可识别。实际应用中，常用万用表的电阻挡测试晶闸管各极（阳极 A、阴极 K、门极 G）间的电阻值，判断晶闸管的电极和好坏，也可以对晶闸管的关断状态和触发能力进行检测。

(1) 单向晶闸管引脚的判别

由电路结构可知，正常晶闸管各引脚间的 R_{AK}、R_{KA}、R_{AG}、R_{GA} 及 R_{KG} 均应很大，只有 R_{GK} 较小，只需要测出这些电阻值就可以判定引脚极性及质量好坏。

将模拟万用表置于 R×100 Ω 挡，若测得某两引脚间电阻较小，则此时黑表笔所接的为控制极（G 极），红表笔所接的为阴极（K 极），剩余的为阳极（A 极）。

若测得某两引脚间电阻过小或过大（超越正常范围），则可能内部击穿或断路。

(2) 双向晶闸管引脚的判别

双向晶闸管有门极 G、第一电极 T_1、第二电极 T_2 三个引脚。门极 G 与 T_1 极靠近，距 T_2 极较远，因此，G、T_1 之间的正、反向电阻很小（约 100 Ω）。而 T_2、G 和 T_2、T_1 之间的正、反向电阻均为无穷大。

① 判定 T_2 极：用万用表 R×1 kΩ 挡分别测量引脚间的正、反向电阻。若测得某两引脚间正、反向电阻很小，则这两引脚为 T_1 和 G 极，余下的即 T_2 极。如果测出某脚和其他两脚都不通，这肯定是 T_2 极。

② 判定 T_1 极、G 极：找出 T_2 极之后，首先假定剩下两脚中某一脚为 T_1 极，另一脚为 G 极，用万用表 R×10 Ω 挡，将两表笔（不分正负）分别接至假设的 T_1 和已确定的 T_2 上。然后，将 T_2 与 G 相连并观察万用表阻值。若阻值变小，说明此时晶闸管因触发而处于通态。此时把假定 G 断开（但 T_2 仍保持与表笔相接），若电阻值仍小，即管子仍在通态。将两表笔对调，重复上述步骤，仍处于通态，则假设的 T_1、G 正确。否则假设不成立。

3. 晶闸管的选择和应用

(1) 晶闸管的选择

应根据具体电路指标要求选用晶闸管。选用晶闸管时，应考虑晶闸管的具体结构及工作特点。

1) 依据用途选用晶闸管类型

如在可控整流电路中，应选用普通单向晶闸管，而不能选用双向晶闸管，因为双向晶闸管不能用作可控整流元件，主要用来进行交流调压、交流开关等；若在电路中需随时关断晶闸管，则应选择可关断晶闸管，因其门极端加合适触发信号就可以关断，而单向晶闸管关断较为困难。

2) 类型确定后，依据具体参数确定晶闸管

对于用作可控整流的晶闸管，要重点考虑正反向电压、平均电流、维持电流、触发信号、功耗等，极限参数要大于实际估算值，并要留有余量。一般单相整流，可选小功率晶闸管，三相整流，可选大功率晶闸管。晶闸管的耗散功率值与环境温度及散热大小形状有关，使用时注意手册说明。

(2) 晶闸管的使用注意事项

晶闸管常应用于整流、逆变、调压和开关等方面，应用最多的是整流。使用晶闸管时要注意以下几点：

① 应按照用途、参数及使用环境选择晶闸管。

② 注意各极性不要接错，通过晶闸管的电流，承受的正、反向电压，功耗及环境温度不得超过手册中所规定的极限值。

③ 实际电路中，更换晶闸管时，应选用同型号、同规格晶闸管。

④ 晶闸管过载能力和抗干扰能力较差，应用中，要加过流保护（采用熔断器）和过电压保护（采用 RC 吸收电路）。

2.2.5 单结晶体管的检测和判别

1. 单结晶体管的结构及特点

单结晶体管又称双基极二极管，简称单结管。它是只有一个 PN 结和两个接触电极的半导体器件，有发射极 e 和两个基极 b_1（第一基极）、b_2（第二基极）共 3 个电极。两个基极 b_1、b_2 并不对称，b_2 略靠近 e，可以等效为一只二极管与两个固定电阻的连接。单结管常用作脉冲产生电路，常为晶闸管提供门极触发信号。

2. 单结晶体管的引脚及质量判别

用万用表 R×100 或 R×1k 电阻挡分别测试 e、b_1 和 b_2 之间的电阻值，可以判断管子结构的好坏，识别三个引脚。

(1) 识别三个引脚

① 首先判断 e：b_1、b_2之间相当于一个固定电阻，正反向电阻一样，不同的管子，此阻值不同，一般在 3～12 kΩ。

用模拟万用表黑笔接假想的发射极，红表笔分别接另外两极，当出现两次低电阻时，说明黑表笔接的就是单结管的发射极。

② 然后判断区分 b_1、b_2：由于 e 靠近 b_2，故 e、b_1之间的正向电阻比 e、b_2之间的正向电阻大些，以此可以区分 b_1、b_2。

判断 e 后，用黑笔接发射极，红表笔分别接另外两极，两次测量中，电阻大些的那一次红表笔接的是 b_1极。

(2) 质量判别

测试 e、b_1和 e、b_2之间的正、反向电阻，测试 b_1和 b_2之间的正、反向电阻，若在正常范围，则完好，否则可能性能不良或损坏。

这里要说明，对于一些 e、b_1之间和 e、b_2之间电阻很小的单结管，上述方法很难区分两个基极。若在实际应用中，二基极弄错，一般不会损坏器件。例如，作为脉冲电路会影响脉冲的输出幅度，当发现脉冲幅度偏离估算，并较小时，只要对调错用基极就可以。

2.3　常用集成电路及其简单检测

采用半导体制造工艺，将大量的晶体管、电阻、电容等电路元件及其电路连线全部集中制造在同一半导体硅片上，形成具有特定电路功能的单元电路，统称为集成电路(Integrated Circuit，简称 IC)。集成电路具有成本低、体积小、质量轻、耗电省、可靠性高等一系列优点，随着半导体工艺的进步，集成电路规模的不断扩大，使得器件、电路与系统之间已难以区分。因此有时又将集成电路称作集成器件。

2.3.1　集成电路的类型

集成电路类型繁多，分类各异。

① 依据电路中信号是模拟信号还是数字信号可分为数字集成电路、模拟集成电路。其中模拟集成电路主要包括集成运算放大器、集成功率放大器、集成高频放大器、集成中频放大器、集成滤波器、集成比较器、集成乘法器、集成稳压器、集成锁相环等；数字集成电路主要有各种中、小规模集成逻辑门电路、组合逻辑电路、触发器、计数器等，还有一些大规模数字逻辑电路例如存储器、可编程逻辑器件等。

② 根据集成规模可分为小、中、大、超大规模等类型，一般以半导体硅片上集成的元器件数目或基本单元电路数目区分，数字集成电路、模拟集成电路具体数目有所不同。

③ 根据半导体工艺,即元器件类型可分为单极型、双极型、双极型-MOS（BIMOS)集成电路。单极型集成电路一般由 MOS 器件构成,又分为 PMOS、NMOS 、CMOS 三种,PMOS 和 NMOS 已趋于淘汰;双极型集成电路一般由双极型晶体管构成;BIMOS 集成电路由双极型晶体管和 MOS 电路混合构成,一般双极型晶体管作输出级,MOS 电路作输入级。双极型电路驱动能力强但功耗较大,MOS 电路则反之,双极性-MOS 电路兼有二者优点。

④ 根据应用领域要求,分为军用品、工业用品和民用品(又称商用)三大类。同一功能的集成电路在不同应用领域规定有不同的技术指标。

军品：在军事、航空、航天等领域使用环境条件恶劣、装置密度高,对集成电路的可靠性要求极高,产品价格退居次要地位。民用品：在保证一定可靠性和性能指标前提下,性能价格比是产品能否成功的重要条件之一。显然如果在普通电子产品中选用了军品是达不到高性能价格比的;工业品则是介于二者之间的一种产品。**注意:** 不是所有集成电路都有这三个品种。另外,还有可编程逻辑器件、专用集成电路以及模拟和数字模拟混合集成电路。在各种集成电路中,集成运放和各种数字逻辑电路是最常用的集成电路,必须掌握。

2.3.2　集成电路的型号命名与替换

我国国标规定,集成电路型号由 5 个部分组成。

第 0 部分：用字母 C 表示国标。

第 1 部分：用字母表示器件类型,例如,T(表示 TTL);H(表示 HTL);E(表示 ECL);C(表示 CMOS);F(表示线性放大器);D(表示音响电路);W(表示稳压器);J(表示接口电路);B(表示非线性电路);M(表示存储器);μ(表示微型机电路);AD(表示/模数转换器);DA(表示数/模转换器)等。

第 2 部分：用字母和阿拉伯数字表示器件的系列和品种代号。

第 3 部分：用字母表示器件的工作温度范围,例如,C(0～70 ℃);E(－40～85 ℃);R(－55～85 ℃);M(－55～125 ℃)等。

第 4 部分：用字母表示器件的封装,例如,W(陶瓷、扁平);B(塑料、扁平);F(全密封、扁平);D(陶瓷、双列直插);P(塑料、双列直插);J(黑陶瓷、双列直插);K(金属、菱形);T(金属、圆壳)等。

【示例 1】：集成电路 CT74S20ED。

第 0 部分 C 表示符合国家标准;第 1 部分 T 表示 TTL 器件;第 2 部分 74S20 表示是肖特基系列双 4 输入与非门;第 3 部分 E 表示温度范围为－40～85 ℃;第 4 部分 D 表示陶瓷双列直插封装。CT74S20ED 是肖特基 TTL 双 4 输入与非门。

【示例 2】：CC4512MF。

第 0 部分 C 表示符合国家标准;第 1 部分 C 表示 CMOS 器件;第 2 部分 4512 表示是 8 选 1 数据选择器;第 3 部分 M 表示温度范围为－55～125 ℃;第 4 部分 F 表示全密封扁平封装。

CC4512MF 为 CMOS 8 选 1 数据选择器(三态输出)。

【示例 3】:CF0741CT。

第 0 部分 C 表示符合国家标准;第 1 部分 F 表示线性放大器;第 2 部分 0741 表示是通用Ⅲ型运算放大器;第 3 部分 C 表示温度范围为 0～70 ℃;第 4 部分 T 表示金属圆形封装。CF0741CT 为通用Ⅲ型运算放大器。

集成电路的命名与分立器件相比规律性较强,绝大部分国内外生产的同一种集成电路,采用基本相同的数字标号,而以不同的字头代表不同的厂商,例如 NE555、LM555、μPC1555、SG555 分别是由不同国家和厂商生产的定时器电路,它们的功能、性能和封装、引脚排列都一致,可以相互替换。

但是也有一些厂商按自己的标准命名,例如型号为 D7642 和 YS414 实际上是同一种微型调幅单片收音机电路,因此在选择集成电路时要以相应产品手册为准。

2.3.3 集成电路的外形及引线排列

1. 集成电路外形及封装形式

集成电路一般采用陶瓷、塑料、金属等封装,其中塑料封装产品较多。集成电路的封装形式(外形)很多,主要有直插式(分单列、双列、四列)、扁平式(分单列、双列、四列)、圆壳式和贴片式四种,贴片式是近年来迅速发展的一种新工艺,应用已日趋广泛。

图 2-5 是半导体集成电路的几种常见封装形式。图 2-5(a)为金属圆壳式封装,采用金属圆筒外壳,类似于一个多引脚的普通晶体管,但引线较多,有 8、12、14 根引出线等,目前这种封装已日渐衰微。图 2-5(b)是扁平式塑料封装,用于要求尺寸微小的场合,一般有 14、18、24 根成 2.5 mm 间距的引线,以便与印刷电路板上的标准件插孔配合。对于集成功率放大器和集成稳压电源等,还带有金属散热片及安装孔。图 2-5(c)是双列直插式封装。图 2-5(d)为超大规模集成电路的一种封装形式(四列直插),外壳多为塑料,四面都有引出线。双列直插式和双列扁平式是集成电路中最常见的形式。

2. 集成电路的引脚

在集成电路的引脚排列图中,可以看到它们的各个引脚编号(如 1、2、3 等)。集成电路的引脚排列有一定规律,即将结构特征(键、凹口、标志等)置于俯视图左侧,由左下脚开始逆时针方向,依次为 1、2、3 等,如图 2-5 的 (a)、(b)、(c)所示。

要正确使用集成电路,首先,需要了解集成电路的外形和引线排列顺序,并在集成电路实物上找到相应的引脚;然后,要了解各引线的功能,各引线的功能符号、意义由器件说明书或安装图标出。能看懂说明书或安装图是必须的,国家标准有专门规定。

2.3.4 集成电路的检测

集成电路的检测一般包括故障判断及参数测试两方面内容。

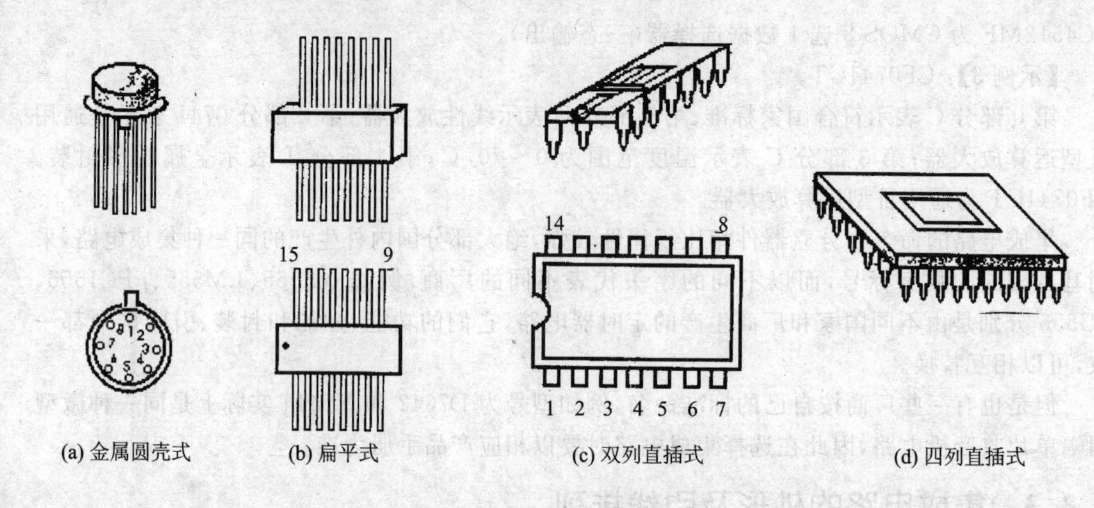

图 2-5　半导体集成电路外形图

1. 集成电路的故障判断

要对集成电路的故障做出正确判断，首先要掌握该集成电路的用途、内部结构、主要特性，各引脚对地直流电压、波形、对地正方向直流电阻等，必要时还要分析内部电路原理图，然后依据故障现象进行判断，找出故障。

集成电路的故障判断有多种方法，一般有外观检查、非在线检查判断、在线检查判断 3 种。在线、非在线检查判断一般通过测试引脚对地电压、对地电阻以及流过电流是否正常来判断集成电路的好坏，测试引脚对地电压、对地电阻较为方便常用，测试引脚流过电流，需串联测量，操作繁琐，不方便，很少使用。

① 外观检查：观察集成电路芯片封装及引脚是否正常，例如，是否标注不清晰、颜色异常、引脚变形或折断，若出现异常就应怀疑芯片可能有故障，但还需要进一步确定。

② 在线检查判断：即集成电路连接在电路板（如 PCB）上的判断方法。因为大部分说明书或资料都标出了各引脚的参考电压值，在线集成电路的好坏，可在通电的状态下测试各引脚对地电压，并与正确值进行对比，就可以判断好坏。

当测出某引脚电压与图纸所标差距较大时，不能轻易认为集成电路有问题。应先检查与此引脚相关的各元器件有无问题，如能找出相关的元器件故障，问题就不是集成电路引起的。如果找不出集成电路周围元器件有明显故障，也不要轻易认为集成电路有问题，此时可测怀疑引脚的对地电阻，并与一个好的集成电路电阻进行对照，当测出的电阻值与正常的集成电路电阻值相差较大时，基本上就可断定电路板上的集成电路已损坏。

注意： 测量怀疑的引脚对地电阻值，需要把怀疑的引脚和接地引脚与电路板断开。

③ 非在线检查判断：即集成电路未连接在电路板（如 PCB）上的判断方法。这种方法在

没有专用仪器设备的情况下，可以用万用表简单判断。用万用表测各引脚对地的正、反向电阻值，看与正常的集成电路阻值是否一致，如果相差不多，则可判定被测集成电路是好的。正常的阻值可通过资料或测量正品集成电路得出。

有条件的可以利用集成电路测试仪对主要参数进行定量检查，这样就更有保证。

2. 集成电路的参数测试

集成电路的参数一般有三种测试方法：其一，是利用专门的集成电路测试仪器进行测试，快捷、方便、准确，但通用性差，例如，LEAPER－2 就是一款性能优良的掌上型线性 IC 测试仪，若无精确要求，实验室一般不采用专用仪器测试；其二，是根据各参数的测试原理接具体测试电路进行测试；其三，是用万用表和示波器进行简单测试。后两种方法，有助于能力培养，是经常采用的测试方法。各种型号集成电路的测试方法详见具体实验或实训。

2.3.5　集成电路的选择和使用

1. 集成电路的选择

① 根据用途及功能选用集成电路类型。例如，电压放大，一般选用集成运放；功率放大和驱动负载一般选择集成功放；计数和分频一般选择集成计数器；定时和延时电路中，一般选择各种集成 555 定时器；而模拟信号与数字信号相互转换，则应选用集成 ADC、集成 DAC；需要存储二进制信息，则应选择 RAM、ROM 等。

② 根据性能要求选用集成电路型号及参数。集成电路类型确定后，就可根据具体要求确定集成电路型号。要使得确定型号集成电路的参数满足实际电路要求，特别是电压、电流、功耗等极限参数要大于实际估算值，并要留有余量。另外，速度、温度特性及抗干扰、驱动负载能力等也必须考虑。

例如，集成运放有多种型号，它们指标差异很大，应根据系统对电路的要求来确定集成运放的类型及型号，查阅集成运放的性能和参数。首先考虑尽量采用通用型集成运放，因为它们容易买到，价格较低，只有在通用型集成运放不能满足要求时，才去选择专用型的集成运放。选择集成运放时应着重考虑信号源的要求、负载的要求、精度以及环境条件的要求。指标要恰当，过低则不能满足要求，过高则增加成本，例如民品满足电路要求，而选择军品就是对性价比的降低。其次必须说明，并不是高档的运放所有指标都好，因为有些指标是相互矛盾的，例如，高速和低功耗。如果耐心挑选，完全可以从低档型号中，挑选出具有某一两项高档参数的集成运放型号。

这里要说明，不同国家和企业的同系列、品种代号的集成器件可相互替换，在选用集成电路及使用时应注意手册说明。

总之，必须从实际需要出发，对集成电路进行选择，既要保证系统可靠，性能优良，又要具有经济性。

2. 集成电路检测时应注意的问题

① 要掌握该集成电路的功能、内部结构、主要特性参数、各引脚作用及各引脚直流电压、波形、对地正方向直流电阻等。

② 要防止表笔或测试探头滑动造成引脚间短路。

③ 要选用内阻大的测试仪表，这样测试更准确。

④ 要注意对集成电路的保护，例如CMOS电路要防静电。

⑤ 不要轻率认定集成芯片损坏，怀疑集成芯片损坏时，应先排除外围元器件损坏的可能性。

3. 集成电路使用要点

① 使用前，要了解该集成电路，要对与之相连的电路作全面的分析和理解，电路中的各项性能参数不能超出该集成芯片的使用范围。

② 安装（插接或焊接）和拆装集成电路时，要注意对集成电路的保护。安装时，要将集成芯片引线理顺，与板面垂直插入插孔或焊孔中，否则会损伤引脚（特别是直插式芯片）；焊接时，要注意焊接温度和时间；拆装集成电路时，对于插接件（特别是直插式芯片），最好用专门的起拔器取出集成芯片，若无起拔器，应用两指夹起芯片两端成垂直方向提起，对于焊接件，应去除引脚附近全部焊锡（方法很多），然后轻轻拔出。

③ 由于集成电路参数具有分散性，在使用前必须进行测试。**注意**：*引脚间的绝缘，无论插接还是焊接都不要造成引脚间短路。*

④ 安装集成电路时，要注意方向不要搞错，否则，通电时，有可能烧坏集成电路。在不同型号间互换时尤其要注意。

⑤ 要处理好空脚和未用多余引脚。空脚为无用或更换、备用脚，有时也作为内部连接，要依据芯片要求处理；未用引脚是电路中暂不需要的多余引脚，应根据电路逻辑功能要求及芯片要求处理，例如，CMOS集成电路的多余引脚不允许悬空，应根据逻辑功能要求接高电平或低电平。

⑥ 不允许带电插拔集成电路。对功率集成电路需要有足够的散热，必要时应加接散热片。

⑦ 防止强电、强磁干扰，例如集成电路及其连线应远离脉冲高压电源。

⑧ 集成电路往往还需要加上保护电路。例如，电源极性的接错、电源电压的不稳定、感性负载的感生电动势等都有可能损坏集成芯片，为此常加接有保护电路。例如，集成运放就有输入、输出、电源极性接错等保护电路，一般采用二极管保护电路。

⑨ 另外，还有消除自激的补偿电路等。

2.4 电子元器件手册的使用

2.4.1 正确使用电子元器件手册的意义

只有熟悉电子元器件的性能、用途、技术参数和使用方法，才能设计和制作出合格的电子电路或电子产品。而器件手册提供了这些资料，因此熟练查阅器件手册是必须的。通过查阅各种器件手册，可以不断了解许多新的器件，利于设计和制作电路，同时可以扩展知识，不断提高科技与实践能力。

2.4.2 电子元器件手册的类型

电子元器件手册的类型很多。有大型的，如《中国集成电路大全》等，也有小型的，如《简单电子元器件手册》等；有通用手册，如《常用电子元器件手册》、《半导体分类器件手册》等，也有专用手册，如《集成运算放大器手册》、《电视机集成电路大全》等；还有一些代换手册，如《世界最新晶体管代换手册》等。另外一些电子技术类图书资料中常以附录形式给出一些介绍器件型号及参数的资料，也可以查找器件的一些参数。

2.4.3 电子元器件手册的基本内容

电子元器件手册一般包括下面5方面内容。

1. 器件型号命名法

电子元器件手册附有标准的元器件型号命名法（一般为国家标准），介绍器件的型号由几部分组成，在各部分数字或字母所表示的意义。

2. 电参数符号说明

电子元器件手册中一般都给出了元器件通用的参数符号及表示意义。如在《集成运算放大器手册》中给出了几十种直流参数和交流参数，例如，直流参数 U_{OPP} 为输出峰-峰值电压，表示运放在特定的负载条件下能够输出的最大电压幅度。

3. 元器件的主要用途

手册中元器件的各种用途，为选用元器件提供了可靠的依据。例如，介绍硅稳压管的用途是在电路中起稳压作用的；发光二极管在电路中的用途是通电发光，用于显示或指示。

4. 主要参数和外形

手册中一般列表给出器件的参数及这些参数的测试条件，例如，3DD03A 型三极管的部分参数：$P_{CM}=10$ W（测试条件 $T_C=75$ ℃），$h_{FE}=10$（测试条件 $U_{CE}=10$ V，$I_C=0.5$ A）。实测这些参数时，要依据给定条件进行。对于集成电路，有些手册还附有相应的测试电路。

手册上还给出了元器件的外形、尺寸和引线排列顺序，供识别元器件、设计印制板时参考。

5. 内部电路和应用参考电路

对于集成电路，手册上大都附有所介绍集成电路的内部电路或内部逻辑图（对数字电路），并附有较为典型的应用参考电路，供分析电路原理，设计实际电路参考。例如，CW317 是一只三点式集成稳压器，手册上就给出了内部电路框图和典型应用电路。

2.4.4 电子元器件手册的使用方法

电子元器件手册很多，查阅电子元器件手册前，首先应依据器件的类别选择相应的手册（例如，应查集成电路手册还是查晶体管手册），然后根据手册的目录，查找待查器件技术资料所在的页数，便可查阅到所需要的具体内容。实际应用中，一般从以下 2 个方面查阅器件手册。

1. 已知器件的型号查找其参数和使用方法

若已知器件的型号，通过查阅手册，可以得到器件的分类、用途、引脚排列、主要参数等。这在设计、制作电路时，可以帮助实验者对该型号的器件进行分析，看其是否满足电路要求。倘若元器件损坏，又无同型号器件替换，可以通过查阅手册，找出相应的元器件进行替换，代换器件的性能不能低于原来器件。

例如，若组装一功率放大电路，需要 2 个 $P_{CM}=1.5\ W$，$I_{CM}=1.5\ A$，$U_{(BR)CEO}\geqslant 20\ V$ 的大功率 NPN 硅管。实验室刚好有 2 个 3DD50A 型三极管，不知能否满足要求，这就需要查阅相应手册，看参数是否满足要求。3DD50A 为大功率三极管，通过查阅对应晶体管手册得到 3DD50A 的参数为：$P_{CM}=1\ W$，$I_{CM}=1\ A$，$U_{(BR)CEO}=30\ V$。明显 P_{CM}、I_{CM}不符合电路要求，应改选其他型号三极管。

2. 根据使用要求查阅选择元器件

在设计和制作实际电路时，需要根据具体要求选用电子元器件。一般先估算出电路参数，然后选择、查阅对应手册，对比实际要求参数，从众多器件中找出符合要求的相应元器件。同时，还要注意元器件的外形、尺寸和引脚排列等，这对设计印制板和考虑元器件的安装都是不可或缺的。

例如，前面例子中，知道 3DD50A 不满足电路要求，应选用其他型号的三极管。查阅晶体管手册得到 3DD53B 是低频大功率 NPN 硅管，其参数为：$P_{CM}=5\ W$，$I_{CM}=2\ A$，$U_{(BR)CEO}=30\ V$，$h_{FE}=10$，符合电路要求。

上述方法同样适用于查阅集成电路和其他器件手册。

第3章

模拟电子技术实验

3.1 模拟电子技术实验概述

3.1.1 模拟电子技术实验的主要内容

模拟电子技术实验可以分为基础实验、设计性实验以及综合性实验三类。基础实验一般是一些验证型实验，实验电路原理图一般都已经给出，只需按要求对电路进行调试，测试出具体指标就可以；设计性实验以及综合性实验一般要根据设计要求设计出原理电路，选定合适元器件，然后进行安装（一般在插接板，必要时用印制板）、调试，以达到设计要求。其中，元器件的选择和电路调试是实验中最为关键的环节，下面对这两方面内容进行简单介绍。

1. 模拟电子技术实验的常用元器件

无论简单实验电路还是复杂实验电路都是由常用元器件组成的。组成模拟电子技术实验电路的元器件主要有电阻、电容、三极管等分立元器件以及集成运放、集成功放、集成模拟乘法器等集成电路。元器件的选用第2章已有所介绍，本节仅对模拟电子电路（主要是放大电路）中元器件的选择做几点说明。

(1) 半导体三极管的选用

三极管和集成运放是放大电路的核心器件。三极管和集成运放的质量，直接决定着放大电路的各项技术指标，选择合适的三极管和集成运放是设计、测试、制作实验电路不可或缺的。不同的电路对放大器件要求各有侧重，要根据实际放大电路对三极管和集成运放的要求来选择。

① 频率选择：若为了满足放大电路的频率特性要求，应选用 f_β 比放大电路上限频率 f_H 高几倍的半导体三极管。

② β 值选择：若为了满足电压增益的要求，应选用 β 值高的三极管。但是，β 值高，温度稳定性差。为了兼顾增益与稳定性的要求，常选 $\beta=50\sim100$ 的硅三极管。

③ 噪声系数选择：设计或选择用来放大微弱信号的高增益放大器的输入级时，要注意选择噪声系数小的三极管。

④ 极限参数选择：设计或选择放大器的输出级时，要保证动态范围及安全工作的技术要求。应选择符合下述条件的三极管，即 $U_{(BR)CEO}>V_{CC}$，$I_{CM}>I_{cm}+I_{CEO}$，$P_{CM}>P_{Tmax}$（I_{cm}为集电极信号的最大电流幅值，P_{Tmax}为最大管耗）。

(2) 集成运算放大器的选用

一个实用的电路中，可能需要多种集成运放，选用集成运算放大器应根据电路指标要求综合考虑，理论课程已有介绍，这里重申几点。

① 在满足电路要求的前提下，要选择通用运放，通用运放一般能够满足大部分电路的要求。

② 根据电路精度选择运放。例如，对于精度要求高的直接耦合电路，应选择输入失调参数小和共模抑制比高的集成运放（如高精度集成运放 F741），若电路为阻容耦合，输入失调参数要求不高。

③ 根据电路频率特性要求选择运放。例如，对于高频（$f_H\geqslant100$ kHz）、高增益放大电路，要选择宽带集成运放，以满足频率特性要求。

④ 根据电路的特殊要求选择运放。若某些电路对个别技术指标有特殊要求，则需要选择专用集成运放。若要求电路输入阻抗高，则应选择高输入阻抗集成运放（如 5G28）；若要求电路功耗低，则应选择低功耗集成运放（如 XF75 等）；在高速电路中，则应选择高速集成运放（如 F715 等）；若要求电路输出电压高，则应选择高压型集成运放（如 D41 等）。

(3) 电阻、电容的选用

在模拟电子电路中，电阻、电容等元器件起着非常重要的作用。电阻、电容主要有以下几方面作用：①作为偏置电阻，为放大电路提供合适的静态工作点；②电阻、电容作为负载的一部分，对电压动态范围及放大倍数有一定影响；③电阻与电容共同构成 RC 网络，用来作为反馈电路及选频电路；④电阻与电容共同构成 RC 补偿电路，用来消除电路中的自激振荡；⑤作为隔直耦合电容，用于隔离直流电流，实现电路间的恰当连接；⑥作为旁路电容，用于旁路电阻等对交流指标的影响。

选频电路中的电阻、电容要根据频率大小要求等来确定；补偿电路中的电容一般选择 PF 级无极性小电容；旁路电容和隔直耦合电容一般选择较大容量的电解电容，容量越大，电路的低频特性越好，但容量大也有不利的一面，容量大则体积大，分布电感、分布电容增大，价格也会增高，一般以满足电路下限频率为依据进行选择。

例如，分压偏置单管共射放大电路中，集电极电阻 R_C 应该根据电压放大倍数的要求来选择，既不能太大（会造成饱和失真），也不能太小（会造成动态范围变小，电压放大倍数下降）；上偏置电阻 R_{B1}、下偏置电阻 R_{B2}、射极电阻 R_E 要依据静态工作点合适进行选择，同时要兼顾对功耗及放大倍数的影响；隔直耦合电容 C_1、C_2、旁路电容 C_E 一般选择 10～100 μF 的电解电容。由集成运放构成的放大电路，其阻容元器件选择一般比较简单。

2. 模拟电子电路的静态调试

电路调试可分为静态调试和动态调试两种。通常所说的电路工作状态，实质上是指半导体器件(包括集成电路)在电路中的工作状态。在输入信号等于零，无自激振荡的情况下，调整放大电路中各个半导体器件的偏置电路(同时进行测量)，使放大器处于合适的直流工作状态，以便对有用信号进行不失真地放大，这种调试称为静态调试。不同类型电路静态参数有所差异，但调试的内容和方法基本相同。

(1) 分立元件放大电路静态调试

1) 各级静态工作点的选择

实际的分立元件放大电路，一般由多级基本放大电路组成。输入级、中间级、输出级等各级电路作用有所不同，选择工作点的原则和方法亦有所区别。

① 输入级工作点的选择：输入级静态工作点的高低对电路的输入电阻、电压放大倍数、功耗以及噪声系数都有明显影响。选择静态工作点要依据主要参数，兼顾次要参数，一般要首先保证电路的噪声系数低。管子噪声与 I_{CQ}有关，噪声种类很多，有的噪声随 I_{CQ}增大，有的噪声随 I_{CQ}减小，选择 I_{CQ}时，要兼顾各种噪声的影响。理论和实验证明，对于硅管，$I_{CQ}=1\sim5$ mA 时，噪声最小；对于锗管，$I_{CQ}=0.5\sim1$ mA 时，噪声最小。U_{CEQ}对管子噪声影响不大，但对动态范围影响很大，应依据动态工作范围要求来选择。一般电路中，常取 $U_{CEQQ}=2\sim5$ V，然后依据 I_{CQ}的范围，兼顾其他指标要求选择偏置电阻、电容及三极管等即可。

② 中间级工作点的选择：中间级的主要指标是获得尽可能高的稳定增益，电压增益与 I_{CQ}、β 有直接关系，I_{CQ}、β 的值一般应大于输入级的取值。

③ 输出级工作点的选择：输出级的主要技术指标要求是获得足够大的不失真输出功率，这就要求输出级的动态范围要大。输出级的动态范围不仅与工作点有关，而且与电路组态、电源大小、负载大小等有关，必须综合考虑。

2) 静态工作点的测量

一般将放大电路的输入端对地短路，用合适的电流表和电压表分别测试三极管各极电流(如 I_{CQ})和各极对地电压以及极间电压。实际操作中，往往不去测电流，而是通过测电压，然后计算电流。**注意：**在测量电压时，应选择高内阻电压表，否则会产生较大误差。

3) 静态工作点的调整方法

静态工作点测得以后，可以判断是否合适，若太高或太低，都会产生失真，一般通过调整偏置电阻的方法进行调整。

(2) 集成运放电路静态调试

集成运放形成产品时，内部电路偏置问题已得到良好解决，只要按照指标要求加上合适的电源电压，其内部工作点就是合适的。集成运放电路的静态调试是针对外接电源和电路来说的。包括双电源供电、单电源供电、双电源改单电源供电以及调零和相位补偿等。

1) 双电源供电

双电源供电的集成运放需正、负两组电源供电，绝大部分采用正、负对称电源供电，如F007等，其电源电压为±15 V。使用这种集成运放时，一定要弄清楚两个电源引脚，然后接上正确电源电压，才能通电。

2) 单电源供电

单电源供电的集成运放，功能与双电源供电的集成运放相同，其内部解决了偏置问题，只需一组电源供电，应用更加方便，如CF258等。

3) 双电源改单电源供电

实际应用中，经常将双电源供电的集成运放改为单电源供电的集成运放，这就需要调整工作点，也就是要解决偏置问题。解决方法是：需将两个输入端和输出端三个引脚的直流电压调至单电源直流电压的一半，以保证集成运放各点的相对电压和双电源供电时相同。

4) 集成运算放大器的调零

由于失调电压、失调电流的影响，运放在输入为零时，输出不等于零。为了提高集成运放的精度，消除因失调电压和失调电流引起的误差，需要对集成运放进行调零。实际的调零方法很多，实验中常用外接调零电位器的方法进行调零。调零电位器的阻值应合适，过小则调节范围不足，过大则可能加重输入级的失配程度，降低共模抑制比。

5) 集成运算放大器的相位补偿

集成运算放大器是一个高增益的直接耦合多级放大电路，在应用中往往引入各种外路反馈，使得运放在工作时容易产生自激振荡，造成电路不能正常工作。要消除自激，通常是破坏自激形成的相位条件，这就是相位补偿。一般在电路中，加入阻容器件进行补偿。目前大多数集成运放内电路已设置了消振的补偿网络，有些运放引出有消振端子，用于外接RC消振网络。

3. 模拟电子电路的动态调试

在静态调试的基础上，给放大器加上合适的输入信号，在确保输出信号不失真的情况下，用示波器等测试仪器，测试输出信号和电路的性能参数，并根据测试结果对电路的静态参数和元器件参数进行必要的修正，使电路的各项性能指标达到或超过设计要求，这一过程称为放大电路动态调试。下面介绍非线性失真的消除，最佳工作点及最大动态范围的调试以及电压放大倍数、输入和输出电阻、频率特性的测试方法。

(1) 非线性失真的消除

放大电路加上设计要求的输入信号以后，用示波器从前级至末级观察波形，如果某级或某几级出现波形失真，则需要反复调整相应级的静态工作点，使放大电路既有较高的增益，又无波形失真。

波形失真有饱和失真和截止失真之分，饱和失真是输入信号的正半周进入三极管饱和区造成的失真；截止失真是输入信号的负半周进入三极管截止区造成的失真。若静态工作点偏高或偏低，会出现饱和失真或截止失真，两种失真的输出波形会出现“底部被切”或“顶部被切”的现象。可以通过调整基极电阻和集电极电阻的方法调节工作点以消除这两种失真。

若输出波形出现顶部和底部同时被切的现象，说明两种失真都存在。这是因为输入信号幅度过大或电源电压偏低造成的。若输入信号一定，可适当增加电源电压，并重新调整工作点加以排除。此外，适当加入负反馈，能有效地抑制非线性失真，但同时应兼顾增益指标。

(2) 最佳工作点的调整和最大动态范围的测量

放大电路电源电压、交流负载电阻以及偏置电路元器件确定后，工作点的位置和动态范围也随之确定。此时的工作点虽经调试消除了非线性失真，但还不是最佳工作点。还需要进一步调试，以获得最佳工作点和最大动态范围。为了得到最大动态范围，应将静态工作点调在交流负载线的中点，此时即为最佳工作点。具体调试方法如下。

在放大器正常工作情况下，逐步增大输入信号的幅度，同时用示波器观察输出信号波形。当输出波形同时出现削底和缩顶现象时，说明静态工作点已调在交流负载线的中点；若输出波形正、负峰不在同一时刻被切，则说明静态工作点不在交流负载线的中点，此时的工作点不是最佳工作点。此时可调整基极偏置电阻，直到工作点处在交流负载线的中点，然后反复调整输入信号，使波形输出幅度最大，且无明显失真时，用交流毫伏表测出交流输出电压的有效值 U_O，则动态范围等于 $2\sqrt{2}U_O$，或用示波器直接读出峰-峰值来。

(3) 基本动态参数的测试方法

放大电路的主要动态参数有电压放大倍数、输入、输出电阻以及频率特性等。测试的前提条件是放大电路工作正常，输出信号电压波形不失真。具体测试方法在单管共射放大电路实验中介绍，分立电路和集成运放电路同样适用。

3.1.2 模拟电子技术实验的常用仪器和实验装置

模拟电子技术实验的常用仪器主要有信号发生器、示波器、毫伏表、频率计、万用表以及直流稳压电源等。除此以外还有一些实验电路板以及模拟实验专用装置。

目前，很多高校电子实验室都配备了型号各异的模拟实验专用装置，但其基本结构和功能大体相同。实验装置表面一般是一块无焊接插接电路板，内部组合了模拟实验所需要的多种基本设备，例如信号发生器、毫安表、频率计、直流稳压电源以及报警指示等。插接电路板上布满了各种供插接导线及元器件的插孔与芯片插座，各种操作开关或按钮都明了地设置在面板上，使用十分方便。有的厂家更是附带了一些已经焊接好的基本实验电路板，实验时，实验者只需将待测电路板固定在实验装置面板上即可进行测试，而无需连接电路，减少了出错率，提高了实验效率。

3.1.3 模拟电子实验电路的故障检查与排除

检查与排除实验电路的故障是实验顺利完成的保证，也是实验基本内容之一。能否迅速准确地确定和排除故障反映了实验者的基本知识和基本技能水平。模拟电路类型繁多,故障原因和现象各有不同,查找故障的方法也多种多样,在此对一般方法和步骤进行简单介绍。

1. 检查电路故障的基本方法

若实验电路不能正常工作,应首先检查电源系统是否正常,确认正常后,可以用下面方法检查电路。

(1) 测试电阻法

测试电阻法需在关闭电源的情况下进行。用于检查电路中连线有无断路(接触不良或虚焊等都会造成断路)、短路(不应该连接的点或线之间由于操作不慎或电路板问题都会造成短路)现象。例如,在使用插接板进行插接元器件时,常出现接触不良、短路或断路故障,利用此法可快速确定故障点。

其也可以用于检查电路整体是否存在短路或断路现象,例如在接入电源之前,可先用电阻表测一下电源端、输入端以及输出端与地之间的电阻值,检查实验电路是否存在整体短路或断路现象,以防止电源短路而损坏直流稳压电源或因输出短路而损坏实验电路元器件。

用于测量电路中元器件引线之间的阻值,以判断元器件是否正常。测试元器件时要注意两点:一是要将大电容放电(例如可将电解电容正极性端对地短接),以免损坏测试表;二是被测元器件引线至少有一端与电路脱开,以消除对其他元器件(与被测元器件并联的元器件)的影响。

(2) 测试电压法

用测试电阻法检查后,即可接通电源,观察实验电路元器件是否存在"过热"、"冒烟"、"异味"、"变色"等异常现象。若正常,则可以用测试电压法继续寻找故障。只需用电压表测试各测试点的电压值并与正常电压值相比较就可以判断故障点和故障原因。正常电压值一般有三种给定方式:一是已知,例如电源电压、三极管发射结电压等;二是理论估算值;三是同类正常电路或器件的电压。

注意:在使用上述方法时,应明确电路的工作状态,因为工作状态直接影响各测试点电压的大小和性质。

(3) 波形显示法

波形显示法适应于几乎所有电路的故障分析,就是用示波器观察各测试点的波形,根据波形判断电路故障。对于振荡电路,可以直接测出电路是否启振,振荡波形、幅度和频率是否符合要求等;对于放大电路,在电路静态正常的情况下,可以在电路输入端加接信号,然后用示波器观察各测试点的波形,可以判断电路工作状态是否正常(例如有无截止或饱和失真),判断各级电压增益是否符合技术要求,判断级间耦合元器件是否正常等。波形显示法具有直观、方便、高效等优点,因此在电子电路(包括模拟和数字电路)故障的判别方面应用广泛。

(4) 部件替代法

在故障基本排除,但还怀疑某个器件(包括集成器件)存在故障的情况下,可用正常的同型号(或技术参数接近的同类器件)器件替代。替代后,若电路恢复正常,则说明原来的元器件存在故障。这种检查故障的方法,多用于故障不方便检测的元器件以及一些软故障。例如,电容器的容量、三极管的性能不良、专用集成电路的质量等均可以用替代法进行检查。

替代法进行检查时要注意:要确定被替代器件供电电压正常、外围元器件正常时才能替代,若供电电压不对或外围器件存在异常现象(例如,某个器件损坏短路等),则不可贸然替代,否则可能损坏好的器件。特别是对那些连线多,功率大,价格较高的元器件,替代时更要慎重。

2. 排除故障的一般步骤

排除电路故障,要在反复观察、测试与分析的过程中,逐步缩小可能发生故障的范围,逐步排除某些可能有故障的元器件,最后在一个小范围内,确定出已经损坏或性能变坏的元器件。前面所介绍的仅是检查故障的一般方法,要迅速、准确地查找到电路故障点,还要灵活运用上述方法,一般按如下步骤进行。

(1) 直观检查

观察电路有无损坏迹象,如阻容元件及导线表面颜色有无异变,焊点有无脱焊,导线有无折断;触摸半导体器件外壳是否过热等。若经直观检查未发现故障原因或虽然排除了某些故障,但仍不能正常工作,则应按下述步骤进一步检查。

(2) 判断故障所在部位

首先应查阅电路原理图,按功能划分成几个部分。弄清信号产生或传递关系,各部分电路之间的联系和作用原理。然后,根据故障现象,分析故障可能发生在哪一部分。再查对安装工艺图,找到各测试点的位置,为检测做好准备。一般可以确定故障所在的大致范围,例如某个功能区。

(3) 确定故障所在级

依据以上判断,在所确定可能有故障的部分电路中,用上述方法进行检查。检查顺序可以从后向前,亦可从前向后。下面以多级电压放大电路为例加以简单说明。

1) 由前级向后级推进检查

将测试信号从第一级输入,用示波器从前级至后级依次测试各级电路输入与输出波形。若发现其中某一级输入波形正常而输出波形不正常或无输出,则可确定该级或下一级(是前一级负载的一部分)存在故障。

为进一步弄清故障发生在哪一级,可以将这两级间耦合电路断开后检查,若前级仍不正常,则故障就在前一级;若前级恢复正常,则故障就在耦合电路或下一级。

2) 由后级向前级推进检查

将测试信号由后级向前级分别加在各级电路的输入端,并同时观察各级输入与输出信号波形。如果发现某一级有输入信号而无输出信号或输出信号波形不正常,则该级电路可能有故障,这时,可将该级与其前后级断开,并进一步检测。

(4) 确定故障点

故障级确定后，还要找出发生故障的元器件，即确定故障点。通常是用电压法测出电路中静态电压值，通过分析即可确定该级中哪个元器件存在故障。然后切断电源，拆下可能有故障的元器件，进一步进行检测，这样就可准确无误地找出故障元器件。例如，若测得故障级中某晶体三极管的发射结电压约为零或很大，则可初步断定该管已经损坏，再拆下检测即可。

(5) 修复电路

找出故障元器件后，还要进一步分析其损坏的原因，以保证已修复电路的稳定性和可靠性。对接线复杂的电路，在更换元器件时，要准确记住各引线的插接或焊接位置，必要时可做适当标记，以免接错再次损坏元器件。修复的电路要再次通电试验，测试各项技术指标，若达到原电路技术指标的要求即可。

3.2 模拟电路基础实验

模拟电路基础实验一般都是验证型实验，主要是锻炼实验者使用仪器、安装电路(插接或焊接)以及测试电路参数的能力。它是一种实践基础，是培养能力的第一步，具有重要的作用。

3.2.1 常用电子仪器的使用

1. 实验目的

① 熟悉电子电路实验中常用的电子仪器——示波器、函数信号发生器、直流稳压电源、交流毫伏表、频率计等的主要技术指标、性能及正确使用方法。

② 学会正确使用函数信号发生器与交流毫伏表。

③ 掌握使用示波器观察正弦波信号波形，测量波形参数的方法。

④ 掌握模拟电子电路实验箱的使用方法(很多高校配有不同型号的各种实验箱)。

2. 实验原理

在模拟电子电路实验中，经常使用的电子仪器有示波器(双踪示波器最为常用)、函数信号发生器、直流稳压电源、交流毫伏表及频率计等。它们和万用电表一起，可以完成对模拟电子电路的静态和动态工作情况的测试。

函数信号发生器用来产生正弦信号，并分别给交流毫伏表和双踪示波器提供信号；交流毫伏表用来测量信号电压的大小；双踪示波器是一种用来观察各种周期电压(或电流)波形的仪器，能观察到的最高信号频率主要取决于Y通道频带宽度；直流稳压电源提供稳定的直流电压。

实验中要对各种电子仪器进行综合使用，可按照信号流向，以连线简捷，调节顺手，观察与读数方便等原则进行合理布局，各仪器与被测实验装置之间的布局与连接如图3-1所示。接线时应注意，为防止外界干扰，各仪器的共公接地端应连接在一起，称为共地。信号源和交流毫伏表的引线通常用屏蔽线或专用电缆线，示波器接线使用示波器专用电缆线，直流电源的接线用普通导线。下面对仪器使用方法进行简单说明，具体请查阅实验者所用仪器型号的说明。

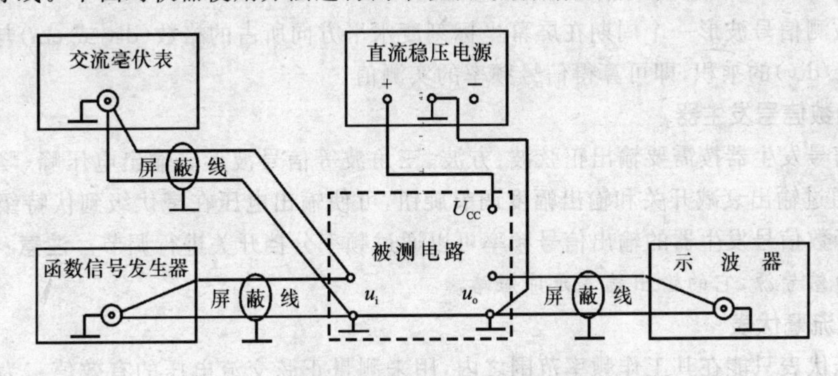

图 3-1 模拟电子电路中常用电子仪器的布局

(1) 双踪示波器

双踪示波器是一种用途很广的电子测量仪器，它既能直接显示电信号的波形，又能对电信号进行各种参数的测量。现着重指出下列几点。

① 寻找扫描光迹，将示波器Y轴显示方式置"Y_1"或"Y_2"，输入耦合方式置"GND"，开机预热后，若在显示屏上不出现光点和扫描基线，可按下列操作去找到扫描线：第一，适当调节亮度旋钮；第二，触发方式开关置"自动"；第三，适当调节垂直(↑↓)、水平(⇄)"位移"旋钮，使扫描光迹位于屏幕中央(若示波器设有"寻迹"按键，可按下"寻迹"按键，判断光迹偏移基线的方向)。

② 双踪示波器一般有五种显示方式，即"Y_1"、"Y_2"、"Y_1+Y_2"三种单踪显示方式和"交替"、"断续"两种双踪显示方式。"交替"显示一般适宜于输入信号频率较高时使用。"断续"显示一般适宜于输入信号频率较低时使用。

③ 为了显示稳定的被测信号波形，"触发源选择"开关一般选为"内"触发，使扫描触发信号取自示波器内部的Y通道。

④ 触发方式开关通常先置于"自动"，调出波形后，若被显示的波形不稳定，可置触发方式开关于"常态"，通过调节"触发电平"旋钮找到合适的触发电压，使被测试的波形稳定地显示在示波器屏幕上。

有时，由于选择了较慢的扫描速率，显示屏上将会出现闪烁的光迹，但被测信号的波形不在X轴方向左右移动，这样的现象仍属于稳定显示。

⑤ 适当调节"扫描速率"开关及"Y轴灵敏度"开关使屏幕上显示1～2个周期的被测信号波形。在测量幅值时，应注意将"Y轴灵敏度微调"旋钮置于"校准"位置，即顺时针旋到底，且听到关的声音。在测量周期时，应注意将"X轴扫速微调"旋钮置于"校准"位置，即顺时针旋到

底，且听到关的声音。还要注意“扩展”旋钮的位置。

根据被测波形在屏幕坐标刻度上垂直方向所占的格数（div 或 cm）与“Y 轴灵敏度”开关指示值（v/div）的乘积，即可算得信号幅值的实测值。

根据被测信号波形一个周期在屏幕坐标刻度水平方向所占的格数（div 或 cm）与“扫速”开关指示值（t/div）的乘积，即可算得信号频率的实测值。

(2) 函数信号发生器

函数信号发生器按需要输出正弦波、方波、三角波等信号波形。输出电压峰-峰值最大可达20 V。通过输出衰减开关和输出幅度调节旋钮，可使输出电压在毫伏级到伏特级范围内连续调节。函数信号发生器的输出信号频率可以通过频率分挡开关进行调节。**注意：**函数信号发生器作为信号源，它的输出端不允许短路。

(3) 交流毫伏表

交流毫伏表只能在其工作频率范围之内，用来测量正弦交流电压的有效值。为了防止过载而损坏，测量前一般先把量程开关置于量程较大位置上，然后在测量中逐挡减小量程。

3. 实验设备与器件

实验设备与器件主要有函数信号发生器、双踪示波器、交流毫伏表、直流稳压电源，有的还配有专用模拟实验箱。另外还要一些普通导线、专用线以及相关工具。

4. 实验内容

(1) 用机内校正信号对示波器进行自检

1) 扫描基线调节

将示波器的显示方式开关置于“单踪”显示（Y_1或 Y_2），输入耦合方式开关置“GND”，触发方式开关置于“自动”。开启电源开关后，调节“灰度”、“聚焦”、“辅助聚焦”等旋钮，使荧光屏上显示一条细而且亮度适中的扫描基线。然后调节“X 轴位移”（⇄）和“Y 轴位移”（↑↓）旋钮，使扫描线位于屏幕中央，并且能上下左右移动自如。

2) 测试“校正信号”波形的幅度、频率

将示波器的“校正信号”通过专用电缆线引入选定的 Y 通道（Y_1或 Y_2），将 Y 轴输入耦合方式开关置于“AC”或“DC”，触发源选择开关置“内”，内触发源选择开关置“Y_1”或“Y_2”。调节 X 轴“扫描速率”开关（t/div）和 Y 轴“输入灵敏度”开关（v/div），使示波器显示屏上显示出一个或数个周期稳定的方波波形。

◆ 校准“校正信号”幅度

将“Y 轴灵敏度微调”旋钮置“校准”位置，“Y 轴灵敏度”开关置适当位置，读取校正信号幅度，记入表 3-1。

注意：不同型号的示波器标准值有所不同，请按所使用示波器将标准值填入表格中。

◆ 校准“校正信号”频率

将“扫速微调”旋钮置“校准”位置，“扫速”开关置于适当位置，读取校正信号周期，记入表3-1。

表3-1 “校正信号”的幅度、频率测试

	标准值	实测值
幅度 U_{p-p}/V		
频率 f/kHz		
上升沿时间/μs		
下降沿时间/μs		

◆ 测量“校正信号”的上升时间和下降时间

调节“Y轴灵敏度”开关及微调旋钮，并移动波形，使方波波形在垂直方向上正好占据中心轴上，且上、下对称，便于读数。通过扫速开关逐级提高扫描速度，使波形在X轴方向扩展(必要时可以利用“扫速扩展”开关将波形再扩展10倍)，并同时调节触发电平旋钮，从显示屏上清楚地读出上升时间和下降时间，记入表3-1。

(2) 用示波器和交流毫伏表测量信号参数

调节函数信号发生器有关旋钮，使输出频率分别为100 Hz、1 kHz、10 kHz、100 kHz，有效值均为1 V(交流毫伏表测量值)的正弦波信号。

改变示波器“扫速”开关及“Y轴灵敏度”开关等位置，测量信号源输出电压频率及峰-峰值(V_{p-p})，记入表3-2中。

表3-2 用示波器和交流毫伏表测量信号参数

信号电压频率	示波器测量值		信号电压毫伏表读数/V	示波器测量值	
	周期/ms	频率/Hz		峰-峰值/V	有效值/V
100 Hz					
1 kHz					
10 kHz					
100 kHz					

(3) 测量两波形间相位差

1) 观察双踪显示波形“交替”与“断续”两种显示方式的特点

Y_1、Y_2均不加输入信号，输入耦合方式置“GND”，扫速开关置扫速较低挡位(如0.5 s/div挡)和扫速较高挡位(如5 μs/div挡)，把显示方式开关分别置“交替”和“断续”位置，观察两条扫描基线的显示特点，记录之。

2) 用双踪显示测量两波形间相位差

① 按图3-2连接实验电路，将函数信号发生器的输出电压调至频率为1 kHz，幅值为2 V的正弦波，经RC移相网络获得频率相同但相位不同的两路信号 u_i 和 u_R，分别加到双踪示波器的 Y_1 和 Y_2 输入端。

为便于稳定波形，比较两波形相位差，应使内触发信号取自被设定作为测量基准的一路信号。

② 把显示方式开关置“交替”挡位，将 Y_1 和 Y_2 输入耦合方式开关置“⊥”挡位，调节 Y_1、Y_2 的垂直移位旋钮，使两条扫描基线重合。

③ 将 Y_1、Y_2 输入耦合方式开关置“AC”挡位，调节触发电平、扫速开关及 Y_1、Y_2 灵敏度开关位置，使在荧屏上显示出易于观察的两个相位不同的正弦波形 u_i 及 u_R，如图 3-3 所示。根据两波形在水平方向差距 X，及信号周期 X_T，则可求得两波形相位差为

$$\theta=\frac{X(\text{div})}{X_T(\text{div})}\times 360^\circ$$

式中：X_T 为一周期所占格数，X 为两波形在 X 轴方向差距格数。记录两波形相位差于表 3-3 中。

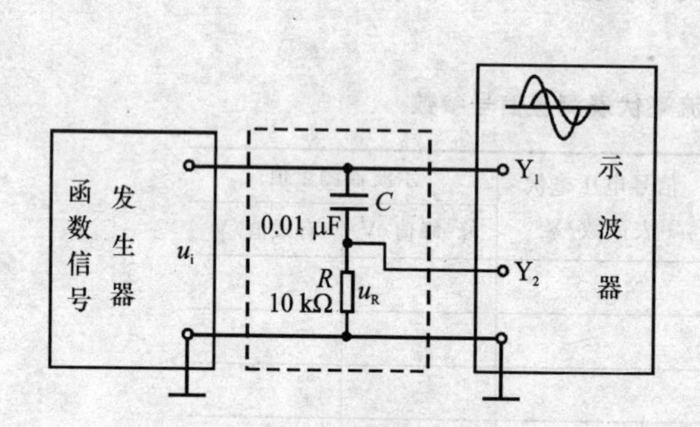

图 3-2 两波形间相位差测量电路

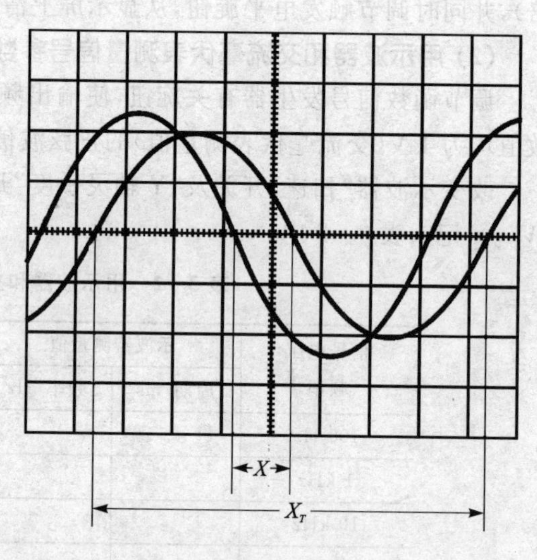

图 3-3 双踪示波器显示两相位不同的正弦波

表 3-3 相位差测试

一周期格数	两波形 X 轴差距格数	相位差	
		实测值	计算值
$X_T=$	$X=$	$\theta=$	$\theta=$

为了读和计算方便，可适当调节扫速开关及微调旋钮，使波形一周期占整数格。

5. 实验总结及实验报告

依据实验记录，整理实验数据，并进行计算分析，绘出观察到的波形图。

6. 预习要求与问题思考

① 阅读实验中所用仪器的说明书，熟悉实验仪器及内容。

② 已知 $C=0.01\ \mu F$、$R=10\ k\Omega$，计算图 3-2 中 RC 移相网络的阻抗角 θ。

③ 如何操纵示波器有关旋钮，以便从示波器显示屏上观察到稳定、清晰的波形？

④ 用双踪显示波形，并要求比较相位时，为在显示屏上得到稳定波形，应怎样选择下列开关的位置？

- 显示方式选择（Y_1、Y_2、Y_1+Y_2、交替、断续）；
- 触发方式（常态、自动）；
- 触发源选择（内、外）；
- 内触发源选择（Y_1、Y_2、交替）。

⑤ 函数信号发生器有哪几种输出波形？它的输出端能否短接，如用屏蔽线作为输出引线，则屏蔽层一端应该接在哪个接线柱上？

⑥ 交流毫伏表是用来测量正弦波电压还是非正弦波电压？它的表头指示值是被测信号的什么数值？它是否可以用来测量直流电压的大小？

3.2.2 晶体管共射极单管放大电路

1. 实验目的

① 学习放大器静态工作点的调试方法，分析静态工作点对放大器性能的影响。

② 掌握放大器电压放大倍数、输入电阻、输出电阻及最大不失真输出电压的测试方法。

③ 熟悉常用电子仪器及模拟电路实验设备的使用。

2. 实验原理

图 3-4 为电阻分压式工作点稳定单管放大器实验电路图。它的偏置电路采用由 R_{B1} 和 R_{B2} 组成的分压电路，并在发射极中接有电阻 R_E，以稳定放大器的静态工作点。当在放大器的输入端加入输入信号 u_i 后，在放大器的输出端便可以得到一个与 u_i 相位相反，幅值被放大了的输出信号 u_O，从而实现电压放大。

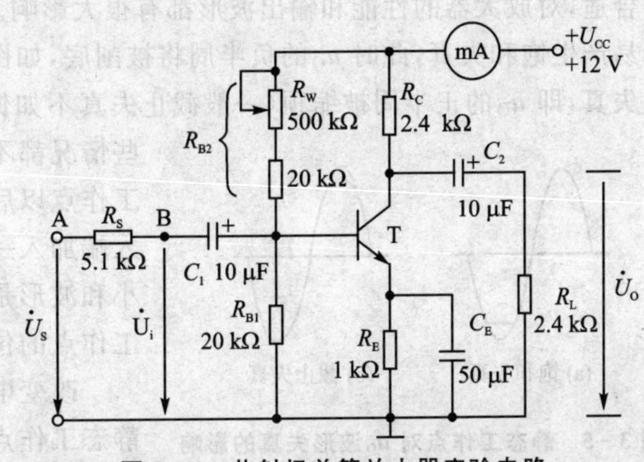

图 3-4　共射极单管放大器实验电路

在图 3-4 的电路中，当流过偏置电阻 R_{B1} 和 R_{B2} 的电流远大于晶体管 VT 的基极电流 I_B 时（一般 5～10 倍），则它的静态工作点可用下式估算：

$$U_B \approx \frac{R_{B1}}{R_{B1}+R_{B2}} U_{CC}$$

$$I_E \approx \frac{U_B - U_{BE}}{R_E} \approx I_C$$

$$U_{CE} = U_{CC} - I_C(R_C + R_E)$$

电压放大倍数 $A_V = -\beta \frac{R_C /\!/ R_L}{r_{be}}$，输入电阻 $R_i = R_{B1} /\!/ R_{B2} /\!/ r_{be}$，输出电阻 $R_O \approx R_C$。

由于电子器件性能的分散性比较大，因此在设计和制作晶体管放大电路时，离不开测量和调试技术。在设计前应测量所用元器件的参数，为电路设计提供必要的依据，在完成设计和装配以后，还必须测量和调试放大器的静态工作点和各项性能指标。一个优质放大器，必定是理论设计与实验调整相结合的产物。因此，除了学习放大器的理论知识和设计方法外，还必须掌握必要的测量和调试技术。

放大器的测量和调试一般包括：放大器静态工作点的测量与调试，消除干扰与自激振荡及放大器各项动态参数的测量与调试等。

(1) 放大器静态工作点的测量与调试

1) 静态工作点的测量

测量放大器的静态工作点，应在输入信号 $u_i=0$ 的情况下进行，即将放大器输入端与地端短接，然后选用量程合适的直流毫安表和直流电压表，分别测量晶体管的集电极电流 I_C 以及各电极对地的电位 U_B、U_C 和 U_E。一般实验中，为了避免断开集电极，所以采用测量电压 U_E 或 U_C，然后算出 I_C 的方法，例如，只要测出 U_E，即可算出 I_C，同时也能算出 U_{BE}、U_{CE}。为了减小误差，提高测量精度，应选用内阻较高的直流电压表。

2) 静态工作点的调试

放大器静态工作点的调试是指对管子集电极电流 I_C（或 U_{CE}）的调整与测试。静态工作点是否合适，对放大器的性能和输出波形都有很大影响。如工作点偏高，放大器在加入交流信号以后易产生饱和失真，此时 u_O 的负半周将被削底，如图 3-5(a)所示；如工作点偏低则易产生截止失真，即 u_O 的正半周被缩顶（一般截止失真不如饱和失真明显），如图 3-5 (b)所示。这些情况都不符合不失真放大的要求。所以在选定工作点以后还必须进行动态调试，即在放大器的输入端加入一定的输入电压 u_i，检查输出电压 u_O 的大小和波形是否满足要求。如不满足，则应调节静态工作点的位置。

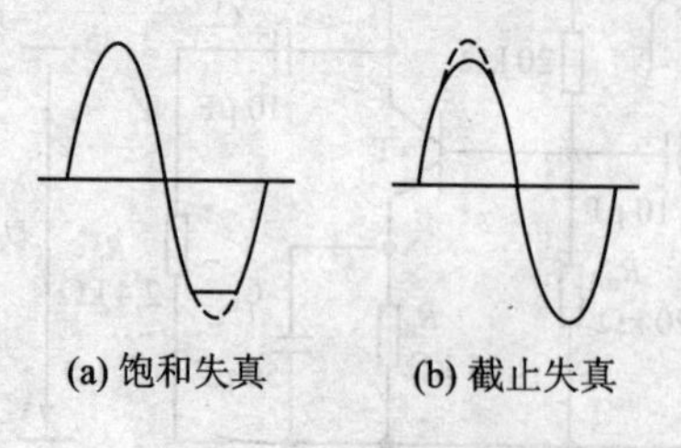

图 3-5　静态工作点对 u_O 波形失真的影响

改变电路参数 U_{CC}、R_C、R_B（R_{B1}、R_{B2}）都会引起静态工作点的变化。但通常多采用调节上偏置电

阻 R_{B2} 的方法来改变静态工作点，如减小 R_{B2}，则可使静态工作点提高等。

最后还要说明的是，上面所说的工作点“偏高”或“偏低”不是绝对的，应该是相对信号的幅度而言，如输入信号幅度很小，即使工作点较高或较低也不一定会出现失真。所以确切地说，产生波形失真是信号幅度与静态工作点设置配合不当所致。如需满足较大信号幅度的要求，静态工作点最好尽量靠近交流负载线的中点。

(2) 放大器动态指标测试

放大器动态指标包括电压放大倍数、输入电阻、输出电阻、最大不失真输出电压（动态范围）和通频带等。

1）电压放大倍数 A_V 的测试

调整放大器到合适的静态工作点，然后加入输入电压 u_i，在输出电压 u_o 不失真的情况下，用交流毫伏表或示波器测出 u_i 和 u_O 的有效值 U_i 和 U_O，则可得到电压放大倍数 $A_V = U_O/U_i$。

若电压放大倍数不符合要求，可适当调整工作点、负载电阻以及 β 等。在负反馈电路中，改变反馈深度，也可调整电压放大倍数，但要兼顾其他指标的要求。为了提高测试精度，应注意以下几个问题。

① 所选用仪器的工作频率范围应远大于被测电路的通频带；仪器的输入、输出电阻应满足被测电路的要求。

② 对于高增益放大电路，输入信号很小，一般为毫伏级或微伏级，需选用高灵敏度仪器。亦可在一般仪器与放大电路之间串接一个阻抗变换电路，以减小测量误差。

③ 对于工作频率较高的被测电路，需要使用示波器探头接于被测电路进行测量。因为加接探头后，可以将示波器的输入电阻提高近10倍，大大减小分布电容，有利于提高高频信号的测量精度。

2）输入电阻 R_i 的测量

在被测放大器的输入端与信号源之间串入一已知电阻 R，如图3-6所示。在放大器正常工作的情况下，用交流毫伏表测出 U_S 和 U_i，则根据输入电阻的定义可得

$$R_i = \frac{U_i}{I_i} = \frac{U_i}{\frac{U_R}{R}} = \frac{U_i}{U_S - U_i}R$$

测量时应注意下列几点：

① 由于电阻 R 两端没有电路公共接地点，所以测量 R 两端电压 U_R 时必须分别测出 U_S 和 U_i，然后按 $U_R = U_S - U_i$ 求出 U_R 值。

② 电阻 R 的值不宜取得过大或过小，以免产生较大的测量误差，通常取 R 与 R_i 为同一数量级为好，本实验可取 $R = 1 \sim 2\ \text{k}\Omega$。

③ 测量仪器的输入电阻要足够大。

上述输入电阻的测量方法，仅适用于输入电阻较低的情况。当被测电路输入电阻 R_i 比较

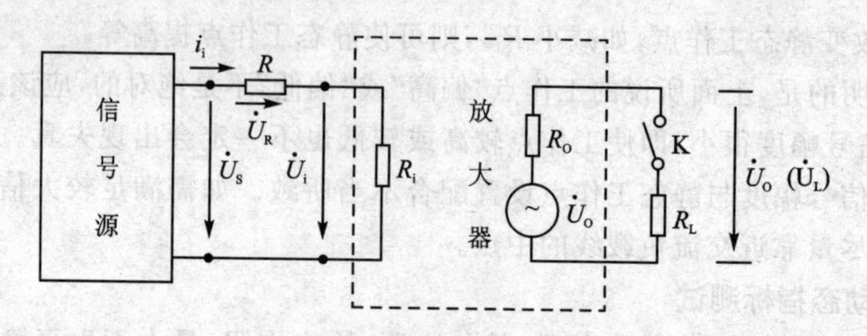

图3-6 输入、输出电阻测量电路

大时，由于测量仪器的输入电阻有限，如用上述方法直接测输入电压 U_S 和 U_i，必然会带来较大的误差。因此为了减小误差，常通过测量输出电压 U_O 来计算输入电阻。测量电路如图3-7所示。

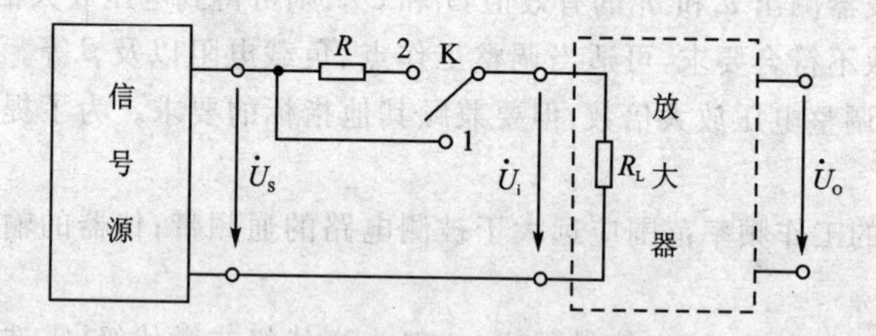

图3-7 高输入电阻测量电路

在放大器的输入端串入电阻 R，把开关K掷向位置1(即使 $R=0$)，测量放大器的输出电压 $U_{O1}=A_VU_S$；保持 U_S 不变，再把K掷向2(即接入R)，测量放大器的输出电压 U_{O2}。由于两次测量中 A_V 和 U_S 保持不变，故

$$U_{O2}=A_VU_i=\frac{R_i}{R+R_i}U_SA_V=\frac{R_i}{R+R_i}U_{O1}$$

由此可以求出 $R_i=\frac{U_{O2}}{U_{O1}-U_{O2}}R$。

注意：式中 R 和 R_i 不要相差太大。若调节 R 的阻值，使 $U_{O2}=U_{O1}/2$，则此时的 R 值就是输入电阻值，因此此法称为"半电压法"。

3) 输出电阻 R_O 的测量

在放大器正常工作条件下，测出输出端不接负载 R_L 的输出电压 U_O 和接入负载后的输出电压 U_L，电路如图3-6所示。根据 $U_L=\frac{R_L}{R_O+R_L}U_O$，即可求出 $R_O=\left(\frac{U_O}{U_L}-1\right)R_L$。

在测试中应注意，必须保持 R_L 接入前后输入信号的大小不变，并且应选择 R_L 与被测输出电阻接近为宜。

4) 最大不失真输出电压 $U_{OP\text{-}P}$ 的测量(最大动态范围)

为了得到最大动态范围，应将静态工作点调在交流负载线的中点。为此在放大器正常工作情况下，逐步增大输入信号的幅度，并同时调节 R_W（改变静态工作点），用示波器观察 u_O，当输出波形同时出现削底和缩顶现象（见图 3-8）时，说明静态工作点已调在交流负载线的中点。然后反复调整输入信号，使波形输出幅度最大，当无明显失真时，用交流毫伏表测出 U_O（有效值），则动态范围等于 $2\sqrt{2}U_O$。或用示波器直接读出 U_{OP-P}来。

5）放大器幅频特性的测量

放大器的幅频特性是指放大器的电压放大倍数 A_V 与输入信号频率 f 之间的关系曲线。幅频特性的测量方法有点频法、扫频法、暂态法三种，其中，点频法在电子技术实验中最为常用，下面分别介绍。

① 点频法：保持输入信号幅值不变的情况下，改变输入信号的频率，逐点测量对应于不同频率时的电压放大倍数，并画出幅频特性曲线。通常将放大倍数在高频和低频段分别下降至中频段放大倍数的 0.707 倍时所对应的频率称为放大电路上、下限截止频率，用 f_H 和 f_L 表示，则该放大电路的通频带为 $BW=f_H-f_L$。中频段放大倍数可通过测量或计算得到。一般用逐点法进行测量。

② 扫频法：实质上还是点频法，只不过频率特性图示仪代替了示波器和交流毫伏表，自动显示的曲线代替了绘制曲线。

③ 暂态法：将周期性的方波信号加于放大器的输入端，用脉冲示波器观测波形。可以定性看出，若输出脉冲前沿上升时间不长，平顶降落也很小，则说明被测放大器通频带较宽；若输出脉冲前沿上升时间较长，则说明上限截止频率 f_H 较低；若输出脉冲平顶降落也较大，则说明下限截止频率 f_L 较高，所以通频带较窄。

单管阻容耦合放大电路的幅频特性曲线如图 3-9 所示，A_{Vm} 为中频电压放大倍数，通频带 $f_{BW}=f_H-f_L$。

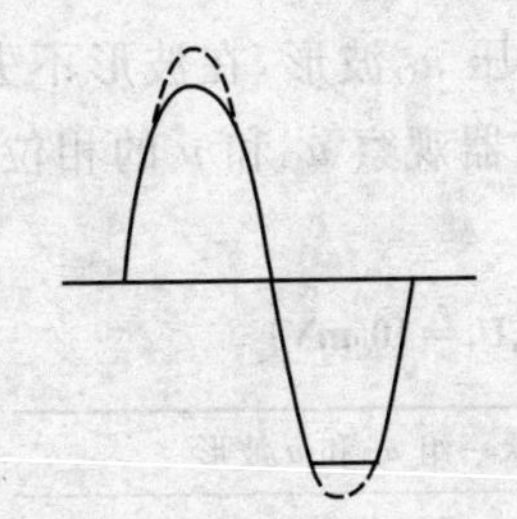

图 3-8 静态正常，输入信号太大引起的失真

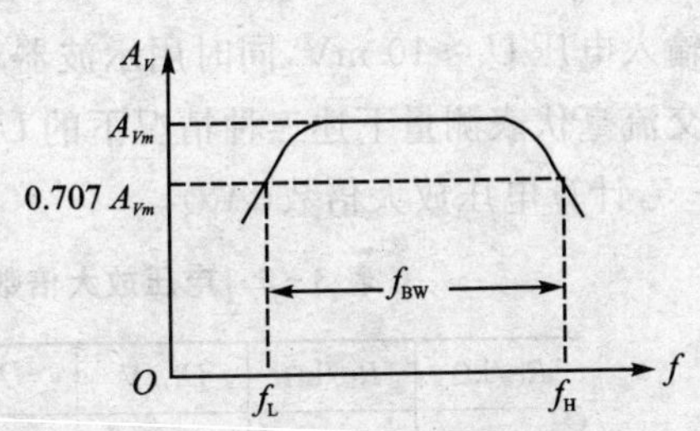

图 3-9 阻容耦合单管共射放大电路的幅频特性曲线

放大器的幅率特性就是测量不同频率信号时的电压放大倍数 A_V，一般用逐点法进行测量。为此，可采用前述测 A_V 的方法，每改变一个信号频率，测量其相应的电压放大倍数，测量时应注意取点要恰当，在低频段与高频段应多测几点，在中频段可以少测几点。此外，在改变频率时，要保持输入信号的幅度不变，且输出波形不得失真。

3. 实验设备与器件

函数信号发生器、双踪示波器、交流毫伏表、万用表、频率计、+12 V直流电源、模拟电子技术试验仪各1台；晶体三极管3DG6×1($\beta=50\sim100$)或9011×1、电阻器、电容器、导线若干。

4. 实验内容

实验电路如图3-4所示。各电子仪器可按图3-1所示方式连接，为防止干扰，各仪器的公共端必须连在一起，同时信号源、交流毫伏表和示波器的引线应采用专用电缆线或屏蔽线，如使用屏蔽线，则屏蔽线的外包金属网应接在公共接地端上。按实验电路图接线，无误后方可接通电源。

(1) 调试静态工作点

接通直流电源前，先将R_W调至最大，函数信号发生器输出旋钮旋至零。接通+12 V电源、调节R_W，使$I_C=2.0$ mA(即$U_E=2.0$ V)，用万用表测量各极对地电位U_B、U_E、U_C及测量R_{B2}值，记入表3-4中。

表3-4 静态工作点的调试($I_C=2$ mA)

测量值				计算值		
U_B/V	U_E/V	U_C/V	R_{B2}/kΩ	U_{BE}/V	U_{CE}/V	I_C/mA

(2) 测量电压放大倍数

在放大器输入端加入频率为1 kHz的正弦信号u_S，调节函数信号发生器的输出旋钮使放大器输入电压$U_i\approx10$ mV，同时用示波器观察放大器输出电压u_O波形，在波形不失真的条件下用交流毫伏表测量下述三种情况下的U_O值，并用双踪示波器观察u_O和u_i的相位关系，记入表3-5，计算电压放大倍数(A_V)。

表3-5 电压放大倍数的测量($I_C=2.0$ mA，$U_i=10$ mV)

R_C/kΩ	R_L/kΩ	U_O/V	A_V	观察记录一组u_O和u_i波形
2.4	∞			u_i、u_o 对 t 坐标（O）
1.2	∞			
2.4	2.4			

(3) 观察静态工作点对电压放大倍数的影响

置$R_C=2.4$ kΩ，$R_L=\infty$，U_i适量，调节R_W，用示波器监视输出电压波形，在u_O不失真的条件下，测量数组I_C和U_O值，记入表3-6中。

表 3-6 静态工作点对电压放大倍数的影响($R_C=2.4\ k\Omega$ $R_L=\infty$ $U_i=5\ mV$)

I_C/mA			2.0		
U_O/V					
A_V					

测量 I_C时，要先将信号源输出旋钮旋至零(即使 $U_i=0$)。

(4) 观察静态工作点对输出波形失真的影响

置 $R_C=2.4\ k\Omega$,$R_L=2.4\ k\Omega$,$u_i=0$，调节 R_W使 $I_C=2.0\ mA$，测出 U_{CE}值，再逐步加大输入信号，使输出电压 u_O足够大但不失真。然后保持输入信号不变，分别增大和减小 R_W，使波形出现失真，绘出 u_O的波形，并测出失真情况下的 I_C和 U_{CE}值，记入表 3-7 中。每次测 I_C和 U_{CE}值时都要将信号源的输出旋钮旋至零。

表 3-7 静态工作点对失真的影响($R_C=2.4\ k\Omega$ $R_L=\infty$ $U_i=10\ mV$)

I_C/mA	U_{CE}/V	u_O 波形	失真情况	管子工作状态
		u_O (O, t)		
2.0		u_O (O, t)		
		u_O (O, t)		

(5) 测量最大不失真输出电压

置 $R_C=2.4\ k\Omega$,$R_L=2.4\ k\Omega$，按照实验原理中所述方法，同时调节输入信号的幅度和电位器 R_W，用示波器和交流毫伏表测量 U_{OP-P}及 U_O值，记入表 3-8 中。

表 3-8 最大不失真输出电压的测量($R_C=2.4\ k\Omega$,$R_L=2.4\ k\Omega$)

I_C/mA	U_{im}/mV	U_{om}/V	U_{OP-P}/V

(6) 测量输入电阻和输出电阻

置 $R_C=2.4\ k\Omega$,$R_L=2.4\ k\Omega$,$I_C=2.0\ mA$。输入 $f=1\ kHz$ 的正弦信号，在输出电压 u_O不失真的情况下，用交流毫伏表测出 U_S,U_i和 U_L记入表 3-9 中。保持 U_S不变，断开 R_L，测量

输出电压 U_O，记入表3-9中。

表3-9 输入电阻和输出电阻测量($I_C=2$ mA,$R_C=2.4$ kΩ,$R_L=2.4$ kΩ)

U_S/mV	U_i/mV	R_i/kΩ		U_L/V	U_O/V	R_O/kΩ	
		测量值	计算值			测量值	计算值

***(7) 测量幅频特性曲线**

取 $I_C=2.0$ mA，$R_C=2.4$ kΩ，$R_L=2.4$ kΩ。保持输入信号 u_i 的幅度不变，改变信号源频率 f，逐点测出相应的输出电压 U_O，记入表3-10中。

表3-10 测量幅频特性曲线($U_i=10$ mV)

	f_1	f_2	f_3	f_4	f_5	f_6	f_7	f_8	f_9	…	f_n
f/kHz											
U_O/V											
$A_V=U_O/U_i$											

为了信号源频率 f 取值合适，可先粗测一下，找出中频范围，然后再仔细读数。

说明：本实验内容较多，其中*可作为选做内容。

5. 实验总结及实验报告

① 列表整理测量结果，并把实测的静态工作点、电压放大倍数、输入电阻、输出电阻之值与理论计算值比较(取一组数据进行比较)，分析产生误差的原因。

② 总结 R_C，R_L 及静态工作点对放大器电压放大倍数、输入电阻、输出电阻的影响。

③ 讨论静态工作点变化对放大器输出波形的影响。

④ 分析讨论在调试过程中出现的问题。

⑤ 总结提高放大倍数应采取哪些措施。

6. 预习要求与问题思考

① 预习分压式单管放大电路的内容并估算实验电路的理论性能指标。假设：3DG6的 $\beta=100$，$R_{B1}=20$ kΩ，$R_{B2}=60$ kΩ，$R_C=2.4$ kΩ，$R_L=2.4$ kΩ。估算放大器的静态工作点，电压放大倍数 A_V，输入电阻 R_i 和输出电阻 R_O

② 阅读有关放大器干扰和自激振荡消除内容。

③ 能否用直流电压表直接测量晶体管的 U_{BE}？为什么实验中要采用测 U_B、U_E，再间接算出 U_{BE} 的方法？

④ 怎样测量 R_{B2} 阻值？

⑤ 当调节偏置电阻 R_{B2}，使放大器输出波形出现饱和或截止失真时，晶体管的管压降 U_{CE} 怎样变化？

⑥ 改变静态工作点对放大器的输入电阻 R_i 是否有影响？改变外接电阻 R_L 对输出电阻 R_O 是否有影响？

⑦ 在测试 A_V，R_i 和 R_O 时怎样选择输入信号的大小和频率？为什么信号频率一般选 1 kHz，而不选 100 kHz 或更高？

⑧ 测试中，如果将函数信号发生器、交流毫伏表、示波器中任一仪器的二个测试端子接线换位（即各仪器的接地端不再连在一起），将会出现什么问题？

3.2.3 射极跟随器

1. 实验目的

① 掌握射极跟随器的电路结构、工作原理以及性能和特点。

② 熟练掌握射极跟随器的各项参数测试方法。

2. 实验原理

射极跟随器的原理图如图 3-10 所示。它是一个电压串联负反馈放大电路，它具有输入电阻高，输出电阻低，电压放大倍数接近于1，输出电压能够在较大范围内跟随输入电压作线性变化以及输入、输出信号同相等特点。射极跟随器的输出取自发射极，故称其为射极输出器。

(1) 输入电阻 R_i

图 3-10 电路中，$R_i=r_{be}+(1+\beta)R_E$，如考虑偏置电阻 R_B 和负载 R_L 的影响，则

$$R_i=R_B /\!/ [r_{be}+(1+\beta)(R_E /\!/ R_L)]$$

由上式可知射极跟随器的输入电阻 R_i 比共射极单管放大器的输入电阻 $R_i=R_B /\!/ r_{be}$ 要高得多，但由于偏置电阻 R_B 的分流作用，输入电阻难以进一步提高。输入电阻的测试方法同单管放大器，实验线路如图 3-11 所示。只要测得 A、B 两点的对地电位即可计算出 R_i。

(2) 输出电阻 R_O

图 3-10 电路中，$R_O=\frac{r_{be}}{\beta} /\!/ R_E \approx \frac{r_{be}}{\beta}$，如考虑信号源内阻 R_S，则

$$R_O=\frac{r_{be}+(R_S /\!/ R_B)}{\beta} /\!/ R_E \approx \frac{r_{be}+R_S /\!/ R_B}{\beta}$$

由上式可知，射极跟随器的输出电阻 R_O 比共射极单管放大器的输出电阻 $R_O \approx R_C$ 低得多。三极管的 β 愈高，输出电阻愈小。输出电阻 R_O 的测试方法亦同单管共射放大器。

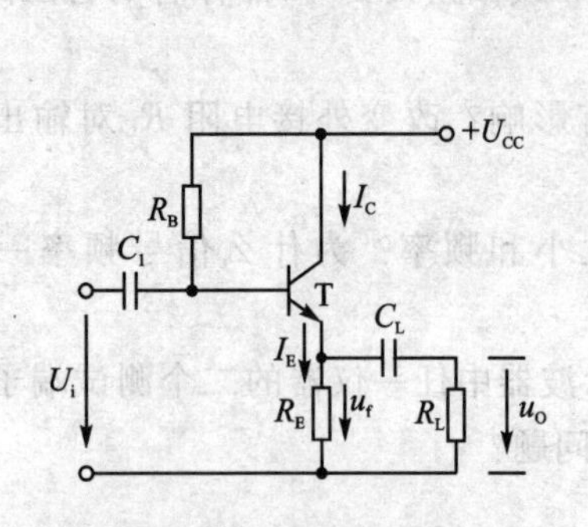

图 3-10 射极跟随器原理电路

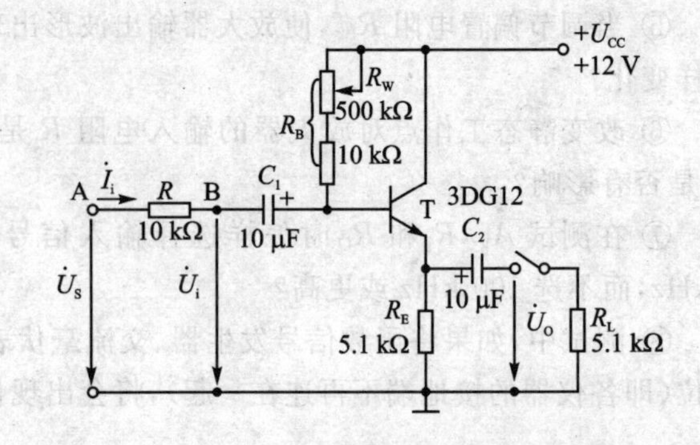

图 3-11 射极跟随器实验电路

(3) 电压放大倍数

图 3-10 所示电路中，$A_V=\dfrac{(1+\beta)(R_E/\!/R_L)}{r_{be}+(1+\beta)(R_E/\!/R_L)}\leqslant 1$，说明射极跟随器的电压放大倍数小于或等于1，且为正值。这是深度电压负反馈的结果。但它的射极电流仍比基流大$(1+\beta)$倍，所以它具有一定的电流和功率放大作用。

(4) 电压跟随范围

电压跟随范围是指射极跟随器输出电压 u_O跟随输入电压 u_i 作线性变化的区域。当 u_i超过一定范围时，u_O便不能跟随 u_i作线性变化，即 u_O波形产生了失真。为了使输出电压 u_O正、负半周对称，并充分利用电压跟随范围，静态工作点应选在交流负载线中点，测量时可直接用示波器读取 u_O的峰-峰值，即电压跟随范围；或用交流毫伏表读取 u_O的有效值，则电压跟随范围 $U_{OP-P}=2\sqrt{2}U_O$。

3. 实验设备与器件

① 函数信号发生器、双踪示波器、交流毫伏表、万用表、直流稳压电源以及相关工具。

② 3DG12×1(β=50～100)或 9013。

③ 电阻器、电容器、普通导线或专用线若干。

4. 实验内容

按图 3-11 组接电路，检查无误后，再接通电源。

(1) 静态工作点的调整与测试

接通+12 V 直流电源，在 B 点加入 f=1 kHz 正弦信号 u_i，输出端用示波器监视输出波形，反复调整 R_W及信号源的输出幅度，使在示波器的屏幕上得到一个最大不失真输出波形，然后置 u_i=0，用直流电压表测量晶体管各电极对地电位，将测得数据记入表 3-11 中。在下面整个测试过程中应保持 R_W值不变(即保持静工作点 I_E不变)。

(2) 测量电压放大倍数 A_V

接入负载 $R_L=1\ k\Omega$，在 B 点加 $f=1\ kHz$ 正弦信号 u_i，调节输入信号幅度，用示波器观察输出波形 u_o，在输出最大不失真情况下，用交流毫伏表测 U_i、U_L 值，记入表 3-12 中。

表 3-11　静态工作点的调试

U_E/V	U_B/V	U_C/V	I_E/mA

表 3-12　电压放大倍数的测量

U_i/V	U_L/V	A_V

(3) 测量输出电阻 R_O

接上负载 $R_L=1\ k\Omega$，在 B 点加 $f=1\ kHz$ 正弦信号 u_i，用示波器监视输出波形，测空载输出电压 U_O，有负载时输出电压 U_L，记入表 3-13 中。

(4) 测量输入电阻 R_i

在 A 点加 $f=1\ kHz$ 的正弦信号 u_S，用示波器监视输出波形，用交流毫伏表分别测出 A、B 点对地的电位 U_S、U_i，记入表 3-14 中。

表 3-13　测量输出电阻 R_O

U_O/V	U_L/V	R_O/kΩ

表 3-14　测量输入电阻 R_i

U_S/V	U_i/V	R_i/kΩ

(5) 测试跟随特性和输出电压峰-峰值

接入负载 $R_L=1\ k\Omega$，在 B 点加入 $f=1\ kHz$ 正弦信号 u_i，逐渐增大信号 u_i 幅度，用示波器监视输出波形直至输出波形达最大不失真，测量对应的 U_L 值，记入表 3-15 中。

(6) 测试频率响应特性

保持输入信号 u_i 幅度不变，改变信号源频率，用示波器监视输出波形，用交流毫伏表测量不同频率下的输出电压 U_L 值，记入表 3-16 中。

表 3-15　测试跟随特性和输出电压峰-峰值

U_i/V	
U_L/V	

表 3-16　测试频率响应特性

f/kHz	
U_L/V	

5. 实验总结及实验报告

① 整理实验数据，并画出曲线 $U_L=f(U_i)$ 及 $U_L=f(f)$ 曲线。

② 比较实测值和计算结果，分析产生误差的原因。

③ 分析射极跟随器的性能和特点。

④ 分析比较共射和共集电极两种电路的特点，说明各有何应用范围。

6. 预习要求与问题思考

① 复习射极跟随器的工作原理及特点。

② 根据图 3－11 所示实验电路的元件参数值估算静态工作点及电压放大倍数。

3.2.4　场效应管放大电路

1. 实验目的

① 了解场效应管的性能和特点。

② 熟悉场效应管放大电路的静态和动态参数的估算方法。

③ 掌握场效应管放大电路动态参数的测试方法。

2. 实验原理

场效应管是一种电压控制型器件。按结构可分为结型和绝缘栅型两种类型。由于场效应管栅、源之间处于绝缘或反向偏置，所以输入电阻很高(一般可达上百兆欧)，又由于场效应管是一种多数载流子控制器件，因此热稳定性好，抗辐射能力强，噪声系数小。加之制造工艺较简单，便于大规模集成，因此得到越来越广泛的应用。

(1) 场效应管的特性和参数

场效应管的特性主要有输出特性和转移特性，其直流参数主要有饱和漏极电流 I_{DSS}，夹断电压 U_P 等；交流参数主要有低频跨导 g_m 等。本实验采用结型场效应管 3DJ6F，其饱和漏极电流 $I_{DSS}=1\sim3.5$ mA(测试条件 $U_{DS}=10$ V，$U_{GS}=0$ V)；夹断电压 $U_P<|-9|$ V(测试条件 $U_{DS}=10$ V，$I_{DS}=50\ \mu$A)；跨导 $g_m>100\ \mu$A/V(测试条件 $U_{DS}=10$ V，$I_{DS}=3$ mA、$f=1$ kHz)。

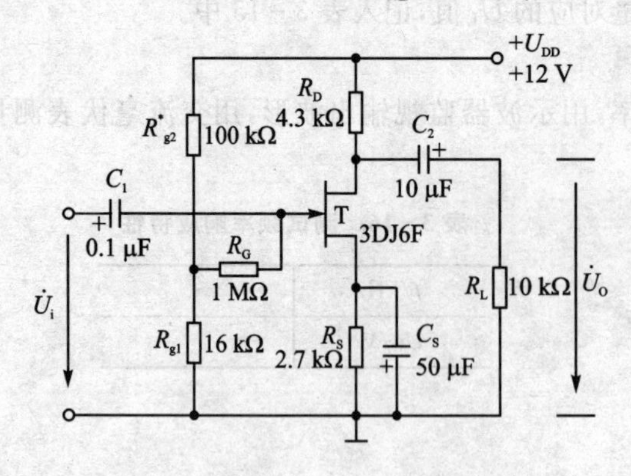

图 3－12　结型场效应管共源级放大器

(2) 结型场效应管放大器性能分析

图 3－12 为结型场效应管组成的共源级放大电路。其静态工作点由 $U_{GS}=U_G-U_S=\dfrac{R_{g1}}{R_{g1}+R_{g2}}U_{DD}-I_DR_S$，$I_D=I_{DSS}\times\left(1-\dfrac{U_{GS}}{U_P}\right)^2$ 联立求得。

中频电压放大倍数 $A_V=-g_mR'_L=-g_mR_D/\!/R_L$；输入电阻 $R_i=R_G+R_{g1}/\!/R_{g2}$；输出电阻 $R_O\approx R_D$。式中跨导 g_m 可由特性曲线用作图法求得，或用公式 $g_m=-\dfrac{2I_{DSS}}{U_P}\times\left(1-\dfrac{U_{GS}}{U_P}\right)$计算求得。但要注意，计算时 U_{GS}要用静态工作点处理数值。

(3) 输入电阻的测量方法

场效应管的 R_i 比较大，为了减小误差，常采用串接电阻，通过测量有、无串接电阻时的输出电压 U_O 来计算输入电阻。串接电阻 R 和 R_i 不要相差太大，本实验可取 $R=100\sim200\ k\Omega$。

3. 实验设备与器件

① 函数信号发生器、双踪示波器、交流毫伏表、万用表、直流稳压电源以及相关工具。

② 结型场效应管 3DJ6F×1。

③ 电阻器、电容器、普通导线或专用线若干。

4. 实验内容

(1) 静态工作点的测量和调整

按图 3-12 连接电路，令 $u_i=0$，接通 +12 V 电源，用万用表测量各极对地电位 U_G、U_S 和 U_D。检查静态工作点是否在特性曲线放大区的中间部分，若不合适，则适当调整 R_{g2} 和 R_S，如合适则把结果记入表 3-17 中。

表 3-17 静态工作点的测量和调整

测量值						计算值		
U_G/V	U_S/V	U_D/V	U_{DS}/V	U_{GS}/V	I_D/mA	U_{DS}/V	U_{GS}/V	I_D/mA

(2) 电压放大倍数 A_V、输入电阻 R_i 和输出电阻 R_O 的测量

1) A_V 和 R_O 的测量

在放大器的输入端加入 $f=1\ kHz$ 的正弦信号 U_i（约 50～100 mV），并用示波器监视输出电压 u_O 的波形。在输出电压 u_O 没有失真的条件下，用交流毫伏表分别测量 $R_L=\infty$ 和 $R_L=10\ k\Omega$ 时的输出电压 U_O（**注意：** 保持 U_i 幅值不变），记入表 3-18 中。

表 3-18 A_V 和 R_O 的测量

	测量值				计算值		u_i 和 u_O 波形
	U_i/V	U_O/V	A_V	R/kΩ	A_V	R_O/kΩ	u_i ↑ O → t
$R_L=\infty$							u_O ↑
$R_L=10\ k\Omega$							O → t

用示波器同时观察 u_i 和 u_O 的波形，描绘出来并分析它们的相位关系。

2) R_i的测量

选择合适大小的输入电压U_S(约50～100 mV),测出未串联电阻时的输出电压U_{O1},然后接入R,保持U_S不变,再测出U_{O2},记入表3-19中。根据公式$R_i=\frac{U_{O2}}{U_{O1}-U_{O2}}R$,可求出$R_i$。

表3-19　R_i的测量

测量值			计算值
U_{O1}/V	U_{O2}/V	R_i/kΩ	R_i/kΩ

另外,再采用保留输出电压不变测串联电阻前后输入电压大小的方法,测试输入电阻,比较两种方法的误差。

5. 实验总结与实验报告

① 根据实验电路参数,估算管子的静态工作点,求出工作点处的跨导g_m以及电压放大倍数、输入、输出电阻。

② 整理实验数据,将测得的A_V、R_i、R_O和理论计算值进行比较,分析产生误差的原因。

③ 把场效应管放大器与晶体管放大器进行比较,总结场效应管放大器的特点。

6. 预习要求与问题思考

① 熟悉场效应管放大电路的结构、工作原理及性能特点。

② 根据实验电路参数,估算管子的静态工作点以及电压放大倍数、输入、输出电阻。

③ 场效应管放大器输入回路的电容C_1为什么可以取得小一些(可以取$C_1=0.1\ \mu F$)?

④ 在测量场效应管静态工作电压U_{GS}时,能否用直流电压表直接并在G、S两端测量?为什么?

⑤ 为什么测量场效应管输入电阻时要用测量输出电压的方法?

3.2.5　差动放大电路

1. 实验目的

① 掌握差动放大器的电路结构和工作原理,熟悉产生零漂的原因及抑制零漂的方法。

② 掌握差动放大器主要性能指标的测试方法。

③ 加深对差动放大器性能及特点的理解。

2. 实验原理

图3-13是差动放大器的基本结构。它由两个元件参数相同的基本共射放大电路组成。当开关K拨向左边时,构成典型的长尾差动放大器。调零电位器R_P用来调节T_1、T_2管的静态工作点,使得输入信号$U_i=0$时,双端输出电压$U_O=0$。R_E为两管共用的发射极电阻,它对差模信号无负反馈作用,因而不影响差模电压放大倍数,但对共模信号有较强的负反馈作用,故可以有效地抑制零漂,稳定静态工作点。

当开关K拨向右边时,构成具有恒流源的差动放大器。它用晶体管恒流源代替发射极电阻R_E,可以进一步提高差动放大器抑制共模信号的能力。

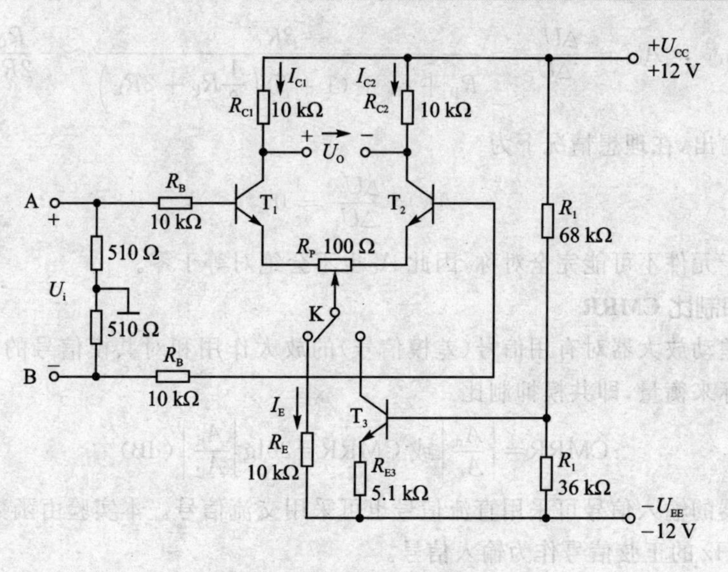

图 3-13 差动放大器实验电路

(1) 静态工作点的估算

长尾电路为

$$I_E \approx \frac{|U_{EE}|-U_{BE}}{R_E}(U_B\text{一般很小,认为 }U_{B1}=U_{B2}\approx 0)$$

$$I_{C1}=I_{C2}=\frac{1}{2}I_E$$

恒流源电路为

$$I_{C3}\approx I_{E3}\approx \frac{\frac{R_2}{R_1+R_2}(U_{CC}+|U_{EE}|)-U_{BE}}{R_{E3}}$$

$$I_{C1}=I_{C1}=\frac{1}{2}I_{C3}$$

(2) 差模电压放大倍数和共模电压放大倍数

当差动放大器的射极电阻 R_E 足够大,或采用恒流源电路时,差模电压放大倍数 A_d 由输出端方式决定,而与输入方式无关。

双端输出:R_P 在中心位置时,$A_d=\dfrac{\Delta U_O}{\Delta U_i}=-\dfrac{\beta R_C}{R_B+r_{be}+\frac{1}{2}(1+\beta)R_P}$。

单端输出:$A_{d1}=\dfrac{\Delta U_{C1}}{\Delta U_i}=\dfrac{1}{2}A_d$,$A_{d2}=\dfrac{\Delta U_{C2}}{\Delta U_i}=-\dfrac{1}{2}A_d$。

当输入共模信号时,若为单端输出,则有

$$A_{C1}=A_{C2}=\frac{\Delta U_{C1}}{\Delta U_i}=\frac{-\beta R_C}{R_B+r_{be}+(1+\beta)\left(\frac{1}{2}R_P+2R_E\right)}\approx-\frac{R_C}{2R_E}$$

若为双端输出，在理想情况下为

$$A_C=\frac{\Delta U_O}{\Delta U_i}=0$$

实际上由于元件不可能完全对称，因此 A_C 也不会绝对等于零。

(3) 共模抑制比 CMRR

为了表征差动放大器对有用信号(差模信号)的放大作用和对共模信号的抑制能力，通常用一个综合指标来衡量，即共模抑制比

$$\text{CMRR}=\left|\frac{A_d}{A_C}\right| \text{或 CMRR}=20\lg\left|\frac{A_d}{A_C}\right|(\text{dB})$$

差动放大器的输入信号可采用直流信号也可采用交流信号。本实验由函数信号发生器提供频率 $f=1$ kHz 的正弦信号作为输入信号。

3. 实验设备与器件

① 函数信号发生器、双踪示波器、交流毫伏表、万用表、直流稳压电源以及相关工具。

② 晶体三极管 3DG6×3(或 9011×3)，要求 T_1、T_2 管特性参数一致。

③ 电阻器、电容器、普通导线或专用线若干。

4. 实验内容

(1) 长尾差动放大器性能测试

按图 3-13 连接实验电路，开关 K 拨向左边构成长尾差动放大器。

1) 测量静态工作点

首先，调节放大器零点。将放大器输入端 A、B 与地短接(信号源不接入)，接通±12 V 直流电源，用直流电压表测量输出电压 U_O，调节调零电位器 R_P，使双端输出电压 $U_O=0$。调节要仔细，力求准确。

然后，测量静态工作点。零点调好以后，用万用表测量 T_1、T_2 管各电极对地电位及射极电阻 R_E 两端电压 U_{RE}，记入表 3-20 中。

表 3-20 测量静态工作点

<table>
<tr><td rowspan="2">测量值</td><td>U_{C1}/V</td><td>U_{B1}/V</td><td>U_{E1}/V</td><td>U_{C2}/V</td><td>U_{B2}/V</td><td>U_{E2}/V</td><td>U_{RE}/V</td></tr>
<tr><td></td><td></td><td></td><td></td><td></td><td></td><td></td></tr>
<tr><td rowspan="2">计算值</td><td colspan="2">I_C/mA</td><td colspan="3">I_B/mA</td><td colspan="2">U_{CE}/V</td></tr>
<tr><td colspan="2"></td><td colspan="3"></td><td colspan="2"></td></tr>
</table>

2) 测量差模电压放大倍数

断开直流电源,将函数信号发生器的输出端接放大器输入 A 端,地端接放大器输入 B 端构成单端输入方式,调节输入信号为频率 $f=1$ kHz 的正弦信号,并使输出旋钮旋至零,用示波器监视输出端(集电极 C_1 或 C_2 与地之间)。

接通±12 V 直流电源,逐渐增大输入电压 U_i(约 100 mV),在输出波形无失真的情况下,用交流毫伏表测量 U_i,U_{C1},U_{C2},记入表 3-21 中,并观察 u_i,u_{C1},u_{C2}之间的相位关系及 U_{RE}随 U_i改变而变化的情况。

3) 测量共模电压放大倍数

将放大器 A、B 短接,信号源接 A 端与地之间,构成共模输入方式,调节输入信号 $f=1$ kHz,$U_i=1$ V,在输出电压无失真的情况下,测量 U_{C1},U_{C2}之值记入表 3-21 中,并观察 u_i,u_{C1},u_{C2}之间的相位关系及 U_{RE}随 U_i改变而变化的情况。

表 3-21 测量共模和差模电压放大倍数

放大电路 / 参数	典型差动放大电路		具有恒流源差动放大电路	
	单端输入	共模输入	单端输入	共模输入
U_i	100 mV	1 V	100 mV	1 V
U_{C1}/V				
U_{C2}/V				
$A_{d1}=U_{C1}/U_i$		/		/
$A_d=U_O/U_i$		/		/
$A_{C1}=U_{C1}/U_i$	/		/	
$A_C=U_O/U_i$	/		/	
CMRR=$\lvert A_{d1}/A_{c1}\rvert$				

(2) 具有恒流源的差动放大电路性能测试

将图 3-13 电路中开关 K 拨向右边,构成具有恒流源的差动放大电路。重复长尾差动放大器性能测试内容 1)~3)的要求,将结果记入表 3-21 中。

5. 实验总结与实验报告

① 整理实验数据,列表比较长尾式差动放大电路和具有恒流源的差动放大电路的实验结果和理论估算值,分析误差原因。

- 静态工作点和差模电压放大倍数。
- 长尾式差动放大电路单端输出时的 CMRR 实测值与理论值比较。
- 长尾式差动放大电路单端输出时的 CMRR 实测值与具有恒流源的差动放大器 CMRR 实测值比较。

② 根据实验结果，总结电阻R_E和恒流源的作用。比较u_i，u_{C1}和u_{C2}之间的相位关系。

③ 简要说明差动放大器是如何解决放大与零漂之间的矛盾的。

6. 预习要求与问题思考

① 熟悉实验原理及实验内容。学习差动放大器的结构和工作原理，比较长尾式和恒流源式差动放大器的性能特点及克服零漂的能力。

② 根据实验电路参数，分别估算两种差动放大器的静态工作点及差模电压放大倍数(取$\beta_1=\beta_2=100$)。

③ 测量静态工作点时，放大器输入端A、B与地应如何连接？

④ 实验中怎样获得双端和单端输入差模信号？怎样获得共模信号？画出A、B端与信号源之间的连接图。

⑤ 怎样用交流毫伏表测双端输出电压U_O？

⑥ 电路中差分对管及元器件参数的对称性对放大器的有关性能起什么作用？

⑦ 电路中的负反馈电阻R_E起什么作用？改用恒流源又有何优点？

⑧ 实验中，每次输入信号之前，为什么进行调零？怎样进行静态调零？

3.2.6 负反馈放大电路

1. 实验目的

① 加深理解负反馈放大电路的电路结构、工作原理以及负反馈对放大器各项性能指标的影响。

② 掌握放大电路中引入负反馈的方法，掌握负反馈放大器各项性能指标的测试方法。

2. 实验原理

负反馈在电子电路中有着非常广泛的应用，虽然它使放大器的放大倍数降低，但能在多方面改善放大器的动态指标，如稳定放大倍数，改变输入、输出电阻，减小非线性失真和展宽通频带等。因此，几乎所有的实用放大器都带有负反馈。

负反馈放大器有四种组态，即电压串联、电压并联、电流串联、电流并联。本实验以电压串联负反馈为例，分析负反馈对放大器各项性能指标的影响。

(1) 负反馈放大器性能指标

图3-14为带有负反馈的两级阻容耦合放大电路，在电路中通过R_f把输出电压u_O引回到输入端，加在晶体管T_1的发射极上，在发射极电阻R_{F1}上形成反馈电压u_f。根据反馈的判断法可知，它属于电压串联负反馈。主要性能指标如下。

① 闭环电压放大倍数$A_{Vf}=A_V/(1+A_VF_V)$。其中，A_V为基本放大器(无反馈)的电压放大倍数，即开环电压放大倍数。$1+A_VF_V$为反馈深度，它的大小决定了负反馈对放大器性能改善的程度。

② 反馈系数 $F_V = R_{F1}/(R_f + R_{F1})$。

③ 输入电阻 $R_{if} = (1 + A_V F_V) R_i$，$R_i$ 为基本放大器的输入电阻。

④ 输出电阻 $R_{Of} = R_O/(1 + A_{VO} F_V)$，$R_O$ 为基本放大器的输出电阻。A_{VO} 为基本放大器 $R_L = \infty$ 时的电压放大倍数。

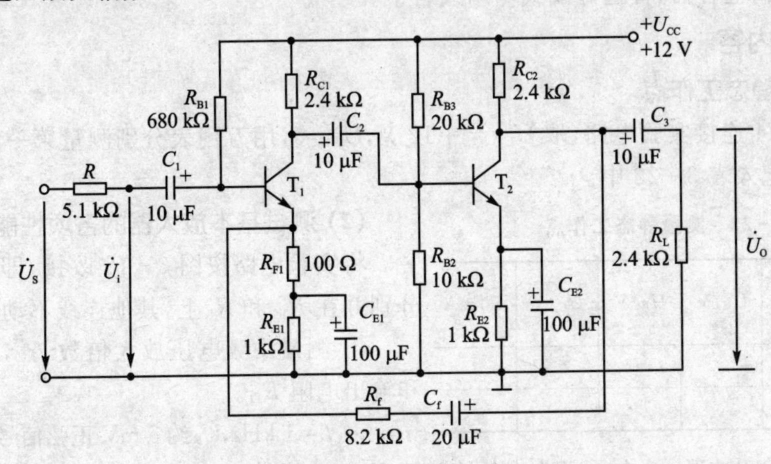

图 3-14 带有电压串联负反馈的两级阻容耦合放大器

(2) 基本放大器的动态参数

本实验还需要测量基本放大器的动态参数，怎样实现无反馈而得到基本放大器呢？不能简单地断开反馈支路，而是要去掉反馈作用，但又要把反馈网络的影响（负载效应）考虑到基本放大器中去。为此要注意以下几点：

① 在画基本放大器的输入回路时，因为是电压负反馈，所以可将负反馈放大器的输出端交流短路，即令 $u_O = 0$，此时 R_f 相当于并联在 R_{F1} 上。

② 在画基本放大器的输出回路时，由于输入端是串联负反馈，因此需将反馈放大器的输入端（T_1 管的射极）开路，此时 $(R_f + R_{F1})$ 相当于并接在输出端。可近似认为 R_f 并接在输出端。根据上述规律，就可得到所要求的如图 3-15 所示的基本放大器。

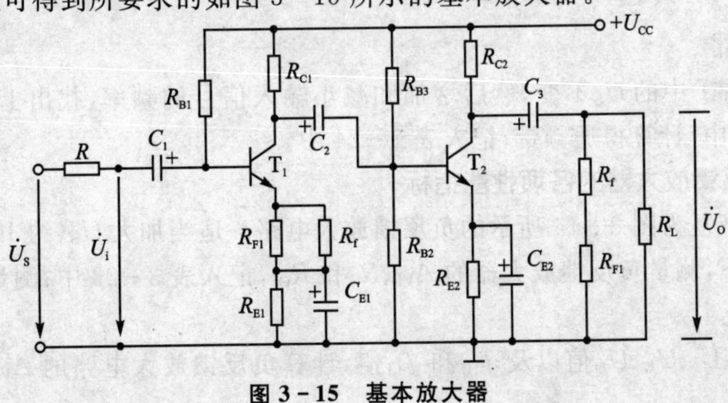

图 3-15 基本放大器

3. 实验设备与器件

① 函数信号发生器、双踪示波器、交流毫伏表、万用表、直流稳压电源以及相关工具。

② 晶体三极管 3DG6×2(β=50～100)或 9011×2。

③ 电阻器、电容器、普通导线或专用线若干。

4. 实验内容

(1) 测量静态工作点

按图 3-14 连接实验电路，取 $U_{CC}=+12\ V$,$U_i=0$,用万用表分别测量第一级、第二级的静态工作点，记入表 3-22 中。

表 3-22 测量静态工作点

静态工作点 \ 级	U_B/V	U_E/V	U_C/V	I_C/mA
第一级				
第二级				

(2) 测试基本放大器的各项性能指标

将实验电路按图 3-15 改接，即把 R_f 断开后分别并在 R_{F1} 和 R_L 上，其他连线不动。

① 测量中频电压放大倍数 A_V,输入电阻 R_i 和输出电阻 R_O。

以 $f=1\ kHz$,U_S约 5 mV 正弦信号输入放大器，用示波器监视输出波形 u_O,在 u_O不失真的情况下，用交流毫伏表测量 U_S、U_i、U_L,记入表 3-23 中。

表 3-23 中频电压放大倍数、输入电阻和输出电阻的测试

基本放大器	U_S/mV	U_i/mV	U_L/V	U_O/V	A_V	$R_i/k\Omega$	$R_O/k\Omega$
负反馈放大器	U_S/mV	U_i/mV	U_L/V	U_O/V	A_{Vf}	$R_{if}/k\Omega$	$R_{Of}/l\Omega$

保持 U_S不变，断开负载电阻 R_L(**注意**: *R_f不要断开*),测量空载时的输出电压 U_O,记入表 3-23 中。

根据测得 U_S、U_i、U_L、U_O值，计算基本放大电路中频电压放大倍数 A_V,输入电阻 R_i和输出电阻 R_O。记入表 3-23 中。

② 测量通频带。

接上 R_L,保持①中的 U_S不变，然后增加和减小输入信号的频率，找出上、下限频率 f_H和 f_L,记入表 3-24 中，计算得通频带，记入表 3-24 中。

(3) 测试负反馈放大器的各项性能指标

将实验电路恢复为图 3-14 所示的负反馈放大电路。适当加大 U_S(约 10 mV),在输出波形不失真的条件下，测量负反馈放大器的 A_{Vf}、R_{if}和 R_{Of},记入表 3-23 中；测量 f_{Hf}和 f_{Lf},记入表 3-24 中。

根据测得 U_S、U_i、U_L、U_O值以及 f_{Hf}和 f_{Lf}值，计算负反馈放大电路的 A_{Vf}、R_{if}和 R_{Of},记入

表 3-23 中，计算通频带记入表 3-24 中。

*(4) 观察负反馈对非线性失真的改善

① 实验电路改接成基本放大器形式，在输入端加入 $f=1$ kHz 的正弦信号，输出端接示波器，逐渐增大输入信号的幅度，使输出波形开始出现失真，记下此时的波形和输出电压的幅度。

表 3-24 测量通频带

基本放大器	f_L/kHz	f_H/kHz	Δf/kHz
负反馈放大器	f_{Lf}/kHz	f_{Hf}/kHz	Δf_f/kHz

② 再将实验电路改接成负反馈放大器形式，增大输入信号幅度，使输出电压幅度的大小与①相同，比较有负反馈时，输出波形的变化。

5. 实验总结与实验报告

① 估算基本放大器和负反馈放大器的电压放大倍数、输入电阻、输出电阻，并与实测值和列表进行比较。

② 根据实验结果，总结电压串联负反馈对放大器性能的影响。

6. 预习要求与问题思考

① 复习教材中有关负反馈放大器的内容，熟悉负反馈放大电路放大倍数的估算法，掌握深负反馈电压放大倍数近似估算法。

② 熟悉负反馈放大器的电路结构和工作原理以及对电路性能的影响。

③ 按实验电路 3-14 估算放大器的静态工作点(取 $\beta_1=\beta_2=100$)。

④ 如按深负反馈估算，则闭环电压放大倍数 A_{Vf} 等于几？和测量值是否一致？为什么？

⑤ 如输入信号存在失真，能否用负反馈来改善？

⑥ 怎样判断放大器是否存在自激振荡？如何进行消振？

3.2.7 集成运算放大器指标测试

1. 实验目的

① 熟悉集成运算放大器的各项常用技术指标。

② 掌握运算放大器常用技术指标的简单测试方法。

③ 通过对运算放大器 μA741 指标的测试，了解集成运算放大器组件的主要参数的定义和表示方法。

2. 实验原理

集成运算放大器是一种线性集成电路，和其他半导体器件一样，它是用一些性能指标来衡量其质量的优劣。为了正确使用集成运放，就必须了解它的主要参数指标。

集成运算放大器的主要技术指标有输入失调电压、输入失调电流、开环差模放大倍数、共模抑制比、共模输入电压范围、输出电压最大动态范围以及输入阻抗、输出阻抗、带宽等。

集成运放组件的各项指标通常是用专用仪器进行测试的，本实验介绍一种简易测试方法。采用的集成运放型号为μA741(或F007)，引脚排列如图3-16所示。它是8脚双列直插式组件，2脚和3脚为反相和同相输入端，6脚为输出端，7脚和4脚为正，负电源，1脚和5脚为失调调零端，1和5脚之间可接入一只几十kΩ的电位器并将滑动触头接到负电源端，8脚为空脚。

(1) μA741主要指标测试

1) 输入失调电压U_{IO}(或U_{OS})

理想运放组件，当输入信号为零时，其输出也为零。但是即使是最优质的集成组件，由于运放内部差动输入级参数的不完全对称，输出电压往往不为零。这种零输入时输出不为零的现象称为集成运放的失调。

输入失调电压U_{OS}(或U_{IO})是指输入信号为零时，输出端出现的电压折算到同相输入端的数值。

失调电压测试电路如图3-17所示。闭合开关K_1及K_2，使电阻R_B短接，测量此时的输出电压U_{O1}即为输出失调电压，则输入失调电压为

$$U_{OS}=\frac{R_1}{R_1+R_F}U_{O1}$$

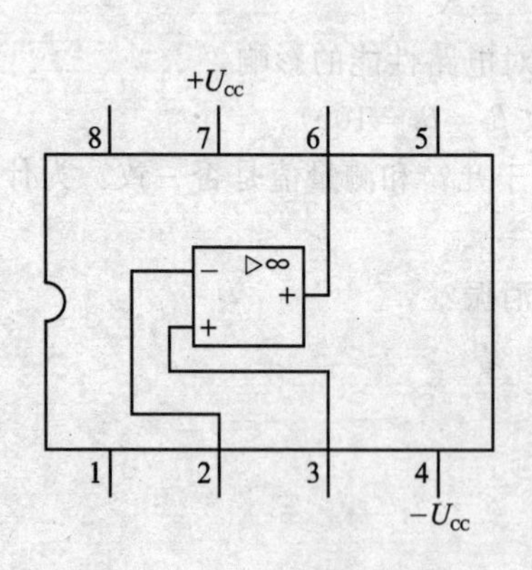

图3-16　μA741引脚图

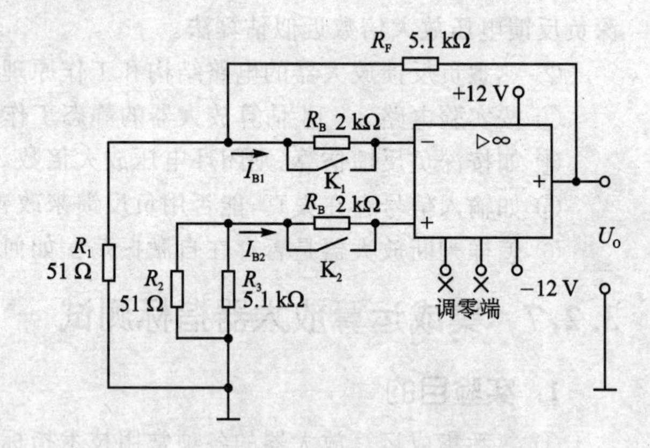

图3-17　U_{IO}、I_{IO}测试电路

实际测出的U_{O1}可能为正，也可能为负，一般为1～5 mV，对于高质量的运放，U_{OS}在1 mV以下。测试中应注意：要将运放调零端开路；要求电阻R_1和R_2，R_3和R_F的参数严格对称。

2) 输入失调电流I_{OS}(或I_{IO})

输入失调电流I_{OS}是指当输入信号为零时，运放的两个输入端的基极偏置电流之差，即

$$I_{OS}=|I_{B1}-I_{B2}|$$

输入失调电流的大小反映了运放内部差动输入级两个晶体管的失配度，由于I_{B1}、I_{B2}本身的数值已很小(微安级)，因此它们的差值通常不是直接测量的，测试电路如图3-17所示，测

试分两步进行。

① 闭合开关 K_1 及 K_2，在低输入电阻下，测出输出电压 U_{O1}，如前所述，这是由输入失调电压 U_{OS} 所引起的输出电压。

② 断开 K_1 及 K_2，两个输入电阻 R_B 接入，由于 R_B 阻值较大，流经它们的输入电流的差异，将变成输入电压的差异，因此，也会影响输出电压的大小，可见测出两个电阻 R_B 接入时的输出电压 U_{O2}，若从中扣除输入失调电压 U_{OS} 的影响，则输入失调电流 I_{OS} 为

$$I_{OS} = | I_{B1} - I_{B2} | = | U_{O2} - U_{O1} | \frac{R_1}{R_1 + R_F} \times \frac{1}{R_B}$$

一般，I_{OS} 约为几十至几百 nA(10^{-9} A)，高质量运放 I_{OS} 低于 1 nA。

测试中应注意：将运放调零端开路；两输入端电阻 R_B 必须精确配对。

3) 开环差模放大倍数 A_{Vd}(或 A_{Od})

集成运放在没有外部反馈时的直流差模放大倍数称为开环差模电压放大倍数，用 A_{ud} 表示。它定义为开环输出电压 U_O 与两个差分输入端之间所加信号电压 U_{id} 之比，$A_{Vd}=U_O/U_{id}$。

按定义 A_{Vd} 应是信号频率为零时的直流放大倍数，但为了测试方便，通常采用低频(几十 Hz 以下)正弦交流信号进行测量。由于集成运放的开环电压放大倍数很高，难以直接进行测量，故一般采用闭环测量方法。A_{Vd} 的测试方法很多，现采用交、直流同时闭环的测试方法，如图 3－18 所示。

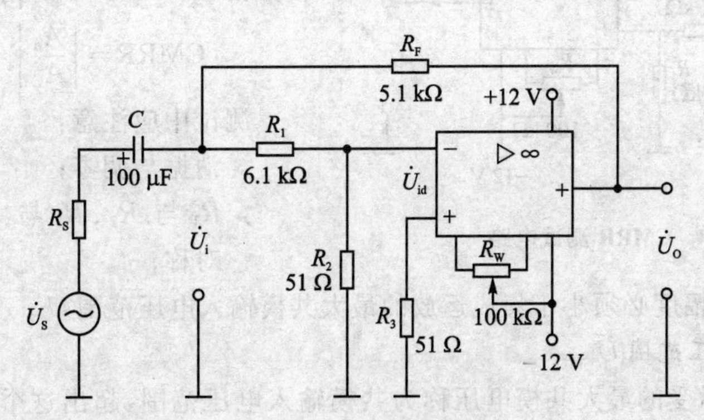

图 3－18　A_{Vd} 测试电路

被测运放一方面通过 R_F、R_1、R_2 完成直流闭环，以抑制输出电压漂移，另一方面通过 R_F 和 R_S 实现交流闭环，外加信号 u_S 经 R_1、R_2 分压，使 u_{id} 足够小，以保证运放工作在线性区，同相输入端电阻 R_3 应与反相输入端电阻 R_2 相匹配，以减小输入偏置电流的影响，电容 C 为隔直电容。被测运放的开环电压放大倍数为

$$A_{Vd} = \frac{U_O}{U_{id}} = \left(1 + \frac{R_1}{R_2}\right)\frac{U_O}{U_i}$$

通常低增益运放 A_{Vd} 约为 60～70 dB，中增益运放约为 80 dB，高增益在 100 dB 以上，可达

120～140 dB。

测试中应注意：

➢ 测试前电路应首先消振及调零；

➢ 被测运放要工作在线性区；

➢ 输入信号频率应较低，一般用 50～100 Hz，输出信号幅度应较小，且无明显失真。

4）共模抑制比 CMRR

集成运放的差模电压放大倍数 A_d 与共模电压放大倍数 A_C 之比称为共模抑制比

$$\mathrm{CMRR}=\left|\frac{A_d}{A_C}\right| \text{或 } \mathrm{CMRR}=20\lg\left|\frac{A_d}{A_c}\right| (\mathrm{dB})$$

共模抑制比在应用中是一个很重要的参数，理想运放对输入的共模信号其输出为零，但在实际的集成运放中，其输出不可能没有共模信号的成分，输出端共模信号愈小，说明电路对称性愈好，也就是说运放对共模干扰信号的抑制能力愈强，即 CMRR 愈大。CMRR 的测试电路如图 3－19 所示。

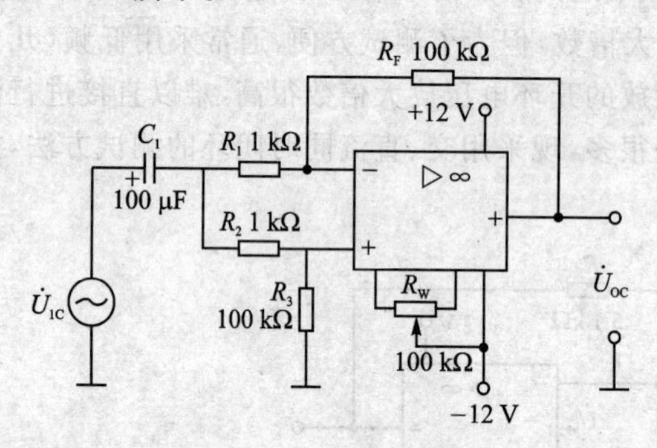

图 3－19 CMRR 测试电路

集成运放工作在闭环状态下的差模电压放大倍数为 $A_d=-R_F/R_1$，当接入共模输入信号 U_{ic} 时，测得 U_{OC}，则共模电压放大倍数为 $A_C=U_{OC}/U_{iC}$，则得共模抑制比

$$\mathrm{CMRR}=\left|\frac{A_d}{A_C}\right|=\frac{R_F}{R_1}\times\frac{U_{iC}}{U_{OC}}$$

测试中应注意：

➢ 消振与调零；

➢ R_1 与 R_2、R_3 与 R_F 之间阻值严格对称；

➢ 输入信号 U_{ic} 幅度必须小于集成运放的最大共模输入电压范围 U_{icm}。

5）共模输入电压范围 U_{icm}

集成运放所能承受的最大共模电压称为共模输入电压范围，超出这个范围，运放的 CMRR 会大大下降，输出波形产生失真，有些运放还会出现“自锁”现象以及永久性的损坏。

U_{icm} 的测试电路如图 3－20 所示。被测运放接成电压跟随器形式，输出端接示波器，观察最大不失真输出波形，从而确定 U_{icm} 值。

6）输出电压最大动态范围 $U_{OP\text{-}P}$

集成运放的动态范围与电源电压、外接负载及信号源频率有关。测试电路如图 3－21 所示。

改变 u_S 幅度，观察 u_O 削顶失真开始时刻，从而确定 u_O 的不失真范围，这就是运放在某一定电源电压下可能输出的电压峰-峰值（$U_{OP\text{-}P}$）。

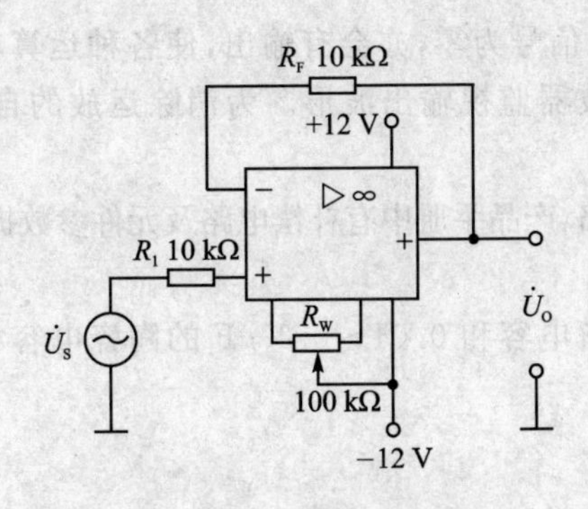

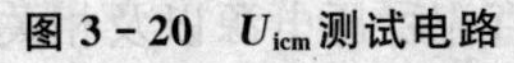

图 3-20　U_{icm} 测试电路

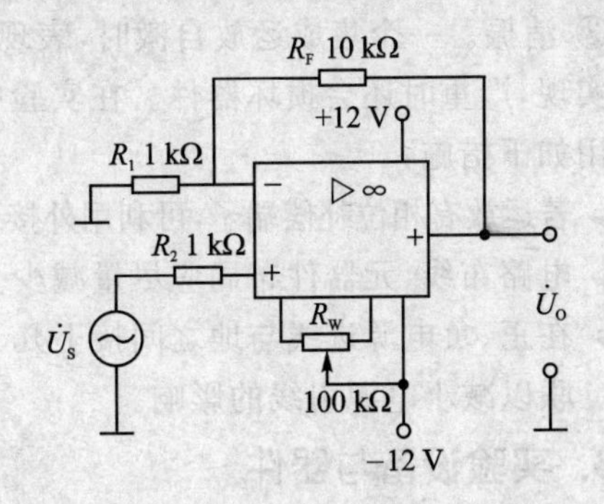

图 3-21　U_{OP-P} 测试电路

(2) 集成运放在使用时应考虑的一些问题

① 输入信号选用交、直流量均可，但在选取信号的频率和幅度时，应考虑运放的频率特性和输出幅度的限制。

② 调零。为提高运算精度，在运算前，应首先对直流输出电位进行调零，即保证输入为零时，输出也为零。当运放有外接调零端子时，可按组件要求接入调零电位器 R_W，调零时，将输入端接地，调零端接入电位器 R_W，用直流电压表测量输出电压 U_O，细心调节 R_W，使 U_O 为零（即失调电压为零）。如运放没有调零端子，若要调零，可按图 3-22 所示电路进行调零。

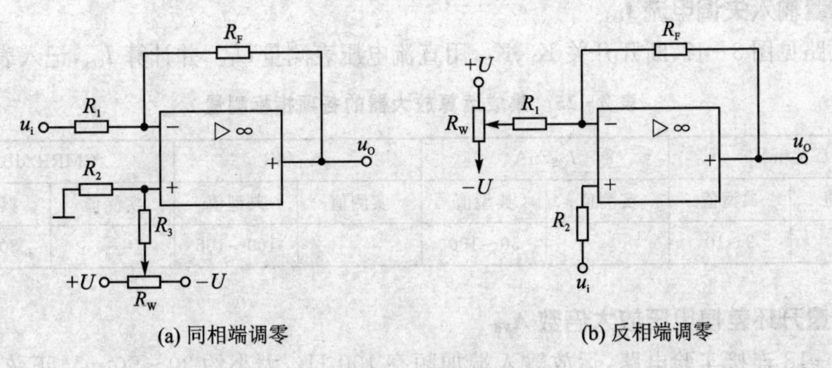

图 3-22　调零电路

一个运放如不能调零，大致有如下原因：

- 组件正常，接线有错误；
- 组件正常，但负反馈不够强（R_F/R_1 太大），为此可将 R_F 短路，观察是否能调零；
- 组件正常，但由于它所允许的共模输入电压太低，可能出现自锁现象，因而不能调零，为此可将电源断开后，再重新接通，如能恢复正常，则属于这种情况；
- 组件正常，但电路有自激现象，应进行消振；
- 组件内部损坏，应更换好的集成块。

③ 消振。一个集成运放自激时,表现为即使输入信号为零,亦会有输出,使各种运算功能无法实现,严重时还会损坏器件。在实验中,可用示波器监视输出波形。为消除运放的自激,常采用如下措施:

- 若运放有相位补偿端子,可利用外接 RC 补偿电路,产品手册中有补偿电路及元件参数提供;
- 电路布线、元器件布局应尽量减少分布电容;
- 在正、负电源进线与地之间接上几十 μF 的电解电容和 0.01～0.1 μF 的陶瓷电容相并联以减小电源引线的影响。

3. 实验设备与器件

① 函数信号发生器、双踪示波器、交流毫伏表、万用表、直流稳压电源以及相关工具。

② 集成运算放大器 μA741×1。

③ 电阻器、电容器、普通导线或专用线若干。

4. 实验内容

正确连接电路,实验前看清运放引脚排列及电源电压极性及数值,切忌正、负电源接反。

(1) 测量输入失调电压 U_{OS}

按图 3－17 连接实验电路,闭合开关 K_1、K_2,用直流电压表测量输出端电压 U_{O1},并计算 U_{OS},记入表 3－25 中。

(2) 测量输入失调电流 I_{OS}

实验电路见图 3－17,断开开关 K_1、K_2,用直流电压表测量 U_{O2},并计算 I_{OS},记入表 3－25 中。

表 3－25　集成运算放大器的各项指标测量

U_{OS}/mV		I_{OS}/nA		A_{Vd}/dB		CMRR/dB	
实测值	典型值	实测值	典型值	实测值	典型值	实测值	典型值
	2～10		50～100		100～106		80～86

(3) 测量开环差模电压放大倍数 A_{Vd}

按图 3－18 连接实验电路,运放输入端加频率 100 Hz,大小约 30～50 mV 正弦信号,用示波器监视输出波形。用交流毫伏表测量 U_O 和 U_i,并计算 A_{Vd},A_{Vd} 记入表 3－25 中。

(4) 测量共模抑制比 CMRR

按图 3－19 连接实验电路,运放输入端加 f=100 Hz,U_{iC}=1～2 V 正弦信号,监视输出波形。测量 U_{OC} 和 U_{iC},计算 A_C 及 CMRR,CMRR 记入表 3－25 中。

(5) 测量 U_{icm} 及 U_{OP-P}

按图 3－20 和图 3－21 连接实验电路,测量共模输入电压范围 U_{icm} 及输出电压最大动态范围 U_{OP-P},并记录。

以上内容需要自拟详细的实验步骤及方法。

5. 实验总结与实验报告

① 将所测得的数据与典型值进行比较。

② 对实验结果及实验中碰到的问题进行分析、讨论。

6. 预习要求与问题思考

① 学习集成运放的相关内容。

② 查阅 μA741 典型指标数据及引脚功能。

③ 测量输入失调参数时，为什么运放反相及同相输入端的电阻要精选，以保证严格对称。

④ 测量输入失调参数时，为什么要将运放调零端开路，而在进行其他测试时，则要求对输出电压进行调零。

⑤ 测试信号频率选取的原则是什么？

3.2.8 集成运放构成的模拟基本运算电路

1. 实验目的

① 进一步加深理解集成运放的基本性质和特点。

② 熟悉由集成运算放大器组成的比例、加法、减法和积分等基本运算电路的功能。

③ 掌握各种运算电路的功能测试方法，了解运算放大器在实际应用时应考虑的一些问题。

2. 实验原理

集成运算放大器是一种具有高电压放大倍数的直接耦合多级放大电路。当外部接入不同的线性或非线性元器件组成输入和负反馈电路时，可以灵活地实现各种特定的函数关系。在线性应用方面，可组成比例、加法、减法、积分、微分、对数等模拟运算电路。

在大多数情况下，可以将运放的各项技术指标理想化，运放视为理想运放，理想运放在线性应用时的两个重要特性：① $U_+ \approx U_-$，称为"虚短"；② $I_+ = I_- = 0$，称为"虚断"。

上述两个特性是分析理想运放应用电路的基本原则，可简化运放电路的计算。集成运放构成的基本运算电路有以下几种。

(1) 反相比例运算电路

反相比例运算电路如图 3－23 所示，对于理想运放，该电路的输出电压与输入电压之间的关系为

$$U_O = -\frac{R_F}{R_1} U_i$$

为了减小输入级偏置电流引起的运算误差，在同相输入端应接入平衡电阻 $R_2 = R_1 /\!/ R_F$。

(2) 反相加法电路

反相加法运算电路如图 3－24 所示，输出电压与输入电压之间的关系为

$$U_O = -\left(\frac{R_F}{R_1}U_{i1} + \frac{R_F}{R_2}U_{i2}\right) \qquad R_3 = R_1 \parallel R_2 \parallel R_F$$

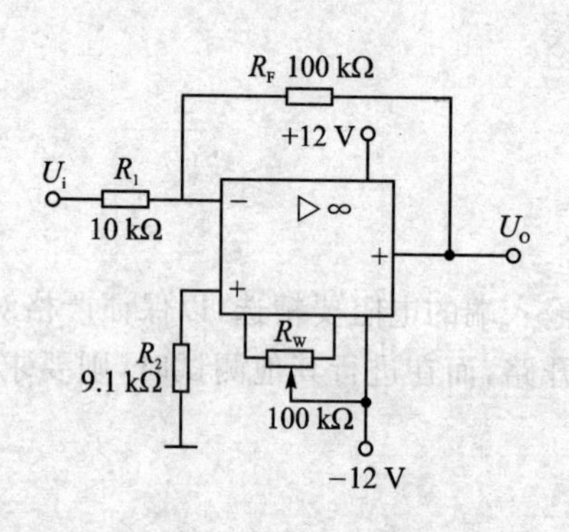

图 3-23　反相比例运算电路

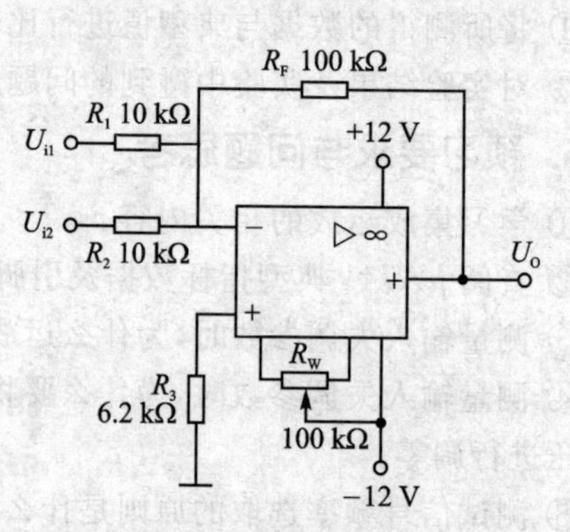

图 3-24　反相加法运算电路

(3) 同相比例运算电路

图 3-25(a)是同相比例运算电路，它的输出电压与输入电压之间的关系为

$$U_O = \left(1 + \frac{R_F}{R_1}\right)U_i \qquad R_2 = R_1 \parallel R_F$$

当 $R_1 \to \infty$时，$U_O = U_i$，即得到如图 3-25(b)所示的电压跟随器。图 3-25 中 $R_2 = R_F$，用于减小漂移和起保护作用。一般 R_F取 10 kΩ，R_F太小起不到保护作用，太大则影响跟随性。

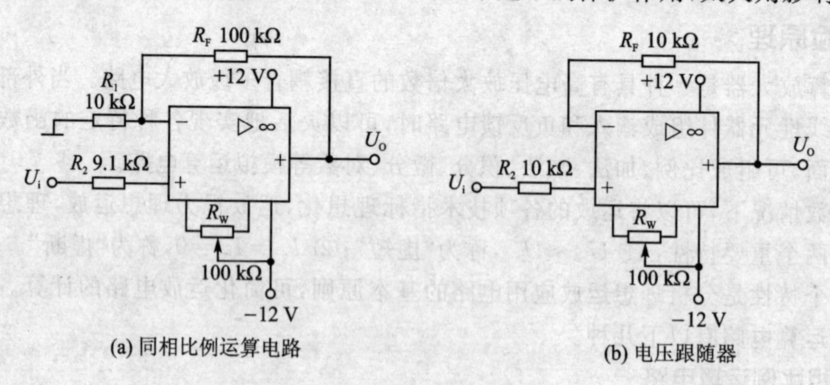

图 3-25　同相比例运算电路

(4) 差动放大电路(减法器)

对于图 3-26 所示的减法运算电路，当 $R_1 = R_2$，$R_3 = R_F$时，有如下关系式

$$U_O = \frac{R_F}{R_1}(U_{i2} - U_{i1})$$

(5) 积分运算电路

反相积分电路如图 3-27 所示，在理想化条件下，输出电压 u_O为

$$u_O(t)=-\frac{1}{R_1C}\int_o^t u_i\mathrm{d}t+u_C(0)$$

式中，$u_C(0)$是 $t=0$ 时刻电容 C 两端的电压值，即初始值。

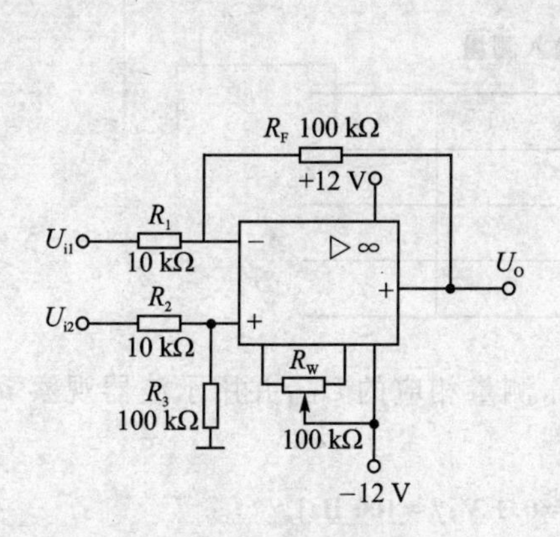

图 3-26　减法运算电路图

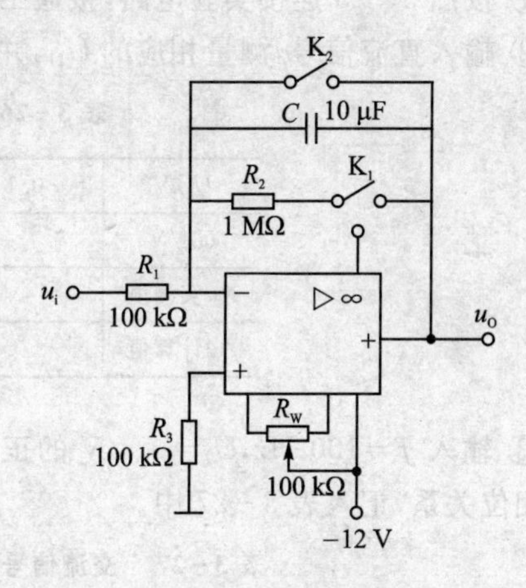

图 3-27　积分运算电路

如果 $u_i(t)$是幅值为 E 的阶跃电压，并设 $u_C(0)=0$，则

$$u_O(t)=-\frac{1}{R_1C}\int_o^t E\mathrm{d}t=-\frac{E}{R_1C}t$$

即输出电压 $u_O(t)$随时间增长而线性下降。显然 RC 的数值越大，达到给定的 U_O值所需的时间就越长。积分输出电压所能达到的最大值受集成运放最大输出范围的限值。

在进行积分运算之前，首先应对运放调零。为了便于调节，将图 3-27 中 K_1闭合，即通过电阻 R_2的负反馈作用帮助实现调零。但在完成调零后，应将 K_1打开，以免因 R_2的接入造成积分误差。K_2的设置一方面为积分电容放电提供通路，同时可实现积分电容初始电压 $u_C(o)=0$，另一方面，可控制积分起始点，即在加入信号 u_i后，只要 K_2一打开，电容就将被恒流充电，电路也就开始进行积分运算。

(6) 微分运算电路

画出微分电路，写出微分关系式。

3. 实验设备与器件

① 函数信号发生器、双踪示波器、交流毫伏表、万用表、直流稳压电源以及相关工具。

② 集成运算放大器 μA741×1。

③ 电阻器、电容器、普通导线或专用线若干。

4. 实验内容

实验前要看清运放组件各引脚的位置，切忌正、负电源极性接反和输出端短路，否则将会损坏集成块。

(1) 反相比例运算电路

① 按图 3-23 连接实验电路,接通±12 V 电源,输入端对地短路,进行调零和消振。

② 输入直流信号,测量相应的 U_O,并计算 A_V,记入表 3-26 中。

表 3-26 直流信号输入测量

U_i/V	−0.1	−0.2	0.1	0.2
U_O/V				
A_V实测值				
A_V计算值				

③ 输入 $f=100$ Hz,$U_i=0.1$ V 的正弦交流信号,测量相应的 U_O,并用示波器观察 u_O 和 u_i的相位关系,记入表 3-27 中。

表 3-27 交流信号输入测量(U_i=0.1 V,f=100 Hz)

U_i/mV	u_i波形	u_O波形	u_O/mV		A_V	
			实测值	计算值	实测值	计算值
$U_i=100$ mV,$f=100$Hz						

(2) 同相比例运算电路

① 按图 3-25(a)连接实验电路。实验步骤同反相比例运算电路,将结果记入表3-28 中。

② 将图 3-25(a)中的 R_1 断开,得图 3-25(b)电路,重复内容(1)。

表 3-28 同相比例运算电路测量(U_i=0.1 V,f=100 Hz)

U_i/mV	u_i波形	u_O波形	u_O/mV		A_V	
$U_i=100$ mV,$f=100$ Hz	u_i O t	u_o O t	实测值	计算值	实测值	计算值

(3) 反相加法运算电路

① 按图 3-24 连接实验电路。调零和消振。

② 输入信号采用直流信号,直流信号可用单电源通过可变电阻获得,由实验者自行完成。实验时要注意选择合适的直流信号幅度以确保集成运放工作在线性区。用万用表测量输入电压直流 U_{i1}、U_{i2}及输出电压 U_O,记入表 3-29 中。直流输入电压 U_{i1}、U_{i2}在±0.1~±0.5 V 之间为宜。

表 3-29　反相加法运算电路测量

U_{i1}/V	0.1	−0.1	0.3	−0.3	0.3
U_{i2}/V	−0.1	0.1	0.2	0.2	−0.2
U_O/V					

(4) 减法运算电路

① 按图 3-26 连接实验电路。调零和消振。

② 采用直流输入信号，实验步骤同反相加法运算电路，记入表 3-30 中。

表 3-30　减法运算电路测量

U_{i1}/V	0.5	1	0.2	0.1	0.8
U_{i2}/V	0.1	0.8	−0.2	0.5	1
U_O/V					

(5) 积分运算电路

实验电路如图 3-27 所示。

① 断开 K_2，闭合 K_1，对运放输出进行调零。

② 调零完成后，再断开 K_1，闭合 K_2，使 $u_C(o)=0$。

③ 预先调好直流输入电压 $U_i=0.5$ V，接入实验电路，再断开 K_2，然后用万用表直流电压挡测量输出电压 U_O，每隔 5 s 读一次 U_O，记入表 3-31 中，直到 U_O不继续明显增大为止。

表 3-31　积分运算电路测量

t/s	0	5	10	15	20	25	30	……
U_O/V								

*④ 输入合适的正弦电压（如 $U_i=0.5$ V，$f=100$ Hz），用双踪示波器观察 U_i、U_O波形，并测量它们的相位差。

*⑤ 输入 $f=1$ kHz 的方波信号，改变其幅度，观察 U_O幅值的变化，把测量值与理论值加以比较，得出结论；保持输入方波信号幅值不变，改变方波频率，观察并记录积分电路输入与输出之间的频率关系，得出结论。

*⑥ 自拟微分实验电路，测试微分电路。

5. 实验总结与实验报告

① 整理实验数据，画出波形图（注意波形间的相位关系）。

* 为选作内容。后同。

② 将理论计算结果和实测数据相比较，分析产生误差的原因。

③ 分析讨论实验中出现的现象和问题。

6. 预习要求与问题思考

① 复习集成运放基本运算电路的电路结构、工作原理及运算关系，并根据实验电路参数计算各电路输出电压的理论值。

② 在反相加法器中，如 U_{i1} 和 U_{i2} 均采用直流信号，并选定 $U_{i2}=-1$ V，当考虑到运算放大器的最大输出幅度（±12 V）时，$|U_{i1}|$ 的大小不应超过多少伏？

③ 在积分电路中，如 $R_1=100$ kΩ，$C=4.7$ μF，求时间常数。假设 $U_i=0.5$ V，问要使输出电压 U_O 达到 5 V，需多长时间（设 $u_C(o)=0$）？在积分电路中，与电容并联的 R_2 起何作用？

④ 为了不损坏集成块，实验中应注意什么问题？

3.2.9 有源滤波电路

1. 实验目的

① 熟悉用运放、电阻和电容组成有源低通滤波、高通滤波和带通、带阻滤波器。

② 学会测量有源滤波器的幅频特性。

2. 实验原理

由 RC 元件与运算放大器组成的滤波器称为 RC 有源滤波器，其功能是让一定频率范围内的信号通过，抑制或急剧衰减此频率范围以外的信号。可用在信息处理、数据传输、抑制干扰等方面，但因受运算放大器频带限制，这类滤波器主要用于低频范围。根据对频率范围的选择不同，可分为低通（LPF）、高通（HPF）、带通（BPF）与带阻（BEF）四种滤波器，它们的幅频特性如图 3-28 所示。

具有理想幅频特性的滤波器是很难实现的，只能用实际的幅频特性去逼近理想的。一般来说，滤波器的幅频特性越好，其相频特性就越差，反之亦然。滤波器的阶数越高，幅频特性衰减的速率越快，但 RC 网络的节数越多，元件参数计算越繁琐，电路调试越困难。任何高阶滤波器均可以用较低的二阶 RC 有滤波器级联实现。

(1) 低通滤波器(LPF)

低通滤波器是用来通过低频信号，衰减或抑制高频信号的。如图 3-29(a)所示，为典型的二阶有源低通滤波器。它由两级 RC 滤波环节与同相比例运算电路组成，其中第一级电容 C 接至输出端，引入适量的正或负反馈，以改善幅频特性。图 3-29(b)为二阶低通滤波器幅频特性曲线。电路性能参数如下。

- 二阶低通滤波器的通带增益：$A_{up}=1+R_f/R_1$；
- 截止频率：$f_O=1/2\pi RC$，它是二阶低通滤波器通带与阻带的界限频率；
- 品质因数：$Q=1/(3-A_{up})$，它的大小影响低通滤波器在截止频率处幅频特性的形状，在 1 附近较平坦。

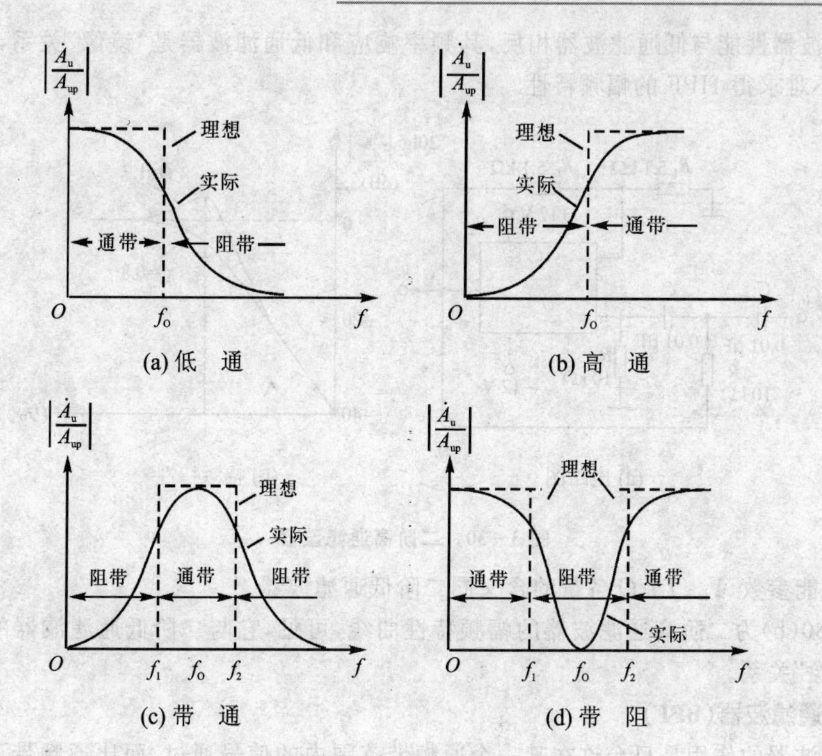

图 3-28　四种滤波电路的幅频特性示意图

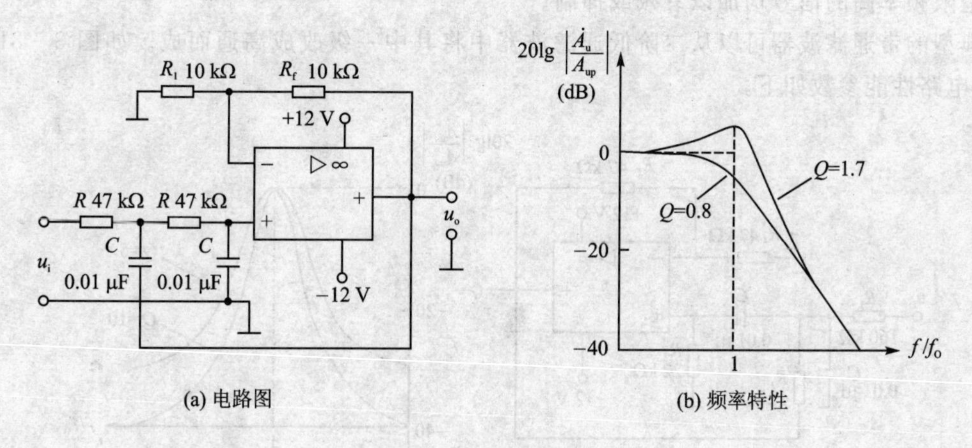

图 3-29　二阶低通滤波器

（2）高通滤波器（HPF）

与低通滤波器相反，高通滤波器用来通过高频信号，衰减或抑制低频信号。只要将图 3-29 低通滤波电路中起滤波作用的电阻、电容互换，即可变成二阶有源高通滤波器，如图 3-30(a)所示。高通滤波器性能与低通滤波器相反，其频率响应和低通滤波器是“镜像”关系，仿照 LPH 分析方法，不难求得 HPF 的幅频特性。

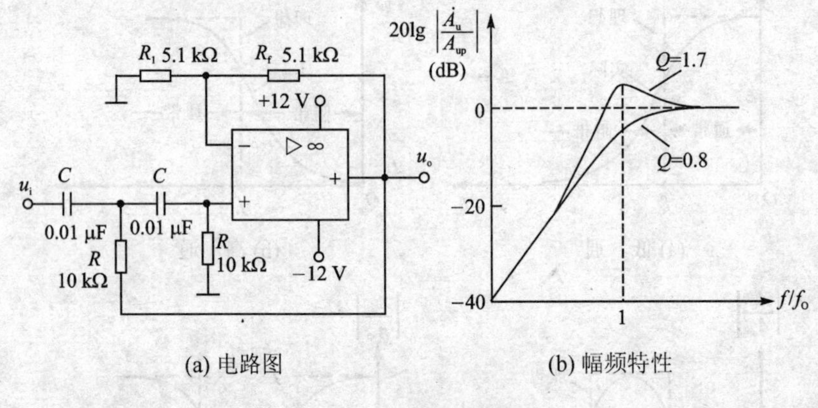

图 3-30　二阶高通滤波器

电路性能参数 A_{up}、f_O、Q 各量的含义同二阶低通滤波器。

图 3-30(b)为二阶高通滤波器的幅频特性曲线，可见，它与二阶低通滤波器的幅频特性曲线有“镜像”关系。

(3) 带通滤波器(BPF)

这种滤波器的作用是只允许在某一个通频带范围内的信号通过，而比通频带下限频率低和比上限频率高的信号均加以衰减或抑制。

典型的带通滤波器可以从二阶低通滤波器中将其中一级改成高通而成。如图 3-31(a)所示，电路性能参数如下。

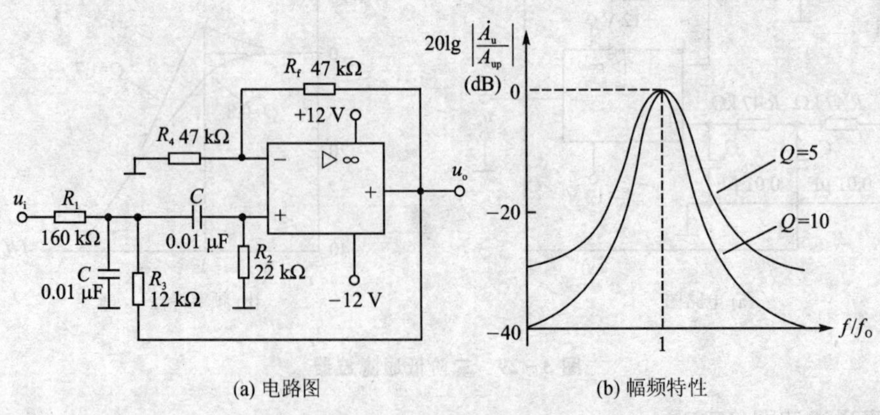

图 3-31　二阶带通滤波器

➤ 通带增益：$A_{up}=\dfrac{R_4+R_f}{R_4R_1CB}$；

➢ 中心频率：$f_O=\frac{1}{2\pi}\sqrt{\frac{1}{R_2C^2}\left(\frac{1}{R_1}+\frac{1}{R_3}\right)}$；

➢ 通带宽度：$B=\frac{1}{C}\left(\frac{1}{R_1}+\frac{2}{R_2}-\frac{R_f}{R_3R_4}\right)$；

➢ 选择性：$Q=\frac{\omega}{B}$。

此电路的优点是改变 R_f 和 R_4 的比例就可改变频宽而不影响中心频率。

(4) 带阻滤波器(BEF)

这种电路的性能和带通滤波器相反，即在规定的频带内，信号不能通过(或受到很大衰减或抑制)，而在其余频率范围，信号则能顺利通过。在双 T 网络后加一级同相比例运算电路就构成了基本的二阶有源 BEF，如图 3-32(a)所示。电路性能参数如下。

通带增益：$A_{up}=1+R_f/R_1$；

➢ 中心频率：$f_O=1/2\pi RC$；

➢ 带阻宽度：$B=2(2-A_{up})f_O$；

➢ 选择性：$Q=\frac{1}{2(2-A_{up})}$。

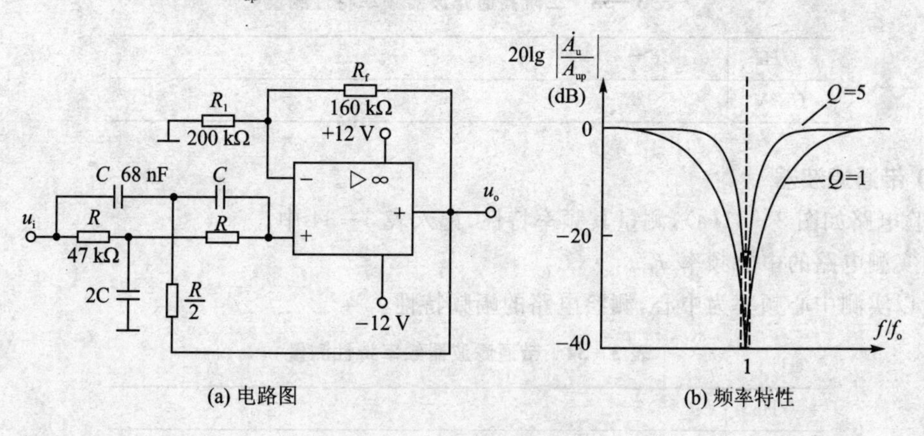

图 3-32　二阶带阻滤波器

3. 实验设备与器件

① 函数信号发生器、双踪示波器、交流毫伏表、万用表、直流稳压电源以及相关工具。

② μA741×1。

③ 电阻器、电容器、普通导线或专用线若干。

4. 实验内容

(1) 二阶低通滤波器

实验电路如图 3-29(a)所示。

① 粗测，接通±12 V电源。u_i接函数信号发生器，令其输出为$U_i=1$ V的正弦波信号，在滤波器截止频率附近改变输入信号频率，用示波器或交流毫伏表观察输出电压幅度的变化是否具备低通特性，如不具备，应排除电路故障。

② 在输出波形不失真的条件下，选取适当幅度的正弦输入信号，在维持输入信号幅度不变的情况下，逐点改变输入信号频率。测量输出电压，记入表3-32中，描绘频率特性曲线。

表3-32 二阶低通滤波器频率特性测量

f/Hz	
U_O/V	

(2) 二阶高通滤波器

实验电路如图3-30(a)。

① 粗测，输入$U_i=1$ V正弦波信号，在滤波器截止频率附近改变输入信号频率，观察电路是否具备高通特性。

② 测绘高通滤波器的幅频特性曲线，记入表3-33中。

表3-33 二阶高通滤波器频率特性测量

f/Hz	
U_O/V	

(3) 带通滤波器

实验电路如图3-31(a)，测量其频率特性，记入表3-34中。

① 实测电路的中心频率f_O。

② 以实测中心频率为中心，测绘电路的幅频特性。

表3-34 带通滤波器频率特性测量

f/Hz	
U_O/V	

(4) 带阻滤波器

实验电路如图3-32(a)所示。

① 实测电路的中心频率f_O。

② 测绘电路的幅频特性，记入表3-35中。

表 3-35 带阻滤波器频率特性测量

f/Hz	
U_O/V	

5. 实验总结与实验报告

① 整理实验数据,画出各电路实测的幅频特性。

② 根据实验曲线,计算截止频率、中心频率,带宽及品质因数。

③ 总结有源滤波电路的特性。

6. 预习要求与问题思考

① 复习教材有关滤波器内容,熟悉电路结构、工作原理以及性能指标。

② 分析图 3-29～图 3-32 所示电路,写出它们的增益特性表达式,画出上述四种电路的幅频特性曲线。

③ 计算图 3-29 和图 3-30 的截止频率,图 3-31 和图 3-32 的中心频率。

3.2.10 集成运放构成的电压比较器

1. 实验目的

① 熟悉电压比较器的电路结构、工作原理、特点及应用。

② 掌握用集成运放构成电压比较器的方法。

③ 掌握比较器电路的测试方法。

2. 实验原理

电压比较器是集成运放非线性应用电路,它将一个模拟量电压信号和一个参考电压相比较,在二者幅度相等的附近,输出电压将产生跃变,相应输出高电平或低电平。比较器可以组成非正弦波形变换电路及应用于模拟与数字信号转换等领域。

常用的电压比较器有单限比较器(过零比较器是一种特例,更为常用)、具有滞回特性的比较器、双限比较器(又称窗口比较器)等。表示输出电压与输入电压之间关系的特性曲线,称为传输特性。

(1) 过零比较器

图 3-33 所示为加限幅电路的过零比较器,D_Z为限幅稳压管。信号从运放的反相输入端输入,参考电压为零,亦可从同相端输入。当 $U_i>0$ 时,输出$U_O=-(U_Z+U_D)$;当 $U_i<0$ 时,$U_O=+(U_Z+U_D)$。其电压传输特性如图 3-33(b)所示。过零比较器结构简单,灵敏度高,但抗干扰能力差。

(2) 滞回比较器

过零比较器在实际工作时,如果 u_i恰好在过零值附近,则由于零点漂移的存在,u_O将不断

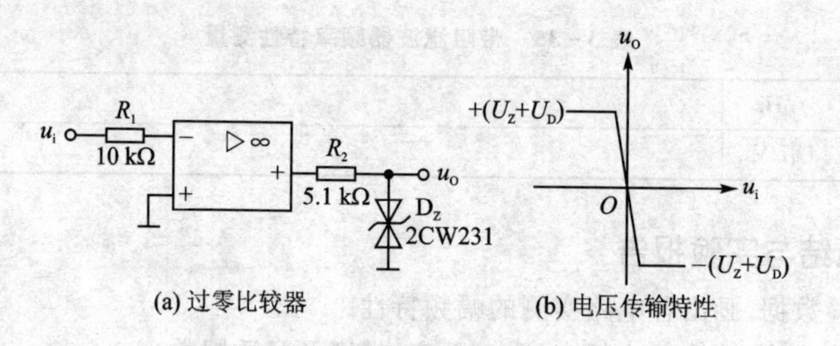

(a) 过零比较器　　(b) 电压传输特性

图 3-33　过零比较器

由一个极限值转换到另一个极限值,这在控制系统中,对执行机构是很不利的。为此,就需要输出特性具有滞回现象。

图 3-34 为具有滞回特性的过零比较器,从输出端引一个电阻分压正反馈支路到同相输入端,若 u_O改变状态,Σ点也随着改变电位,使过零点离开原来位置。

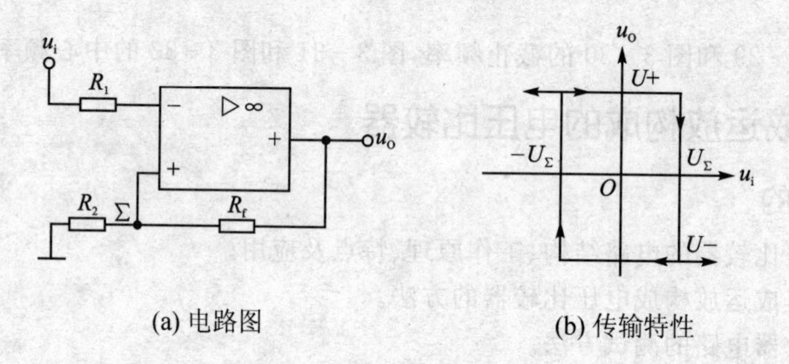

(a) 电路图　　(b) 传输特性

图 3-34　滞回比较器

当 u_O为正(记作 U_+)时,$U_\Sigma=\dfrac{R_2}{R_f+R_2}U_+=U_{TH+}$(上限比较电平),则当 $u_i>U_\Sigma$后,u_O即由正变负(记作 U_-),此时 U_Σ变为 $U_\Sigma=\dfrac{R_2}{R_f+R_2}U_-=U_{TH-}$(下限比较电平)。故只有当 u_i下降到 $U_\Sigma=\dfrac{R_2}{R_f+F_2}U_-$以下,才能使 u_O再度回升到 U_+,于是出现图 3-34(b)中所示的滞回特性。两比较电平的差别称为回差,改变 R_2的数值可以改变回差的大小。

(3) 窗口(双限)比较器

简单的比较器仅能鉴别输入电压 u_i比参考电压 U_R高或低的情况,窗口比较电路是由两个简单比较器组成的,如图 3-35 所示,它能指示出 u_i值是否处于 U_R^+ 和 U_R^- 之间。如 $U_R^-<U_i<U_R^+$,则窗口比较器的输出电压 U_O等于运放的正饱和输出电压($+U_{Omax}$);如果 $U_i<U_R^-$ 或$U_i>U_R^+$,则输出电压 U_O等于运放的负饱和输出电压($-U_{Omax}$)。

3. 实验设备与器件

① 函数信号发生器、双踪示波器、交流毫伏表、万用表、直流稳压电源以及相关工具。

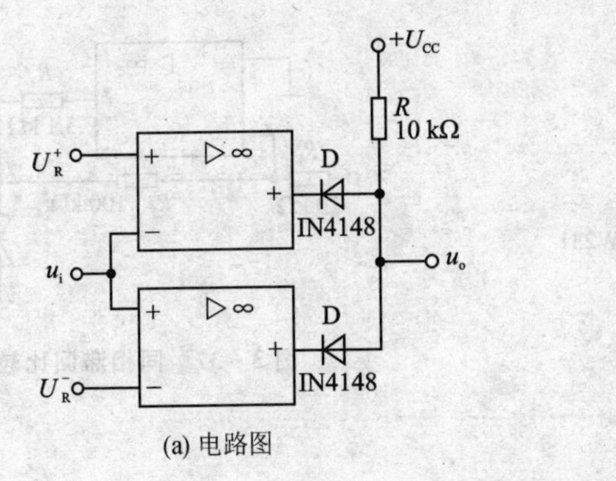

(a) 电路图

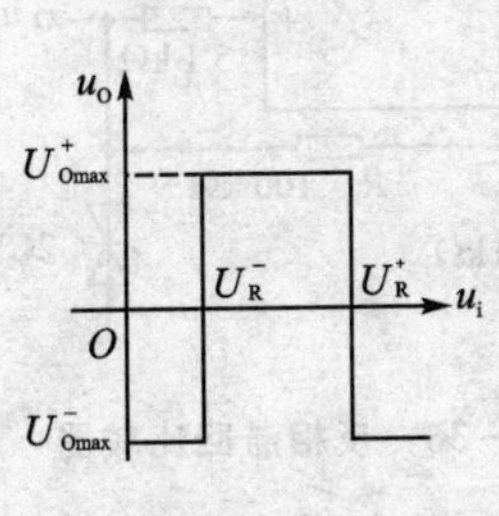

(b) 传输特性

图 3-35　由两个简单比较器组成的窗口比较器

② 运算放大器 μA741×2，稳压管 2CW231×1，二极管 4148×2。

③ 电阻器、普通导线或专用线若干。

4. 实验内容

(1) 过零比较器

实验电路如图 3-33 所示。

① 接通±12 V 电源。测量 u_i悬空时的 U_O值。

② u_i输入 500 Hz、有效值为 1 V 的正弦信号，观察 $u_i \to u_O$波形并记录。

③ 改变 u_i幅值，测量传输特性曲线。

(2) 反相滞回比较器

实验电路如图 3-36 所示。

① 按图 3-36 接线，u_i接+5 V 可调直流电源，测出 u_O由 $+U_{Omax} \to -U_{Omax}$时 u_i的临界值。

② 同上，测出 u_O由 $-U_{Omax} \to +U_{Omax}$时 u_i的临界值。

③ u_i接 500 Hz，峰值为 2 V 的正弦信号，观察并记录 $u_i \to u_O$波形。

④ 将分压支路 100 kΩ 电阻改为 200 kΩ，重复上述实验，测定传输特性。

(3) 同相滞回比较器

实验线路如图 3-37 所示。

① 参照反相滞回比较器，自拟实验步骤及方法。

② 将结果与反相滞回比较器进行比较。

(4) 窗口比较器

参照图 3-35 自拟实验步骤和方法测定其传输特性。

5. 实验总结与实验报告

① 整理实验数据，绘制各类比较器的传输特性曲线。

② 总结几种比较器的特点，阐明它们的应用。

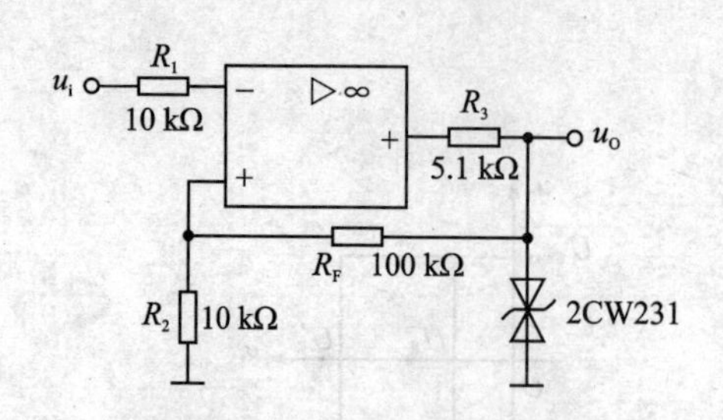

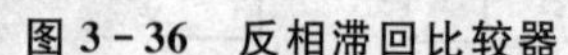
图 3-36　反相滞回比较器

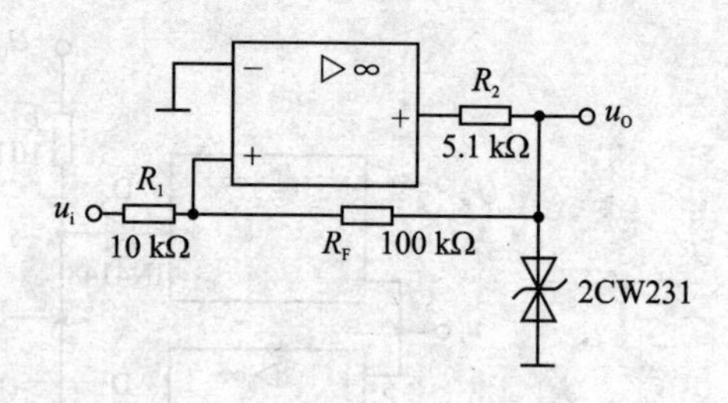

图 3-37　同相滞回比较器

6. 预习要求与问题思考

① 复习教材有关比较器的内容。

② 画出各类比较器的传输特性曲线。

③ 若要将图 3-35 所示窗口比较器的电压传输曲线高、低电平对调，应如何改动比较器电路。

3.2.11　集成运放构成的波形发生器

1. 实验目的

① 熟悉用集成运放构成正弦波、方波和三角波发生器的方法。

② 掌握波形发生器的调整和主要性能指标的测试方法。

2. 实验原理

由集成运放构成的正弦波、方波和三角波发生器有多种形式，本实验选用最常用的、线路比较简单的几种电路加以分析。

(1) RC 桥式正弦波振荡器(文氏电桥振荡器)

图 3-38 为 RC 桥式正弦波振荡器。其中 RC 串并联电路构成正反馈支路，同时兼作选频网络，R_1、R_2、R_W及二极管等元件构成负反馈和稳幅环节。调节电位器 R_W，可以改变负反馈深度，以满足振荡的振幅条件和改善波形。利用两个反向并联二极管 D_1、D_2 正向电阻的非线性特性来实现稳幅。D_1、D_2采用硅管(温度稳定性好)，且要求特性匹配，才能保证输出波形正、负半周对称。R_3的接入是为了削弱二极管非线性的影响，以改善波形失真。

电路的振荡频率 $f_O=1/2\pi RC$；启振的幅值条件 $R_f/R_1\geqslant 2$，式中 $R_f=R_W+R_2+(R_3 /\!/ r_D)$，$r_D$为二极管正向导通电阻。

调整反馈电阻 R_f(调 R_W)，使电路启振，且波形失真最小。如不能启振，则说明负反馈太强，应适当加大 R_f。如波形失真严重，则应适当减小 R_f。

改变选频网络的参数 C 或 R，即可调节振荡频率。一般采用改变电容 C 作频率量程切换，而调节 R 作量程内的频率细调。

(2) 方波发生器

由集成运放构成的方波发生器和三角波发生器，一般均包括比较器和 RC 积分器两大部分。图3－39所示为由滞回比较器及简单RC积分电路组成的方波-三角波发生器。它的特点是线路简单，但三角波的线性度较差，主要用于产生方波，或对三角波要求不高的场合。

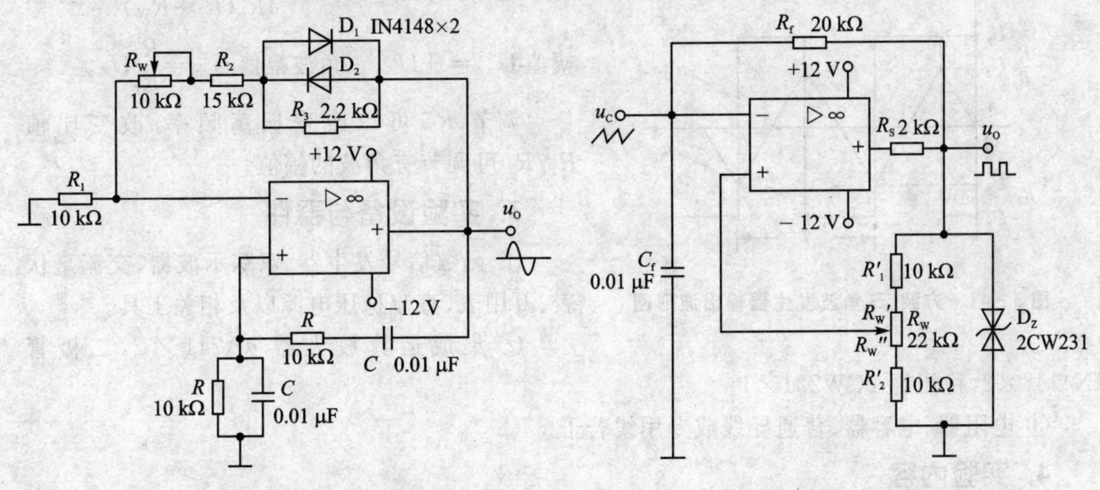

图3－38　RC桥式正弦波振荡器

图3－39　方波发生器

电路振荡周期 $T=2R_fC_f\ln(1+2R_2/R_1)$，电路振荡频率 $f_O=1/T$，式中 $R_1=R'_1+R'_W$，$R_2=R'_2+R''_W$，方波输出幅值 $U_{Om}=\pm U_Z$，三角波输出幅值 $U_{cm}=\dfrac{R_2}{R_1+R_2}U_2$。

调节电位器 R_W（即改变 R_2/R_1），可以改变振荡频率，但三角波的幅值也随之变化。如要互不影响，则可通过改变 R_f（或 C_f）来实现振荡频率的调节。

(3) 三角波和方波发生器

如把滞回比较器和积分器首尾相接形成正反馈闭环系统，如图3－40所示，则比较器 A_1 输出的方波经积分器 A_2 积分可得到三角波，三角波又触发比较器自动翻转形成方波，这样即可构成三角波、方波发生器。图3－41为方波、三角波发生器输出波形图。由于采用运放组成

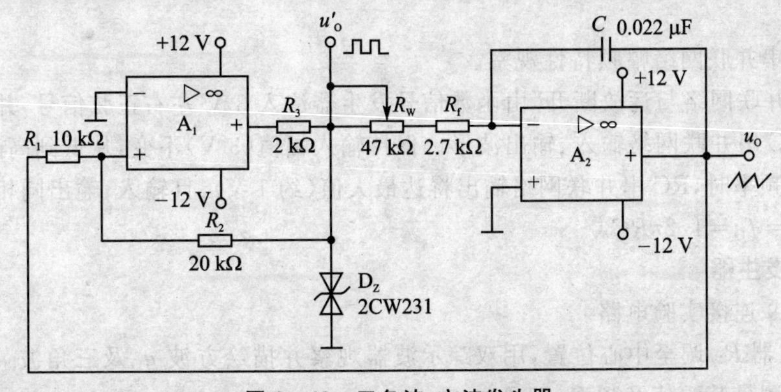

图3－40　三角波、方波发生器

的积分电路，因此可实现恒流充电，使三角波线性大大改善。

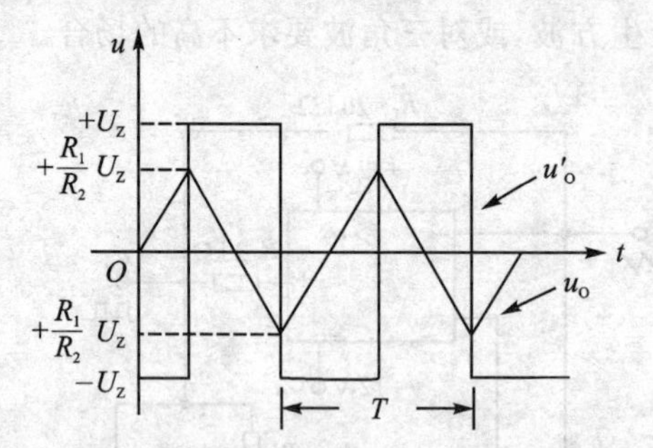

图3-41 方波、三角波发生器输出波形图

电路振荡频率 $f_O=\dfrac{R_2}{4R_1(R_f+R_W)C_f}$；方波幅值 $U'_{om}=\pm U_Z$；三角波幅值 $U_{om}=\dfrac{R_1}{R_2}U_Z$。

调节 R_W 可以改变振荡频率，改变比值 R_1/R_2 可调节三角波的幅值。

3. 实验设备与器件

① 函数信号发生器、双踪示波器、交流毫伏表、万用表、直流稳压电源以及相关工具。

② 集成运算放大器 μA741×2，二极管 IN4148×2，稳压管 2CW231×1。

③ 电阻器、电容器、普通导线或专用线若干。

4. 实验内容

(1) RC桥式正弦波振荡器

按图3-38连接实验电路。

① 接通±12 V电源，调节电位器 R_W，使输出波形从无到有，从正弦波到出现失真。描绘 u_O 的波形，记下临界启振、正弦波输出及失真情况下的 R_W 值，分析负反馈强弱对启振条件及输出波形的影响。

② 调节电位器 R_W，使输出电压 u_O 幅值最大且不失真，用交流毫伏表分别测量输出电压 U_O、反馈电压 $U+$ 和 $U-$，分析研究振荡的幅值条件。

③ 用示波器或频率计测量振荡频率 f_O，然后在选频网络的两个电阻 R 上并联同一阻值电阻，观察记录振荡频率的变化情况，并与理论值进行比较。

④ 断开二极管 D_1、D_2，重复②的内容，将测试结果与②进行比较，分析 D_1、D_2 的稳幅作用。

*⑤ RC串并联网络幅频特性观察。

将RC串并联网络与运放断开，由函数信号发生器注入3 V左右正弦信号，并用双踪示波器同时观察RC串并联网络输入、输出波形。保持输入幅值(3 V)不变，从低到高改变频率，当信号源达某一频率时，RC串并联网络输出将达最大值(约1 V)，且输入、输出同相位。此时的信号源频率 $f=f_O=1/2\pi RC$。

(2) 方波发生器

按图3-39连接实验电路。

① 将电位器 R_W 调至中心位置，用双踪示波器观察并描绘方波 u_O 及三角波 u_C 的波形(注意对应关系)，测量其幅值及频率，记录之。

② 改变 R_W 动点的位置，观察 u_O、u_C 幅值及频率变化情况。把动点调至最上端和最下端，测出频率范围，记录之。

③ 将 R_W 恢复至中心位置，将一只稳压管短接，观察 u_O 波形，分析 D_Z 的限幅作用。

(3) 三角波和方波发生器

按图 3-40 连接实验电路。

① 将电位器 R_W 调至合适位置，用双踪示波器观察并描绘三角波输出 u_O 及方波输出 u'_O，测其幅值、频率及 R_W 值，记录之。

② 改变 R_W 的位置，观察对 u_O、u'_O 幅值及频率的影响。

③ 改变 R_1（或 R_2），观察对 u_O、u'_O 幅值及频率的影响。

5. 实验总结与实验报告

(1) 正弦波发生器

① 列表整理实验数据，画出波形，把实测频率与理论值进行比较。

② 根据实验分析 RC 振荡器的振幅条件。

③ 讨论二极管 D_1、D_2 的稳幅作用。

(2) 方波发生器

① 列表整理实验数据，在同一坐标纸上，按比例画出方波和三角波的波形图（标出时间和电压幅值）。

② 分析 R_W 变化时，对 u_O 波形的幅值及频率的影响。

③ 讨论 D_Z 的限幅作用。

(3) 三角波和方波发生器

① 整理实验数据，把实测频率与理论值进行比较。

② 在同一坐标纸上，按比例画出三角波及方波的波形，并标明时间和电压幅值。

③ 分析电路参数变化（R_1，R_2 和 R_W）对输出波形频率及幅值的影响。

6. 预习要求与问题思考

① 复习有关 RC 正弦波振荡器、三角波及方波发生器的工作原理，并估算图 3-38、图 3-39、图 3-40 电路的振荡频率及输出电压幅度。

② 设计相关实验表格。

③ 为什么在 RC 正弦波振荡电路中要引入负反馈支路？为什么要增加二极管 D_1 和 D_2？它们是怎样稳幅的？

④ 怎样改变图 3-39、3-40 电路中方波及三角波的频率及幅值？

⑤ 在波形发生器各电路中，“相位补偿”和“调零”是否需要？为什么？

⑥ 怎样测量非正弦波电压的幅值？

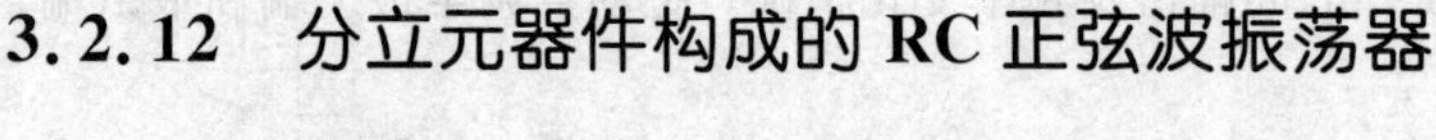

3.2.12　分立元器件构成的 RC 正弦波振荡器

1. 实验目的

① 进一步学习 RC 正弦波振荡器的组成及其振荡条件。

② 进一步熟悉测量、调试振荡器的方法。

2. 实验原理

从结构上看，正弦波振荡器是没有输入信号的，带选频网络的正反馈放大器。若用 R、C 元件组成选频网络，就称为 RC 振荡器，一般用来产生 1 Hz～1 MHz 的低频信号。主要有以下三种电路形式。

(1) RC 移相振荡器

电路如图 3-42 所示，选择 $R \gg R_i$。振荡频率 $f_O = 1/2\pi\sqrt{6}RC$；启振条件为放大器 A 的电压放大倍数 $|\dot{A}| > 29$；电路特点简便，但选频作用差，振幅不稳，频率调节不便，一般用于频率固定且稳定性要求不高的场合；频率范围为几 Hz 至数十 kHz。

(2) RC 串并联网络(文氏桥)振荡器

电路如图 3-43 所示。振荡频率 $f_O = 1/2\pi RC$；启振条件 $|\dot{A}| > 3$；电路特点是，可方便地连续改变振荡频率，便于加负反馈稳幅，容易得到良好的振荡波形。

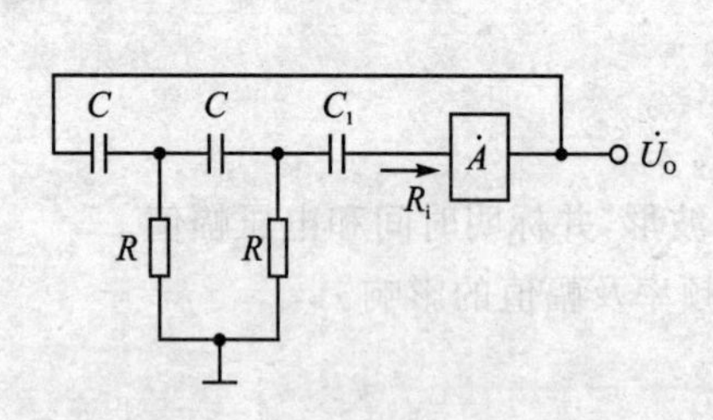

图 3-42　RC 移相振荡器原理图

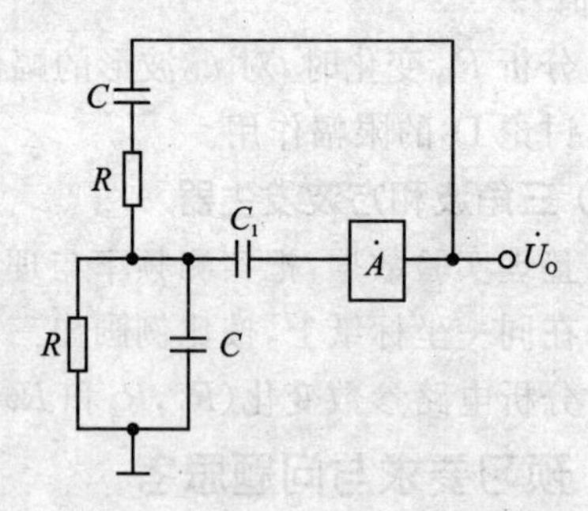

图 3-43　RC 串并联网络振荡器原理图

(3) 双 T 选频网络振荡器

电路如图 3-44 所示。

振荡频率 $f_O = 1/5RC$；启振条件 $R' < R/2$，$|\dot{A}\dot{F}| > 1$；电路特点是，选频特性好，调频困难，适于产生单一频率的振荡。

3. 实验设备与器件

① 双踪示波器、交流毫伏表、万用表、直流稳压电源以及相关工具。

② 3DG12×2(β=50～100)或 9013。

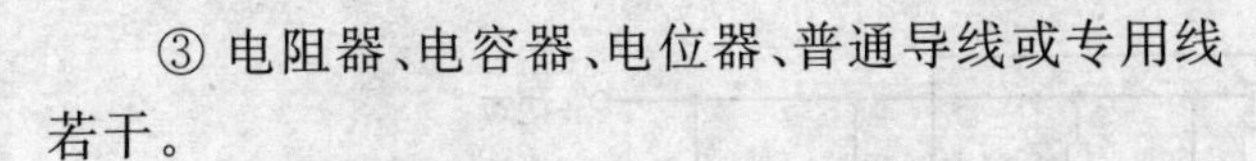

③ 电阻器、电容器、电位器、普通导线或专用线若干。

4. 实验内容

(1) RC 串并联选频网络振荡器

按图 3－45 组接线路，本实验采用两级共射极分立元件放大器组成 RC 正弦波振荡器。

① 断开 RC 串并联网络，测量放大器静态工作点及电压放大倍数。

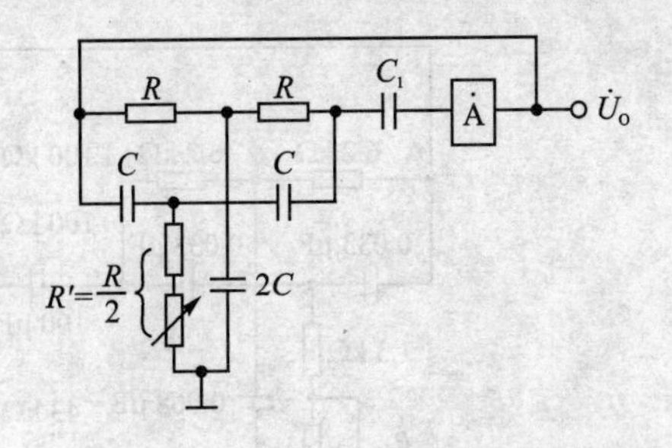

图 3－44　双 T 选频网络振荡器原理图

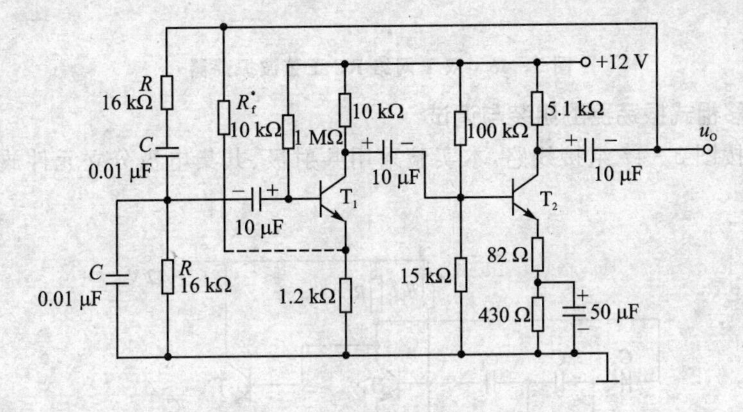

图 3－45　RC 串并联选频网络振荡器

② 接通 RC 串并联网络，并使电路启振，用示波器观测输出电压 u_O 波形，调节 R_f 使获得满意的正弦信号，记录波形及其参数。

③ 测量振荡频率，并与计算值进行比较。

④ 改变 R 或 C 值，观察振荡频率变化情况。

* ⑤ RC 串并联网络幅频特性的观察

将 RC 串并联网络与放大器断开，用函数信号发生器的正弦信号注入 RC 串并联网络，保持输入信号的幅度不变(约 3 V)，频率由低到高变化，RC 串并联网络输出幅值将随之变化，当信号源达某一频率时，RC 串并联网络的输出将达最大值(约 1 V 左右)，且输入、输出同相位，此时信号源频率为 $f=f_O=1/2\pi RC$。

* (2) 双 T 选频网络振荡器

按图 3－46 组接线路。本实验采用共射极、共集电极分立元件放大器组成 RC 正弦波振荡器。

① 断开双 T 网络，调试 T_1 管静态工作点，使 U_{C1} 为 6～7 V。

② 接入双 T 网络，用示波器观察输出波形。若不启振，调节 R_{W1}，使电路启振。

③ 测量电路振荡频率，并与计算值比较。

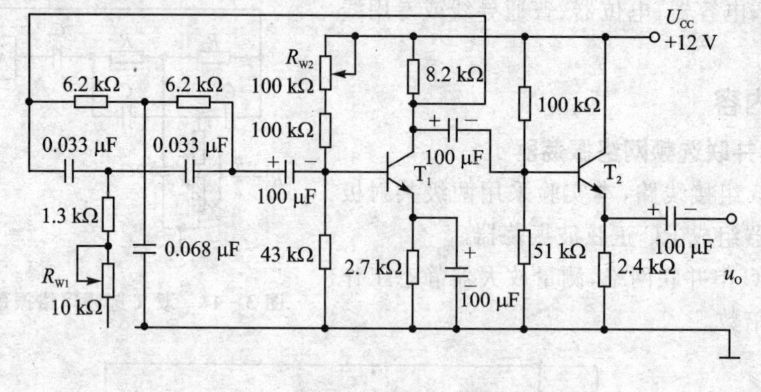

图 3－46 双 T 网络 RC 正弦波振荡器

*(3) RC 移相式振荡器的组装与调试

参数自定，按图 3－47 组接线路，本实验采用共射极、共集电极分立元件放大器组成 RC 正弦波振荡器。

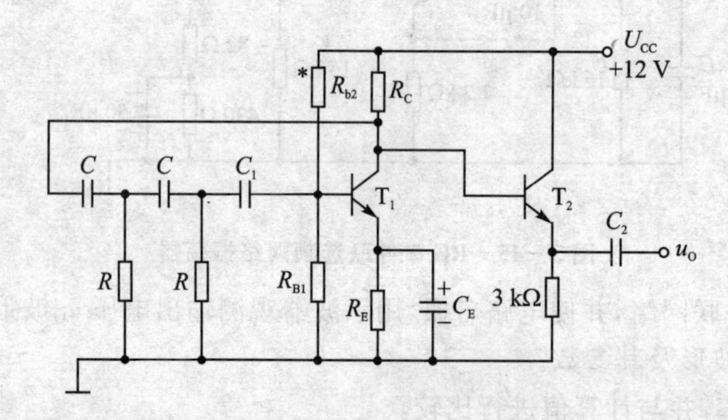

图 3－47 RC 移相式振荡器

① 断开 RC 移相电路，调整放大器的静态工作点，测量放大器电压放大倍数。

② 接通 RC 移相电路，调节 R_{B2} 使电路启振，并使输出波形幅度最大，用示波器观测输出电压 u_O 波形，同时用频率计和示波器测量振荡频率，并与理论值比较。

5. 实验总结与实验报告

① 由给定电路参数计算振荡频率，并与实测值比较，分析误差产生的原因。

② 总结三类 RC 振荡器的特点。

6. 预习要求与问题思考

① 复习教材有关三种类型 RC 振荡器的结构与工作原理。

② 计算三种实验电路的振荡频率。

③ 如何用示波器来测量振荡电路的振荡频率。

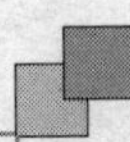

3.2.13　LC正弦波振荡器

1. 实验目的

① 熟悉LC正弦波振荡器的电路结构和工作原理。

② 掌握LC正弦波振荡器的调整和测试方法。

③ 研究电路参数对LC振荡器启振条件及输出波形的影响。

2. 实验原理

LC正弦波振荡器是用L、C元件组成选频网络的振荡器，一般用来产生1 MHz以上的高频正弦信号。根据LC调谐回路的不同连接方式，LC正弦波振荡器又可分为变压器反馈式（或称互感耦合式）、电感三点式和电容三点式三种。图3－48为变压器反馈式LC正弦波振荡器的实验电路。其中晶体三极管T_1组成共射放大电路，变压器T_r的原绕组L_1（振荡线圈）与电容C组成调谐回路，它既作为放大器的负载，又起选频作用，副绕组L_2为反馈线圈，L_3为输出线圈。

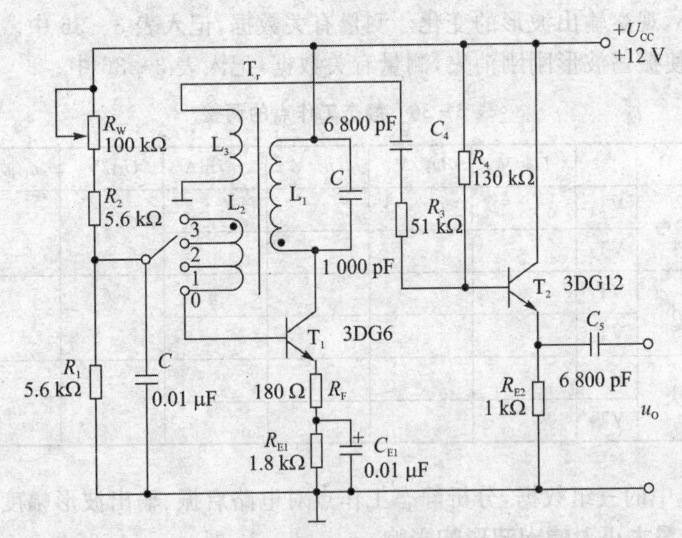

图3－48　LC正弦波振荡器实验电路

该电路是靠变压器原、副绕组同名端的正确连接来满足自激振荡的相位条件的，即满足正反馈条件。在实际调试中可以通过把振荡线圈L_1或反馈线圈L_2的首、末端对调来改变反馈的极性。而振幅条件的满足，一是靠合理选择电路参数，使放大器建立合适的静态工作点，其次是改变线圈L_2的匝数，或它与L_1之间的耦合程度，以得到足够强的反馈量。稳幅作用是利用晶体管的非线性来实现的。由于LC并联谐振回路具有良好的选频作用，因此输出电压波形一般失真不大。

振荡器的振荡频率由谐振回路的电感和电容决定，$f_O=1/2\pi\sqrt{LC}$，式中 L 为并联谐振回路的等效电感(即考虑其他绕组的影响)。振荡器的输出端增加一级射极跟随器，用以提高电路的带负载能力。

3. 实验设备与器件

① 双踪示波器、交流毫伏表、万用表、直流稳压电源以及相关工具。

② 振荡线圈，晶体三极管 3DG6×1(9011×1)，3DG12×1(9013×1)。

③ 电阻器、电容器、普通导线或专用线若干。

4. 实验内容

按图 3-48 连接实验电路。电位器 R_W 置最大位置，振荡电路的输出端接示波器。

(1) 静态工作点的调整

① 接通 $U_{CC}=+12$ V 电源，调节电位器 R_W，使输出端得到不失真的正弦波形，如不启振，可改变 L_2 的首末端位置，使之启振。测量两管的静态工作点及正弦波的有效值 U_O，记入表 3-36 中。

② 把 R_W 调小，观察输出波形的变化。测量有关数据，记入表 3-36 中。

③ 调大 R_W，使振荡波形刚刚消失，测量有关数据，记入表 3-36 中。

表 3-36　静态工作点的调整

		U_B/V	U_E/V	U_C/V	I_C/mA	U_O/V	u_O波形
R_W居中	VT_1						
	VT_2						
R_W小	VT_1						
	VT_2						
R_W大	VT_1						
	VT_2						

根据表 3-36 中的三组数据，分析静态工作点对电路启振、输出波形幅度和失真的影响。

(2) 观察反馈量大小对输出波形的影响

置反馈线圈 L_2 于位置“0”(无反馈)、“1”(反馈量不足)、“2”(反馈量合适)、“3”(反馈量过强)时测量相应的输出电压波形，记入表 3-37 中。

(3) 验证相位条件

改变线圈 L_2 的首、末端位置，观察停振现象；恢复 L_2 的正反馈接法，改变 L_1 的首末端位置，观察停振现象。

(4) 测量振荡频率

调节 R_W 使电路正常启振，同时用示波器和频率计测量谐振回路电容 $C=1\ 000$ pF 和 $C=$

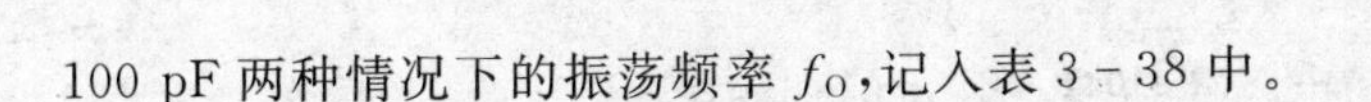

100 pF 两种情况下的振荡频率 f_O，记入表 3-38 中。

表 3-37　反馈量大小对输出波形的影响

L_2位置	"0"	"1"	"2"	"3"
u_o波形				

表 3-38　振荡频率的测量

C/pF	1 000	100
f/kHz		

(5) 观察谐振回路 Q 值对电路工作的影响

谐振回路两端并入 $R=5.1\ \text{k}\Omega$ 的电阻，观察 R 并入前后振荡波形的变化情况。

5. 实验总结与实验报告

① 整理实验数据，并分析讨论。

➢ LC 正弦波振荡器的相位条件和幅值条件；

➢ 电路参数对 LC 振荡器启振条件及输出波形的影响。

② 讨论实验中发现的问题及解决办法。

6. 预习要求与问题思考

① 复习教材中有关 LC 振荡器内容。

② LC 振荡器是怎样进行稳幅的？在不影响启振的条件下，晶体管的集电极电流是大一些好，还是小一些好？

③ 为什么可以用测量停振和启振两种情况下晶体管的 U_{BE}变化，来判断振荡器是否启振？

3.2.14　分立元器件构成的低频 OTL 功率放大器

1. 实验目的

① 理解 OTL 功率放大器的电路结构和工作原理。

② 学会 OTL 电路的调试及主要性能指标的测试方法。

2. 实验原理

图 3-49 所示为 OTL 低频功率放大器。其中由晶体三极管 T_1组成推动级（也称前置放大级），T_2、T_3是一对参数对称的 NPN 和 PNP 型晶体三极管，它们组成互补推挽 OTL 功放电路。由于每一个管子都接成射极输出器形式，因此具有输出电阻低，负载能力强等优点，适合于做功率输出级。T_1管工作于甲类状态，它的集电极电流 I_{C1}由电位器 R_{W1}进行调节。I_{C1}的一部分流经电位器 R_{W2}及二极管 D，给 T_2、T_3提供偏压。调节 R_{W2}，可以使 T_2、T_3得到合适的静态电流而工作于甲、乙类状态，以克服交越失真。

静态时要求输出端中点 A 的电位 $U_A=U_{CC}/2$，可以通过调节 R_{W1}来实现，又由于 R_{W1}的一端接在 A 点，因此在电路中引入交、直流电压并联负反馈，一方面能够稳定放大器的静态工作点，另一方面也改善了非线性失真。

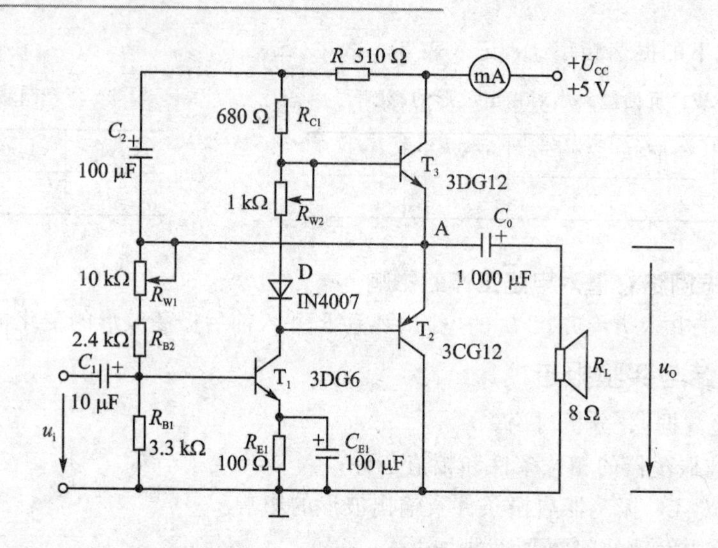

图 3-49　OTL 功率放大器实验电路

当输入正弦交流信号 u_i时，经 T_1放大、倒相后同时作用于 T_2、T_3的基极，u_i的负半周使 T_2管导通（T_3管截止），有电流通过负载 R_L，同时向电容 C_0充电，在 u_i的正半周，T_3导通（T_2截止），则已充好电的电容器 C_0起着电源的作用，通过负载 R_L放电，这样在 R_L上就得到完整的正弦波。C_2和 R 构成自举电路，用于提高输出电压正半周的幅度，以得到大的动态范围。OTL 电路的主要性能指标如下。

(1) 最大不失真输出功率 P_{Om}

理想情况下，$P_{Om}=\frac{1}{8}\times\frac{U_{CC}^2}{R_L}$，在实验中可通过测量 R_L两端的电压有效值 U_O，来求得实际的 P_{Om}。

(2) 效率 η

$\eta=\frac{P_{Om}}{P_E}\times 100\%$，$P_E$为直流电源供给的平均功率。

理想情况下，$\eta_{max}=78.5\%$。在实验中，可测量电源供给的平均电流 I_{dC}，从而求得 $P_E=U_{CC}\cdot I_{dC}$，负载上的交流功率已用上述方法求出，因而也就可以计算出实际效率。

(3) 频率响应

详见单管共射电路的有关内容。

(4) 输入灵敏度

输入灵敏度是指输出最大不失真功率时，输入信号 U_i之值。

3. 实验设备与器件

① 函数信号发生器、双踪示波器、交流毫伏表、万用表、频率计、+5 V 直流稳压电源以及

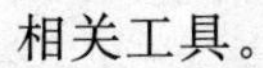

相关工具。

② 晶体三极管 3DG6 (9011)、3DG12 (9013)、3CG12 (9012),晶体二极管 IN4007,8 Ω 扬声器。

③ 电阻器、电容器、普通导线或专用线若干。

4. 实验内容

在整个测试过程中,电路不应有自激现象。

(1) 静态工作点的测试

按图 3-49 连接实验电路,将输入信号旋钮旋至零($u_i=0$)电源进线中串入直流毫安表,电位器 R_{W2} 置最小值,R_{W1} 置中间位置。接通 +5 V 电源,观察毫安表指示,同时用手触摸输出级管子,若电流过大,或管子温升显著,应立即断开电源检查原因(如 R_{W2} 开路,电路自激,或输出管性能不好等)。如无异常现象,可开始调试。

1) 调节输出端中点电位 U_A

调节电位器 R_{W1},用直流电压表测量 A 点电位,使 $U_A=U_{CC}/2$。

2) 调整输出极静态电流及测试各级静态工作点

调节 R_{W2},使 T_2、T_3 管的 $I_{C2}=I_{C3}=5\sim10$ mA。从减小交越失真角度而言,应适当加大输出极静态电流,但该电流过大,会使效率降低,所以一般以 5~10 mA 左右为宜。由于毫安表是串在电源进线中,因此测得的是整个放大器的电流,但一般 T_1 的集电极电流 I_{C1} 较小,从而可以把测得的总电流近似当作末级的静态电流。如要准确得到末级静态电流,则可从总电流中减去 I_{C1} 之值。

调整输出级静态电流的另一方法是动态调试法。先使 $R_{W2}=0$,在输入端接入 $f=1$ kHz 的正弦信号 u_i。逐渐加大输入信号的幅值,此时,输出波形应出现较严重的交越失真(**注意:** 没有饱和与截止失真),然后缓慢增大 R_{W2},当交越失真刚好消失时,停止调节 R_{W2},恢复 $u_i=0$,此时直流毫安表读数即为输出级静态电流。一般数值也应在 5~10 mA 左右,如过大,则要检查电路。

输出极电流调好以后,测量各级静态工作点,记入表 3-39 中。

表 3-39　测量各级静态工作点($I_{C2}=I_{C3}=10$ mA,$U_A=2.5$ V)

放大器 / 电压	T_1	T_2	T_3
U_B/V			
U_C/V			
U_E/V			

注意: 在调整 R_{W2} 时,一是要注意旋转方向,不要调得过大,更不能开路,以免损坏输出管。输出管静态电流调好,如无特殊情况,不得随意旋动 R_{W2} 的位置。

(2) 最大输出功率 P_{Om} 和效率 η 的测试

1) 测量 P_{Om}

输入端接 $f=1\ \text{kHz}$ 的正弦信号 u_i，输出端用示波器观察输出电压 u_O 波形。逐渐增大 u_i，使输出电压达到最大不失真输出，用交流毫伏表测出负载 R_L 上的电压 U_{Om}，则 $P_{Om}=U_{Om}^2/R_L$。

如果有失真度仪，可以测量输出波形的失真度。

2) 测量 η

当输出电压为最大不失真输出时，读出直流毫安表中的电流值，此电流即为直流电源供给的平均电流 I_{dc}(有一定误差)，由此可近似求得 $P_E=U_{CC}I_{dc}$，再根据上面测得的 P_{Om}，即可求出 $\eta=P_{Om}/P_E$。

(3) 输入灵敏度测试

根据输入灵敏度的定义，只要测出输出功率 $P_O=P_{Om}$ 时的输入电压值 U_i 即可。

(4) 频率响应的测试

测试方法同单管共射电路实验，记入表3-40中。

表3-40　频率响应的测试($U_i=5\ \text{mV}$)

参数 \ 频率	f_L			f_O		f_H					
f/Hz						1 000					
U_O/V											
A_V											

在测试时，为保证电路的安全，应在较低电压下进行，通常取输入信号为输入灵敏度的50%。在整个测试过程中，应保持 U_i 为恒定值，且输出波形不得失真。

(5) 研究自举电路的作用

① 测量有自举电路，且 $P_O=P_{Omax}$ 时的电压增益 $A_V=U_{Om}/U_i$。

② 将 C_2 开路，R 短路(无自举)，再测量 $P_O=P_{Omax}$ 时的 A_V。

用示波器观察①、②两种情况下的输出电压波形，并将以上两项测量结果进行比较，分析研究自举电路的作用。

(6) 噪声电压的测试

测量时将输入端短路($u_i=0$)，观察输出噪声波形，并用交流毫伏表测量输出电压，即为噪声电压 U_N，本电路若 $U_N<15\ \text{mV}$，即满足要求。

(7) 试　听

输入信号改为录音机输出送进一段音乐，输出端接试听音箱及示波器。开机试听，并观察语言和音乐信号的输出波形。

5. 实验总结与实验报告

① 整理实验数据，计算静态工作点、最大不失真输出功率 P_{Om}、效率 η 等，并与理论值进

行比较。画出频率响应曲线。

② 分析自举电路的作用。

③ 讨论实验中发生的问题及解决办法。

6. 预习要求与问题思考

① 复习有关 OTL 工作原理部分内容。

② 为什么引入自举电路能够扩大输出电压的动态范围?

③ 交越失真产生的原因是什么? 怎样克服交越失真?

④ 电路中电位器 R_{W2} 如果开路或短路,对电路工作有何影响?

⑤ 为了不损坏输出管,调试中应注意什么问题?

⑥ 如电路有自激现象,应如何消除?

3.2.15　串联型晶体管直流稳压电源

1. 实验目的

① 研究单相桥式整流、电容滤波电路的特性。

② 掌握串联型晶体管稳压电源主要技术指标的测试方法。

2. 实验原理

直流稳压电源一般由电源变压器、整流、滤波和稳压电路四部分组成,其原理框图如图 3-50所示。电网供给的交流电压 u_1(220 V,50 Hz)经电源变压器降压后,得到符合电路需要的交流电压 u_2,然后由整流电路变换成方向不变、大小随时间变化的脉动电压 u_3,再用滤波器滤去其交流分量,就可得到比较平直的直流电压 u_I。但这样的直流输出电压,还会随交流电网电压的波动或负载的变动而变化。在对直流供电要求较高的场合,还需要使用稳压电路,以保证输出直流电压更加稳定。

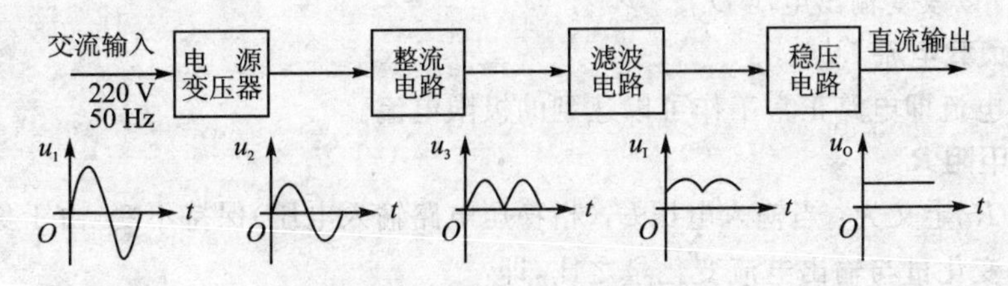

图 3-50　直流稳压电源框图

图 3-51 是由分立元件组成的串联型稳压电源的电路图。其整流部分为单相桥式整流、电容滤波电路。稳压部分为串联型稳压电路,它由调整元件(晶体管 T_1);比较放大器 T_2、R_7;取样电路 R_1、R_2、R_W,基准电压 D_W、R_3和过流保护电路 T_3管及电阻 R_4、R_5、R_6等组成。整个稳压电路是一个具有电压串联负反馈的闭环系统,其稳压过程为:当电网电压波动或负载变

动引起输出直流电压发生变化时，取样电路取出输出电压的一部分送入比较放大器，并与基准电压进行比较，产生的误差信号经 T_2 放大后送至调整管 T_1 的基极，使调整管改变其管压降，以补偿输出电压的变化，从而达到稳定输出电压的目的。

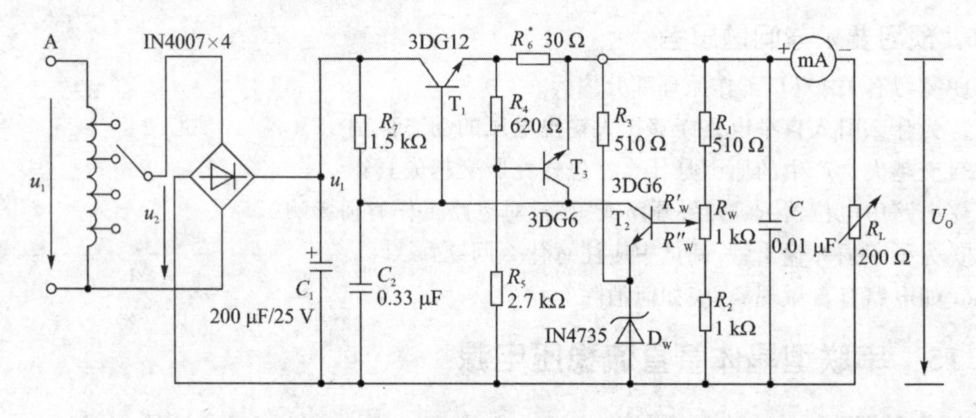

图 3－51　串联型稳压电源实验电路

由于在稳压电路中，调整管与负载串联，因此流过它的电流与负载电流一样大。当输出电流过大或发生短路时，调整管会因电流过大或电压过高而损坏，所以需要对调整管加以保护。在图 3－51 电路中，晶体管 T_3、R_4、R_5、R_6 组成减流型保护电路。此电路设计在 $I_{OP}=1.2I_O$ 时开始起保护作用，此时输出电流减小，输出电压降低。故障排除后电路应能自动恢复正常工作。在调试时，若保护提前作用，应减小 R_6 值；若保护作用迟后，则应增大 R_6 之值。稳压电源的主要性能指标如下。

(1) 输出电压 U_O 和输出电压调节范围

$$U_O=\frac{R_1+R_W+R_2}{R_2+R''_W}(U_Z+U_{BE2})$$

调节 R_W 可以改变输出电压 U_O。

(2) 最大负载电流 I_{Om}

最大负载电流即电路正常工作可以达到的极限电流。

(3) 输出电阻 R_O

输出电阻 R_O 定义为：当输入电压 U_I（指稳压电路输入电压）保持不变，由于负载变化而引起的输出电压变化量与输出电流变化量之比，即

$$R_O=\left.\frac{\Delta U_O}{\Delta I_O}\right|_{U_I=\text{常数}}$$

(4) 稳压系数 S(电压调整率)

稳压系数定义为：当负载保持不变，输出电压相对变化量与输入电压相对变化量之比，即

$$S=\left.\frac{\Delta U_O/U_O}{\Delta U_I/U_I}\right|_{R_L=\text{常数}}$$

由于工程上常把电网电压波动±10%作为极限条件，因此也有将此时输出电压的相对变化 $\Delta U_O/U_O$ 做为衡量指标，称为电压调整率。

(5) 纹波电压

输出纹波电压是指在额定负载条件下，输出电压中所含交流分量的有效值(或峰值)。

3. 实验设备与器件

① 万用表以及相关工具。

② 可调工频电源，滑线变阻器 200 Ω/1 A。

③ 晶体三极管 3DG6×2(9011×2)、3DG12×1(9013×1)，晶体二极管 IN4007×4，稳压管 IN4735×1，运算放大器 μA741×1，电阻器、电容器、普通导线或专用线若干。

4. 实验内容

(1) 整流滤波电路测试

按图 3-52 连接实验电路。取可调工频电源电压为 16 V，作为整流电路输入电压 u_2。

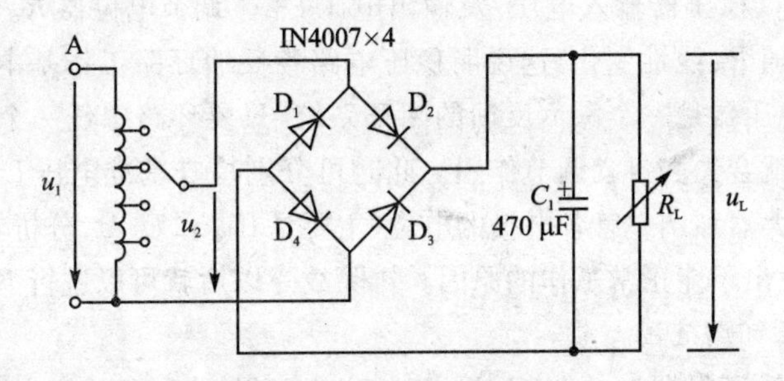

图 3-52　整流滤波电路

① 取 $R_L=240\ \Omega$，不加滤波电容，测量直流输出电压 U_L 及纹波电压 $\widetilde{U}_L$，并用示波器观察 u_2 和 u_L 波形，记入表 3-41 中。

② 取 $R_L=240\ \Omega$，$C=470\ \mu F$，重复内容①的要求，记入表 3-41 中。

③ 取 $R_L=120\ \Omega$，$C=470\ \mu F$，重复内容①的要求，记入表 3-41 中。

表 3-41　整流滤波电路特性测试($U_2=16$ V)

电路形式		U_L/V	$\widetilde{U}_L$/V	u_L 波形
$R_L=240\ \Omega$	~			u_L O t
$R_L=240\ \Omega$ $C=470\ \mu F$	~			u_L O t

续表 3-41

电路形式		U_L/V	$\widetilde{U}_L$/V	u_L波形
$R_L=120\ \Omega$ $C=470\ \mu F$	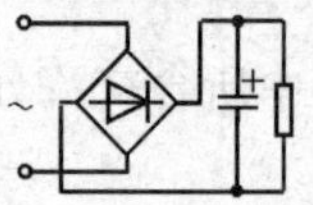			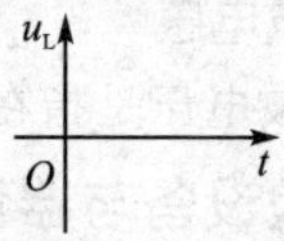

注意： 每次改接电路时，必须切断工频电源；在观察输出电压 u_L 波形的过程中，"Y 轴灵敏度"旋钮位置调好以后，不要再变动，否则将无法比较各波形的脉动情况。

(2) 串联型稳压电源性能测试

切断工频电源，在图 3-52 基础上按图 3-51 连接实验电路。

1) 初　测

稳压器输出端负载开路，断开保护电路，接通 16 V 工频电源，测量整流电路输入电压 U_2，滤波电路输出电压 U_1（稳压器输入电压）及输出电压 U_O。调节电位器 R_W，观察 U_O的大小和变化情况，如果 U_O能跟随 R_W线性变化，这说明稳压电路各反馈环路工作基本正常。否则，说明稳压电路有故障，因为稳压器是一个深负反馈的闭环系统，只要环路中任一个环节出现故障（某管截止或饱和），稳压器就会失去自动调节作用。此时可分别检查基准电压 U_Z，输入电压 U_I，输出电压 U_O，以及比较放大器和调整管各电极的电位（主要是 U_{BE} 和 U_{CE}），分析它们的工作状态是否都处在线性区，从而找出不能正常工作的原因。排除故障以后就可以进行下一步测试。

2) 测量输出电压可调范围

接入负载 R_L（滑线变阻器），并调节 R_L，使输出电流 $I_O\approx100$ mA。再调节电位器 R_W，测量输出电压可调范围 $U_{Omin}\sim U_{Omax}$。且使 R_W动点在中间位置附近时 $U_O=12$ V。若不满足要求，可适当调整 R_1、R_2之值。

3) 测量各级静态工作点

调节输出电压 $U_O=12$ V，输出电流 $I_O=100$ mA，测量各级静态工作点，记入表 3-42 中。

表 3-42　测量各级静态工作点（$U_2=16$ V，$U_O=12$ V，$I_O=100$ mA）

放大器 / 电压	T_1	T_2	T_3
U_B/V			
U_C/V			
U_E/V			

4) 测量稳压系数 S

取 $I_O=100$ mA，按表 3-43 改变整流电路输入电压 U_2（模拟电网电压波动），分别测出相应的稳压器输入电压U_1及输出直流电压U_O，记入表3-43中。

5）测量输出电阻R_O

取$U_2=16$ V，改变滑线变阻器位置，使I_O为空载、50 mA和100 mA，测量相应的U_O值，记入表3-44中。

表3-43 稳压系数S测量（$I_O=100$ mA）

测试值			计算值
U_2/V	U_1/V	U_O/V	S
14			$S_{12}=$ $S_{23}=$
16		12	
18			

表3-44 输出电阻R_O测量（$U_2=16$ V）

测试值		计算值
I_O/mA	U_O/V	R_O/Ω
空载		$R_{12}=$ $R_{23}=$
50	12	
100		

6）测量输出纹波电压

取$U_2=16$ V，$U_O=12$ V，$I_O=100$ mA，测量输出纹波电压U_O，记录之。

7）调整过流保护电路

① 断开工频电源，接上保护回路，再接通工频电源，调节R_W及R_L使$U_O=12$ V，$I_O=100$ mA，此时保护电路应不起作用。测出T_3管各极电位值。

② 逐渐减小R_L，使I_O增加到120 mA，观察U_O是否下降，并测出起保护作用时T_3管各极的电位值。若保护作用过早或迟后，可改变R_6之值进行调整。

③ 用导线瞬时短接一下输出端，测量U_O值，然后去掉导线，检查电路是否能自动恢复正常工作。

5. 实验总结与实验报告

① 对表3-41所测结果进行全面分析，总结桥式整流、电容滤波电路的特点。

② 根据表3-42和表3-43所测数据，计算稳压电路的稳压系数S和输出电阻R_O，并进行分析。

③ 分析讨论实验中出现的故障及其排除方法。

6. 预习要求与问题思考

① 复习教材中有关分立元件稳压电源部分内容，并根据实验电路参数估算U_O的可调范围及$U_O=12$ V时T_1，T_2管的静态工作点（假设调整管的饱和压降$U_{CE1S}\approx1$ V）。

② 说明图3-52中U_2、U_1、U_O及$\widetilde{U}_O$的物理意义，并从实验仪器中选择合适的测量仪表。

③ 在桥式整流电路实验中，能否用双踪示波器同时观察u_2和u_L波形，为什么？

④ 在桥式整流电路中，如果某个二极管发生开路、短路或反接三种情况，将会出现什么问题？

⑤ 为了使稳压电源的输出电压$U_O=12$ V，则其输入电压的最小值U_{Imin}应等于多少？交

流输入电压U_{2min}又怎样确定？

⑥ 当稳压电源输出不正常，或输出电压U_O不随取样电位器R_w而变化时，应如何进行检查找出故障所在？

⑦ 分析保护电路的工作原理。

⑧ 怎样提高稳压电源的性能指标（减小S和R_O）？

3.2.16 晶闸管可控整流电路

1. 实验目的

① 学习单结晶体管和晶闸管的简易测试方法。

② 熟悉单结晶体管触发电路（阻容移相桥触发电路）的工作原理及调试方法。

③ 熟悉用单结晶体管触发电路控制晶闸管调压电路的方法。

2. 实验原理

可控整流电路的作用是把交流电变换为电压值可以调节的直流电。图3-53所示为单相半控桥式整流实验电路。主电路由负载R_L（灯泡）和晶闸管T_1组成，触发电路为单结晶体管T_2及一些阻容元件构成的阻容移相桥触发电路。改变晶闸管T_1的导通角，便可调节主电路的可控输出整流电压（或电流）的数值，这点可由灯泡负载的亮度变化看出。晶闸管导通角的大小取决于触发脉冲的频率f为

$$f=\frac{1}{RC}\ln\left(\frac{1}{1-\eta}\right)$$

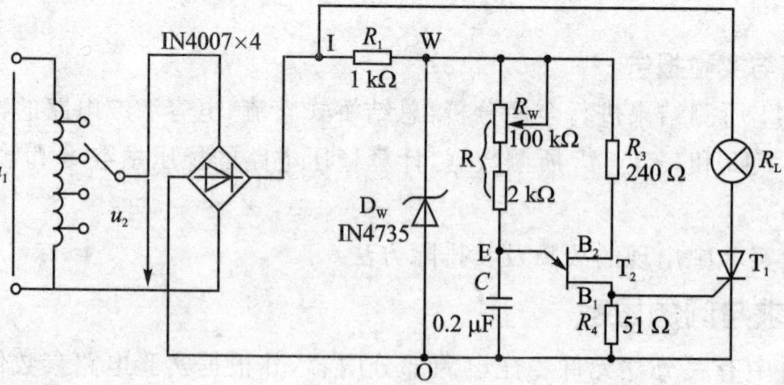

图3-53 单相半控桥式整流实验电路

由公式可知，当单结晶体管的分压比η（一般在0.5～0.8之间）及电容C值固定时，频率f的大小由R决定，因此，通过调节电位器R_W，可以改变触发脉冲频率，主电路的输出电压也随之改变，从而达到可控调压的目的。

用万用电表的电阻挡（或用数字万用表二极管挡）可以对单结晶体管和晶闸管进行简易

测试。

图 3-54 为单结晶体管 BT33 引脚排列、结构图及电路符号。好的单结晶体管 PN 结正向电阻 R_{EB1}、R_{EB2} 均较小，且 R_{EB1} 稍大于 R_{EB2}，PN 结的反向电阻 R_{B1E}、R_{B2E} 均应很大，根据所测阻值，即可判断出各引脚及管子的质量优劣。

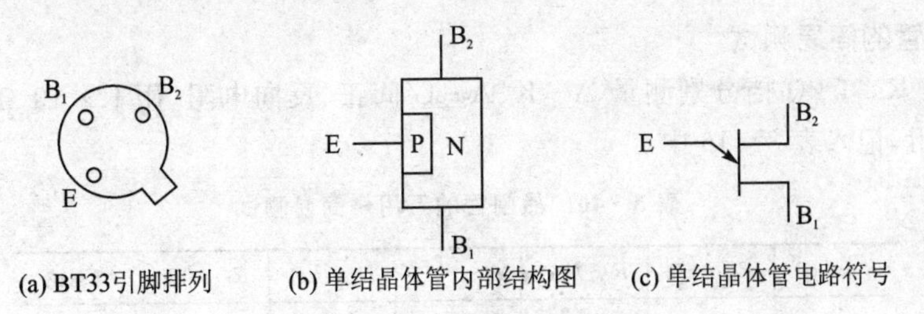

图 3-54 单结晶体管 BT33 引脚排列、结构图及电路符号

图 3-55 为晶闸管 3CT3A 引脚排列、结构图及电路符号。晶闸管阳极(A)、阴极(K)及门极(G)之间的正、反向电阻 R_{AK}、R_{KA}、R_{AG}、R_{GA} 均应很大，而 G、K 之间为一个 PN 结，PN 结正向电阻应较小，反向电阻应很大。

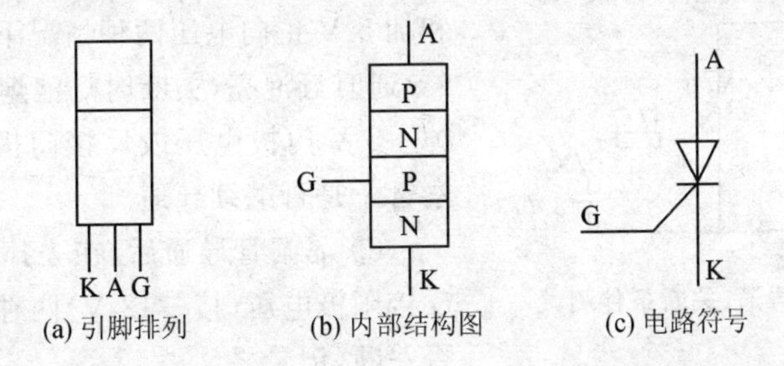

图 3-55 晶闸管 3CT3A 引脚排列、结构图及电路符号

3. 实验设备及器件

① ±5 V、±12 V 直流电源，可调工频电源，万用表，双踪示波器，交流毫伏表。

② 晶闸管 3CT3A，单结晶体管 BT33，二极管 IN4007×4，稳压管 IN4735。

③ 灯泡 12 V/0.1 A，电阻、电容、导线若干。

4. 实验内容

(1) 单结晶体管的简易测试

用万用表 R×10 Ω 挡分别测量 EB_1、EB_2 间正、反向电阻，记入表 3-45 中。

表 3-45　单结晶体管的万用表简易测试

R_{EB1}/Ω	R_{EB2}/Ω	$R_{B1E}/k\Omega$	$R_{B2E}/k\Omega$	结　论

(2) 晶闸管的简易测试

用万用表 R×1 kΩ 挡分别测量 A-K、A-G 间正、反向电阻；用 R×10 Ω 挡测量 G-K 间正、反向电阻，记入表 3-46 中。

表 3-46　晶闸管的万用表简易测试

$R_{AK}/k\Omega$	$R_{KA}/k\Omega$	$R_{AG}/k\Omega$	$R_{GA}/k\Omega$	$R_{GK}/k\Omega$	$R_{KG}/k\Omega$	结　论

(3) 晶闸管导通，关断条件测试

断开±12 V、±5 V 直流电源，按图 3-56 连接实验电路。

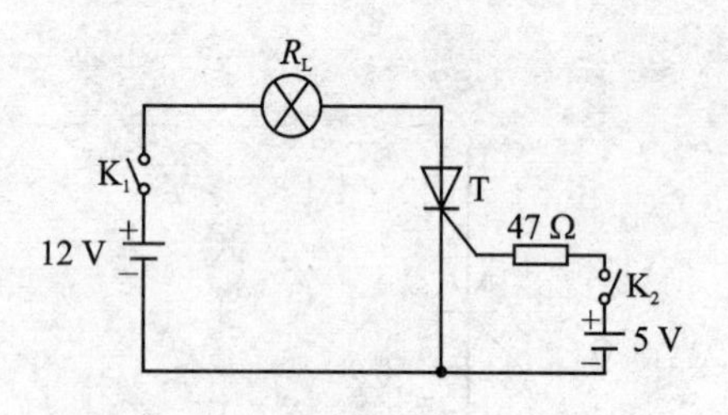

图 3-56　晶闸管导通、关断条件测试

① 晶闸管阳极加 12 V 正向电压，在门极开路和加 5 V 正向电压两种情况下，观察管子是否导通（导通时灯泡亮，关断时灯泡熄灭）；管子导通后，去掉+5 V 门极电压或反接门极电压（接-5 V），观察管子是否继续导通。

② 晶闸管导通后，在去掉+12 V 阳极电压和反接阳极电压（接-12 V）两种情况下，观察管子是否关断，记录之。

(4) 晶闸管可控整流电路

按图 3-53 连接实验电路。取可调工频电源 14 V 电压作为整流电路输入电压 u_2，电位器 R_W 置中间位置。

1) 单结晶体管触发电路

① 断开主电路（把灯泡取下），接通工频电源，测量 U_2 值。用示波器依次观察并记录交流电压 u_2、整流输出电压 u_I、削波电压 u_W、锯齿波电压 u_E、触发输出电压 u_{B1}。记录波形时，注意各波形间对应关系，并标出电压幅度及时间，记入表 3-47 中。

表 3-47　单结晶体管触发电路测试

u_2	u_I	u_W	u_E	u_{B1}	移相范围

② 改变移相电位器 R_W 阻值，观察 u_E 及 u_{B1} 波形的变化及 u_{B1} 的移相范围，记入表 3-47 中。

2) 可控整流电路

断开工频电源，接入负载灯泡 R_L，再接通工频电源，调节电位器 R_W，使电灯由暗到中等亮，再到最亮，用示波器观察晶闸管两端电压 u_{T1}、负

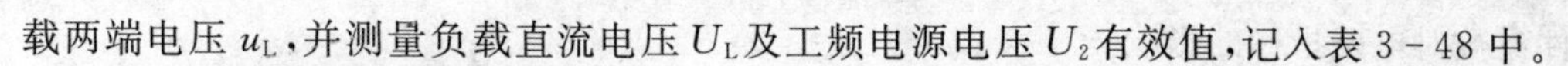

载两端电压 u_L，并测量负载直流电压 U_L 及工频电源电压 U_2 有效值，记入表3-48中。

5. 实验总结与实验报告

① 总结晶闸管导通、关断的基本条件。

② 画出实验中记录的波形(注意各波形间对应关系)，并进行讨论。

③ 对实验数据 U_L 与理论计算数据 $U_L=0.9U_2\frac{1+\cos\alpha}{2}$ 进行比较，并分析产生误差原因。

④ 分析实验中出现的异常现象。

6. 预习要求与问题思考

① 复习晶闸管可控整流部分内容

② 可否用万用表 R×10 kΩ 挡测试管子，为什么？

③ 为什么可控整流电路必须保证触发电路与主电路同步？本实验是如何实现同步的？

④ 可以采取哪些措施改变触发信号的幅度和移相范围？

⑤ 能否用双踪示波器同时观察 u_2 和 u_L 或 u_L 和 u_{T1} 波形？为什么？

表3-48　可控整流电路测试

	暗	较亮	最亮
u_L 波形			
u_T 波形			
导通角 θ			
U_L/V			
U_2/V			

3.3 设计与综合性实验

通过模拟电路基础实验的练习，实验者已经具备了初步的模拟电路实践能力，这时可以提出更高的要求。设计与综合性实验一般是给出电路技术指标，需要实验者设计出符合要求的具体电路，并安装、调试电路(一般在插接板或自制印制板上进行)或者将较为复杂的系统电路进行组装、调试。它是一种较高的实践层次，一般涉及知识范围较广。从广义上来说，前面几乎所有基础实验都可以改为设计性实验，下面举例对设计性和综合性实验进行介绍。

3.3.1 单级低频电压放大电路设计

1. 实验目的

① 熟悉单级低频电压放大器的设计步骤和方法。

② 掌握放大电路性能指标及调整测试方法。

③ 掌握三极管放大电路常见故障的判断及检测方法。

2. 实验原理

三极管放大电路有三种基本组态，它们各具特色，其分析、设计以及故障检测都有所不同。要对电路进行设计及故障测试，首先应熟悉各种组态的电路结构、工作原理、元器件作用以及各元器件参数对电路指标的影响。

3. 实验内容

(1) 设计任务及要求

① 设计题目：单级阻容耦合晶体管电压放大电路。

② 已知条件：$V_{CC}=12$ V，负载 $R_L=1.5\sim3.6$ kΩ，$R_S=510$ Ω～1 kΩ，小功率晶体管3DG6，$\beta=50\sim80$。

③ 性能指标要求：$A_V\geqslant50$，$R_i\geqslant1$ kΩ，$R_o\leqslant3$ kΩ，电路工作稳定性好。

(2) 设计过程

① 根据性能指标要求，首先选择电路结构，然后设置静态工作点，并计算电阻、电容参数。需要指出的是由公式计算的元件参数与实际参数允许有小的误差，一般取标称值。如 $R=1.48$ kΩ，取标称值 $R=1.5$ kΩ。

② 画出设计电路原理图。

(3) 安装与调试

① 在实验装置(或实验板)上安装电路。连接线要短、规整，便于检查和调试。

② 静态调试：调整测试静态工作点，满足设计计算值。

③ 动态测试：测试性能指标，按放大电路实验中的步骤和方法，测试 A_u、R_i、R_o。若某些参数不满足性能指标，则根据影响该指标的主要因素调整、修改相关元件参数，使其达到指标要求。最后确定的元件参数作为实际电路的元件参数。

4. 实验总结与实验报告要求

① 实验前独立完成预习报告，预习报告的内容，就是安装与调试①、②、③，并且将待测参数列成表格，以便实验时填写。

② 写出在实验调试过程中，出现的问题和解决办法，对实验结果及误差进行分析讨论。

③ 实验总结，写出本次实验的收获体会，对电路的改进等。

5. 实验预习及问题思考

① 复习模拟电子技术课程中晶体管放大器的内容，熟悉放大电路的组态及电路参数的选择原则，查阅给定晶体管的特征参数。

② 根据实验数据如何判断三极管的好坏？

③ 如何判断放大电路在交流工作时的故障？

3.3.2 电压-频率转换电路的设计

1. 实验目的

① 掌握电压-频率转换电路的设计方法，并能够根据要求选择合适元器件。

② 熟悉电压-频率转换电路的调试方法，了解其实际应用。

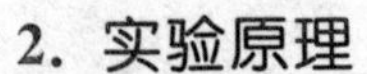

2. 实验原理

调节可变电阻或可变电容可以改变波形发生电路的振荡频率，在自动控制等场合往往要求能自动地调节振荡频率。常见的情况是给出一个控制电压（例如计算机通过接口电路输出的控制电压），要求波形发生电路的振荡频率与控制电压成正比。这种电路称为电压-频率转换电路（$u-f$），又称为压控振荡器 VCO。

利用集成运放可以构成精度高、线性好的压控振荡器。电压-频率转换电路一般由积分电路和滞回比较器组成。积分电路的输出电压变化速率与输入电压的大小成正比，如果积分电容充电使输出电压达到一定程度后，设法使它迅速放电，然后输入电压再给电容充电，如此周而复始产生振荡，其振动频率与输入电压成正比，所以称为压控振荡器。滞回比较器在电路中起开关作用，使积分电容不断充、放电，输出振荡波形。

3. 实验内容

① 用集成运放设计一个电压-频率转换电路。要求：设计指标自定；设计出具体电路；选择具体元器件及参数。

② 自拟测试方法，对设计电路进行测试，测试电压、频率关系，并用示波器观察绘制电路的输出波形。

4. 实验总结与实验报告

① 设计电路，确定器件及参数，测试电路。

② 做出电压-频率关系曲线，并讨论其结果及应用。

5. 预习要求与问题思考

① 预习电压-频率转换电路的工作原理。

② 电路中的电阻及电容器件如何确定？

3.3.3 简易电子琴的设计

1. 实验目的

① 加深理解 RC 振荡器的工作原理及应用。

② 掌握电子琴电路的设计及调试方法。

2. 实验原理

简易电子琴由 RC 选频网络、集成运放电路、功率放大器和扬声器组成。其核心是由集成运放和 RC 电路构成的正弦波振荡器。选择合适的电阻和电容（电容一般固定），构成 RC 串并联选频网络，分别取不同的阻值使振荡器产生不同的音阶信号，经功率放大后推动扬声器即可发出乐音。需要有节拍时，应加上节拍发生器。节拍发生器可由 555 定时器组成，节拍快慢由其频率决定。

3. 实验内容

① 题目：设计一个简易电子琴。

② 电路指标：要求利用 RC 文氏电桥正弦波振荡电路和功率放大电路组成，设计 14 个音阶，高音阶 4 个，中音阶 7 个，低音阶 3 个，电容的容量为 0.1 μF，合理选择各音阶的电阻值。

③ 设计具体电路，确定元器件及参数，并进行调试。

4. 实验总结与实验报告

① 根据实验要求，设计合适电路。

② 整理实验数据，并进行分析和总结。

5. 实验预习和问题思考

① 预习 RC 正弦波电路的有关内容。

② 若改变电路的振荡频率，需改变电路中的哪些元器件？

③ 如要进一步扩大音阶范围，电路应如何改进？

3.3.4 函数信号发生器的设计、组装与调试

1. 实验目的

① 熟悉函数信号发生器的组成和工作原理，了解单片多功能集成电路函数信号发生器的功能及特点。

② 进一步掌握波形参数的测试方法。

③ 掌握函数信号发生器的设计及测试方法。

2. 实验原理

函数信号发生器一般指能够自动产生正弦波、方波（矩形波）、三角波（锯齿波）和阶梯波等电压波形的电路或仪器，电路形式可以采用运算放大器及分立元件构成，也可以采用单片集成函数发生器。根据用途不同，有产生三种或多种波形的函数发生器。

产生方波、三角波和正弦波的方案有多种，如首先产生正弦波，然后通过比较器电路变换成方波，再通过积分电路变换成三角波；也可以首先产生方波、三角波，然后再将方波变换成正弦波或将三角波变换成正弦波；或采用一片能同时产生上述三种波形的专用集成电路芯片（如 ICL8038）。ICL8038 介绍如下。

(1) 电路框图及工作原理

ICL8038 是单片集成函数信号发生器，其内部框图如图 3－57 所示。它由恒流源 I_1 和 I_2、电压比较器 A 和 B、触发器、缓冲器和三角波变正弦波电路等组成。

外接电容 C 由两个恒流源充电和放电，电压比较器 A、B 的阈值分别为电源电压（指 $U_{CC}+U_{EE}$）的 2/3 和 1/3。恒流源 I_1 和 I_2 的大小可通过外接电阻调节，但必须 $I_2>I_1$。当触发器

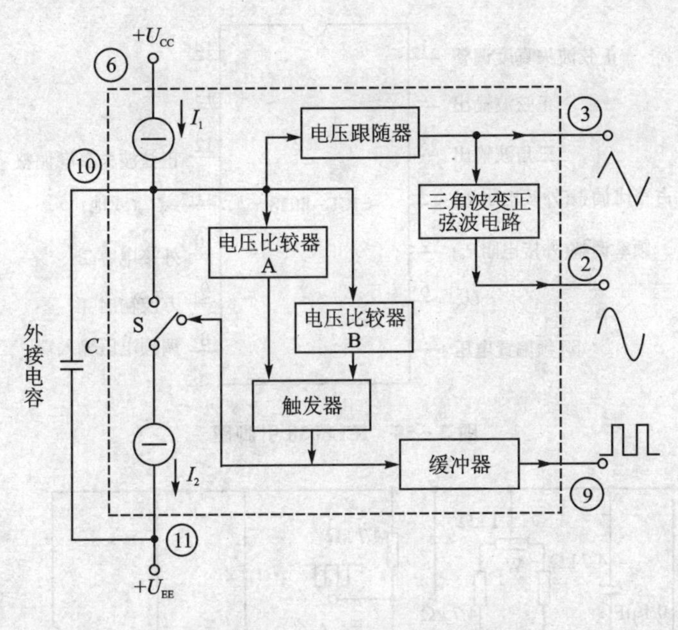

图 3-57 ICL8038 原理框图

的输出为低电平时，恒流源 I_2 断开，恒流源 I_1 给 C 充电，它的两端电压 u_C 随时间线性上升，当 u_C 达到电源电压的 2/3 时，电压比较器 A 的输出电压发生跳变，使触发器输出由低电平变为高电平，恒流源 I_2 接通，由于 $I_2>I_1$（设 $I_2=2I_1$），恒流源 I_2 将电流 $2I_1$ 加到 C 上反充电，相当于 C 由一个净电流 I 放电，C 两端的电压 u_C 又转为直线下降。当它下降到电源电压的 1/3 时，电压比较器 B 的输出电压发生跳变，使触发器的输出由高电平跳变为原来的低电平，恒流源 I_2 断开，I_1 再给 C 充电…如此周而复始，产生振荡。若调整电路，使 $I_2=2I_1$，则触发器输出为方波，经反相缓冲器由引脚 9 输出方波信号。C 上的电压 u_C，上升与下降时间相等，为三角波，经电压跟随器从引脚 3 输出三角波信号。将三角波变成正弦波是经过一个非线性的变换网络（正弦波变换器）而得以实现，在这个非线性网络中，当三角波电位向两端顶点摆动时，网络提供的交流通路阻抗会减小，这样就使三角波的两端变为平滑的正弦波，从引脚 2 输出。

(2) ICL8038 引脚功能图及实验电路

ICL8038 引脚功能如图 3-58 所示，参考实验电路如图 3-59 所示。电源电压为：单电源 10～30 V；双电源±5～±15 V。

3. 实验设备与器件

① ±12 V 直流电源、双踪示波器、频率计、万用表。

② ICL8038×1、晶体三极管 3DG12×1(9013)。

③ 电位器、电阻器、电容器等。

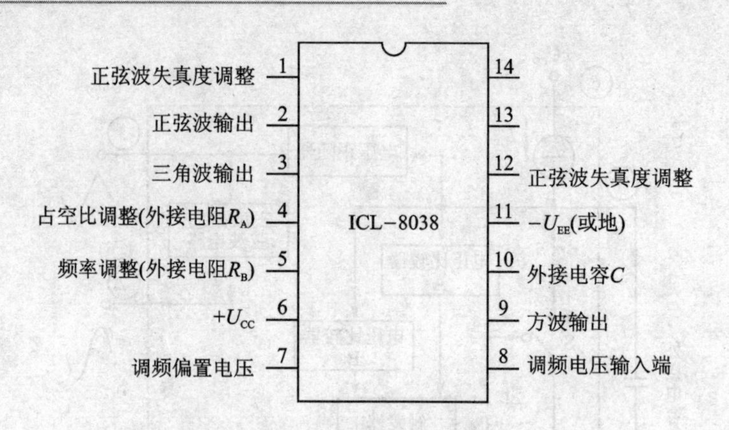

图 3-58 ICL8038 引脚图

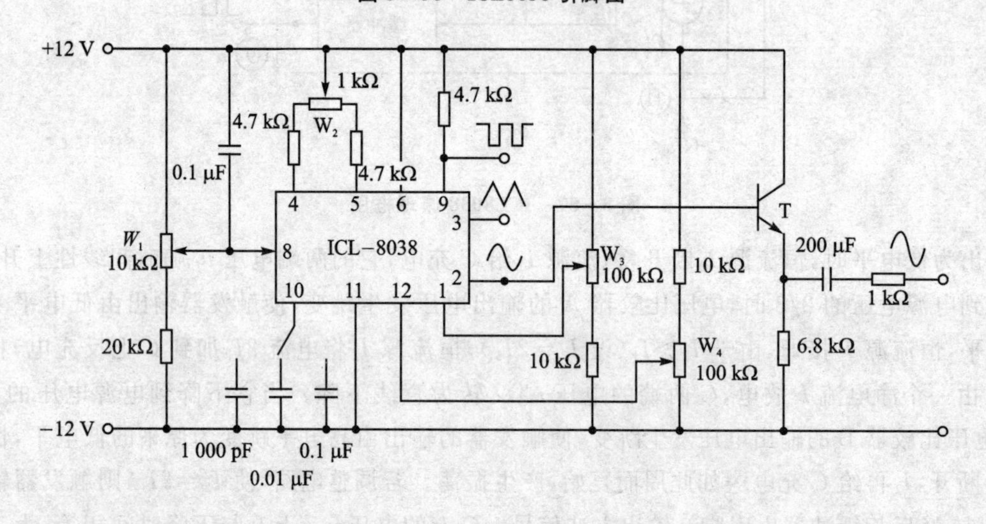

图 3-59 ICL8038 实验电路图

4. 实验内容

① 按图 3-59 所示的电路图组装电路，取 $C=0.01\ \mu F$，W_1、W_2、W_3、W_4均置中间位置。

② 调整电路，使其处于振荡，产生方波，通过调整电位器 W_2，使方波的占空比达到 50%。

③ 保持方波的占空比为 50%不变，用示波器观测 8038 正弦波输出端的波形，反复调整 W_3、W_4，使正弦波不产生明显的失真。

④ 调节电位器 W_1，使输出信号从小到大变化，记录引脚 8 的电位及测量输出正弦波的频率，列表记录之。

⑤ 改变外接电容 C 的值（取 $C=0.1\ \mu F$ 和 1 000 pF），观测三种输出波形，并与 $C=0.01\ \mu F$时测得的波形作比较，有何结论？

⑥ 改变电位器 W_2的值，观测三种输出波形，有何结论？

⑦ 如有失真度测试仪，则测出 C 分别为 0.1 μF、0.01 μF 和 1 000 pF 时的正弦波失真系数 r 值(一般要求该值小于 3%)。

⑧ 用集成芯片 ICL8038 组成函数发生器。具体要求如下：

- 输出正弦波、方波(矩形波)、三角波(锯齿波)三种波形；
- 输出信号电压可调(例如 0～6 V)，输出信号频率可调(例如 100 Hz～50 kHz)，矩形波和锯齿波占空比可调(例如 20%～8%)，亦可以自定调节范围；
- 输出阻抗小于 100 Ω。

5. 实验总结与实验报告

① 分别画出 C=0.1 μF,C=0.01 μF,C=1 000 pF 时所观测到的方波，三角波和正弦波的波形图，从中得出什么结论。

② 列表整理 C 取不同值时三种波形的频率和幅值。组装、调整函数信号发生器的心得体会。

③ 设计出实验电路，自拟测量方案和步骤以及所需仪器。

④ 整理实验数据，列出表格，画出波形图。

⑤ 根据设计和实测结果，分析所设计电路性能。从中得出设计、组装、调整函数信号发生器的心得体会。

6. 预习要求与问题思考

① 预习正弦波、方波(矩形波)、三角波(锯齿波)三种波形电路的工作原理。阅读有关 ICL8038 的资料，熟悉引脚的排列及其功能。

② 如果改变了方波的占空比，试问此时三角波和正弦波输出端将会变成怎样的一个波形？

③ 产生正弦波有几种方法？说明各种方法的简单原理。如何进一步扩展电路功能？改进时应注意什么？

3.3.5 语音告警电路的设计

1. 实验目的

① 熟悉语言提示、告警电路的组成和使用方法。

② 会用语音芯片组装语言警示电路，并能根据要求对有关电路进行调试。

2. 实验原理

语言提示、告警电路可以根据需要模拟人类的语言声音(汉、英、法、日、韩等)。这种集成芯片，种类较多，一般为软封装形式。它性能稳定，语音清晰、逼真，使用灵活方便，在一些特定场合可以替代人而起到语言提示、告警的作用。例如用于机动车辆的转弯、倒车提示电路，当车辆的转向开关灯打在相应的位置上时，扬声器会发出响亮的“左转弯”、“右转弯”、“请注意，倒车”等声音，以警示其他车辆或行人避让；再如，为了防止发生触电事故，在一些高压电器、变电所、高压开关柜等危及人身安全的场所，常用到“有电危险，请勿靠近”的语言告警电路。

例如 HCF5209 就是一种常用的语言告警电路，它会发出“有电危险，请勿靠近”的声音。HCF5209 为软封装集成电路，其中 5、1 引脚是正、负电源端；3 引脚是触发端，低电平有效，触发一次，电路便输出 3 次“有电危险，请勿靠近”的语言信号。若将 3 引脚直接接地，则电路将重复发出上述语音信号。6、7 引脚间所接电阻（一般为 150～250 kΩ）的大小决定语音输出速度，可适当调整。语音信号有 4 引脚输出，经电压放大电路放大后推动扬声器发声。若需要更大的声音，可加接功率放大电路。

3. 实验内容

① 设计题目：用集成芯片 HCF5209 组成语音告警电路。

② 具体要求：输出速度、声音大小可调；确定外围元器件，设计出实际语言告警电路。

注意：由于 HCF5209 为 CMOS 集成电路，该类电路在焊接时，容易感应电烙铁所带电荷而损坏。使用电烙铁焊接引线的正确操作方法是，使用外壳接地的电烙铁，或在焊接操作时拔掉电烙铁电源。

③ 电路调试，其方法如下：

- 通电检查电路的工作效果，并试验 3 引脚的作用；
- 改变外接电阻，调整语速；
- 试听输出端有无滤波电容的效果，说明滤波电容在改善语音音色方面的作用。

4. 实验总结与实验报告

① 根据实验要求设计实验电路。

② 整理实验数据，分析实验现象，改善电路功能。

5. 预习要求与问题思考

① 查阅手册熟悉 HCF5209 等语音告警芯片的功能和使用。

② 如何进行语速的调节？

③ 在实验中出现的问题是如何解决的？

3.3.6　集成低频功率放大器的应用设计

1. 实验目的

① 了解集成功率放大器的基本结构及工作原理。

② 掌握集成功率放大器基本技术指标的测试方法。

③ 熟悉集成功率放大器的实际应用，会使用集成功率放大器设计实用的功率放大器。

2. 实验原理

集成功率放大器由集成功放块和一些外部阻容元件构成。它具有线路简单，性能优越，工作可靠，调试方便等优点，已经成为在音频领域中应用十分广泛的功率放大器。

电路中最主要的组件为集成功放块，它的内部电路与一般分立元件功率放大器不同，通常包括前置级、推动级和功率级等几部分。有些还具有一些特殊功能（消除噪声、短路保护等）的电路。其电压增益较高（不加负反馈时，电压增益达 70～80 dB，加典型负反馈时电压增益在 40 dB 以上）。

集成功放块的种类很多，这里介绍两种常用芯片：LA4112 和 LM386 及其应用。

(1) LA4112

LA4112 的内部电路如图 3－60 所示，由三级电压放大、一级功率放大以及偏置、恒流、反馈、退耦电路组成。

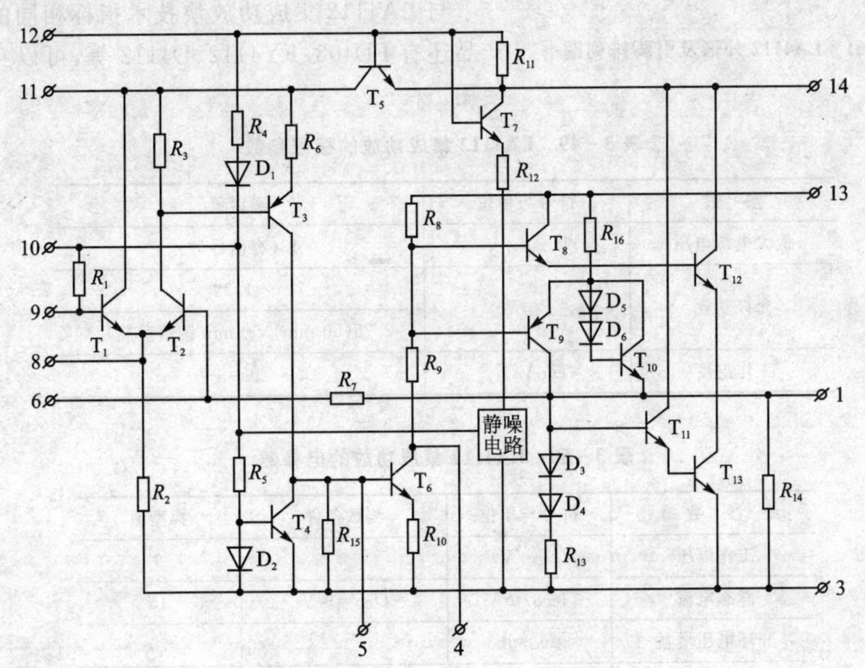

图 3－60 LA4112 内部电路图

1）电压放大级

第一级选用由 T_1 和 T_2 管组成的差动放大器，这种直接耦合的放大器零漂较小；第二级的 T_3 管完成直接耦合电路中的电平移动，T_4 是 T_3 管的恒流源负载，以获得较大的增益；第三级由 T_6 管等组成，此级增益最高，为防止出现自激振荡，需在该管的 B、C 极之间外接消振电容。

2）功率放大级

由 $T_8 \sim T_{13}$ 等组成复合互补推挽电路。为提高输出级增益和正向输出幅度，需外接“自举”电容。

3）偏置电路

偏置电路为建立各级合适的静态工作点而设立。

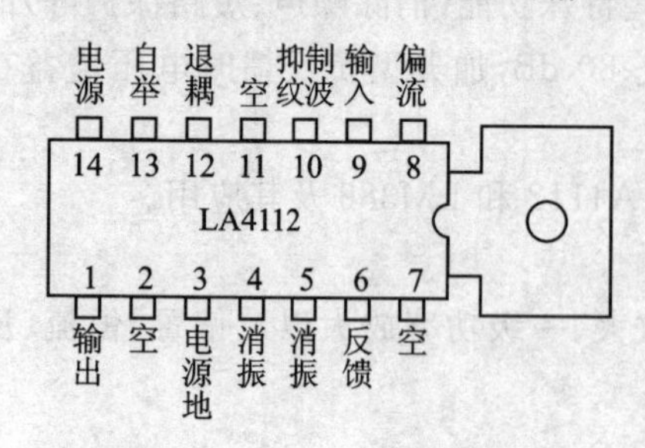

图 3-61 LA4112 外形及引脚排列图

除上述主要部分外，为了使电路工作正常，还需要和外部元件一起构成反馈电路来稳定和控制增益。同时，还设有退耦电路来消除各级间的不良影响。

LA4112 集成功放块是一种塑料封装 14 脚的双列直插器件。它的外形如图 3-61 所示。表 3-49、表 3-50 是它的极限参数和电参数。

与 LA4112 集成功放块技术指标相同的国内外产品还有 FD403、FY4112、D4112 等，可以互相替代使用。

表 3-49 LA4112 集成功放的极限参数

参　数	符号与单位	额定值
最大电源电压	U_{CCmax}/V	13(有信号时)
允许功耗	P_O/W	1.2
		2.25(50 mm×50 mm 铜箔散热片)
工作温度	T_{Opr}/℃	−20～+70

表 3-50 LA4112 集成功放的电参数

参　数	符号与单位	测试条件	典型值
工作电压	U_{CC}/V		9
静态电流	I_{CCQ}/mA	$U_{CC}=9$ V	15
开环电压增益	A_{VO}/dB		70
输出功率	P_O/W	$R_L=4\ \Omega, f=1$ kHz	1.7
输入阻抗	R_i/kΩ		20

集成功率放大器 LA4112 的应用电路如图 3-62 所示，该电路中各电容和电阻的作用简要说明如下：C_1、C_9 输入、输出耦合电容，隔直作用；C_2 和 R_f 反馈元件，决定电路的闭环增益；C_3、C_4、C_8 滤波、退耦电容；C_5、C_6、C_{10} 消振电容，消除寄生振荡；C_7 自举电容，若无此电容，将出现输出波形半边被削波的现象。

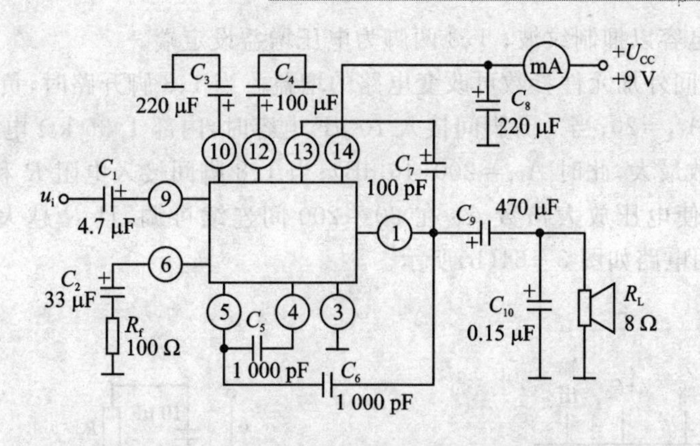

图 3-62 由 LA4112 构成的集成功放实验电路

(2) 单片音频集成功率放大器 LM386

LM386 是一种通用型宽带集成功率放大器，频带宽达几百千赫，适用的电源电压为 4～10 V，常温下功耗在 660 mW 左右，广泛用于收音机、对讲机、电视伴音、函数发生器等系统中。

LM386 内部电路如图 3-63 所示，共有 3 级。T_1～T_6 组成双端输入单端输出有源负载差动放大器，用作输入级，其中 T_5、T_6 构成镜像电流源用作差放的有源负载以提高单端输出时差动放大器的放大倍数。中间级是由 T_7 构成的共射放大器，也采用恒流源 I 作负载以提高增益。输出级由 T_8～T_{10} 组成准互补推挽功放，其中 D_1、D_2 组成功放的偏置电路以消除交越失真。

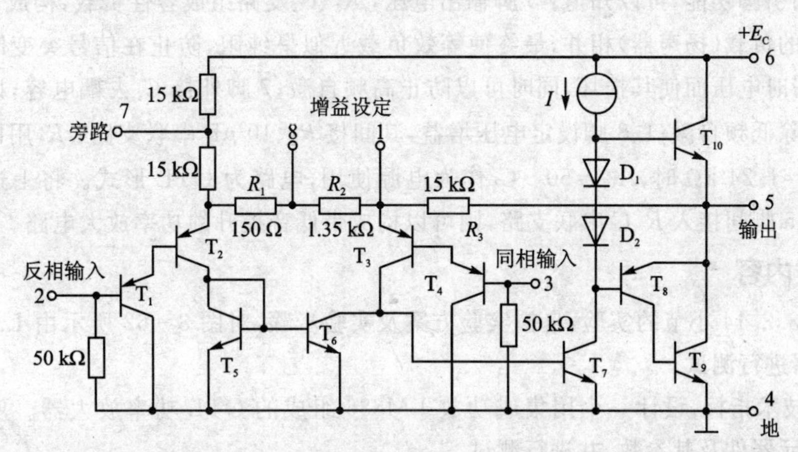

图 3-63 LM386 集成功率放大器电路原理图

LM386 为 8 脚器件，LM386 的引脚排列如图 3-64(a)所示，为双列直插塑料封装。引脚功能为：2、3 脚分别为反相、同相输入端；5 脚为输出端；6 脚为正电源端；4 脚接地；7 脚为旁路端，可外接旁路电容以抑制纹波；1、8两脚为电压增益设定端。

通过改变1、8间外加元件参数可改变电路的增益。当1、8脚开路时，负反馈最深，电压放大倍数最小，此时 $A_{Vf}=20$；当1、8脚间接入10 μF电容时，内部1.35 kΩ电阻被旁路，负反馈最弱，电压放大倍数最大，此时 $A_{Vf}=200$(46 dB)；当1、8脚间接入电阻 R 和10 μF电容串联支路时，调整 R 可使电压放大倍数 A_{Vf} 在20～200间连续可调，且 R 越大，放大倍数越小。LM386的典型应用电路如图3-64(b)所示。

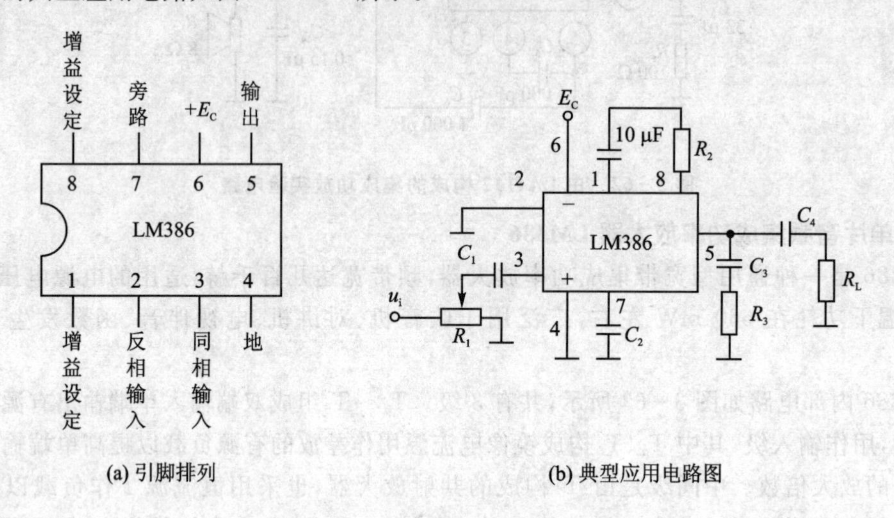

(a) 引脚排列　　(b) 典型应用电路图

图3-64　LM386集成功率放大器

参照上面引脚功能，可以知道：5脚输出电压，R_3、C_3支路组成容性负载，构成串联补偿网络，与呈感性的负载(扬声器)相并，最终使等效负载近似呈纯阻，防止在信号突变时扬声器上呈现较高的瞬时电压而使其损坏，同时可以防止高频自激；7脚外接 C_2 去耦电容，以提高纹波抑制能力，消除低频自激；1、8脚设定电压增益，其间接 R_2、10 μF串联支路，R_2 用以调整电压增益。当 $R_2=1.24$ kΩ时，$A_{Vf}=50$。C_4 作为电源使用，电路为OTL形式。将上述电路稍作变动，如在1、5脚间接入 R、C 串联支路，则可以构成带低音提升的功率放大电路。

3. 实验内容

① 参考3.2.14小节的实验，自拟实验方案及实验步骤，对图3-62所示由LA4112组成的功率放大器进行测试。

② 自定技术指标，设计一个用集成功放LM386组成的OTL功率放大器。要求画出电路，确定外围元器件及其参数，并进行测试。

进行本实验时，应注意以下几点：

- 电源电压不允许超过极限值，不允许极性接反，否则集成块将遭损坏。
- 电路工作时绝对避免负载短路，否则将烧毁集成块。

- 接通电源后，时刻注意集成块的温度，有时，未加输入信号集成块就发热过快，同时直流毫安表指示出较大电流及示波器显示出幅度较大，频率较高的波形，说明电路有自激现象，应立即关机，然后进行故障分析、处理，待自激振荡消除后，才能重新进行实验。
- 输入信号不要过大。

4. 实验总结与实验报告

① 整理实验数据，画频率响应曲线，并根据实验结果分析功率放大器的性能。

② 根据实验要求，设计实验电路。

③ 讨论实验中发生的问题及解决办法。

5. 预习要求与问题思考

① 复习有关集成功率放大器部分内容，查阅器件手册阅读所用集成器件资料。

② 若将电容 C_7 除去，将会出现什么现象？

③ 若在无输入信号时，从接在输出端的示波器上观察到频率较高的波形，是否正常？如何消除？

④ 如何由＋12 V 直流电源获得＋9 V 直流电源？

⑤ 在芯片允许的功率范围内，如何提高输出功率？

⑥ 进行本实验时，应注意什么问题？

3.3.7 集成稳压器的应用及直流稳压电源的设计

1. 实验目的

① 熟悉集成稳压器的特点和性能指标的测试方法。

② 掌握集成稳压器扩展性能的方法。

③ 熟悉直流稳压电源的电路结构、工作原理及设计步骤方法。

④ 掌握用集成稳压器设计直流稳压电源的方法。

⑤ 掌握直流稳压电源性能指标的调试方法。

2. 实验原理

随着半导体工艺的发展，稳压电路也制成了集成器件。由于集成稳压器具有体积小、外接线路简单、使用方便、工作可靠和通用性等优点，因此在各种电子设备中应用十分普遍，基本上取代了由分立元件构成的稳压电路。集成稳压器的种类很多，应根据设备对直流电源的要求来进行选择。对于大多数电子仪器、设备和电子电路来说，通常是选用串联线性集成稳压器。而在这种类型的器件中，又以三端式稳压器应用最为广泛。

W7800、W7900 系列三端式集成稳压器的输出电压是固定的，在使用中不能进行调整。W7800 系列三端式稳压器输出正极性电压，一般有 5 V、6 V、9 V、12 V、15 V、18 V、24 V 七个档次，输出电流最大可达 1.5 A(加散热片)。同类型 78M 系列稳压器的输出电流为 0.5 A，

78L 系列稳压器的输出电流为 0.1 A。W7900 系列稳压器输出负极性电压，若要求负极性输出电压，则可选用 W7900 系列稳压器。

除固定输出三端稳压器外，还有可调式三端稳压器，后者可通过外接元件对输出电压进行调整，以适应不同的需要。例如 W317 系列三端式集成稳压器的输出电压是可调的，在使用中外加电阻可进行调整。下面对其进行介绍。

图 3-65 为 W7800 系列的外形和接线图。它有三个引出端：输入端（不稳定电压输入端）标以“1”；输出端（稳定电压输出端）标以“3”；公共端标以“2”。例如集成三端固定正稳压器 W7812 的主要参数有：输出直流电压 $U_O=+12$ V，输出电流 L 为 0.1A，M 为 0.5A，电压调整率 10 mV/V，输出电阻 $R_O=0.15\ \Omega$，输入电压 U_I 的范围 15～17 V。一般 U_I 要比 U_O 大 3～5 V，才能保证集成稳压器工作在线性区。

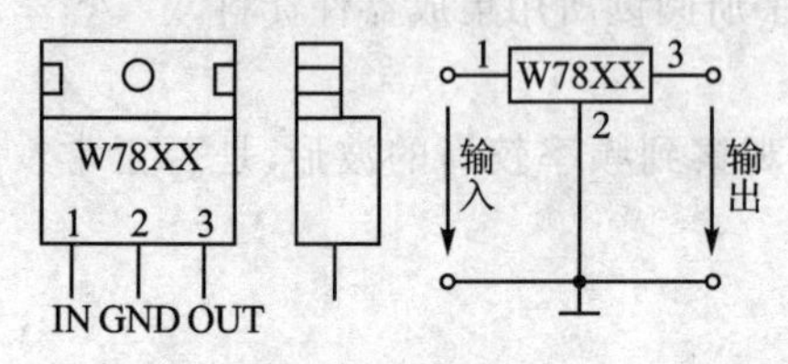

图 3-65　W7800 系列外形及接线图

图 3-66 是用三端式稳压器 W7812 构成的单电源电压输出串联型稳压电源的实验电路图。

其中整流部分采用了由 4 个二极管组成的桥式整流器成品（又称桥堆），型号为 2W06（或 KBP306），内部接线和外部引脚引线如图 3-67 所示。滤波电容 C_1、C_2 一般选取几百至几千微法。当稳压器距离整流滤波电路比较远时，在输入端必须接入电容器 C_3（数值为 0.33 μF），以抵消线路的电感效应，防止产生自激振荡。输出端电容 C_4（0.1 μF）用以滤除输出端的高频信号，改善电路的暂态响应。

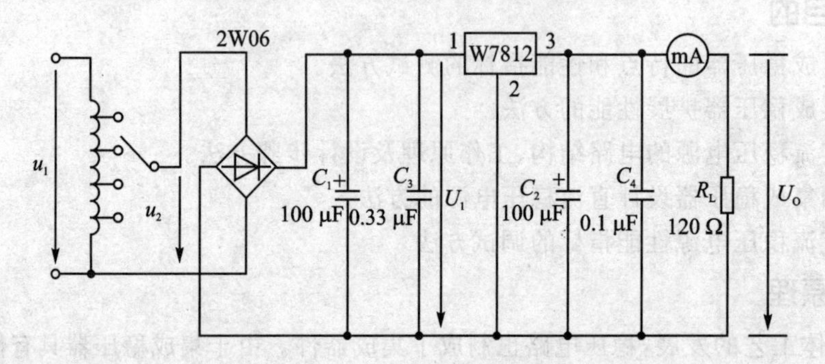

图 3-66　由 W7812 构成的串联型稳压电源

图 3-68 为正、负双电压输出电路，例如需要 $U_{O1}=+15$ V，$U_{O2}=-15$ V，则可选用 W7815 和 W7915 三端稳压器，这时的 U_I 应为单电压输出时的两倍。

当集成稳压器本身的输出电压或输出电流不能满足要求时，可通过外接电路来进行性能扩展。图 3-69 是一种简单的输出电压扩展电路。如 W7812 稳压器的 3、2 端间输出电压为 12 V，因此只要适当选择 R 的值，使稳压管 D_{WZ} 工作在稳压区，则输出电压 $U_O=12+U_Z$，可以高于稳压器本身的输出电压。

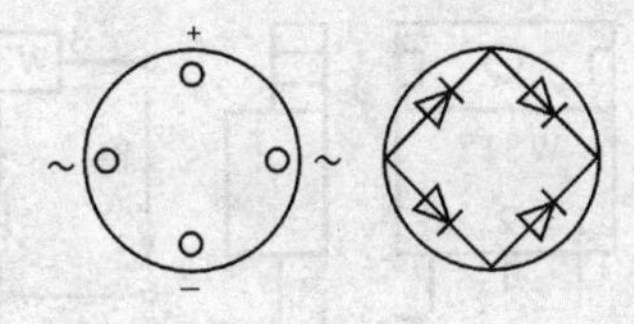

(a) 圆桥2W06　　(b) 排桥KBP306

图 3-67　桥堆引脚图

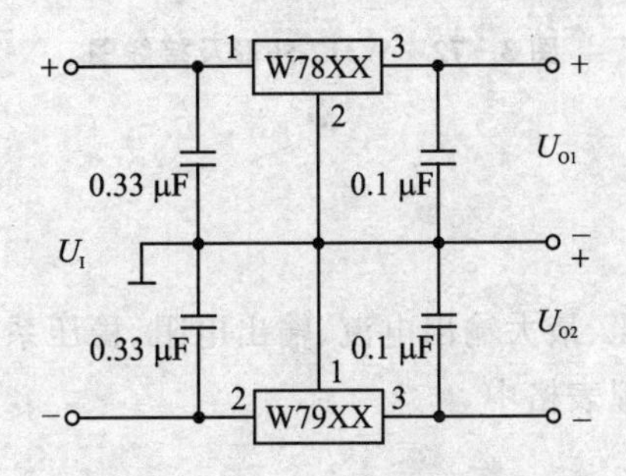

图 3-68　正、负双电压输出电路

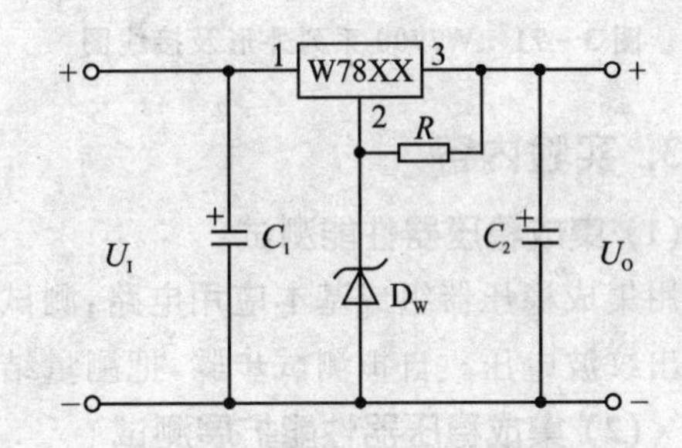

图 3-69　输出电压扩展电路

图 3-70 是通过外接晶体管 T 及电阻 R_1 来进行电流扩展的电路。电阻 R_1 的阻值由外接晶体管的发射结导通电压 U_{BE}、三端式稳压器的输入电流 I_i（近似等于三端稳压器的输出电流 I_{O1}）和 T 的基极电流 I_B 来决定，即

$$R_1 = \frac{U_{BE}}{I_R} = \frac{U_{BE}}{I_i - I_B} = \frac{U_{BE}}{I_{O1} - \frac{I_C}{\beta}}$$

式中，I_C 为晶体管 T 的集电极电流，它应等于 $I_C = I_O - I_{O1}$；β 为 T 的电流放大系数；对于锗管 U_{BE} 可按 0.3 V 估算，对于硅管 U_{BE} 按 0.7 V 估算。

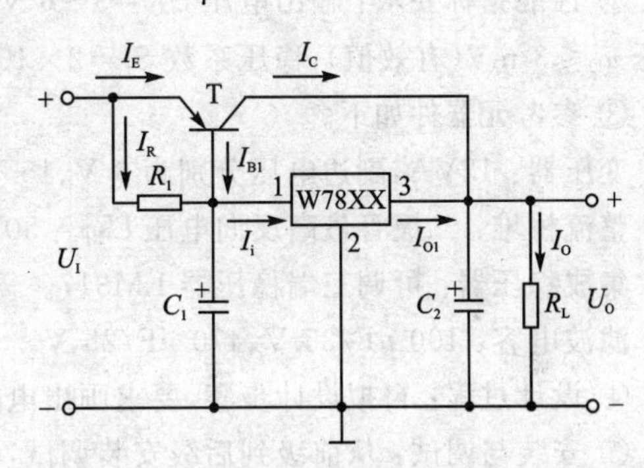

图 3-70　输出电流扩展电路

图 3-71 为 W7900 系列（输出负电压）外形及接线图，图 3-72 为可调输出正三端稳压器 W317 外形及接线图。

W317 最大输入电压 $U_{Im} = 40$ V；输出电压计算公式 $U_O \approx 1.25(1 + R_2/R_1)$；输出电压范围 $U_O = 1.25 \sim 37$ V。

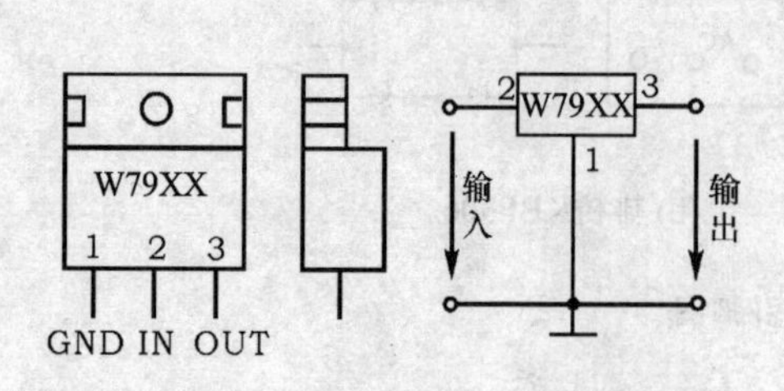

图 3-71 W7900 系列外形及接线图

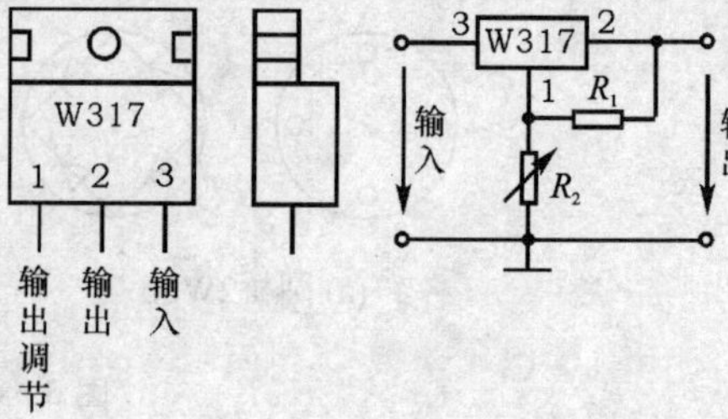

图 3-72 W317 外形及接线图

3. 实验内容

(1) 集成稳压器性能测试

用集成稳压器组成基本应用电路，测试其输出电压、最大输出电流、输出电阻、稳压系数以及输出纹波电压。自拟测试步骤，把测量结果记入自拟表格中。

*(2) 集成稳压器性能扩展测试

① 正、负双电源输出电路(指标依据选择的稳压器自定)的设计与测试。

② 输出电压扩展电路(电压自定)的设计与测试。

③ 输出电流扩展电路(电流自定)的设计与测试。

④ 自拟测试方法与表格，记录实验结果。

(3) 直流稳压电源的设计

① 题目：用可调三端稳压器设计直流稳压电源。

② 性能指标要求：输出电压 $U_O=3\sim6$ V 可调，输出最大电流 $I_{Omax}=500$ mA，输出纹波电压 $u_O\leqslant3$ mV(有效值)，稳压系数 $S_r=2\times10^{-3}$。

③ 参考元器件如下。

变压器：12VA，副边电压分别为 9 V、15 V、18 V 三挡。

整流桥堆：二极管最高反向电压 $U_{RF}=50$ V，最大正向平均整流 $I_F=800$ mA。

集成稳压器：可调三端稳压器 LM317。

滤波电容：100 μF/35 V、470 μF/25 V。

④ 设计过程：自拟设计步骤，要求画出电路，确定所有元器件型号及参数。。

⑤ 安装与调试：从前级到后级安装调试，具体内容参考稳压电源实验中的步骤调试。

4. 实验总结与实验报告

① 整理实验数据，填写表格，画出波形图，并与手册上的典型值进行比较。根据实测结果，写出实验电路的主要技术指标，并分析电路的性能。

② 说明电路设计中元器件的选择依据，所设计电路存在何问题，如何进行改进。

③ 分析讨论实验中发生的现象和问题。

5. 预习要求与问题思考

① 复习教材中有关集成稳压器部分内容。

② 实验前应设计实验电路，拟出测量方案及所用仪表、元器件，列出实验内容中所要求的各种表格。

③ 在测量稳压系数 S 和内阻 R_O时，应怎样选择测试仪表？

3.3.8 用运算放大器组成万用表的设计与调试

1. 实验目的

① 掌握由运算放大器组成的万用表的电路组成及工作原理。

② 掌握万用表的设计方法及组装与调试。

2. 设计要求

① 直流电压表：满量程+6 V。

② 直流电流表：满量程 10 mA。

③ 交流电压表：满量程 6 V，50 Hz～1 kHz。

④ 交流电流表：满量程 10 mA。

⑤ 欧姆表：满量程分别为 1 kΩ，10 kΩ，100 kΩ。

3. 万用表的工作原理及参考电路

万用表在电子技术测量中，应用极为广泛。在测量中，电表的接入应不影响被测电路的原工作状态，这就要求电压表应具有极高的输入电阻，电流表的内阻应为零。但实际上，万用表的表头总有一定的电阻，例如 100 μA 的表头，其内阻约为 1 kΩ，用它进行测量时将影响测量，引起误差。此外，交流电表中的整流二极管的压降和非线性特性也会产生误差。如果在万用表中使用运算放大器，就能大大降低这些误差，提高测量精度。在欧姆表中采用运算放大器，不仅能得到线性刻度，还能实现自动调零。

(1) 直流电压表

图 3-73 为同相端输入，高精度直流电压表电原理图。

为了减小表头参数对测量精度的影响，将表头置于运算放大器的反馈回路中，这时，流经表头的电流与表头的参数无关，只要改变 R_1一个电阻，就可进行量程的切换。表头电流 I 与被测电压 U_i的关系为 $I=U_i/R_1$。

应当指出：图 3-73 适用于测量电路与运算放大器共地的有关电路。此外，当被测电压较高时，在运放的输入端应设置衰减器。

(2) 直流电流表

图 3-74 是浮地直流电流表的电原理图。在电流测量中，浮地电流的测量是普遍存在的，

例如，若被测电流无接地点，就属于这种情况。为此，应把运算放大器的电源也对地浮动，按此种方式构成的电流表就可像常规电流表那样，串联在任何电流通路中测量电流。

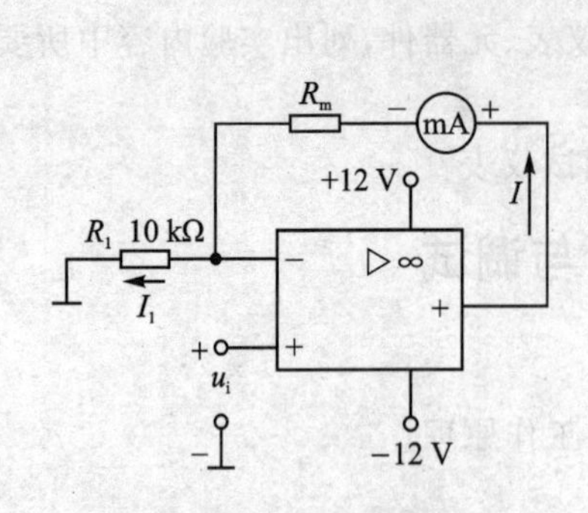

图 3-73　直流电压表

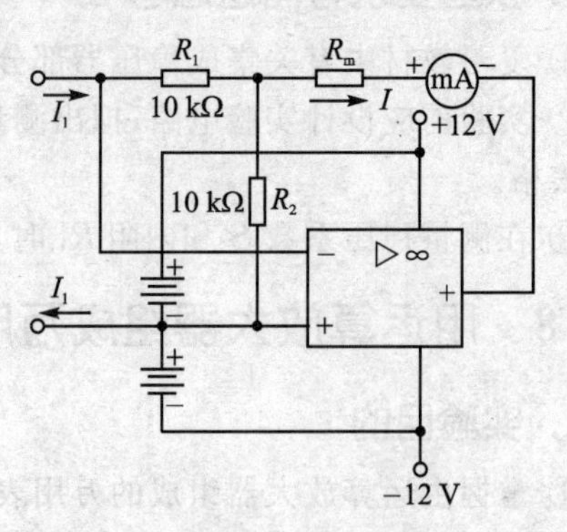

图 3-74　直流电流表

表头电流 I 与被测电流 I_1 间关系为 $-I_1R_1=(I_1-I)R_2$，即 $I=(1+R_1/R_2)I_1$。

可见，改变电阻比(R_1/R_2)，可调节流过电流表的电流，以提高灵敏度。如果被测电流较大，则应给电流表表头并联分流电阻。

(3) 交流电压表

由运算放大器、二极管整流桥和直流毫安表组成的交流电压表如图 3-75 所示。被测交流电压 u_i 加到运算放大器的同相端，故有很高的输入阻抗，又因为负反馈能减小反馈回路中的非线性影响，故把二极管桥路和表头置于运算放大器的反馈回路中，以减小二极管本身非线性的影响。

表头电流 I 与被测电压 u_i 的关系为

$$I=U_i/R_1$$

电流 I 全部流过桥路，其值仅与 U_i/R_1 有关，与桥路和表头参数(如二极管的死区等非线性参数)无关。表头中电流与被测电压 u_i 的全波整流平均值成正比，若 u_i 为正弦波，则表头可按有效值来刻度。被测电压的上限频率取决于运算放大器的频带和上升速率。

(4) 交流电流表

图 3-76 为浮地交流电流表，表头读数由被测交流电流 i 的全波整流平均值 I_{1AV} 决定，即 $I=(1+R_1/R_2)I_{1AV}$。如果被测电流 i 为正弦电流，即 $i_1=\sqrt{2}I_1\sin\omega t$，那么 I 可写为 $I=0.9\times(1+R_1/R_2)I_1$，则表头可按有效值来刻度。

(5) 欧姆表

图 3-77 为多量程的欧姆表。

在此电路中，运算放大器改由单电源供电，被测电阻 R_X 跨接在运算放大器的反馈回路中，同相端加基准电压 U_{REF}。

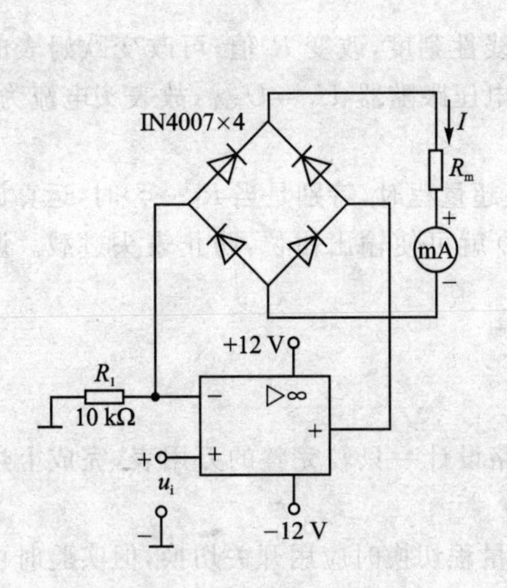

图 3－75　交流电压表

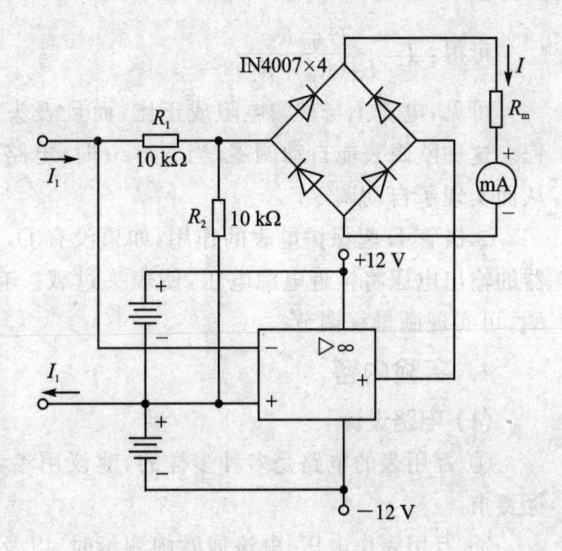

图 3－76　交流电流表

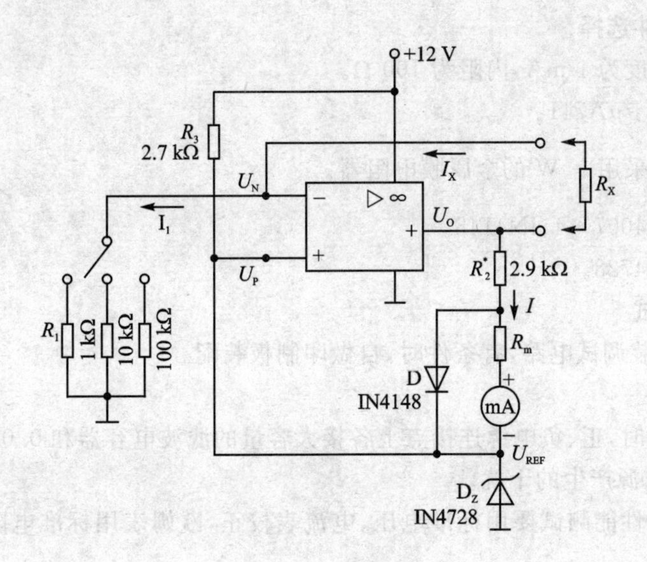

图 3－77　欧姆表

由图 3－77 可得：$U_P = U_N = U_{REF}$，$I_1 = I_X$

可得：$\dfrac{U_{REF}}{R_1} = \dfrac{U_O - U_{REF}}{R_X}$，即　$R_X = \dfrac{R_1}{U_{REF}}(U_O - U_{REF})$

流经表头的电流 $I = \dfrac{U_O - U_{REF}}{R_2 + R_m}$

由上两式消去$(U_O - U_{REF})$

可得：$I=\frac{U_{REF}R_X}{R_1(R_m+R_2)}$

可见，电流 I 与被测电阻成正比，而且表头具有线性刻度，改变 R_1 值，可改变欧姆表的量程。这种欧姆表能自动调零，当 $R_X=0$ 时，电路变成电压跟随器，$U_O=U_{REF}$，故表头电流为零，从而实现了自动调零。

二极管D起保护电表的作用，如果没有D，当 R_X 超量程时，特别是当 $R_X\to\infty$ 时，运算放大器的输出电压将接近电源电压，使表头过载。有了D就可使输出钳位，防止表头过载。调整 R_2，可实现满量程调节。

4. 实验内容

(1) 电路设计

① 万用表的电路是多种多样的，建议用参考电路设计一只较完整的万用表，完成上述指标要求。

② 万用表作电压、电流或欧姆测量时，以及进行量程切换时应用开关切换，但实验时可用引接线切换。

(2) 实验元器件选择

① 表头：灵敏度为1 mA，内阻为100 Ω。

② 运算放大器：μA741。

③ 电阻器：均采用 $\frac{1}{4}$ W的金属膜电阻器。

④ 二极管：IN4007×4、IN4148。

⑤ 稳压管：IN4728。

(3) 安装与调试

在插接板上安装调试电路，有条件时，自做印制板装配。

(4) 注意事项

① 在连接电源时，正、负电源连接点上各接大容量的滤波电容器和0.01～0.1 μF的小电容器，以消除通过电源产生的干扰。

② 万用表的电性能测试要用标准电压、电流表校正，欧姆表用标准电阻校正。考虑实验要求不高，建议用数字式 $4\frac{1}{2}$ 位万用表作为标准表。

5. 实验总结与实验报告要求

① 画出完整的万用表设计电路原理图。

② 自拟测量方法及步骤，测试具体指标，整理实验数据，根据实验结果，分析所设计万用表的性能。

③ 将万用表与标准表作测试比较，计算万用表各功能挡的相对误差，分析误差原因。

6. 实验预习与问题思考

① 预习万用表的工作原理。

② 在万用表调试中，应如何选择测试仪表？

③ 如何改进电路？

3.3.9 光控报警电路的设计

1. 实验目的

① 掌握光控报警电路的组成和工作原理。

② 熟悉光电器件的性能和作用，熟悉三极管的开关作用以及音乐集成芯片的使用方法。

③ 掌握光控报警电路的设计及调试方法。

2. 实验原理

在自动控制系统中，经常使用光电传感器（如光敏电阻、硅光电池、光电耦合器件等）或热电传感器（如热敏电阻、热电偶等）将光或温度的变化转换为电信号，并与某参量值进行比较，当低于或高于这个参量值时，产生一个开关信号，去控制某一系统的工作状态。

基本光电、热电转换电路的输出引致三极管构成的开关电路，就能实现光控、热控或报警。若用开关电路驱动继电器、晶闸管等，就能实现各种开关控制；若直接驱动音响电路，就构成音响报警，也可在电路中设计一个产生音频信号的振荡器代替音响电路。各种光电及热电传感器的知识，请参阅相关资料。

光控音响报警电路，多在电路中设计一个振荡器以产生音频信号，以取代音响电路。为了有足够的功率去推动喇叭，就必须有一个功率放大器；为了用光照来进行控制，就必须用一个光电管以及与之有关的一些线路。可以用光电管线路来控制振荡器是否振荡，也可以用光电管线路来控制振荡器的输出是否加到功率放大器上去，这样可以得到两种形式的方框图，如图3-78所示。究竟采用哪一种方框图，由设计者自己决定，也可以用其他方式达到要求。

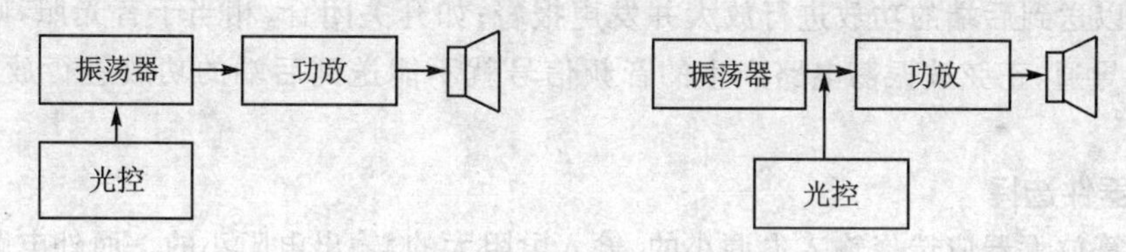

图3-78 光电报警器方框图

3. 实验内容

(1) 设计任务

在给定电源电压为±6 V的条件下，设计一个光电报警器，达到以下两项要求之一：

① 有光照时，在一个 0.25 W、8 Ω 的喇叭上发出音频（例如 1 000 Hz 左右）报警信号；无光照时不发信号。

② 无光照时发出音频报警信号；有光照时不发信号。

(2) 参考电路

这里提供一个无光照时发出音频报警信号，有光照时不发信号的参考电路，如图 3-79 所示，可用作光电报警器的试验电路。参考电路的测试要点如下。

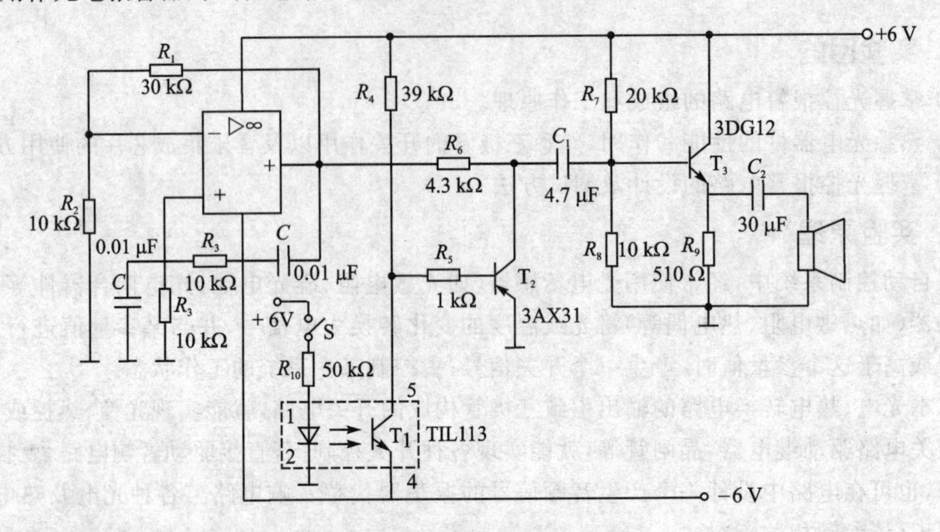

图 3-79 光电报警器参考电路图

① 由运放构成正弦波振荡电路，可以产生一定频率的正弦波；光电转换器件可采用普通光电管，在参考电路中用的是光电耦合器。另外，可用开关 S 控制是否有光照，不用另置光源，这样实验比较方便。有三极管 T_3 构成功率放大器放大音频信号，使喇叭发声。

② 工作时，如开关断开，这相当于无光照，则使 T_1、T_2 同时截止，正弦波振荡电路产生的音频信号可以送到后端的功放进行放大并发声报警；如开关闭合，相当于有光照，则会使 T_1、T_2 同时饱和导通，正弦波振荡电路产生的音频信号就不能送到后端的功放进行放大，也就不能发声报警。

(3) 元器件选择

集成运算放大器应选择输入失调小的、输入电阻大的、输出电阻小的。而外电路的元件参数主要有以下几个。

① 振荡电路中的 C、R_1、R_2 和 R_3 的选择。

根据设计要求的振荡频率 f_O，确定出 RC 之积为 $RC=1/2\pi f_O$。为了使选频网络的选频特性尽量不受集成运算放大器的输入电阻 R_i 和输出电阻 R_O 的影响，应使 R_3 满足下列关系式：$R_i \gg R \gg R_O$。R_1、R_2 和 R_3 的阻值应由启振的振幅条件来确定。这样既可以保证启振，也不致于产生严重的波形失真。

选择 R_1/R_2 略大于2时，呈现出比较好的正弦波，可把 R_1 选得大些以便更易于启振，R_1、R_2 和 R_3 的阻值不宜选得过小，否则将使集成运放负载加重，甚至过载。

② 光控电路中 R_4、R_5、R_6 和 R_{10} 的选择。

根据光电耦合器的指标要求来选择限流电阻 R_{10} 的值；由 T_1 管及 T_2 管饱和导通的要求计算、选择其他电阻阻值。

③ 功放电路中 R_7、R_8 和 R_9 的选择。

由 T_3 管组成的功放电路，电阻 R_7、R_8 和 R_9 可按射级输出器电路的设计计算、选择阻值。

④ 电容 C_1 和 C_2 的选择。

由于本设计中，信号频率仅为1 000 Hz，因此选择较大容量的电解电容即可。

(4) 安装与调试

根据参考电路，在插接板上进行安装、调试，直到满足设计要求。有条件可自制印制板做成实物。

(5) 设计一种由三极管和音乐集成电路组成的光动报警器电路

① 设计要求。

当光照度增加时，光敏电阻阻值减小；当光照度达到某一门限值以上时，发射极电位上升使三极管饱和导通，而集电极电位接近于0，使音乐集成电路得到足够大的工作电压，喇叭发出音乐报警声；当光照度降到门限值以下时，三极管截止，集电极电位接近于电源电压，音乐集成电路无电压，不工作。也可采用一级共发射极放大电路直接驱动音乐集成电路，但光照灵敏度会降低。

音乐集成电路由产生乐曲的芯片和一只NPN型三极管组成，三极管的作用是放大声音信号。音乐集成电路的触发极输入一个正脉冲时，触发芯片工作，发出一段音乐；接高电平时，使芯片发出连续不断的音乐。

② 设计步骤同上。

4. 实验总结及实验报告要求

① 按照设计任务要求画出电路图，写明电路参数以及必要的计算过程。

② 在实验板上组装电路并调试。

③ 测试出音频振荡器的频率、功放的静态工作点，光控电路在有光照和无光照两种情况下电路的工作状态。

④ 观察振荡器的输出波形以及功放输出波形。

⑤ 整理实验数据，并进行分析。

⑥ 设计一种由三极管和音乐集成电路组成的光动报警器电路，画出电路，确定元器件及参数。

5. 实验预习与问题思考

① 阅读有关光电和热电器件的资料，熟悉相关传感器知识。

② 能否用硅光电池、光电二极管代替光敏电阻？

③ 测试不同光照强度下光敏电阻的阻值，分析其特性。

3.3.10　集成运放构成的低频功率放大器设计

1. 实验目的

① 了解 OCL 功率放大器的基本结构及工作原理。

② 掌握 OCL 功率放大器的基本技术指标的测试方法。

③ 会使用集成运放和功率三极管设计 OCL 功率放大器。

2. 实验原理

由集成运放和功率三极管等电路可以组成 OCL 功率放大器。其中集成运放与外围器件组成前置和电压放大电路，功率三极管构成 OCL 互补输出功率电路。

3. 设计任务及要求

(1) 技术指标

① 最大输出功率 $P_{om}\geqslant 5$ W(正弦输入有效值为 10 mV 时)。

② 负载电阻 $R_L=16\ \Omega$。

③ 失真度 THD≤5%。

④ 效率≥50%。

⑤ 输入阻抗≥100 kΩ。

(2) 电路设计要求

① 用集成运放及功率管设计制作低频 OCL 功率放大器。

② 电压放大由运放电路完成，应根据实际电压增益选择运放级数及外围器件。输出级 OCL 电路采用功率管完成。

③ 综合考虑，合理选择元器件及参数。

4. 实验内容

① 根据任务选择总体设计方案，画出设计框图。

② 根据设计框图进行单元电路设计。

③ 画出总体电路原理图。

④ 选择元器件，列出元器件清单。

⑤ 拟定实验步骤及调试方法。

⑥ 安装调试电路。

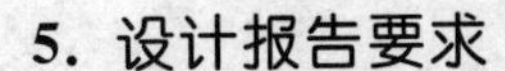

5. 设计报告要求

写出实验报告，包括设计与调试的全过程，附上有关资料和图纸，并写出心得体会。

3.3.11　温度监测及控制电路的安装与调试

1. 实验目的

① 掌握由双臂电桥和集成运放组成桥式测量放大电路的方法。

② 掌握滞回比较器的性能和调试方法。

③ 掌握一般闭环控制系统的电路组成、工作原理及调试方法。

2. 实验原理

集成运放应用极为广泛，当加接负反馈时，集成运放工作于线性区，可用于模拟运算、有源滤波以及正弦波产生电路中；当开环或加接正反馈时，集成运放工作于非线性区，可构成幅度比较电路以及波形产生电路等。综合应用线性区、非线性区电路可构成温度监测及控制电路。

实验电路如图 3－80 所示，它是由负温度系数电阻特性的热敏电阻(NTC 元件)R_t为一臂组成测温电桥，其输出经测量放大器放大后由滞回比较器输出“加热”与“停止”信号，经三极管放大后控制加热器“加热”与“停止”。改变滞回比较器的比较电压U_R即改变控温的范围，而控温的精度则由滞回比较器的滞回宽度确定。

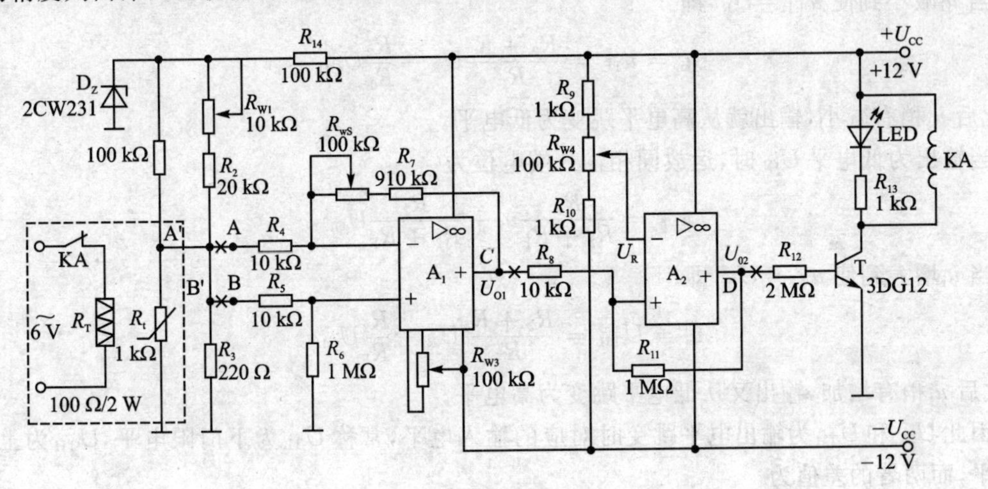

图 3－80　温度监测及控制实验电路

(1) 测温电桥

由 R_1、R_2、R_3、R_{W1}及 R_t组成测温电桥，其中 R_t是温度传感器。其呈现出的阻值与温度成线性变化关系且具有负温度系数，而温度系数又与流过它的工作电流有关。为了稳定 R_t的工作电流，达到稳定其温度系数的目的，设置了稳压管 D_z。R_{W1}可决定测温电桥的平衡。

(2) 差动放大电路

由 A_1及外围电路组成的差动放大电路，将测温电桥输出电压 ΔU 按比例放大。其输出电压为

$$U_{O1}=-\left(\frac{R_7+R_{W2}}{R_4}\right)U_A+\left(\frac{R_4+R_7+R_{W2}}{R_4}\right)\left(\frac{R_6}{R_5+R_6}\right)U_B$$

当 $R_4=R_5$，$(R_7+R_{W2})=R_6$时

$$U_{O1}=\frac{R_7+R_{W2}}{R_4}(U_B-U_A)$$

式中，R_{W2}用于差动放大器调零。

可见差动放大电路的输出电压 U_{O1}仅取决于两个输入电压之差和外部电阻的比值。

(3) 滞回比较器

差动放大器的输出电压 U_{O1}输入由 A_2组成的滞回比较器。

滞回比较器的单元电路如图 3－81 所示，设比较器输出高电平为 U_{OH}，输出低电平为 U_{OL}，参考电压 U_R加在反相输入端。

当输出为高电平 U_{OH}时，运放同相输入端电位为

$$u_{+H}=\frac{R_F}{R_2+R_F}u_i+\frac{R_2}{R_2+R_F}U_{OH}$$

当 u_i减小到使 $u_{+H}=U_R$，即

$$u_i=u_{TL}=\frac{R_2+R_F}{R_F}U_R-\frac{R_2}{R_F}U_{OH}$$

时，此后 u_i稍有减小，输出就从高电平跳变为低电平。

当输出为低电平 U_{OL}时，运放同相输入端电位为

$$u_{+L}=\frac{R_F}{R_2+R_F}u_i+\frac{R_2}{R_2+R_F}U_{OL}$$

当 u_i增大到使 $u_{+L}=U_R$，即

$$u_i=U_{TH}=\frac{R_2+R_F}{R_F}U_R-\frac{R_2}{R_F}U_{OL}$$

时，此后 u_i稍有增加，输出又从低电平跳变为高电平。

因此 U_{TL}和 U_{TH}为输出电平跳变时对应的输入电平，常称 U_{TL}为下门限电平，U_{TH}为上门限电平，而两者的差值为

$$\Delta U_T=U_{TH}-U_{TL}=\frac{R_2}{R_F}(U_{OH}-U_{OL})$$

称为门限宽度，它们的大小可通过调节 R_2/R_F的比值来调节。图 3－82 为滞回比较器的电压传输特性。

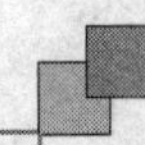

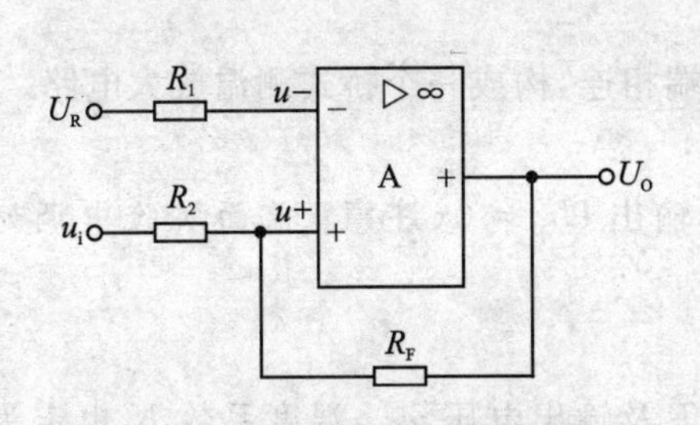

图3-81　同相滞回比较器

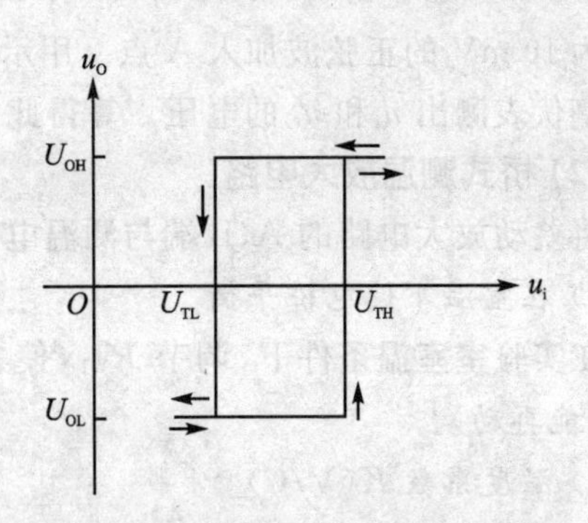

图3-82　电压传输特性

由上述分析可见差动放器输出电压 u_{O1} 经分压后 A_2 组成的滞回比较器，与反相输入端的参考电压 U_R 相比较。当同相输入端的电压信号大于反相输入端的电压时，A_2 输出正饱和电压，三极管T饱和导通。通过发光二极管LED的发光情况，可见负载的工作状态为加热。反之，为同相输入信号小于反相输入端电压时，A_2 输出负饱和电压，三极管T截止，LED熄灭，负载的工作状态为停止。调节 R_{W4} 可改变参考电平，也同时调节了上下门限电平，从而达到设定温度的目的。

3. 实验设备与器件

① ±12 V直流电源、函数信号发生器、双踪示波器。

② 热敏电阻(NTC)、运算放大器 μA741×2、晶体三极管3DG12、稳压管2CW231、发光管LED。

4. 实验内容

按图3-80，连接实验电路，各级之间暂不连通，形成各级单元电路，以便各单元分别进行调试。

(1) 差动放大器

差动放大电路如图3-83所示。它可实现差动比例运算。

① 运放调零。将A、B两端对地短路，调节 R_{W3} 使 $U_O=0$。

② 去掉A、B端对地短路线。从A、B端分别加入不同的二个直流电平。当电路中 $R_7+R_{W2}=R_6$，$R_4=R_5$ 时，其输出电压为

$$u_O=\frac{R_7+R_{W2}}{R_4}(U_B-U_A)$$

在测试时，要注意加入的输入电压不能太大，以免放大器输出进入饱和区。

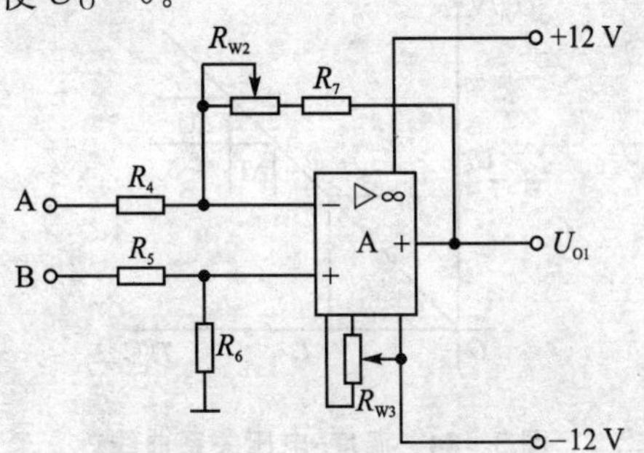

图3-83　差动放大电路

③ 将B点对地短路，把频率为100 Hz、有

效值为10 mV的正弦波加入A点。用示波器观察输出波形。在输出波形不失真的情况下，用交流毫伏表测出 u_i 和 u_O 的电压。算得此差动放大电路的电压放大倍数A。

(2) 桥式测温放大电路

将差动放大电路的A、B端与测温电桥的A′、B′端相连，构成一个桥式测温放大电路。

1) 在室温下使电桥平衡

在实验室室温条件下，调节 R_{W1}，使差动放大器输出 $U_{O1}=0$（**注意**：前面实验中调好的 R_{W3} 不能再动）。

2) 温度系数 K(V/C)

由于测温需升温槽，为使实验简易，可虚设室温 T 及输出电压 u_{O1}，温度系数 K 也定为一个常数，具体参数由读者自行填入表3-51中。

表3-51 温度特性测试

温度 T/℃	室温/℃			
输出电压 U_{O1}/V	0			

从表3-51中可得到 $K=\Delta U/\Delta T$。

3) 桥式测温放大器的温度-电压关系曲线

根据前面测温放大器的温度系数 K，可画出测温放大器的温度-电压关系曲线，实验时要标注相关的温度和电压的值，如图3-84所示。从图中可求得在其他温度时，放大器实际应输出的电压值。也可得到在当前室温时，U_{O1} 实际对应值 U_S。

4) 重调 R_{W1}

重调 R_{W1}，使测温放大器在当前室温下输出 U_S。即调 R_{W1}，使 $U_{O1}=U_S$。

(3) 滞回比较器

滞回比较器电路如图3-85所示。

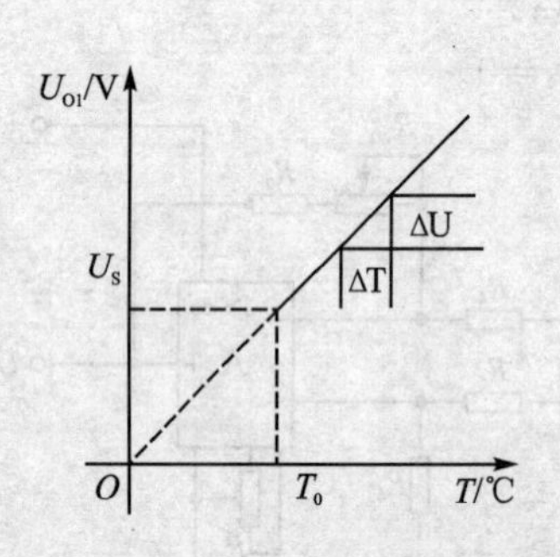

图3-84 温度-电压关系曲线

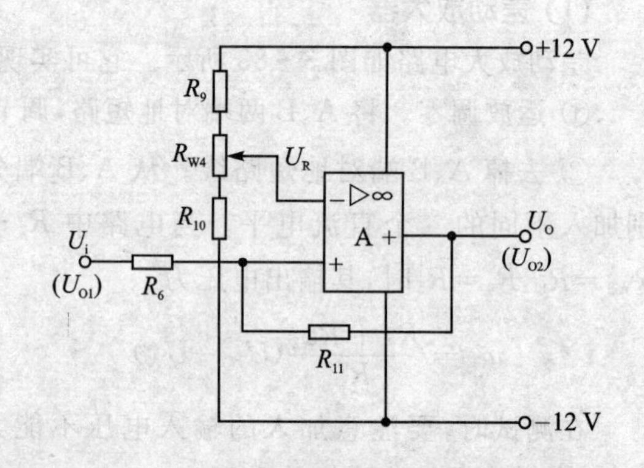

图3-85 滞回比较器电路

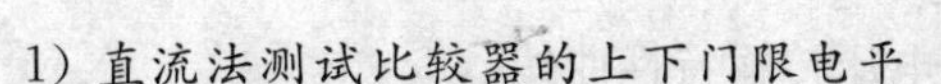
1）直流法测试比较器的上下门限电平

首先确定参考电平 U_R 值。调 R_{W4}，使 $U_R=2$ V。然后将可变的直流电压 U_i 加入比较器的输入端。比较器的输出电压 U_O 送入示波器 Y 轴输入端（将示波器的“输入耦合方式开关”置于“DC”，X 轴“扫描触发方式开关”置于“自动”）。改变直流输入电压 U_i 的大小，从示波器屏幕上观察到当 u_O 跳变时所对应的 U_i 值，即为上、下门限电平。

2）交流法测试电压传输特性曲线

将频率为 100 Hz，幅度 3 V 的正弦信号加入比较器输入端，同时送入示波器的 X 轴输入端，作为 X 轴扫描信号。比较器的输出信号送入示波器的 Y 轴输入端。微调正弦信号的大小，可从示波器显示屏上得到完整的电压传输特性曲线。

(4) 温度检测控制电路整机工作状况

① 按图 3-80 连接各级电路。**注意：**可调元件 R_{W1}、R_{W2}、R_{W3} 不能随意变动。如有变动，必须重新进行前面内容。

② 根据所需检测报警或控制的温度 T，从测温放大器温度-电压关系曲线中确定对应的 u_{O1} 值。

③ 调节 R_{W4} 使参考电压 $U'_R=U_R=U_{O1}$。

④ 用加热器升温，观察温升情况，直至报警电路动作报警（在实验电路中当 LED 发光时作为报警），记下动作时对应的温度值 t_1 和 U_{O11} 的值。

⑤ 用自然降温法使热敏电阻降温，记下电路解除时所对应的温度值 t_2 和 U_{O12} 的值。

⑥ 改变控制温度 T，重做②、③、④、⑤内容。把测试结果记入表 3-52 中。

根据 t_1 和 t_2 值，可得到检测灵敏度 $t_0=(t_2-t_1)$。

注意：实验中的加热装置可用一个 100 Ω/2 W 的电阻 R_T 模拟，将此电阻靠近 R_t 即可。

表 3-52 温度检测控制电路整机工作状况

设定温度 T/℃									
设定电压	从曲线上查得 U_{O1}								
	U_R								
动作温度	T_1/℃								
	T_2/℃								
动作电压	U_{O11}/V								
	U_{O12}/V								

(5) 调 试

参考图 3-80，自定技术指标，重新设计电路，并进行调试。

5. 实验总结及实验报告

① 整理实验数据，画出有关曲线、数据表格以及实验线路。

② 画出测温放大电路温度系数曲线及比较器电压传输特性曲线。

③ 依据要求,设计电路,确定元器件及参数。

④ 实验中的故障排除情况及体会。

6. 预习要求与问题思考

① 阅读教材中有关集成运算放大器应用部分的内容。了解集成运算放大器构成的差动放大器等电路的性能和特点。根据实验任务,拟出实验步骤及测试内容,画出数据记录表格。

② 画出元件排列及布线图。元件排列既要紧凑,又不能相碰,以便缩短连线,防止引入干扰。同时又要便于实验中测试方便。依照实验线路板上集成运放插座的位置,从左到右安排前后各级电路。

③ 思考并回答下列问题:

- 如果放大器不进行调零,将会引起什么结果?
- 如何设定温度检测控制点?
- 如何提高温度控制精度,应如何改变电路参数,滞回比较器的参考电压值与温度设置值有无关系?

3.3.12 超外差式收音机的组装与调试

1. 实训目的

通过对一台正规调幅收音机的安装、焊接以及调试,让学生了解电子产品的装配过程;掌握电子元器件的识别方法及质量检验标准;学习整机的装配工艺;培养学生动手能力及严谨的工作作风。

① 熟悉超外差式收音机的电路结构和工作原理。

② 能分析收音机电路图,对照收音机原理图看懂接线电路。认识电路图上的符号,并与实物相对照。

③ 会根据技术指标测试各元器件的主要参数。

④ 学会超外差式收音机的安装。

⑤ 学会超外差式收音机的调试,按照技术要求进行统调。

2. 实训原理

超外差式收音机能够把调谐电路选择到的不同频率的电台信号,都变成固定频率的中频信号,主要有调幅和调频两种,我国规定调幅中频频率为 465 kHz,调频中频频率为 10.8 MHz,这里针对超外差式调幅收音机介绍。由中频放大器进行放大,然后通过检波,得到音频信号,再由低频放大电路和功率放大电路对音频信号进行放大,最后通过喇叭还原声音。

(1) 超外差式调幅收音机的基本组成

超外差式调幅收音机的方框图如图 3-86 所示。

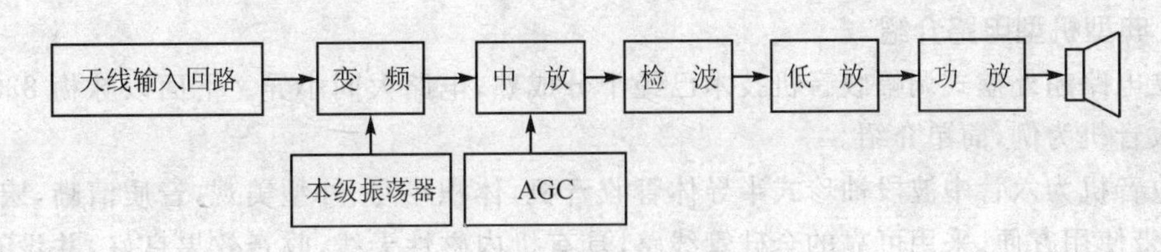

图3-86 超外差式调幅收音机的方框图

1）天线和输入回路

天线接收到高频信号后，先进入输入调谐回路。天线和输入回路的任务是：①通过天线收集电磁波，并放大为高频电压；②选择信号，只选择频率与输入调谐回路谐振频率相同的信号进入收音机。

2）变频和本级振荡

从输入回路送来的调幅信号和本级振荡产生的等幅值信号一起送到变频级，经过变频级产生一个新的频率信号，这一新的频率恰好是输入信号频率和本级振荡信号频率的差值，称为差频。很多收音机产品中，变频和本级振荡为同一电路，称为混频器。

这个在变频过程中产生的差频信号，频率低于原来输入信号，但还远高于音频信号，称它为中频信号。中频信号是固定的，我国规定中频调幅信号为465 kHz，中频频率为本级振荡频率与输入信号频率之差，通过调谐可同时改变本级振荡频率与输入信号频率，但中频调幅信号频率不变。

3）中频放大级

由于中频信号频率固定不变，并且比高频信号频率低，相对高频信号更易调谐放大（通常包括一至两级放大电路及两至三级调谐回路），使得超外差式调幅收音机的灵敏度和选择性提高了很多。

4）检波与AGC电路

经过中放后，被放大的中频信号进入检波级，检波电路多采用三极管检波（也可用二极管检波）。检波电路应完成两个任务：①在失真尽可能小的前提下，将中频信号还原为音频信号；②将检波后的直流分量送回到中放级，控制中放级的增益，以减小该级的失真，并且可以控制信号不会过强或过弱。这部分电路通常称为自动增益控制电路，简称为AGC电路。

5）低频放大

低频放大是一种低频电压放大电路。从检波电路输出的音频信号很小，大约只有几毫伏到几十毫伏。电压放大电路需要将该信号放大几十到几百倍。

6）功率放大和扬声器

电压放大电路的输出电压虽然可以达到几伏，但是其输出电流还很小，带负载能力很差，这是因为它的内阻比较大，只能输出不到1 mA的电流，所以还要经过功率放大才能推动扬声器还原成声音。一般分立电路收音机中，多采用变压器耦合推挽功放电路。

(2) 典型机型电路介绍

分立电路超外差式调幅收音机技术已经十分成熟，电路大同小异。下面以咏梅 838 型超外差式收音机为例，简单介绍。

该收音机为六管中波段袖珍式半导体管收音机，体积小巧、外型美观，音质清晰，宏亮，噪声低，携带使用方便，采用可靠的全硅管线路，具有机内磁性天线，收音效果良好，并设有外接耳机插口。

1) 咏梅 838 型超外差式收音机的技术指标

频率范围：535～1 605 kHz；输出功率：50 mW（不失真），150 mW（最大）；扬声器：ϕ57 mm，8 Ω；电源：3 V（两节 5 号电池）；体积：长 122 mm×宽 65 mm×高 25 mm；质量：约 175 g（不带电池）。

2) 电路原理

咏梅 838 型超外差式收音机的电路原理图如图 3－87 所示。

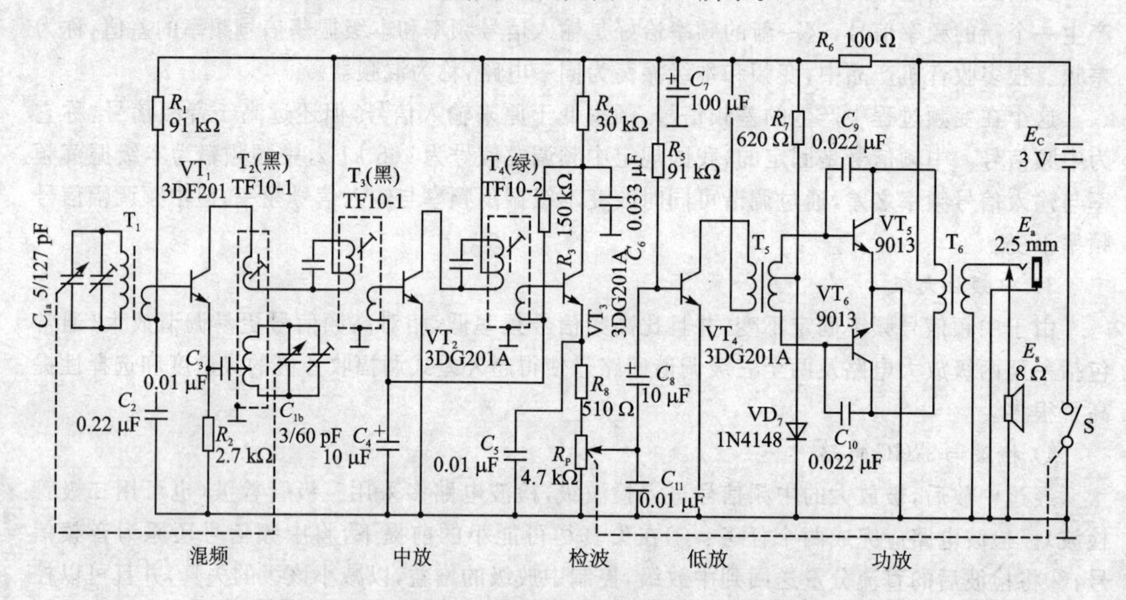

图 3－87 咏梅 838 型超外差式收音机的电路原理图

T_1是磁性天线线圈（套在磁棒上），它的初级绕组与可变电容 C_{1a}（电容量较大的一组）组成串联谐振回路，对输入信号进行选择。调节 C_{1a} 就可以选择所要收听的信号，并经 T_1 的初级绕组耦合到 VT_1 的基极；VT_1 和振荡线圈 T_2 以及 C_{1b}（电容量较小的一组）等元器件组成变压器反馈式自激振荡电路，称为本振。本振信号通过电容 C_3 从 VT_1 射极输入，它和 VT_1 基极的高频输入信号一起经 VT_1 变频后产生中频信号。C_{1a}、C_{1b} 构成双联同步调谐，可以保证中频信号为 465 kHz。

中频信号由第一中周（中频变压器）T_3 输入，并耦合到中放管 VT_2 的基极，经 VT_2 中频放大后，由第二中周（中频变压器）T_4输入，并耦合到 VT_3，VT_3构成的三极管检波电路，不仅检波效率高，还将输出直流分量的一部分送回中放级的输入，构成自动增益控制。

检波后的低频信号从 VT_3的发射极输出，调节电位器 R_P可以控制音量大小。检波后的低频信号通过 R_P输入到前置低频放大管 VT_4，经过低频放大可将电压放大几十到几百倍。被放大的低频信号在通过功率放大则可推动扬声器发出声音。本电路采用的是变压器耦合推挽功率放大器，其中，T_5、T_6是用来传输音频信号的低频变压器，自耦变压器可以提高变压器的传输效率，同时可以缩小体积。

3）元器件介绍

T_1为磁性天线线圈，一般用漆包线绕制在圆形或扁形磁棒上；中周是超外差式收音机的特有元件，有本振线圈和中频线圈两类，统称为中周。六管收音机中周有 3 只（T_2、T_3、T_4），其外形相似，厂家一般以颜色区分（不同厂家标注有所不同）。T_2为本振线圈，T_3为中周 1，T_4为中周 2。T_2、T_3、T_4内部结构有所不同，T_3、T_4骨架内底部有谐振电容，而 T_2没有这只电容，这是 T_2和 T_3、T_4的重要区别；T_5、T_6是用来传输音频信号的低频变压器，分别称为输入变压器和输出变压器。

T_1～T_6线圈，由于所用漆包线及线圈匝数不同，线圈电阻有所区别，其中，T_1、T_2、T_3、T_4、T_6线圈电阻一般在 10 Ω 之下，可用万用表×1 挡位测试；T_5线圈电阻一般在 100 Ω 左右，可用万用表×10 挡位测试。

晶体三极管 VT_1、VT_2、VT_3应采用高频小功率三极管，VT_1的 h_{fe}值应在 80～120 之间选择，VT_2、VT_3的 h_{fe}值应在 60～80 之间选择；VT_4应采用低频小功率三极管，其 h_{fe}值应大于 100；VT_5、VT_6应采用功率较大的硅三极管（如 9013 等），要求 h_{fe}值大于 100，两管要良好匹配，参数最好一致，两管 h_{fe}值之间的误差要小于 5%。

VT_1、VT_2、VT_3的 h_{fe}值若偏高，可能会引起自激啸叫，这时，可适当降低该管的静态工作点（集电极电流）。二极管 VD_7 应采用硅开关二极管，如 IN4148，不能用锗管代用。

C_1是可变电容双联，片数多的一组是输入联 C_{1a}，片数少的一组是振荡联 C_{1b}，每组都附有一个 3～15 pF 的微调电容。

C_2、C_3、C_5、C_6、C_9、C_{11}均为无极性电容，容量误差要求不十分严格，一般小于 20%即可，常用磁介电容或涤纶电容；C_4、C_7、C_8均为电解电容，漏电要小、容量和耐压要足够大，其中去耦电容 C_7的电容量应大于 C_4、C_8的电容量。

电位器 R_p采用 4.7 kΩ 可调电位器以控制音量，其他电阻均采用 1/16 W 的四环或五环小型电阻。**注意：**串接在各三极管基极回路的电阻对三极管工作点的影响很大，必要时可作微调，以达到最佳工作点。

3. 实训器材

① 超外差式六管收音机套件一套。

② 稳压电源一台，万用表一块，信号发生器一台。

③ 剪线钳、螺丝刀、镊子等相应工具。

4. 超外差式收音机的安装

(1) 清点、检测元器件

分析电路原理图，依据材料清单，清点全套零件是否齐全，并用万用表进行检测。用万用表检测三极管、二极管、电阻、电容的方法在第2章已有介绍。用万用表检测天线线圈、中周和低频变压器的方法就是测试各绕组的内阻以及各绕组间、绕组与壳间的电阻，一般采用R×1或R×10挡。各绕组的内阻应很小，绕组间的电阻应极大，否则可能是绕组断路或绕组间绝缘损坏甚至短路，应该更换。

(2) 检查印制板的质量，处理元器件的引线

首先检查印制板的铜箔线条是否完好，是否有短路、断路现象；然后对元器件的引线进行镀锡处理，对线圈的引出端线头要去掉绝缘漆镀锡。图3－88为咏梅838型超外差式收音机的PCB图(正面)。

(3) 安装元器件

图3－88标明了各个元器件应该安装的孔位，只要按照所标符号将对应元器件插入相应位置就可以。检查元器件插接无误后，即可进行焊接。

安装、焊接时要注意以下几点：

① 安装焊接前，应先检查元器件，确认完好、无误后，方可安装、焊接。

② 装配焊接的顺序通常是先焊电阻、电容、二极管、三极管等小元器件，再焊接中周、双联及变压器等体积较大的元器件，最后装磁性天线和扬声器等。

③ 不要认错电阻色环，错判电阻值，可用万用表测试；不要将极性元器件，例如二极管、电解电容极性焊反；不要错焊三极管的三只引脚。

④ 不可将中周、振荡线圈弄混；不可将低频输入、变压器弄混；更不允许输入、输出接反。

⑤ 元器件与底板的距离要恰当，不要相互妨碍，要注意美观，例如，电阻和二极管可以根据需要卧式或立式安装；元器件引线长度要适当，引线过短可能损坏器件，引线过长可能导致相邻元器件引脚接触，造成短路故障。另外，对于有绝缘漆的线头要去漆上锡。

⑥ 焊接要认真，不能有错焊、虚焊、漏焊现象。

5. 超外差式收音机的检测和调试

(1) 外观检查

外观检查的内容大致有：元器件的插接是否正确；接线是否正确；中周及低频变压器是否接错；天线线圈是否套反；板内是否有异物；是否有裸线、引线等接触处；元器件的排列是否规范整齐。还要用万用表电阻挡检测整机电路阻值，判断有无短路故障。

(2) 各级静态调试

全部元器件焊接完毕后就可调试各级静态工作点，即晶体三极管的集电极电流和电压的

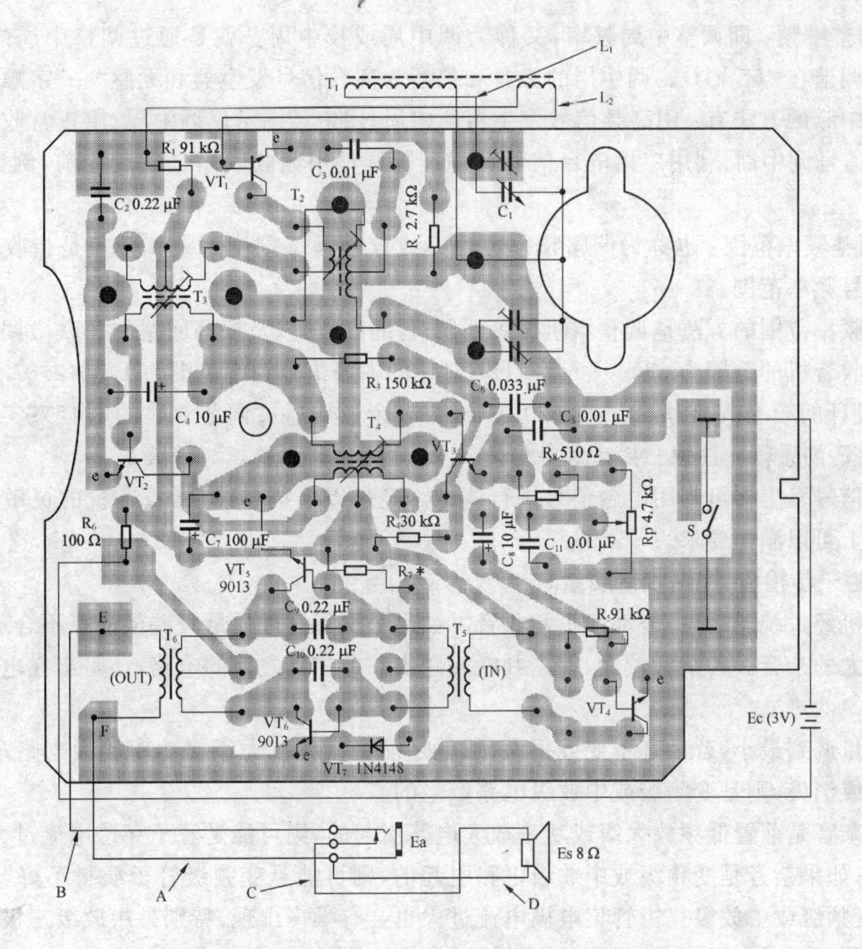

图 3-88　咏梅 838 型超外差式收音机的 PCB 图

静态值。晶体三极管静态工作点的高低直接影响整机性能，过高或过低都会导致失真、啸叫、增益减小、噪音增加等故障发生。整机各级最佳工作电流一般标注，原理图给出的电阻一般都能满足。若需调整应分别调整变频级、中放级、低频前置放大级、功率放大级，一般调整偏置电阻使各级静态电流、电压符合指标要求。调整顺序可由后向前，逐级调整。

(3) 超外差式收音机的统调

若装配无误，工作点正确，一般接通电源就可以收听到当地发射功率比较强的电台信号。但它的灵敏度和选择性还比较差，还必须把它的各个调谐回路准确地调谐在指定的频率上，以使收音机的各项性能指标达到设计要求。对超外差式收音机的各调谐回路进行调整，使之相互协调工作的过程称为统调。

统调需要高频信号发生器，高频信号发生器的信号相当于电台信号，作为校正各个调谐回路的标准信号。本机共有 $T_1 \sim T_4$ 四个调谐回路，必须把它们调整在预定的调谐频率上。

① 调整中频：即调整中周频率，又称为调中周或校中周。就是通过调整中周的磁帽，使中周统一调谐在465 kHz。调中周的工具和仪器为高频信号发生器和无感“一”字螺丝刀。

调整中频的方法有：用高频信号发生器调中周；用中频图示仪调中周；用正常收音机代替465 kHz信号调中周；利用广播电台信号调中周。调整中频的顺序是从后往前，例如先调 T_4 后调 T_3。

② 调整频率范围：也称为调整频率覆盖率或校准频率刻度。频率覆盖是指收音机能够接收的信号频率范围。

调整频率范围的方法是调整本机振荡线圈 T_2 的磁帽，以及振荡回路的并联微调电容来实现。中波收音机的范围为535～1 605 kHz，对应的本振信号频率范围为1.0～2.07 MHz。在中频段，设计的频率范围为520～1 620 kHz（留有余量），通过调节双联的电容来实现。否则就要调节 T_2 的磁帽。**注意：**往往需要重复多次，才能达到比较理想的效果。

若无信号发生器可利用电台信号进行调试。经过以上调整以后，收音机的灵敏度和选择性就基本上可以满足要求。

(4) 进一步检查，提高收音质量

收音机经过统调后，一般都能正常收音。如果个别元器件质量较差或静点不合理，往往还会有比较大的杂音。若杂音较大，首先判断问题出在电位器之前的电路，还是出在电位器之后的电路。

将音量调到最小，若杂音不变或很大，那就是前置低频放大级或功率放大电路产生的；若杂音减小或消失，则是变频级或中放级电路产生的。

如果杂音是前置低频放大级或功率放大电路引起的，则可能是管子穿透电流过大，应更换管子试验；如果杂音是变频级或中放级电路引起的，则可能是变频级管子质量不好，应更换管子试验；变频级或中放级三极管集电极电流过大也会有噪声出现，特别是中放级三极管集电极电流过大甚至出现自激啸叫，因此还要适当调整静态电流。

若收音机出现故障应检测故障，并设法排除，一般有直观检查法、逐级检查法。直观检查法可以发现明显故障，若还有问题就应逐级检查，可以从后向前，亦可从前向后。

6. 实训报告

① 画出本次实训的收音机电路原理详图、整机布局图、整机电路配线接线图。

② 写出各部分电路的工作原理及性能分析。

③ 对出现的故障进行分析。

④ 测量数据，并填写在自拟表格中。

⑤ 总结实训体会。

第4章 数字电子技术实验

4.1 数字电子技术实验概述

数字电子技术实验可以分为基础实验、设计性实验以及综合性实验。数字电子电路几乎完全集成化了，因此充分掌握和正确使用数字集成电路，以构成数字逻辑系统，就成为数字电子技术的核心内容。下面对数字集成电路与数字逻辑系统进行简单介绍。

4.1.1 数字集成电路与数字逻辑系统

1. 数字集成电路的分类与特点

依据集成规模数字集成电路可分为小规模、中规模、大规模和超大规模等。小规模集成电路通常为逻辑单元电路，如逻辑门、触发器等；中规模集成电路通常为逻辑功能电路，如加法器、比较器、数据选择器、编码器、译码器、计数器、寄存器、定时器等；大规模和超大规模集成电路更为复杂，例如存储器、可编程逻辑器件、特定功能数字系统等。

依据功能可分为组合逻辑电路和时序逻辑电路，例如加法器、比较器、数据选择器、编码器、译码器等为组合逻辑电路；计数器、寄存器、定时器等为时序逻辑电路。

依据所用有源器件又可分为双极型集成电路、单极型集成电路(MOS)、Bi－CMOS 集成电路。双极型集成电路由双极型半导体器件(双极型三极管)构成，主要有 TTL、ECL、IIL 电路等类型，其中 TTL 电路的性能价格比最佳，故应用最广泛；单极型集成电路，又称为 MOS 集成电路，由单极型半导体器件(MOS 管)构成，主要有 PMOS、NMOS 和 CMOS 等类型，MOS 电路中应用最广泛的为 CMOS 电路；Bi－CMOS 是双极型－CMOS 电路的简称，这种门电路的特点是逻辑部分采用 CMOS 结构，输出级采用双极型三极管，因此兼有 CMOS 电路的低功耗和双极型电路输出阻抗低的优点，但工艺较复杂。下面以 TTL、CMOS 为例进行介绍。

(1) TTL 电路的分类与特点

TTL 集成电路，因其输入级和输出级都采用半导体三极管而得名，也叫晶体管-晶体管逻辑电路，简称 TTL 电路。其主要系列有以下几种。

① 54/74——标准系列：这是早期的产品，现仍在使用，但正逐渐被淘汰。

② 54/74H——高速系列：这是74系列的改进型，属于高速TTL产品。其“与非门”的平均传输时间达10 ns左右，但电路的静态功耗较大，目前该系列产品使用越来越少，逐渐被淘汰。

③ 54/74S——肖特基系列：这是TTL的高速型肖特基系列。在该系列中，采用了抗饱和肖特基二极管和有源泄放电路，速度较高，抗干扰能力较强，但功耗较大，品种较少。

④ 54/74LS——低功耗肖特基系列：这是当前TTL类型中的主要产品系列。品种和生产厂家都非常多。性能价格比较高，目前在中小规模电路中应用非常普遍。

⑤ 54/74ALS——系列：这是“先进的低功耗肖特基”系列。属于74LS系列的后继产品，速度(典型值为4 ns)、功耗(典型值为1 mW)等方面都有较大的改进，但价格比较高。

⑥ 54/74AS——系列：这是54/74S系列的后继产品，尤其速度(典型值为1.5 ns)有显著的提高，又称“先进超高速肖特基”系列。TTL其主要特点是速度快、负载能力强，但功耗较大、集成度较低。

54/74ALS、54/74AS系列还不普及，目前54/74LS系列应用最为广泛。TTL数字集成电路54(军用)和74(通用)系列为国际上通用的两种系列，其中每种系列又有多种子系列产品。两种系列的TTL电路，电路结构和电气性能参数基本相同，主要区别在于，54系列比74系列的工作温度范围更宽，电源允许的工作范围也更大。74系列工作温度范围为0～70 ℃，而54系列为－55～＋125 ℃；74系列电源允许的变化范围为5×(1±0.05) V，54系列为5×(1±0.1) V。

国产TTL主要产品有CT54/74标准系列(CT1000)、CT54/74H高速系列(CT2000)、CT54/74S肖特基系列(CT3000)和CT54/74LS低功耗肖特基系列(CT4000)。CT的含义是中国制造TTL电路，以后CT可省略。TTL系列集成电路生产工艺成熟，产品参数稳定，工作稳定可靠，驱动负载能力强，开关速度高，但集成度低，目前应用广泛。

(2) CMOS电路的分类与特点

CMOS数字集成电路是利用NMOS管和PMOS管巧妙组合成的电路，属于一种微功耗的数字集成电路。CMOS数字集成电路从20世纪60年代末发展至今，随着制作工艺的不断完善，其技术参数越来越优越，不但具有低功耗、高抗干扰能力等突出优点，而且其工作速度得到了很大提高。CMOS集成器件同TTL一样也有多种功能和不同系列。主要系列有：4000/4500、74/54HCXX、74/54HCTXX、74/54ACXX等系列。

1) 标准型4000/4500系列

国产CC4000系列产品外部引线排列和同序号国外产品一致，可以互换使用。但CMOS4000系列工作速度低，最高工作频率小于5 MHz，驱动能力差，输出电流约为0.51 mA/门，再加上与TTL的兼容问题，CMOS4000系列的使用受到了一定的限制。

4000系列中目前最常用的是B系列(4000B、4500B)，它采用了硅栅工艺和双缓冲输出结构。该系列产品的最大特点是工作电源电压范围宽(3～18 V)、功耗最低、速度较低、品种多、价格低廉，是目前CMOS集成电路的主要应用产品。

2) 高速系列74/54HCXX、74/54HCTXX

74和54系列的差别是工作温度范围有所不同，74系列的工作温度范围较54系列小，54系列适合在温度条件恶劣的环境下工作，74系列适合在常规条件下工作。

国产高速CMOS器件，目前主要有MOS74/54HCXX系列和MOS74/54HCTXX两个子系列，具有与74LS系列同等的工作速度和CMOS集成电路固有的低功耗及电源电压范围宽等特点。并且它们的逻辑功能、外引线排列与同型号（最后几位数字）的TTL电路CT74/54LS系列相同，这为HCMOS电路替代CT74/54LS系列提供了方便。

74/54HCXX系列的工作电压为2～6 V，输入电平特性与CMOS4000系列相似。电源电压取5 V时，输出高低电平与TTL电路兼容。

74/54HCTXX系列的工作电压为4.5～5.5 V，输出高低电平特性与LSTTL电路相同。74/54HCT中的T表示与TTL电路兼容。

HCMOS电路比CMOS4000系列具有更高的工作频率和更强的输出驱动负载能力，同时还保留了CMOS4000系列低功耗、高抗干扰能力的优点，它是一种很有发展前途的CMOS器件。

3) 74/54ACXX系列

该系列又称"先进的CMOS集成电路"，54/74AC系列具有与74AS系列等同的工作速度和与CMOS集成电路固有的低功耗及电源电压范围宽等特点。

CMOS数字电路中，应用最广泛的为4000、4500系列，它不但适用于通用逻辑电路的设计，而且综合性能也很好，它与TTL电路一起成为数字集成电路中两大主流产品。

实际上4000(4500系列)系列、54HC/74HC系列、54HCT/74HCT系列之间的引脚功能、排列顺序是相同的，只是某些参数不同而已。例如，74HC4017与CC4017为功能相同、引脚排列相同的电路，前者的工作速度高，工作电源电压低。

CMOS集成电路具有结构简单、功耗低、扇出能力强、逻辑摆幅大、输入阻抗高、电源电压范围宽、集成度高、温度稳定性好、抗干扰能力强、抗辐射能力强及制造方便、成本低等优点；但驱动负载特别是电容负载能力不理想，速度较慢，由于输入阻抗高，还得注意保护。

2. 数字集成电路的型号命名

数字集成电路的型号组成一般由前缀、编号、后缀三大部分组成，前缀代表制造厂商，编号包括产品系列代号、器件系列品种代号，后缀一般表示温度等级、封装形式等。不同国家和厂商生产的数字集成电路，只要品种代号相同，它们的功能、性能和封装、引脚排列也都一致，可以相互替换，下面举例说明。

(1) TTL数字集成电路的型号命名

国内外型号命名法类似，主要是前缀因厂家不同而异。

【例 1】CT74LS00P 命名和含义如下：

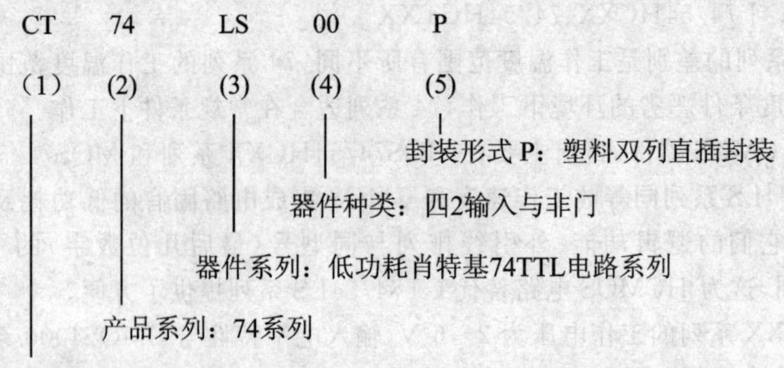

CT74LS00P 为国产的(采用塑料双列直插封装)TTL 四 2 输入与非门。

注意：在不同子系列 TTL 电路中，只要器件型号后面几位数字相同时，通常它们的逻辑功能、外形尺寸、外引线排列都相同。例如 CT7400、CT74L00、CT74H00、CT74S00、CT74LS00、CT74AS00、CT74ALS00，它们都是四 2 输入与非门。

【例 2】SN74S195J 命名和含义如下：

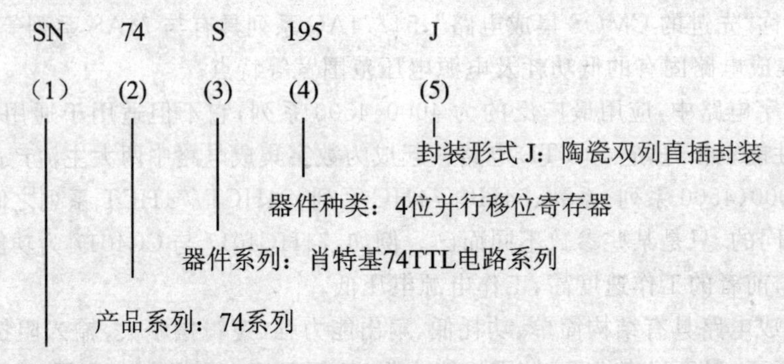

SN74S195J 为美国 TEXAS 公司制造的采用陶瓷双列直插封装的 4 位并行移位寄存器。

(2) CMOS 数字集成电路的型号命名

国内外 CMOS 型号命名法类似，主要是前缀因厂家不同而异。例如，CC 表示中国制造、CD 表示美国无线电公司产品、TC 表示日本东芝公司产品。

【例 3】CC4028MD 命名和含义如下：

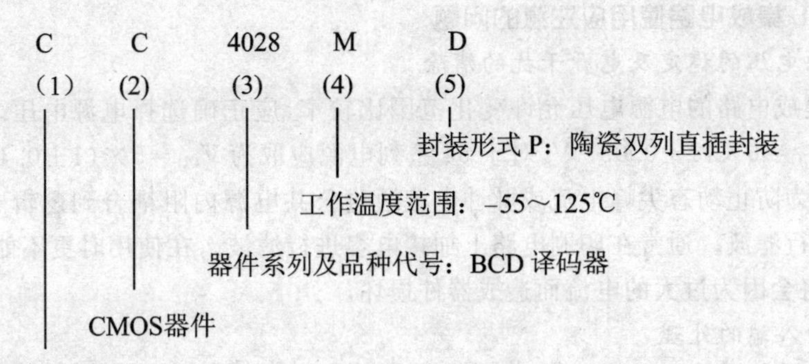

CC4028MD为国产的(采用陶瓷料双列直插封装)CMOS BCD译码器。

同一型号的集成电路原理相同，通常又冠以不同的前缀、后缀，前缀代表制造商(有部分型号省略了前缀)，后缀代表器件工作温度范围或封装形式，由于制造厂商繁多，加之同一型号又分为不同的等级，因此，同一功能、型号的IC其名称的书写形式多样，如CMOS双D触发器4013有CC4013CN、CD4013AD、CD4013CJ、TC4013BP、HFC4013BE等很多型号。一般情况下，这些型号之间可以互换使用。

3. 数字集成电路的应用注意事项

(1) 基本注意事项

1) 仔细认真查阅使用器件型号的资料

对于要使用的集成电路，首先要根据手册查出该型号器件的资料，注意器件的引脚排列图接线，按参数表给出的参数规范使用，在使用中，不得超过最大额定值(如电源电压、环境温度、输出电流等)，否则将损坏器件。

2) 注意电源电压的稳定性

为了保证电路的稳定性，供电电源的质量一定要好，要稳压。在电源的引线端并联大的滤波电容，以避免由于电源通断的瞬间而产生冲击电压。更注意不要将电源的极性接反，否则将会损坏器件。

3) 采用合适的方法焊接集成电路

在需要弯曲引脚引线时，不要靠近根部弯曲。焊接前不允许用刀刮去引线上的镀金层，焊接所用的烙铁功率不应超过25 W，焊接时间不应过长。焊接时最好选用中性焊剂。焊接后严禁将器件连同印制电路板放入有机溶液中浸泡。

4) 注意设计工艺，增强抗干扰措施

在设计印刷电路板时，要注意用线的布局，应避免引线过长，以防止窜扰和对信号传输延迟。此外要把电源线设计的宽些，地线要进行大面积接地，这样可减少接地噪声干扰。

(2) TTL 集成电路使用应注意的问题

1) 电源电压的稳定及电源干扰的消除

TTL 集成电路的电源电压允许变化范围比较窄，应正确选择电源电压。对于74系列电源应取为 $V_{CC}=5\times(1\pm0.05)$ V，对于54系列电源应取为 $V_{CC}=5\times(1\pm0.1)$ V，不允许超出这个范围。为防止动态尖峰电流或脉冲电流通过公共电源内阻耦合到逻辑电路造成的干扰，须对电源进行滤波。通常在印刷电路上加接电容进行滤波。在使用时更不能将电源与地颠倒接错，否则将会因为过大的电流而造成器件损坏。

2) 对输入端的处理

TTL 集成电路的各个输入端不能直接与高于+5.5 V和低于-0.5 V的低内阻电源连接。多余的输入端可以悬空，相当于输入高电平或低电平，为防止引入干扰，通常不允许其输入端悬空。对于与门和与非门的多余输入端，虽然悬空相当于高电平，并不影响"与门、与非门"的逻辑关系，但悬空容易接受干扰，有时会造成电路的误动作。因此，多余输入端要根据实际需要作适当处理。例如"与门、与非门"的多余输入端可直接接到电源 V_{CC} 上；也可将不同的输入端共用一个电阻连接到 V_{CC} 上；或将多余的输入端并联使用。对于"或门、或非门"的多余输入端应直接接地。

对于触发器等中规模集成电路来说，不使用的输入端不能悬空，应根据逻辑功能接入适当电平。

3) 对于输出端的处理

除"三态门、集电极开路门"外，TTL 集成电路的输出端不允许并联使用。集电极开路门输出端可以直接并联使用，但公共输出端和电源 V_{CC} 之间必须接上拉电阻。三态门输出端可以直接并联使用，但在同一时刻只能有一个门工作，其他门输出都处于高阻状态；集成门电路的输出更不允许与电源或地短路，否则可能造成器件损坏；所接负载不能超过规定的扇出系数，更不允许输出端短路，输出电流应小于产品手册上规定的最大值。

(3) 使用 CMOS 集成电路应注意的问题

1) 正确选择电源

由于 CMOS 集成电路的工作电源电压范围比较宽(CD4000B/4500B：3～18 V)，选择电源电压时首先考虑要避免超过极限电源电压，电源电压的取值一定要在允许范围内。CC4000系列的电源电压可在3～15 V的范围内选取，最大不允许超过18 V。高速 CMOS 电路，HC 系列的电源电压可在2～6 V内选取，HT 系列的电源电压可在4.5～5.5 V内选取，最大不允许超过极限值7 V。

其次要注意电源电压的高低将影响电路的工作频率。降低电源电压会引起电路工作频率下降或增加传输延迟时间。例如 CMOS 触发器，当 V_{CC} 由+15 V下降到+3 V时，其最高频率将从10 MHz下降到几十 kHz。还要注意电源电压的极性不可接反，否则可能造成集成电路永久性失效。

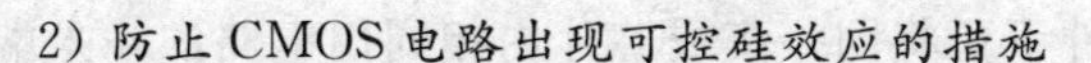

2) 防止 CMOS 电路出现可控硅效应的措施

当 CMOS 电路输入端施加的电压过高(大于电源电压)或过低(小于 0 V),或者电源电压突然变化时,电源电流可能会迅速增大,烧坏器件,这种现象称为可控硅效应。预防可控硅效应的措施主要有:输入端信号幅度不能大于 V_{CC} 和小于 0 V;要消除电源上的干扰;在条件允许的情况下,尽可能降低电源电压。如果电路工作频率比较低,用+5 V 电源供电最好;对使用的电源加限流措施,使电源电流被限制在 30 mA 以内,加输入端保护电路。例如,输入端接低内阻的信号源,或引线过长或输入电容较大时,在电源开关瞬间容易形成较大的瞬态电流,应在门电路的输入端串接限流电阻。限流电阻可根据电源电压和容限电流进行估算,例如,U_{DD}=10 V,限流电阻取 10 kΩ 即可。实际选取时,还要适当加大。

3) 对输入端的处理

在使用 CMOS 电路器件时,对输入端一般要求如下。

① 应保证输入信号幅值不超过 CMOS 电路的电源电压。即满足 $V_{SS} \leqslant V_I \leqslant V_{CC}$,一般 V_{SS}=0 V;输入脉冲信号的上升和下降时间一般应小于数 ms,否则电路工作不稳定或损坏器件。

② 所有不用的输入端不能悬空,应根据实际要求接入适当的电压(V_{CC} 或 0 V)。由于 CMOS 集成电路输入阻抗极高,一旦输入端悬空,极易受外界噪声影响,从而破坏了电路的正常逻辑关系,也可能感应静电,造成栅极被击穿。

对于与门和与非门,闲置输入端应根据逻辑要求接正电源或高电平;对于或门和或非门,闲置输入端应根据逻辑要求接地或接低。这一点与 TTL 门相同。由于 MOS 门的输入端是绝缘栅极,所以通过一个电阻 R 将其接地时,不论 R 多大,该端都相当于输入低电平。这一点与 TTL 门不同。

闲置输入端虽然可以与使用输入端并联使用,但会增大输入电容,影响工作速度,所以只有在工作速度较低的情况下,输入端才允许并联使用。一般闲置输入端不宜与使用输入端并联使用。

4) 输出端的连接和保护

① 漏极开路们和三态门输出端可以连接在一起,要求与 TTL 电路相同;其他 CMOS 电路的输出端不能直接连到一起。否则导通的 P 沟道 MOS 场效应管和导通的 N 沟道 MOS 场效应管形成低阻通路,造成电源短路。

② 输出端不允许直接与电源或地相连接。因为电路的输出级为 CMOS 反相器结构,输出级的 NMOS 或 PMOS 管可能因电流过大而损坏。

③ 输出级所接负载电容不能过大,否则会因输出级电流和功率过大而损坏电路,为了避免损坏,可以在输出端和电容负载之间串接一个限流电阻,以保证流过管子的电流不超过允许值。一般负载电容大于 500 pF 就必须串接一个限流电阻。在 CMOS 逻辑系统设计中,应尽量减少电容负载。电容负载会降低 CMOS 集成电路的工作速度和增加功耗。

④ 为提高电路的驱动能力，在特定条件下可将同一集成芯片内相同门电路的输入端和输出端并联使用，同样也提高了电路的速度。注意只能是同一集成芯片，器件的输出端并联，输入端也必须并联。

⑤ 从 CMOS 器件的输出驱动电流大小来看，CMOS 电路的驱动能力比 TTL 电路要差很多，一般 CMOS 器件的输出只能驱动一个 LS－TTL 负载。但从驱动和它本身相同的负载来看，CMOS 的扇出系数比 TTL 电路大的多(CMOS 的扇出系数≥500)。CMOS 电路驱动其他负载，一般要外加一级驱动器接口电路。

4. 数字集成电路器件的选用原则

在实际应用中，应合理选择数字集成电路器件，具体选择根据实际需要有所差别，下面从几个方面进行探讨。

(1) 依据逻辑功能

所选择数字集成器件应能够完成逻辑功能要求，为了使数字系统能够正常工作还要综合考虑各部分的配合来选择器件类型。

(2) 依据电源条件

当系统以电池为电源工作时，采用 CMOS 是最佳选择。因为 CMOS 不仅功耗低，电池使用时间长，而且其电源电压范围宽，适应性强，电池电压稍有下降不至于影响电路的逻辑功能；若选用 TTL 电路，不但功耗大，影响电池使用时间，而且对电源电压值要求严格。为避免电池电压下降带来的问题，就必须提高供电电压，并加一个稳压电源，这些措施都会进一步增大功耗。

当系统电源电压高于 5 V 时，亦采用 CMOS 为宜；若用 TTL 电路，则必须加电平转换电路。

(3) 依据系统功耗

若系统有低电压、低电流工作要求，则应选择 CMOS 集成器件。例如野外作业的便携式设备。

除上述原则外，还要考虑系统工作速度，传输延迟时间，数据建立和保持时间，时钟脉冲宽度和置位、复位脉冲宽度，逻辑电平，抗干扰能力，扇出系数以及价格等因素，在此，不再详述。

5. 数字电路系统及其描述法

(1) 数字系统的组成

数字电路系统是比较复杂的数字电路，一般由输入电路、输出电路、控制电路、运算电路、存储电路以及电源等部分组成。其中，运算电路和存储电路合称为数据处理电路。

通常以是否有控制电路作为区别功能部件和数字系统的标志，凡是包含控制电路且能按顺序进行操作的系统，不论规模大小，一律称为数字系统，否则只能算是一个子系统部件，不能叫做一个独立的数字系统。例如，大容量存储器尽管电路规模很大，但也不能称为数字系统。

① 输入电路：输入电路的作用是将被处理信号加工变换成适应数字电路的数字信号，其

形式包括各种输入接口电路。通过A/D转换、电平变换、串行-并行变换等，使外部信号源与数字系统内部电路在负载能力、驱动能力、电平、数据形式等方面相适配。同时，还提供数据锁存、缓冲，以解决外部电路和数字系统内部在数据传输速度上的差别。

② 输出电路：输出电路是完成系统最后逻辑功能的重要部分。数字电路系统中存在各种各样的输出接口电路。其功能可能是发送1组经系统处理的数据，或显示1组数字，或通过D/A转换器将数字信号转换成模拟输出信号，信号的传输方向是从内到外。

③ 控制电路：控制电路的功能是为系统各部分提供所需的控制信号。控制电路根据输入信号及运算电路的运算结果，发出各种控制信号，控制系统内各部分按一定顺序进行操作。数字电路系统中，各种逻辑运算、判别电路、时钟电路等，都是控制电路，它们是整个系统的核心。时钟电路是数字电路系统中的灵魂，它属于一种控制电路，整个系统都在它的控制下按一定的规律工作。时钟电路包括主时钟振荡电路及经分频后形成各种时钟脉冲的电路。

④ 运算电路和存储电路：运算电路在控制电路指挥下，进行各种算术及逻辑运算，将运算结果送控制电路或者直接输出。输入数字系统的各种信息以及运算电路在运算中的各种中间结果，都要由存储电路存储。在数字系统工作过程中，存储电路的内容不停地变化。

⑤ 电源电路：电源为整个系统工作提供所需的能源，为各端口提供所需的直流电平。直流电源类型繁多，一般分为线性电源和开关电源两大类。线性电源结构简单，效率低；开关电源结构复杂，效率高，实际应用中应根据具体要求进行选择。

(2) 数字电路系统的方框图描述法

由于数字电路系统一般比较复杂，用真值表、表达式等描述方法极为不方便，而采用方框图描述数字系统则十分有效方便。方框图描述法是在矩形框内用文字、表达式、符号或图形来表示系统的各个子系统或模块的名称和主要功能。矩形框之间用带箭头的线段相连接，表示各子系统或模块之间数据流或控制流的信息通道。图上的一条连线可表示实际电路间的一条或多条连接线，连线旁的文字或符号可以表示主要信息通道的名称、功能或信息类型。箭头则指示了信息的传输方向。方框图对于数字系统的分析和设计都是十分重要的，方框图是系统分析和设计的初步，方框图描述法有以下特点：①提高了系统结构的可读性和清晰度。②容易进行结构化系统设计。③便于对系统进行修改和补充。④为设计者和用户之间提供了交流的手段和基础。

4.1.2 数字电路实验的常用仪器以及实验内容

1. 数字电路实验的常用仪器

数字电子技术实验的常用仪器主要有信号发生器、示波器、毫伏表、频率计、万用表以及直流稳压电源等。除此以外还有一些实验电路板以及数字实验专用装置。

目前，很多高校电子实验室都配备了型号各异的数字电子技术实验仪，但其基本结构和功能大体相同。数字电子技术实验仪广泛地应用于以数字集成电路为主要器件的数字电子技术的实验以及设计中，主要有两大类型：自锁紧插座型和插接板型。目前大多数高校实验室主要使用自锁紧插座型数字电子技术实验仪。

数字电子技术实验仪表面一般是一块无焊接插接电路板，内部组合了数字电路实验所需要的多种基本设备，例如信号发生器、毫安表、频率计、直流稳压电源以及报警指示等。插接电路板上布满了各种供插接导线及元器件的插孔与芯片插座，各种操作开关或按钮都明了地设置在面板上，使用十分方便。

数字电子技术实验仪一般由下列部分组成：直流电源、连续脉冲源、单次脉冲源、逻辑笔、逻辑电平开关、发光二极管显示器、数码管显示器、电位器、双列直插式集成电路插座区、分立元件针孔座区。

(1) 直流电源

提供固定电源和可调电压源，供实验选用。一般产生±5 V、±15 V 固定电压，可调直流电压应配合电位器实现。

(2) 脉冲源

提供连续脉冲，频率一般在 1 Hz～1 MHz 连续可调，幅度一般为 5 V；提供单次脉冲，有正、负脉冲输出。

(3) 逻辑笔

可以测试电路的通断以及输出高低电平情况，有些实验仪将其设置在面板上。

(4) 逻辑电平开关

逻辑电平开关是机械式开关。它有两个状态，即高电平 1(电压一般为 5 V)和低电平 0(电压一般为 0 V)。为实验提供数据或控制开关，一般有 16 个，也称为“01”开关。

(5) 发光二极管显示器

发光二极管显示器由发光二极管及其驱动电路组成，用来指示测试点的逻辑电平。一般设置成高电平发光，常采用红色发光二极管。

由于有驱动电路，发光二极管可以直接与集成电路的输出端相连。也称为“01”显示器或状态显示器。

(6) 数码管显示器

数码管显示器一般设置为直接驱动和译码器驱动两大类，一般采用七段或八段数码管显示。直接驱动的数码管显示器下面一般有 8 个输入孔，在孔端输入高电平对应段位就会点亮；译码器驱动的数码管显示器下面一般有 4 个输入孔，接通电源，同时在 4 个输入孔输入 4 位二进制数码，则数码管相应地显示 0、1～9、A～F。

(7) 电位器

作为可变电阻使用，还可以与固定电源配合输出可调直流电压。

(8) 插座区与管座区

供插入集成电路、分立元器件之用。包括双列直插式集成电路插座区、分立元件针孔座区。

2. 数字电路的实验内容

数字电路实验包括验证型基础实验以及设计性、综合性实验。基础实验主要是对数字电路进行调整、测试;设计性、综合性实验要依据实际要求设计制作电路系统。下面对数字电路的测试及设计进行简单介绍。

(1) 数字逻辑电路的测试

数字逻辑电路测试的目的是检验数字电路的功能,验证其逻辑功能是否符合设计要求,或其状态的转换是否与状态图相符合。

1) 组合逻辑电路的测试

组合逻辑电路测试的目的是验证其逻辑功能是否符合设计要求,也就是验证其输出与输入的关系是否与真值表相符。包括静态功能测试和动态测试。

静态测试:是在电路静态下测试输出与输入的关系。将输入端分别接在逻辑开关上,用发光二极管(或逻辑笔)分别显示各输入端和输出端的状态。按真值表将输入信号的所有取值组合依次送入被测电路,测出相应的输出状态,与真值表相比较,则可以判断组合逻辑电路静态工作是否正常。

动态测试:是测组合逻辑电路的频率响应。在输入端加上周期性信号,用示波器观察输入、输出波形,测出最高输入脉冲频率。

2) 时序逻辑电路的测试

时序逻辑电路测试的目的是验证其状态的转换是否与状态图相符合,可用发光二极管、数码管或示波器等观察输出状态的变化。常用的测试方法有两种:一种是单拍工作方式,以单脉冲源作为时钟脉冲,逐拍进行观测;另一种是连续工作方式,以连续脉冲源作为时钟脉冲,用示波器观察波形,来判断输出状态的转换是否与状态图相符。具体内容在后续实验中介绍。

(2) 数字逻辑电路的设计方法

数字逻辑电路设计的目的是设计符合设计要求的逻辑电路。

1) 组合逻辑电路的一般设计方法和步骤

① 分析设计要求,确定输入和输出变量。

② 按输入变量与输出变量之间的逻辑关系列出真值表。

③ 进行逻辑函数化简与变换。

④ 按照化简变换后的最简逻辑表达式,画出逻辑电路图。

上述步骤中,列真值表往往是比较困难的一步。因为这一步实质上是把文字叙述的实际问题变成用逻辑语言表达的逻辑问题。

由于中、大规模集成电路的品种与日俱增,利用中、大规模集成电路设计组合电路的方法也不断发展,利用这些中、大规模集成化产品,可以很方便地设计各种功能的组合电路。

2）时序逻辑电路的设计方法

在数字电路中，时序电路有同步和异步之分，异步时序电路设计复杂，电路速度慢，不予介绍，这里只介绍同步时序电路的设计方法。

① 画原始状态图或状态表。首先对实际问题做全面分析，明确有哪些信息需要记忆，需要多少状态，怎样用电路状态反映出来。

② 状态化简。为了充分描述电路的功能，在初步建立的状态图或状态表中，要求以尽可能简单的电路来实现所要求的功能，所以必须进行化简，以消除多余状态。

③ 进行状态分析。按化简后的状态数 N，确定触发器的数目 n，使 $2^n \geqslant N$。给每个状态以一定编码，即进行状态分配，状态分配的情况，会对状态方程的输出以及实现起来是否经济等产生影响，所以往往需要仔细考虑。有时要多次比较才能确定最佳方案。

④ 求状态方程、输出方程。

⑤ 求驱动方程，并检查能否自启动。

⑥ 画出逻辑电路图。

3. 基本数字集成电路器件的检测方法

判断某个数字集成电路器件的质量，可以采用逻辑功能检测法和置位功能检测法，必要时还需采用参数测试法。

(1) 逻辑功能检测法

数字集成电路器件逻辑功能正确的标准是：在规定的电源电压范围内以及负载开路的情况下，电路的输入与输出之间的关系应完全符合真值表或逻辑功能表所规定的逻辑关系，且输出电平应符合规定值。根据测试条件的不同，逻辑功能检测法一般有以下几种。

① 数字集成电路测试仪检测法：用数字集成电路测试仪检测数字集成电路器件的逻辑功能是最为简洁迅速的方法，尤其适合种类多、数量多的场合。

② 数字电子技术实验仪检测法：先给集成电路接上符合规定的电源电压，利用数字电子技术实验仪给出各种要求的输入电平（接集成电路的输入端），集成电路的输出端接电平显示器或逻辑笔，观察逻辑电平是否符合真值表的规定。

③ 万用表法：在没有以上仪器的情况下，用万用表也可以检测器件的逻辑功能。即首先将待检测器件插入简易测试板的插座中，并接好电源电压；然后按真值表规定的输入电平，将各输入端分别接地（逻辑 0）、接电源（逻辑 1），分别测量输出电压值，判断器件的逻辑功能是否正常即可。**注意**：对于时钟输入端可用“先接地，瞬间接电源或反之”的方法来实现。

④ 示波器观察法：首先将待检测器件插入简易测试板的插座中，并接好电源电压；然后在各输入端分别输入合适的脉冲信号，用双踪示波器同时观察输出输入波形，并根据其波形分析逻辑关系是否正确就可以判别集成电路的好坏。必要时还可以测出被测信号的幅度、脉宽、占空比、前后沿时间、最高触发频率、抗干扰能力等脉冲参数。

(2) 置位功能检测法

对于各种触发器和规模较大的数字集成电路可采用置位功能检测法进行检测。

这些集成电路大多数具有置位功能，如D触发器、JK触发器的置0、置1功能；计数器的复位、预置数据功能；译码器的点亮测试功能、无效0消隐功能；编码器的选通输入功能等。若这些功能正常，集成器件一般是正常的。

置位检测时，被检测电路应加合适的电源电压，置位端应加接合适的0、1电平，用LED显示器或逻辑笔检测其能否正常置位，进而正确地进行判断。

例如译码器74LS248，置位检测时，接入+5 V的直流电源电压，将灯测试端LT置0电平。若输入端4位二进制数不论为何值，输出端均全为1，高电平点亮，显示十进制数"8"，则说明74LS248良好，否则表明器件已损坏。

使用置位功能检测法时，应注意：集成电路输入端应按照真值表或功能表正确处理；检测CMOS器件时，空余输入端要特别处理好。

在实际应用中，应依据具体使用场合的需要酌情选择测试方法和测试内容。一般情况下，尤其在基本数字逻辑电路实验中，只要用简单的逻辑功能检测法确定逻辑功能是否正常就可以了。在特殊要求的情况下还需要进行参数测试以及专项测试。

4.1.3 数字电子实验电路的故障检查与排除

前面介绍的模拟电子实验电路的故障检查与排除方法对数字电路同样适合，下面针对数字电路进行介绍。

一个数字系统通常由多个功能模块组成，每个功能模块都有确定的逻辑功能。查询数字系统的故障实际上就是找出故障所在的功能块，然后再查出故障，并加以排除。为了能迅速有条理地查出故障，通常根据整机逻辑图对故障现象分析和判断，找出可能出现故障的功能块，而后再根据安装接线图对有关功能块进行检测，以确定有故障的功能块和定位故障点，并加以排除。整机逻辑图主要用于分析故障，而安装接线图则用于具体查询故障。它们对于分析、查询和排除故障是十分重要的。

1. 常见故障

(1) 永久故障

这类故障一旦产生就会永久保持下去，只有通过人为修复后，故障才会排除。绝大多数静态故障属于这一类。

① 固定电平故障。它是指某一点电平为一个固定值的故障。例如接地故障，这时故障点的逻辑电平固定在0上；若电路某一点和电源短路，这时故障点的逻辑电平固定在1上。这类故障在没有排除前，故障点的逻辑电平不会恢复到正常值。

② 固定开路故障。这是一种在电路中经常出现的故障，例如门电路某个输入管栅极引线断开或外引线未和其他路连通而悬空，这时门电路的输出端处于高阻状态，这种故障称为开路。

故障。由于门电路输入和输出电阻非常大,门电路输出和下级门电路间的分布电容对电荷的存储效应使得输出电平在一定时间内会保持不变。

③桥接故障。桥接故障是由2根或多根信号线相互短路造成的,裸线部分过长,或印制电路焊接不注意时容易引起这类故障。桥接故障主要有两种类型:一种是输入信号线之间桥接造成的故障;另一种为输出和输入线连在一起所形成的反馈桥接故障。桥接故障会改变原有电路的逻辑功能。

(2) 随机故障

这类故障具有偶发的特点,出现电路故障的瞬间会造成电路功能错误,故障消失后,功能又恢复正常。它的表现形式为时有时无,出现具有随机性。

引线松动、虚焊,设计不合理,电磁干扰等都会使系统产生随机故障。对于引线松动、虚焊引起的随机故障应修理加以排除;对于设计不合理(例如竞争冒险现象)引起的随机故障应在电路设计上采取措施加以消除;对于电磁干扰引起的随机故障需要进行防范。随机故障的检查和判断是十分麻烦的。

2. 发现故障时采取的措施

① 先切断电源,检查电源和"地"有否接错,输出端有否错接电源或"地"。如错接,应立即改正,以免损坏器件。

② 分析故障发生的区域,以缩小查找范围。

③ 用单拍工作方式,判断故障是出现于特定的节拍还是普遍存在。

④ 判断在给定的状态和给定的输入下,故障是必然的还是偶然的。

3. 产生故障的主要原因

(1) 设计电路时未考虑集成电路的参数和工作条件

如集成电路的参数不合适、工作条件不具备,就会产生故障。设计电路时应考虑以下情况。

① 集成电路负载能力差,负载能力不能满足实际负载的需要。例如一个普通与非门能带动同类门的数目为N,实际驱动M个同类门,若$M>N$,则无法驱动,电路的逻辑功能将被破坏,系统不能正常工作。这时应选用负载能力更强的集成电路。

② 集成电路工作速度低。一组输入信号通过集成电路需要延时一段时间才能在输出端得到稳定的输出信号,输出信号稳定后才能输入第2组输入信号。若集成电路工作速度低,内部延时过长,则在输入脉冲频率较高时,会出现输出不稳定的故障。要查处这种故障十分困难,在进行逻辑设计时,应选用比实际工作速度更高的集成电路。

③ 电子元器件的热稳定性差。电子元器件的特性受温度的影响较大,主要表现为开机时设备工作正常,经过一段工作时间后,随着机内温度升高工作便不正常了,关机冷却一段时间后再开机又正常了。反之,当机内温度较低时出现故障,而温度升高后设备工作正常,这些都

属于热稳定性差引起的故障。这些故障在分立元件为主的设备中表现更为突出。解决的办法是设计时选用热稳定性好的电子元器件。

(2) 安装布线不当

在安装中断线、桥接、漏线、错线、多线、插错电子元器件、使能端信号加错或未加、闲置输入端处理不当(例如集成电路闲置输入端悬空)都会造成故障。另外,布线和元器件安置不合理,容易引起干扰,也会造成各种各样的故障。应以集成电路为中心检查有无上述问题,重点检查集成电路是否插错,各元器件之间连线是否正确,电源线和地线是否合理。

(3) 接触不良

这也是容易发生的故障,如插接件松动、虚焊、接点氧化等。这类故障的表现为信号时有时无,带有一定的偶发性。减少这类故障的办法是选用质量好的插接件,从工艺上保证焊接质量。

(4) 工作环境恶劣

许多数字设备对工作环境都有一定的要求,如温度过高或过低,湿度过大等因素都难以保证设备正常工作。使用环境的电磁干扰超过设备的允许范围也会使设备不能正常工作。

4. 查找故障的常用方法

查找故障的目的是确定故障的原因和部位,以便及时排除,使设备恢复正常工作。查找故障通常采用以下方法。

(1) 直观检查法

直观检查法有以下几种:

① 常规检查。常规检查主要是检查设备的功能是否符合要求,能否正常使用。首先应观察设备有没有被腐蚀、破损,电源保险丝是否烧断,导线有无错接、漏接、断线或接触不良之处,电子元器件有无变色或脱落,此外,还应检查插件的松动、电解电容的漏液、焊点的脱落等,这些都是查找故障的重要线索。

② 静态检查。所谓静态检查就是将电路通电后,观察有无异常现象,并用仪表测试电路逻辑功能是否正常。例如集成电路芯片和晶体管等外壳过热、因功率过大烧毁电子元器件产生的异味或冒烟等是异常现象;若无异常现象,还需要用仪表测试电路的逻辑功能,并作详细记录,以供分析故障使用。静态检查是查找故障的重要方法,很大一部分故障可以在静态检查中发现并消除。

③ 缩小故障所在区域。一个数字系统通常由多个子系统或模块组成,一旦发生故障往往很难查找,这时首先应该根据故障现象和检测结果进行分析、判断,确定故障可能出现的子系统或模块,然后再对该子系统或模块进行单独检查。

(2) 顺序检查法

顺序检查法通常采用由输入到输出和由输出到输入两种检查法。

① 由输入级逐级向输出级检查。采用这种方法检查时,通常需要在输入端加入信号,然

后沿着信号的流向逐级向输出级进行检查，直到发现故障为止。

② 由输出级逐级向输入级检查。当发现输出信号不正常时，这时应从故障级开始逐级向输入级进行检查，直到查出输出信号好的一级为止，则故障便出现在信号由正常变为不正常的一级。

有些子系统不但有分支模块、汇合模块，有的还有反馈回路，使故障的检查变得较为复杂。一般按以下方法检查：对于分支模块、汇合模块一般由输入级开始逐级检查各模块的输入信号和输出信号，以确定故障部位；对于具有反馈回路的系统，由于反馈回路将部分或全部输出信号反馈到输入端形成了闭合回路，这类系统出现的故障可能在系统模块内，也可能在反馈回路内。检查这类故障时，通常将反馈回路断开，对每一个模块单独检查，以便确定故障所在模块，若模块正常工作，则故障就出现在反馈环路内。

(3) 对分法

所谓对分法就是把有故障的电路根据逻辑关系分成两部分，确定是哪一部分有问题，然后再对有故障的电路再次对分，直至找到故障所在。对分法能加快查找故障的速度，是一种十分有效的检查方法。

(4) 比较法

所谓对比法就是通过测量将故障电路与正常电路的状态、参数等进行逐项对比。为了尽快找出故障，常将故障电路主要测试点的电压波形以及电流电压参数和一个工作正常的相同电路的对应测试点参数进行比较，从而查出故障。比较法也是一种常用故障检查方法。

(5) 替换法

替换法就是将检测好的器件或电路代替怀疑有故障的器件或电路，以判断故障，排除故障。若替换后故障消失了，则说明原器件或电路有故障，同时也排除了故障，这是替换法的优点。替换法方便易行，但有可能损坏器件，使用时要慎重。

除了以上方法外，人们在实践中还摸索到其他一些方法，实际操作时，应灵活运用上述方法。当数字系统有多种故障同时出现时，应先检查、排除对系统工作影响严重的故障，然后再检查排除其他次要的故障。

5. 故障的排除

故障查出后，就要排除，排除故障并不困难。若故障是由电子元器件损坏造成的，最好用同厂、同型号的元器件替换，也可用同型号的其他厂家产品替换，但要保证质量；若故障是由导线的断线、焊点的脱落等原因引起的，则应更换好的导线，焊好脱落的焊点；若故障是由竞争冒险引起的，则应消除竞争冒险；若故障是由电源干扰引起的，则应加去耦电容以消除来自电源的干扰。在故障排除后，应检查修复后的数字系统是否已完全恢复正常功能，是否带来其他问题。只有功能完全恢复，达到规定的技术要求，而又没有附加问题时，才能确信故障完全排除。

4.2　数字电子技术基础实验

4.2.1　晶体管开关特性、限幅器与钳位器

1. 实验目的

① 观察晶体二极管、三极管的开关特性，了解外电路参数变化对晶体管开关特性的影响。

② 掌握限幅器和钳位器的基本工作原理。

2. 实验原理

(1) 晶体二极管的开关特性

由于晶体二极管具有单向导电性，故其开关特性表现在正向导通与反向截止两种不同状态的转换过程。

如图4-1所示，电路输入端施加一方波激励信号v_i，由于二极管结电容的存在，因而有充电、放电和存储电荷的建立与消散的过程。因此当加在二极管上的电压突然由正向偏置（$+V_1$）变为反向偏置（$-V_2$）时，二极管并不立即截止，而是出现一个较大的反向电流$-V_2/R$，并维持一段时间t_s（称为存储时间）后，电流才开始减小，再经t_f（称为下降时间）后，反向电流才等于静态特性上的反向电流I_O，将$t_{rr}=t_s+t_f$叫做反向恢复时间，t_{rr}与二极管的结构有关，PN结面积小，结电容小，存储电荷就少，t_s就短，同时也与正向导通电流和反向电流有关。

当管子选定后，减小正向导通电流和增大反向驱动电流，可加速电路的转换过程。

(2) 晶体三极管的开关特性

晶体三极管的开关特性是指它从截止到饱和导通，或从饱和导通到截止的转换过程，而且这种转换都需要一定的时间才能完成。

如图4-2所示，电路的输入端施加一个足够幅度（在$-V_2$和$+V_1$之间变化）的矩形脉冲电压v_i激励信号，就能使晶体管从截止状态进入饱和导通，再从饱和进入截止。可见晶体管T的集电极电流i_C和输出电压v_O的波形已不是一个理想的矩形波，其起始部分和平顶部分都延迟了一段时间，其上升沿和下降沿都变得缓慢了，如图4-2波形所示，从v_i开始跃升，到i_C上升到$0.1\ I_{CS}$，所需时间定义为延迟时间t_d，而i_C从$0.1\ I_{CS}$增长到$0.9\ I_{CS}$的时间为上升时间t_r，从v_i开始跃降，到i_C下降到$0.9\ I_{CS}$的时间为存储时间t_s，而i_C从$0.9\ I_{CS}$下降到$0.1\ I_{CS}$的时间为下降时间t_f，通常称$t_{on}=t_d+t_r$为三极管开关的"接通时间"，$t_{off}=t_s+t_f$称为"断开时间"，形成上述开关特性的主要原因乃是晶体管结电容之故。

改善晶体三极管开关特性的方法是采用加速电容C_b和在晶体管的集电极加二极管D钳位，如图4-3所示。

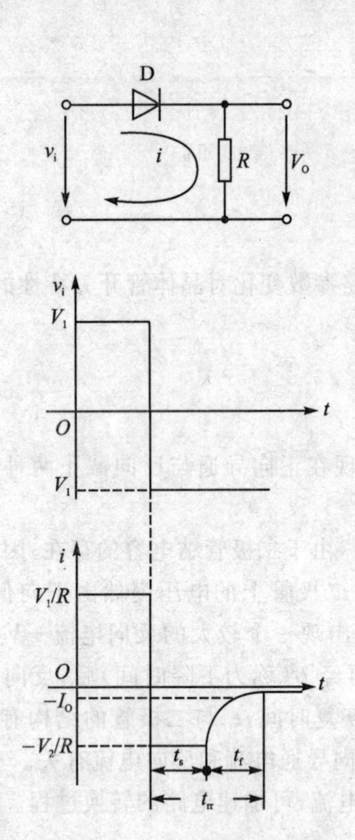

图 4-1 晶体二极管的开关特性

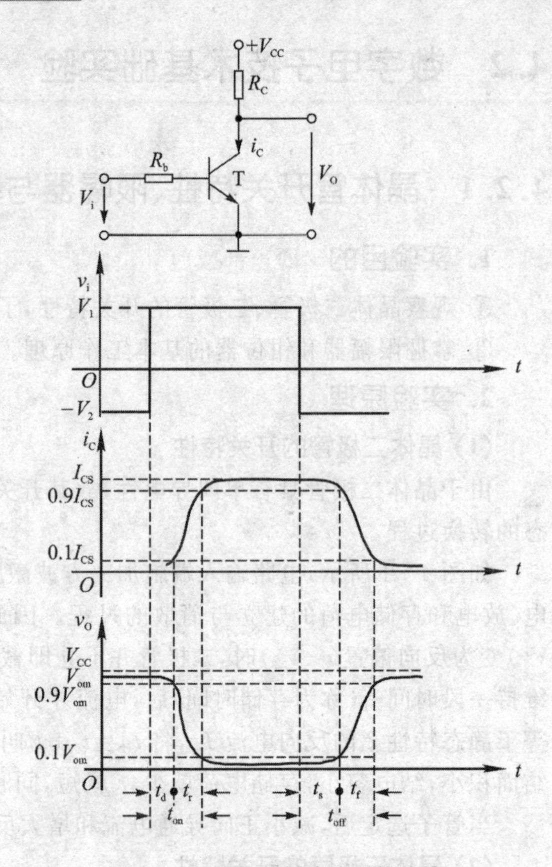

图 4-2 晶极三极管的开关特性

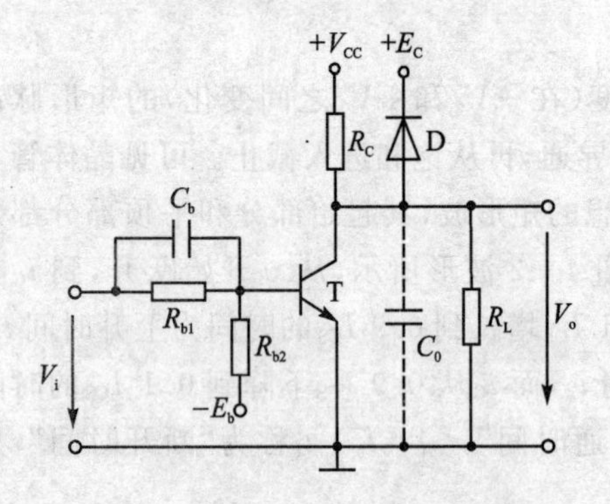

图 4-3 改善三极管开关特性的电路

C_b是一个近百 pF 的小电容，当 v_i 正跃变期间，由于 C_b的存在，R_{b1}相当于被短路，v_i几乎全部加到基极上，使 T 迅速进入饱和，t_d和 t_r大大缩短。当 v_i负跃变时，R_{b1}再次被短路，使 T 迅速截止，也大大缩短了 t_s和 t_f，可见 C_b仅在瞬态过程中才起作用，稳态时相当于开路，对电路没有影响。C_b既加速了晶体管的接通过程又加速了断开过程，故称之为加速电容，这是一种经济有效的方法，在脉冲电路中得到广泛应用。

钳位二极管 D 的作用是当管子 T 由饱和进入截止时，随着电源对分布电容和负截电容的充电，v_O逐渐上升。因为 $V_{CC}>E_C$，当 v_O超过 E_C后，二极管 D 导通，使 v_O的最高值被钳位在 E_C，从而缩短 v_O波形的上升边沿，而且上升边的起始部分又比较陡，所以大大缩短了输出波形的上升时间 t_r。

(3) 限幅器和钳位器

利用二极管与三极管的非线性特性，可构成限幅器和钳位器。它们均是一种波形变换电路，在实际中均有广泛的应用。二极管限幅器是利用二极管导通时和截止时呈现的阻抗不同来实现限幅，其限幅电平由外接偏压决定。三极管则利用其截止和饱和特性实现限幅。钳位的目的是将脉冲波形的顶部或底部钳制在一定的电平上。

3. 实验设备与器件

① 双踪示波器，音频信号源，数字万用表，±5 V、+15 V直流电源，单次及连续脉冲源。

② 数字电路实验仪，一般包括：直流稳压电源、信号源、逻辑开关、逻辑电平显示器、元器件位置的布局区域。

③ IN4007、3DG6、3DK2、2AK2及专用导线、R、C元件若干。

4. 实验内容

在实验装置合适位置放置元件，然后接线。

(1) 二极管反向恢复时间的观察

按图4-4接线，E为偏置电压(0～2 V可调)。

① 输入信号 v_i 为频率 $f=100$ kHz、幅值 $V_m=3$ V方波信号，E调至0 V，用双踪示波器观察和记录输入信号 v_i 和输出信号 v_O 的波形，并读出存储时间 t_s 和下降时间 t_f 的值。

② 改变偏值电压 E(由0 V变到2 V)，观察输出波形 v_O 的 t_s 和 t_f 的变化规律，记录结果进行分析。

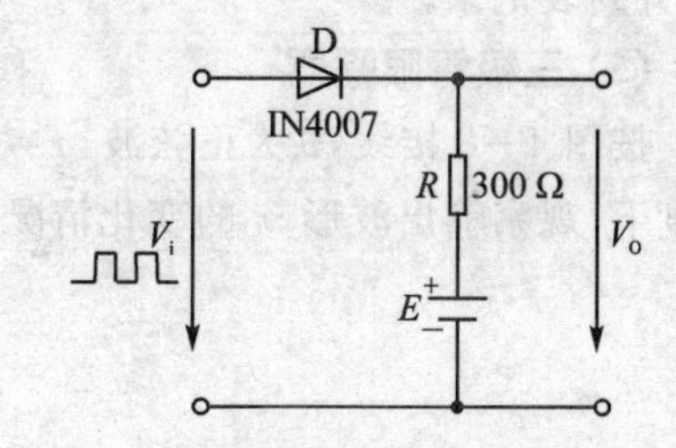

图4-4 二极管开关特性实验电路

(2) 三极管开关特性的观察

按图4-5接线，输入 v_i 为100 kHz方波信号，晶体管选用3DG6A。

① 将B点接至负电源 $-E_b$，使 $-E_b$ 在 -4～0 V内变化。观察并记录输出信号 v_O 波形的 t_d、t_r、t_s 和 t_f 变化规律。

② 将B点换接在接地点，在 R_{b1} 上并一30 pF的加速电容 C_b，观察 C_b 对输出波形的影响，然后将 C_b 更换成300 pF，观察并记录输出波形的变化情况。

③ 去掉 C_b，在输出端接入负载电容 $C_L=30$ pF，观察并记录输出波形的变化情况。

④ 在输出端再并接一负载电阻 $R_L=1$ kΩ，观察并记录输出波形的变化情况。

⑤ 去掉 R_L，接入限幅二极管D(2AK2)，观察并记录输出波形的变化情况。

(3) 二极管限幅器

按图4-6接线，输入 v_i 为 $f=10$ kHz，$V_{PP}=4$ V的正弦波信号，令 $E=2$ V、1 V、0 V、

-1 V，观察输出波形 v_O，并列表记录。

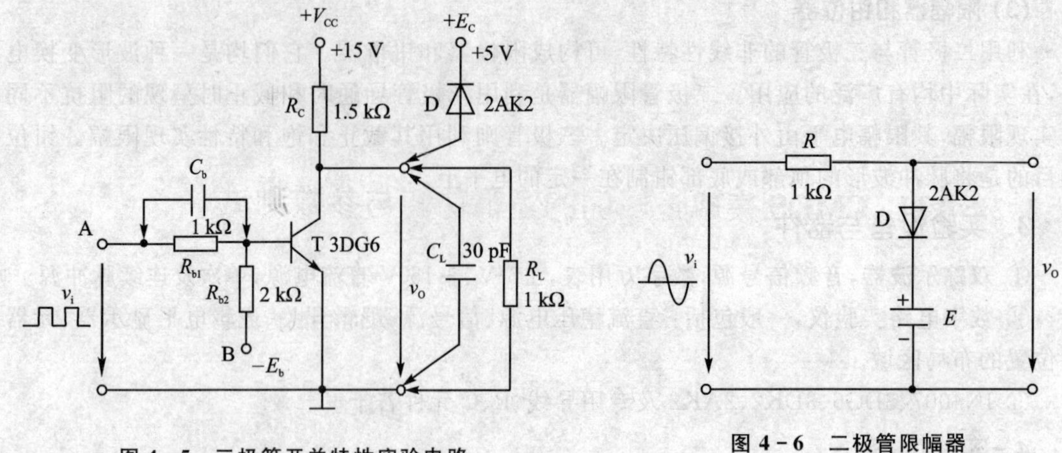

图 4-5 三极管开关特性实验电路

图 4-6 二极管限幅器

(4) 二极管钳位器

按图 4-7 接线，v_i 为 $f=10$ kHz 的方波信号，令 $E=1$ V、0 V、-1 V、-3 V，观察输出波形，并列表记录。

(5) 三极管限幅器

按图 4-8 接线，v_i 为正弦波，$f=10$ kHz，V_{PP} 在 0～5 V 范围连续可调，在不同的输入信号幅度下，观察输出波形 v_O 的变化情况，并列表记录。

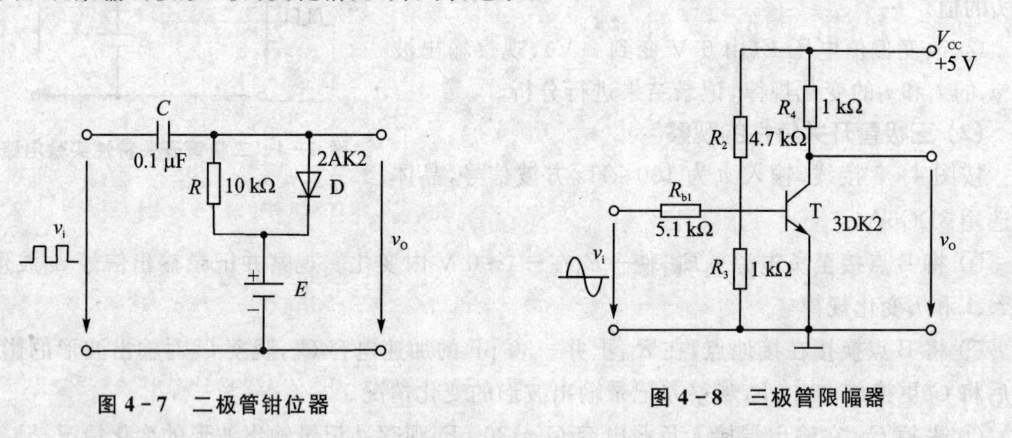

图 4-7 二极管钳位器

图 4-8 三极管限幅器

5. 实验报告

① 将实验观测到的波形画在方格坐标纸上，并对它们进行分析和讨论。

② 总结外电路元件参数对二极管、三极管开关特性的影响。

6. 实验预习要求与问题思考

① 如何由−5 V和+5 V直流稳压电源获得−3～+3 V连续可调的电源？

② 熟知二极管、三极管开关特性的表现及提高开关速度的方法。

③ 在二极管钳位器和限幅器中，若将二极管的极性及偏压的极性反接，输出波形会出现什么变化？

4.2.2 TTL、CMOS集成逻辑门的逻辑功能与参数测试

1. 实验目的

① 掌握TTL、CMOS集成与非门的逻辑功能及主要参数的测试方法。

② 掌握TTL、CMOS器件的使用规则。

③ 进一步熟悉所用数字电路实验装置的结构，基本功能和使用方法。

2. 实验原理

(1) TTL集成逻辑门

本实验采用四输入双与非门74LS20，即在一块集成块内含有两个互相独立的与非门，每个与非门有四个输入端。其逻辑符号及引脚排列如图4-9所示。

1) TTL与非门的逻辑功能

与非门的逻辑功能是当输入端中有一个或一个以上是低电平时，输出端为高电平；只有当输入端全部为高电平时，输出端才是低电平（即有“0”得“1”，全“1”得“0”）。其逻辑表达式为 $Y=\overline{AB\cdots}$。

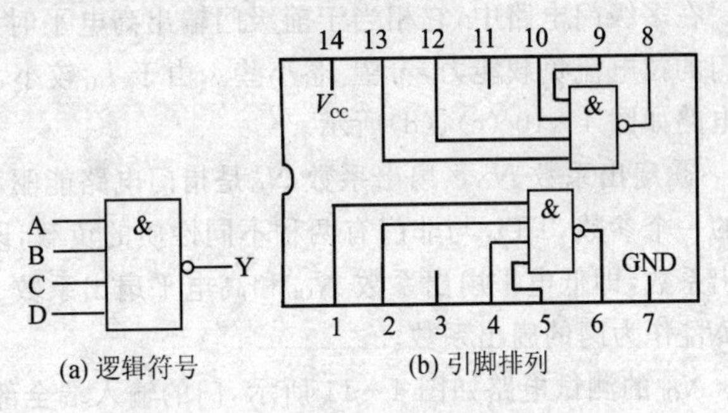

(a) 逻辑符号　　(b) 引脚排列

图4-9　74LS20逻辑符号及引脚排列

2) TTL与非门的主要参数

① 低电平输出电源电流 I_{CCL} 和高电平输出电源电流 I_{CCH}。与非门处于不同的工作状态，电源提供的电流是不同的。I_{CCL} 是指所有输入端悬空，输出端空载时，电源提供器件的电流。I_{CCH} 是指输出端空载时，每个门各有一个以上的输入端接地，其余输入端悬空，电源提供给器件的电流。通常 $I_{CCL}>I_{CCH}$，它们的大小标志着器件静态功耗的大小。器件的最大功耗为 $P_{CCL}=V_{CC}I_{CCL}$。手册中提供的电源电流和功耗值是指整个器件总的电源电流和总的功耗。I_{CCL} 和 I_{CCH} 测试电路如图4-10(a)、(b)所示。

注意：TTL电路对电源电压要求较严，电源电压 V_{CC} 只允许在 $+5\times(1\pm0.1)$ V的范围内工作，超过5.5 V将损坏器件；低于4.5 V器件的逻辑功能将不正常。

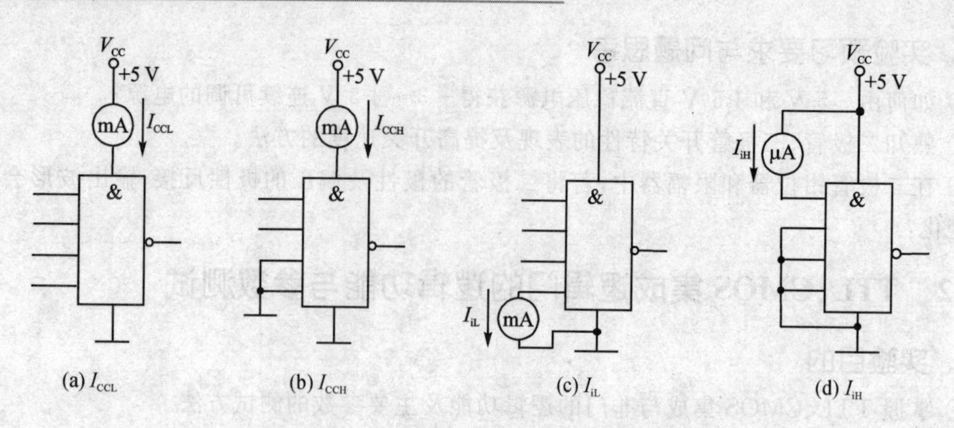

(a) I_{CCL}　(b) I_{CCH}　(c) I_{iL}　(d) I_{iH}

图4-10　TTL与非门静态参数测试电路图

② 低电平输入电流 I_{iL} 和高电平输入电流 I_{iH}。I_{iL} 是指被测输入端接地，其余输入端悬空，输出端空载时，由被测输入端流出电流值。在多级门电路中，I_{iL} 相当于前级门输出低电平时，后级向前级门灌入的电流，因此它关系到前级门的灌电流负载能力，即直接影响前级门电路带负载的个数，因此希望 I_{iL} 小些。

I_{iH} 是指被测输入端接高电平，其余输入端接地，输出端空载时，流入被测输入端的电流值。在多级门电路中，它相当于前级门输出高电平时，前级门的拉电流负载，其大小关系到前级门的拉电流负载能力，希望 I_{iH} 小些。由于 I_{iH} 较小，难以测量，一般免于测试。I_{iL} 与 I_{iH} 的测试电路如图 4-10 (c)、(d)所示。

③ 扇出系数 N_O。扇出系数 N_O 是指门电路能驱动同类门的个数，它是衡量门电路负载能力的一个参数，TTL与非门有两种不同性质的负载，即灌电流负载和拉电流负载，因此有两种扇出系数，即低电平扇出系数 N_{OL} 和高电平扇出系数 N_{OH}。通常 $I_{iH} < I_{iL}$，则 $N_{OH} > N_{OL}$，故常以 N_{OL} 作为门的扇出系数。.

N_{OL} 的测试电路如图 4-11 所示，门的输入端全部悬空，输出端接灌电流负载 R_L，调节 R_L 使 I_{OL} 增大，V_{OL} 随之增高，当 V_{OL} 达到 V_{OLm}（手册中规定低电平规范值 0.4 V)时的 I_{OL} 就是允许灌入的最大负载电流，则 $N_{OL} = I_{OL}/I_{iL}$，通常 $N_{OL} \geqslant 8$。

④ 电压传输特性。门的输出电压 v_O 随输入电压 v_i 而变化的曲线 $v_o = f(v_i)$ 称为门的电压传输特性，通过它可读得门电路的一些重要参数，如输出高电平 V_{OH}、输出低电平 V_{OL}、关门电平 V_{Off}、开门电平 V_{ON}、阈值电平 V_T 及抗干扰容限 V_{NL}、V_{NH} 等值。测试电路如图 4-12 所示，采用逐点测试法，即调节 R_W，逐点测得 V_i 及 V_O，然后绘成曲线。

⑤ 平均传输延迟时间 t_{pd}。t_{pd} 是衡量门电路开关速度的参数，它是指输出波形边沿的 0.5 V_m 至输入波形对应边沿 0.5 V_m 点的时间间隔，如图 4-13 (a)所示。

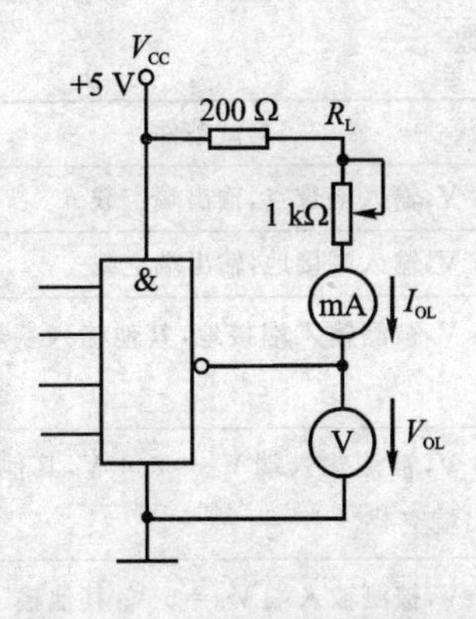

图 4-11　扇出系数测试电路

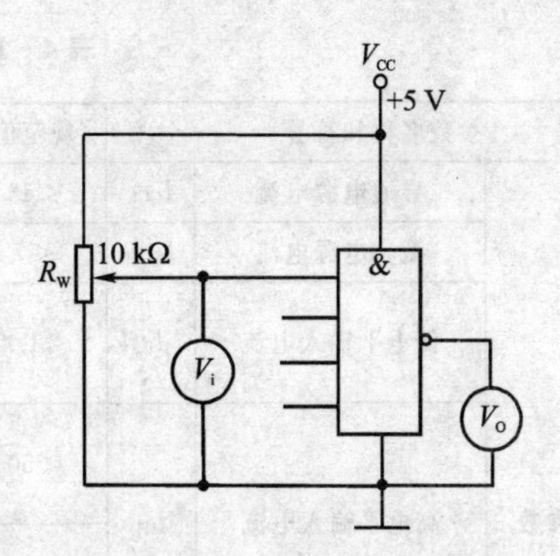

图 4-12　传输特性测试电路

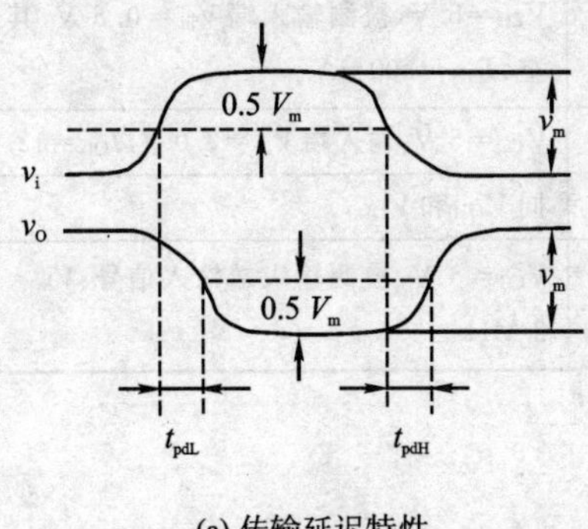

(a) 传输延迟特性

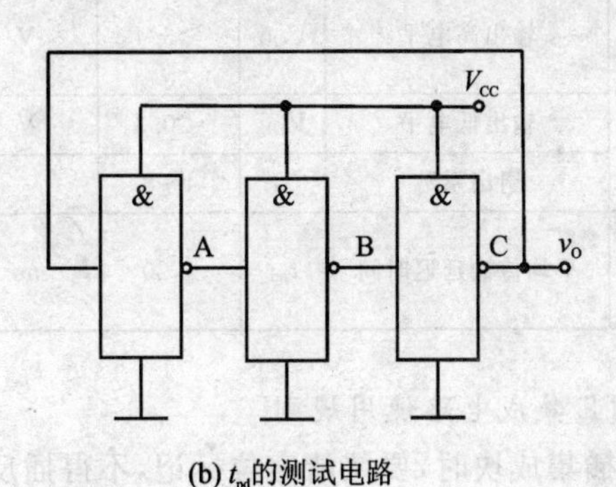

(b) t_{pd}的测试电路

图 4-13　传输延迟特性及 t_{pd} 的测试电路

图 4-13(a)中的 t_{pdL} 为导通延迟时间，t_{pdH} 为截止延迟时间，平均传输延迟时间为 $t_{pd}=(t_{pdL}+t_{pdH})/2$。$t_{pd}$ 的测试电路如图 4-13 (b)所示，由于 TTL 门电路的延迟时间较小，直接测量时对信号发生器和示波器的性能要求较高，故实验采用测量由奇数个与非门组成的环形振荡器的振荡周期 T 来求得。其工作原理是：假设电路在接通电源后某一瞬间，电路中的 A 点为逻辑“1”，经过三级门的延迟后，使 A 点由原来的逻辑“1”变为逻辑“0”；再经过三级门的延迟后，A 点电平又重新回到逻辑“1”。电路中其他各点电平也跟随变化。说明使 A 点发生一个周期的振荡，必须经过 6 级门的延迟时间。因此平均传输延迟时间为 $t_{pd}=T/6$，TTL 电路的 t_{pd} 一般在 10～40 ns 之间。74LS20 主要电参数规范如表 4-1 所列。

表 4-1　74LS20 主要电参数

参数名称和符号			规范值	单　位	测试条件
直流参数	导通电源电流	I_{CCL}	<14	mA	V_{CC}=5 V,输入端悬空,输出端空载
	截止电源电流	I_{CCH}	<7	mA	V_{CC}=5 V,输入端接地,输出端空载
	低电平输入电流	I_{iL}	≤1.4	mA	V_{CC}=5 V,被测输入端接地,其他输入端悬空,输出端空载
	高电平输入电流	I_{iH}	<50	μA	V_{CC}=5 V,被测输入端 V_{in}=2.4 V,其他输入端接地,输出端空载
			<1	mA	V_{CC}=5 V,被测输入端 V_{in}=5 V,其他输入端接地,输出端空载
	输出高电平	V_{OH}	≥3.4	V	V_{CC}=5 V,被测输入端 V_{in}=0.8 V,其他输入端悬空,I_{OH}=400 μA
	输出低电平	V_{OL}	<0.3	V	V_{CC}=5 V,输入端 V_{in}=2.0 V,I_{OL}=12.8 mA
	扇出系数	N_O	4~8		同 V_{OH} 和 V_{OL}
交流参数	平均传输延迟时间	t_{pd}	≤20	ns	V_{CC}=5 V,被测输入端输入信号:V_{in}=3.0 V,f=2 MHz

3) TTL 集成电路使用规则

① 接插集成块时,要认清定位标记,不得插反。

② 电源电压使用范围为+4.5~+5.5 V 之间,实验中要求使用 V_{CC}=+5 V。电源极性绝对不允许接错。

③ 闲置输入端处理方法。

悬空:对于一般小规模集成电路的数据输入端,实验时允许悬空处理。但易受外界干扰,导致电路的逻辑功能不正常。因此,对于接有长线的输入端,中规模以上的集成电路和使用集成电路较多的复杂电路,所有控制输入端必须按逻辑要求接入电路,不允许悬空。

根据功能需要接高电平或低电平:直接接电源电压 V_{CC}(也可以串入一只 1~10 kΩ 的固定电阻)或接至某一固定电压(+2.4 V≤V≤4.5 V)的电源上,或与输入端为接地的多余与非门的输出端相接。

注意:输入端通过电阻接地,电阻值的大小将直接影响电路所处的状态。当 R≤680 Ω 时,输入端相当于逻辑"0";当 R≥4.7 kΩ 时,输入端相当于逻辑"1"。对于不同系列的器件,要求的阻值不同。

若前级驱动能力允许,可以与使用的输入端并联。

④ 输出端不允许并联使用(集电极开路门 OC 和三态输出门电路 3S 除外)。否则不仅会

使电路逻辑功能混乱，并会导致器件损坏。

⑤ 输出端不允许直接接地或直接接＋5 V电源，否则将损坏器件，有时为了使后级电路获得较高的输出电平，允许输出端通过电阻R接至V_{CC}，一般取$R=3\sim5.1\ k\Omega$。

(2) CMOS集成逻辑门

1) CMOS集成电路的特点

CMOS集成电路是将N沟道MOS晶体管和P沟道MOS晶体管同时用于一个集成电路中，成为组合两种沟道MOS管性能的更优良的集成电路。CMOS集成电路的主要优点如下。

① 功耗低，其静态工作电流在10^{-9} A数量级，是目前所有数字集成电路中最低的，而TTL器件的功耗则大得多。

② 高输入阻抗，通常大于$10^{10}\ \Omega$，远高于TTL器件的输入阻抗。

③ 接近理想的传输特性，输出高电平可达电源电压的99.9%以上，低电平可达电源电压的0.1%以下，因此输出逻辑电平的摆幅很大，噪声容限很高。

④ 电源电压范围广，可在＋3～＋18 V范围内正常运行。

⑤ 由于有很高的输入阻抗，要求驱动电流很小，约0.1 μA，输出电流在＋5 V电源下约为500 μA，远小于TTL电路，如以此电流来驱动同类门电路，其扇出系数将非常大。在一般低频率时，无需考虑扇出系数，但在高频时，后级门的输入电容将成为主要负载，使其扇出能力下降，所以在较高频率工作时，CMOS电路的扇出系数一般取10～20。

2) CMOS门电路逻辑功能

尽管CMOS与TTL电路内部结构不同，但它们的逻辑功能完全一样。本实验将测定与门CC4081，或门CC4071，与非门CC4011，或非门CC4001的逻辑功能。各集成块的逻辑功能与真值表参阅教材及有关资料。

3) CMOS与非门的主要参数

CMOS与非门主要参数的定义及测试方法与TTL电路相仿，参考TTL电路即可。

4) CMOS电路的使用规则

由于CMOS电路有很高的输入阻抗，这给使用者带来一定的麻烦，即外来的干扰信号很容易在一些悬空的输入端上感应出很高的电压，以至损坏器件。CMOS电路的使用规则如下。

① V_{DD}接电源正极，V_{SS}接电源负极（通常接地⊥），不得接反。CC4000系列的电源允许电压在＋3～＋18 V范围内选择，实验中一般要求使用＋5～＋15 V。

② 所有输入端一律不准悬空。闲置输入端的处理方法如下：

➢ 按照逻辑要求，直接接V_{DD}（与非门）或V_{SS}（或非门）；

➢ 在工作频率不高的电路中，允许输入端并联使用。

③ 输出端不允许直接与V_{DD}或V_{SS}连接，否则将导致器件损坏。

④ 在装接电路，改变电路连接或插、拔电路时，均应切断电源，严禁带电操作。

⑤ 焊接、测试和储存时的注意事项如下：

➢ 电路应存放在导电的容器内，有良好的静电屏蔽；

➢ 焊接时必须切断电源，电烙铁外壳必须良好接地，或拔下烙铁，靠其余热焊接；

➢ 所有的测试仪器必须良好接地。

(3) 集成电路芯片简介

数字电路实验中所用到的集成芯片都是双列直插式的，其引脚排列规则如图 4-9 所示。识别方法是：正对集成电路型号（如 74LS20）或看标记（左边的缺口或小圆点标记），从左下角开始按逆时针方向以 1,2,3…依次排列到最后一脚（在左上角）。在标准形 TTL 集成电路中，电源端 V_{CC} 一般排在左上端，接地端 GND 一般排在右下端。如 74LS20 为 14 脚芯片，14 脚为 V_{CC}，7 脚为 GND。若集成芯片引脚上的功能标号为 NC，则表示该引脚为空脚，与内部电路不连接。

3. 实验设备与器件

① 双踪示波器，音频信号源，数字万用表，±5 V、+15 V 直流电源，逻辑电平显示器，单次及连续脉冲源。

② 数字电路实验仪：包括直流稳压电源、信号源、逻辑开关、逻辑电平显示器、元器件位置的布局。

③ 74LS20×2、CC4011、CC4001、CC4071、CC4081、1K、10K 电位器，200 Ω 电阻器（0.5 W）及专用导线、R、C 元件若干。

4. 实验内容

(1) TTL 集成逻辑门的逻辑功能与参数测试

在合适的位置选取一个 14P 插座，按定位标记插好 74LS20 集成块。

1) 验证 TTL 集成与非门 74LS20 的逻辑功能

按图 4-14 接线，门的四个输入端接逻辑开关输出插口，以提供“0”与“1”电平信号，开关向上，输出逻辑“1”，向下为逻辑“0”。门的输出端接由 LED 发光二极管组成的逻辑电平显示器（又称 0-1 指示器）的显示插口，LED 亮为逻辑“1”，不亮为逻辑“0”。按表 4-2 的真值表逐个测试集成块中两个与非门的逻辑功能。74LS20 有 4 个输入端，有 16 个最小项，在实际测试时，只要通过对输入 1111、0111、1011、1101、1110 五项进行检测就可判断其逻辑功能是否正常。

注意：若无相应数字实验装置，输入高低电平可以用接地和接+5 V 电源代替，输出电平可用万用表直流电压挡测试。

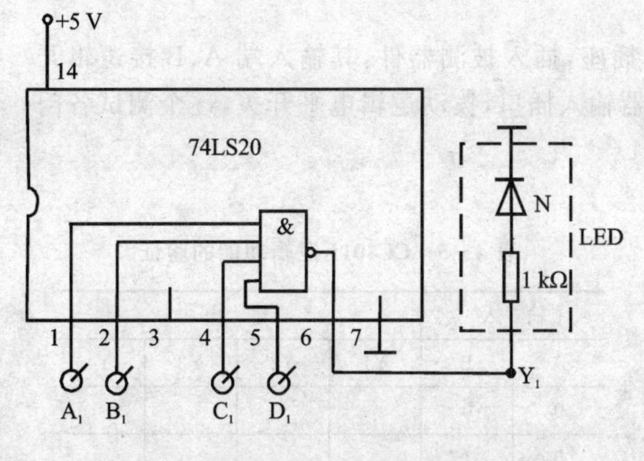

图 4-14　TTL 与非门逻辑功能测试电路

表 4-2　TTL 与非门逻辑功能测试表

输入				输出	
A_n	B_n	C_n	D_n	Y_1	Y_2
1	1	1	1		
0	1	1	1		
1	0	1	1		
1	1	0	1		
1	1	1	0		

2) 74LS20 主要参数的测试

分别按图 4-10、4-11、4-13(b)接线并进行测试，将测试结果记入表 4-3 中。

表 4-3　电流和扇出系数的测试

I_{CCL}/mA	I_{CCH}/mA	I_{iL}/mA	I_{OL}/mA	$N_O=I_{OL}/I_{iL}$	$t_{pd}=T/6$/ns

3) 74LS20 电压传输特性的测试

按图 4-12 接线，调节电位器 R_W，使 v_i从 0 V 向高电平变化，逐点测量 v_i和 v_O的对应值，记入表 4-4 中。

表 4-4　电压传输特性的测试

v_i/V	0	0.2	0.4	0.6	0.8	1.0	1.5	2.0	2.5	3.0	3.5	4.0	…
v_O/V													

(2) CMOS 集成逻辑门的逻辑功能与参数测试

1) CMOS 与非门 CC4011 参数测试(方法与 TTL 电路相同)。

① 测试 CC4011 一个门的 I_{CCL}、I_{CCH}、I_{iL}、I_{iH}。

② 测试 CC4011 一个门的传输特性(一个输入端做信号输入，另一个输入端接逻辑高电平)。

③ 将 CC4011 的三个门串接成振荡器，用示波器观测输入、输出波形，并计算出 t_{pd}值。

2) 验证 CMOS 各门电路的逻辑功能，判断其好坏。

验证与非门 CC4011、与门 CC4081、或门 CC4071 及或非门 CC4001 逻辑功能，如图 4-15

所示，各芯片引脚见附录。

以CC4011为例，测试时，选好某一个14P插座，插入被测器件，其输入端A、B接逻辑开关的输出插口，其输出端Y接至逻辑电平显示器输入插口，拨动逻辑电平开关，逐个测试各门的逻辑功能，并记入表4-5中。

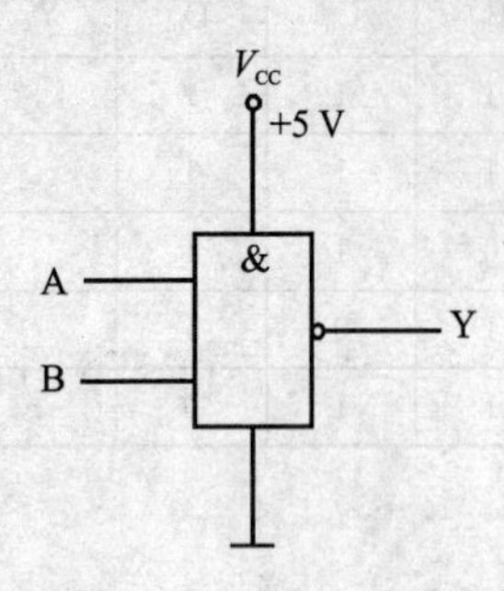

图4-15　与非门逻辑功能测试

表4-5　CC4011逻辑功能的验证

输入		输出			
A	B	Y1	Y2	Y3	Y4
0	0				
0	1				
1	0				
1	1				

3）观察与非门、与门、或非门对脉冲的控制作用。

选用与非门按图4-16接线，将一个输入端接连续脉冲源(频率为20 kHz)，用示波器观察两种电路的输出波形，记录之。然后测定“与门”和“或非门”对连续脉冲的控制作用。

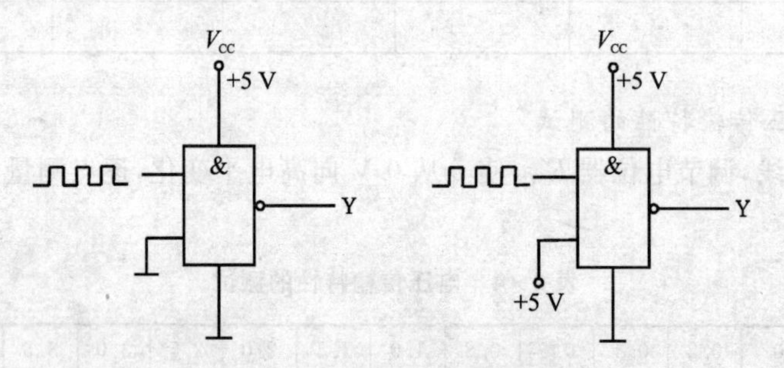

图4-16　与非门对脉冲的控制作用

5. 实验报告

① 记录、整理实验结果，并对结果进行分析。

② 画出实测的电压传输特性曲线，并从中读出各有关参数值。

③ 根据实验结果，写出各门电路的逻辑表达式，并判断被测电路的功能好坏。

6. 预习要求与问题思考

① 复习TTL、CMOS门电路的工作原理。

② 熟悉实验用各集成门引脚功能。

③ 画出各实验内容的测试电路与数据记录表格。

④ 画好实验用各门电路的真值表表格。

⑤ TTL、CMOS门电路闲置输入端如何处理？

4.2.3 集成逻辑电路的连接和驱动

1. 实验目的

① 掌握TTL、CMOS集成电路输入电路与输出电路的性质。

② 掌握集成逻辑电路相互衔接时应遵守的规则和实际衔接方法。

2. 实验原理

(1) TTL电路输入输出电路性质

当输入端为高电平时，输入电流是反向PN结的漏电流，电流极小。其方向是从外部流入输入端；当输入端处于低电平时，电流由电源V_{CC}经内部电路流出输入端，电流较大。当与上一级电路衔接时，将决定上级电路应具有的负载能力。

高电平输出电压在负载不大时为3.5 V左右；低电平输出时，最大允许低电平输出电压为0.4 V。低电平输出时，允许后级电路灌入电流，随着灌入电流的增大，输出低电平将升高，一般LS系列TTL电路允许灌入8 mA电流，即可吸收后级20个LS系列标准门的灌入电流。

(2) CMOS电路输入输出电路性质

一般CC系列的输入阻抗可高达10^{10} Ω，输入电容在5 pF以下，输入高电平通常要求在3.5 V以上，输入低电平通常为1.5 V以下。因CMOS电路的输出结构具有对称性，故对高低电平具有相同的输出能力，负载能力较小，仅可驱动少量的CMOS电路。当输出端负载很轻时，输出高电平将十分接近电源电压；输出低电平时将十分接近地电位。

在高速CMOS电路54/74HC系列中的一个子系列54/74HCT，其输入电平与TTL电路完全相同，因此在相互取代时，不需考虑电平的匹配问题。

(3) 集成逻辑电路的衔接

在实际的数字电路系统中总是将一定数量的集成逻辑电路按需要前后连接起来。这时，前级电路的输出将与后级电路的输入相连并驱动后级电路工作。这就存在着电平的配合和负载能力这两个需要妥善解决的问题。

可用下列几个表达式来说明连接时所要满足的条件，n为后级门的数目：

V_{OH}(前级)$\geqslant V_{iH}$　　(后级)

V_{OL}(前级)$\leqslant V_{iL}$　　(后级)

I_{OH}(前级)$\geqslant nI_{iH}$　　(后级)

I_{OL}(前级)$\geqslant nI_{iL}$　　(后级)

1) TTL与TTL的连接

TTL集成逻辑电路的所有系列，由于电路结构形式相同，电平配合比较方便，不需要外接元件可直接连接，不足之处是受低电平时负载能力的限制。表4-6列出了74系列TTL电路的扇出系数。

表4-6　74系列TTL电路的带载能力

TIL / TTL	74LS00	74ALS00	7400	74L00	74S00
74LS00	20	40	5	40	5
74ALS00	20	40	5	40	5
7400	40	80	10	40	10
74L00	10	20	2	20	1
74S00	50	100	12	100	12

2) TTL驱动CMOS电路

TTL电路驱动CMOS电路时，由于CMOS电路的输入阻抗高，故此驱动电流一般不会受到限制，但在电平配合问题上，低电平是可以的，高电平时有困难，因为TTL电路在满载时，输出高电平通常低于CMOS电路对输入高电平的要求，因此为保证TTL输出高电平时，后级的CMOS电路能可靠工作，通常要外接一个上拉电阻R，如图4-17所示，使输出高电平达到3.5 V以上，R的取值为2～6.2 kΩ较合适，这时TTL后级的CMOS电路的数目实际上是没有什么限制的。

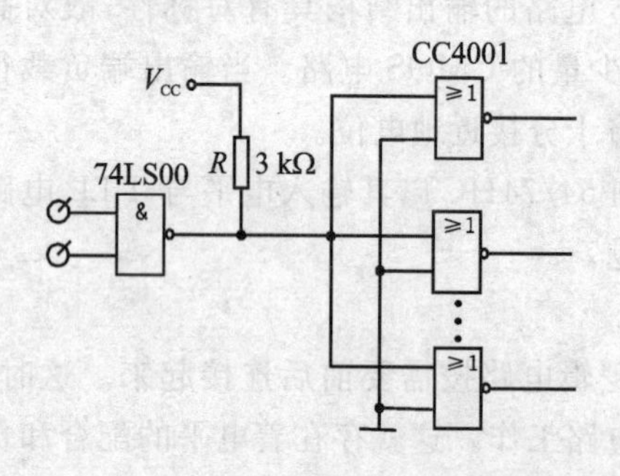

图4-17　TTL电路驱动CMOS电路

3) CMOS驱动TTL电路

CMOS的输出电平能满足TTL对输入电平的要求，而驱动电流将受限制，主要是低电平时的负载能力。除了74HC系列外的其他CMOS电路驱动TTL的能力都较低。既要使用此系列又要提高其驱动能力时，可采用以下两种方法。

① 采用CMOS驱动器，如CC4049、CC4050是专为给出较大驱动能力而设计的CMOS电路。

② 几个同芯片内同功能的CMOS电路并联使用，即将其输入端并联，输出端并联(TTL电路是不允许并联的)。

4) CMOS与CMOS的衔接

CMOS电路之间的连接十分方便，不需另加外接元件。对直流参数来讲，一个CMOS电路可带动的CMOS电路数量是不受限制，但在实际使用时，应当考虑后级门输入电容对前级门的传输速度的影响，电容太大时，传输速度要下降，因此在高速使用时要从负载电容来考虑，例如CC4000T系列。CMOS电路在10 MHz以上速度运用时应限制在20个门以下。

3. 实验设备与器件

① 双踪示波器，音频信号源，数字万用表，±5 V、+15 V 直流电源，逻辑电平显示器，逻辑电平开关，逻辑笔。

② 数字电路实验仪：一般包括直流稳压电源、信号源、逻辑开关、逻辑电平显示器、元器件位置的布局。

③ 74LS00×2、CC4001、74HC00，电阻 100 Ω、470 Ω、3 kΩ，电位器 47K、10K、4.7K 及专用导线若干。

4. 实验内容

(1) 测试 TTL 电路 74LS00 及 CMOS 电路 CC4001 的输出特性

74LS00 与非门与 CC4001 或非门电路的引脚排列见图 4-18，测试电路如图 4-19 所示，图中以与非门 74LS00 为例画出了高、低电平两种输出状态下输出特性的测量方法。改变电位器 R_W 的阻值，从而获得输出特性曲线，R 为限流电阻。

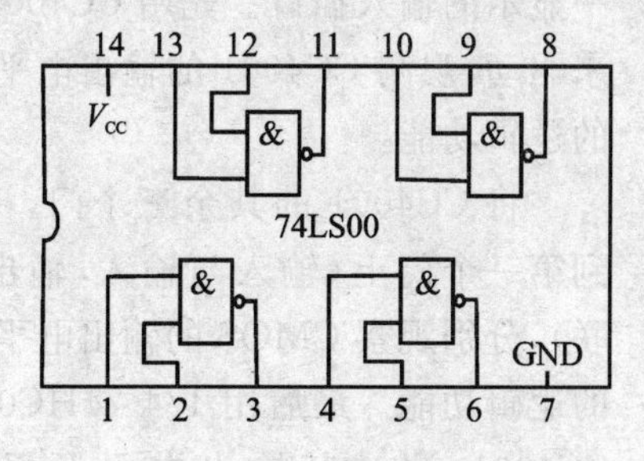

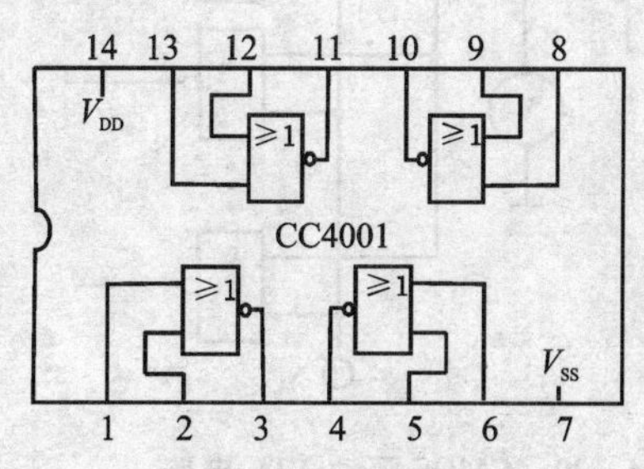

图 4-18　74LS00 与非门与 CC4001 或非门电路引脚排列

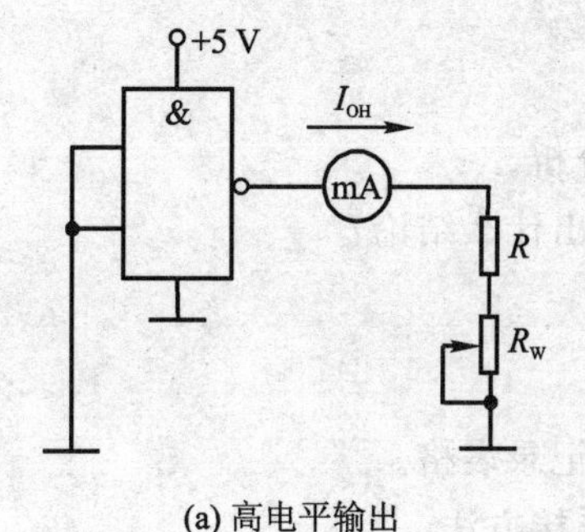

(a) 高电平输出

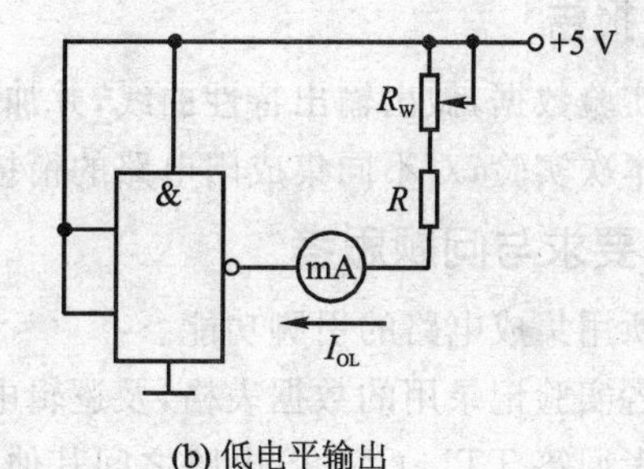

(b) 低电平输出

图 4-19　与非门电路输出特性测试电路

1) 测试 TTL 电路 74LS00 的输出特性

在实验装置的合适位置选取一个 14P 插座。插入 74LS00，R 取为 100 Ω；高电平输出时，R_W 取 47 kΩ；低电平输出时，R_W 取 10 kΩ。高电平测试时应测量空载到最小允许高电平(2.7 V)之间的一系列点；低电平测试时应测量空载到最大允许低电平(0.4 V)之间的一系列点。

2）测试 CMOS 电路 CC4001 的输出特性

测试时 R 取为 470 Ω，R_W 取 4.7 kΩ，高电平测试时应测量从空载到输出电平降到 4.6 V 为止的一系列点；低电平测试时应测量从空载到输出电平升到 0.4 V 为止的一系列点。

(2) TTL 电路驱动 CMOS 电路

用 74LS00 的一个门来驱动 CC4001 的四个门，实验电路如图 4－17 所示，R 取 3 kΩ。测量连接 3 kΩ 与不连接 3 kΩ 电阻时 74LS00 的输出高低电平及 CC4001 的逻辑功能，测试逻辑功能时，可用实验装置上的逻辑笔进行测试，逻辑笔的电源 $+V_{CC}$ 接 +5 V，其输入口通过一根导线接至所需的测试点。

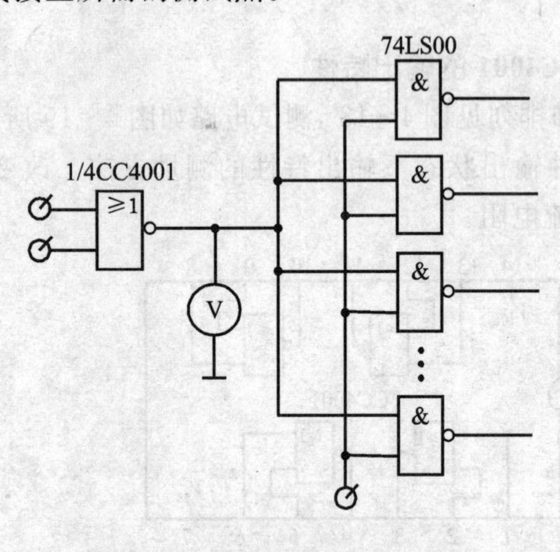

图 4－20　CMOS 驱动 TTL 电路

(3) CMOS 电路驱动 TTL 电路

电路如图 4－20 所示，被驱动的电路用 74LS00 的 8 个门并联。电路的输入端接逻辑开关输出插口，8 个输出端分别接逻辑电平显示的输入插口。先用 CC4001 的一个门来驱动，观测 CC4001 的输出电平和 74LS00 的逻辑功能。

将 CC4001 的其余三个门，一个个并联到第一个门上（输入与输入，输出与输出并联），分别观察 CMOS 的输出电平及 74LS00 的逻辑功能。最后用 1/4 74HC00 代替 1/4 CC4001，测试其输出电平及系统的逻辑功能。

5. 实验报告

① 整理实验数据，做出输出特性曲线，并加以分析。

② 通过本次实验，对不同集成门电路的衔接得出什么结论？

6. 预习要求与问题思考

① 熟悉所用集成电路的引脚功能。

② 自拟各实验记录用的数据表格，及逻辑电平记录表格。

③ 请思考回答 TTL、CMOS 电路之间其他的连接方法。

4.2.4　集成加法器、集成数值比较器及其应用

1. 实验目的

① 掌握中规模集成加法器、集成数值比较器的逻辑功能及应用。

② 掌握中规模集成电路的测试方法。

③ 会利用集成加法器组成实际应用电路。

2. 实验原理

数字系统中有各种中规模组合逻辑电路，每种组合逻辑电路具有独特的逻辑功能，利用各种组合逻辑电路可以组成各种完成特定功能的数字电路。本实验主要探讨中规模集成加法器、集成数值比较器及其应用。

(1) 集成加法器 MSI74283(MS74LS283)

在计算机中加、减、乘、除等各种算术运算往往是通过加法器进行的，加法器是计算机的基本运算单元。实现两个二进制数相加功能的逻辑电路称为加法器。加法器有一位加法器和多位加法器之分。实现两个多位二进制数相加的逻辑电路称为多位加法器。多位数相加时，要考虑进位，进位的方式有串行进位和超前进位两种，因此多位加法器可分为串行进位加法器和超前进位加法器。

串行进位加法器，采用串行进位运算方式，电路结构简单，运算速度慢，适合在运算速度要求不高的场合使用；超前进位加法器采用超进位，加法器的速度得到了很大提高，但增加了电路的复杂程度，随着加法器位数的增加，电路的复杂程度也随之急剧上升。

加法器在数字系统中的应用十分广泛。其除了能进行多位二进制数的加法运算外，也可以用来完成二进制减法和乘除运算。另外利用加法器还可以很方便地实现一些逻辑电路，例如实现码组变换。

MSI74283 是四位二进制超前进位加法器，其引脚图如图 4－21 所示。图中 A_3、A_2、A_1、A_0 和 B_3、B_2、B_1、B_0 为两组四位二进制数的输入端，S_3、S_2、S_1、S_0 为加法器的和数输出端，CI 为低位进位输入端，CO 为进位输出端。

将 74283 进行简单级联，可以构成多位加法器，图 4－22 所示为用两个 74283 构成的 8 位二进制加法器。

用 74283 还可构成二进制减法器、8421BCD 码到余 3 代码的转换电路、余 3 码到 8421BCD 码的代码转换电路；用四位加法器 74283 还可构成一位 8421BCD 码加法器。

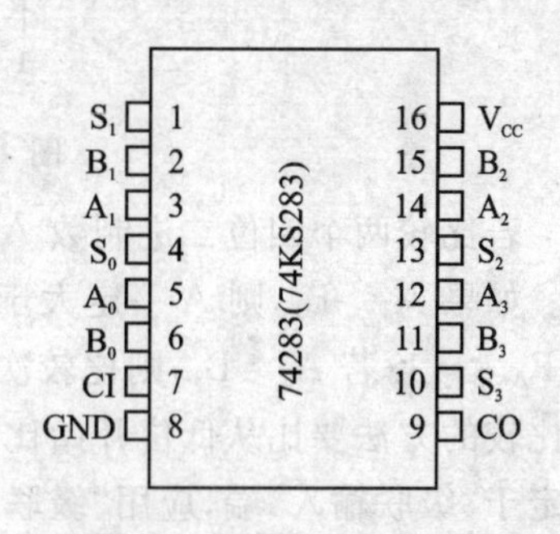

图 4－21　MSI74283 的引脚图

(2) 集成数值比较器 74LS85

比较器是常用的组合逻辑部件之一。比较是一种最基本的操作，人只能在比较中识别事物，计算机只能在比较中鉴别数据和代码，实现计算机的操作。

在数字系统中，特别是在计算机中，经常需要比较两个二进制数 A 和 B 的大小，数字比较器就是对两个位数相同的二进制数 A、B 进行比较，其结果有 A＞B、A＜B 和 A＝B 三种可能性。根据电路结构不同，可分为串行比较器和并行比较器，前者电路结构简单，但速度慢，后者电路结构复杂，但速度快。

一位数字比较器是多位数值比较器的基础，多个一位数字比较器再附加一些门电路则可

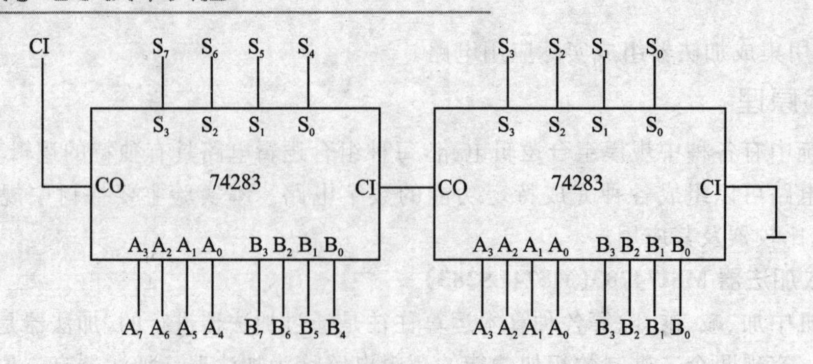

图 4－22　MSI74283 构成的 8 位二进制加法器

以构成多位数值比较器。四位集成数字比较器 74LS85 的引脚排列图如图 4－23 所示。图中 A_3、A_2、A_1、A_0，B_3、B_2、B_1、B_0 为两组相比较的数据输入端；$I_{A>B}$、$I_{A<B}$、$I_{A=B}$ 为三个级联输入端，用于数字比较器的扩展；$F_{A>B}$、$F_{A<B}$、$F_{A=B}$ 为三个比较结果输出端。

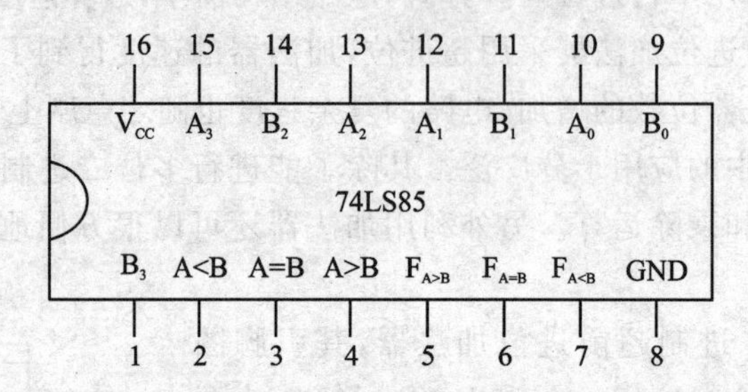

图 4－23　四位比较器 74LS85 的引脚图

若比较两个四位二进制数 $A(A_3A_2A_1A_0)$ 和 $B(B_3B_2B_1B_0)$ 的大小，从最高位开始进行比较。如果 $A_3>B_3$，则 A 一定大于 B，这时输出 $F_{A>B}=1$；若 $A_3<B_3$，则可以肯定 $A<B$，这时输出 $F_{A<B}=1$；若 $A_3=B_3$，则比较次高位 A_2 和 B_2，依此类推直到比较到最低位。这种从高位开始比较的方法要比从低位开始比较的方法速度快。当 $A_3A_2A_1A_0=B_3B_2B_1B_0$ 时，比较的结果决定于"级联输入"端，应用"级联输入"端能扩展逻辑功能。当应用一块芯片来比较四位二进制数时，应使级联输入端的"A＝B"端接 1，"A＞B"端与"A＜B"端都接 0，这样就能完整地比较出三种可能的结果。若要扩展比较位数，则可应用级联输入端做片间连接。

74LS85 数字比较器的级联输入端 A＞B、A＜B、A＝B 是为了扩大比较器功能设置的，当不需要扩大比较位数时，A＞B、A＜B 接低电平，$I_{A=B}$ 接高电平；若需要扩大比较器的位数时，只要将低位的 $F_{A>B}$、$F_{A<B}$ 和 $F_{A=B}$ 分别接高位相应的串接输入端 A＞B、A＜B、A＝B 即可。用两片 74LS85 四位比较器组成八位数字比较器的电路如图 4－24 所示。这样，当高四位都相等时，就可由低四位来决定两数的大小。这种扩展方式称为串联方式扩展。

当比较位数较多且要满足一定的速度要求时，可以采用并联方式。图 4－25 为五片 74LS85 四位比较器扩展为 16 位比较器的连接图，这种扩展方式称为并联方式扩展。由

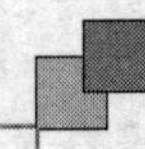

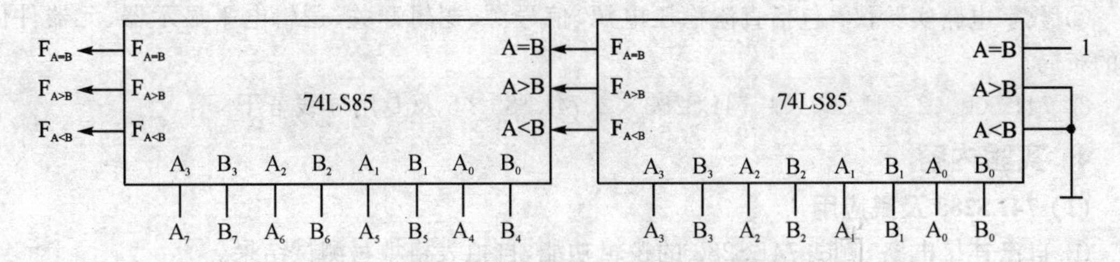

图 4－24　四位比较器扩展为八位比较器

图 4－25 可以看出，这里采用两级比较方法，将 16 位按高低位次序分成四组，每组四位，各组的比较是并行进行的。将每组的比较结果再经过四位比较器进行比较后得出结果。显然，从数据输入到稳定输出只需两倍的四位比较器延迟时间，若用串联方式，则 16 位的数值比较器从输入到稳定输出需要 4 倍的四位比较器延迟时间。

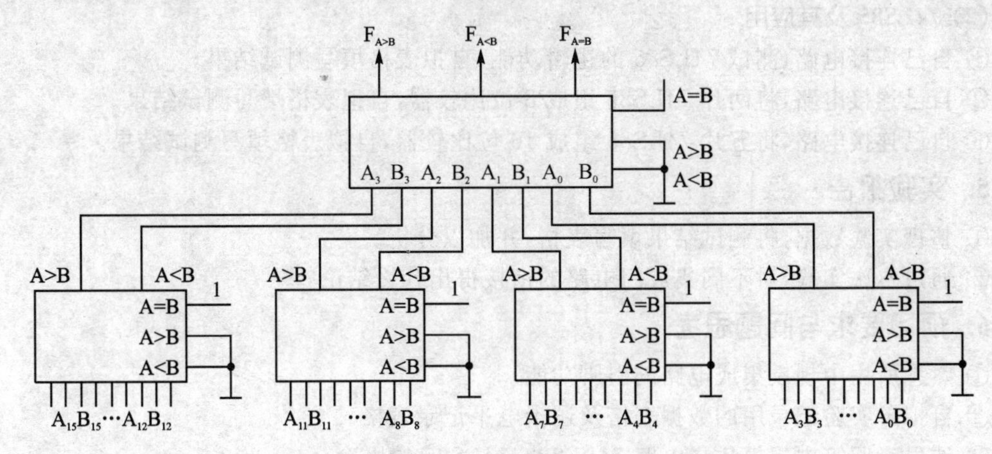

图 4－25　四位比较器扩展为十六位比较器

目前生产的数字比较器产品中，电路结构形式多样。因为电路结构形式不同，扩展输入端的用法也不完全一样，使用时应注意区别。例如，CC14585 就是一款四位比较器产品，它具有与 74LS85 相同的逻辑功能，但它不需要扩大比较位数时，应把 A＞B、A＝B 接高电平，A＜B 接低电平。

数值比较器除了在数字系统中进行两组二进制数的比较之外，在自动控制系统中还常用于反馈量与给定量之间的数字比较环节。例如在装料生产中，要控制某个容器的装料量，可以将装料量或料位采样，并将其采样数据送至控制机构中与某一标准值比较，然后将比较结果由控制机构送回到执行机构来决定是否继续装料。

3. 实验设备与器件

① ±5 V、＋15 V 直流电源，逻辑电平显示器，逻辑电平开关，逻辑笔。

② 数字电路实验仪：包括直流稳压电源、信号源、逻辑开关、逻辑电平显示器、元器件位置的布局。

③ 74LS00×2、74LS20×1、74LS283×2、74LS85×5 及专用导线若干。

4. 实验内容

(1) 74LS283 及其应用

① 自己连接电路，测试 74LS283 的逻辑功能，自拟表格填写测试结果。

② 自己连接电路，将两片 74LS283 组成 8 位加法器，自拟表格填写测试结果。

③ 自拟实验电路，用 74LS283 和逻辑门实现减法运算，并进行测试。

④ 自拟实验电路，用 74LS283 和逻辑门实现 8421BCD 码与余 3 代码的转换，并进行测试。

⑤ 自拟实验电路，用两片 74LS283 和逻辑门实现一位 8421BCD 码加法器，并进行测试。

(2) 74LS85 及其应用

① 自己连接电路，测试 74LS85 的逻辑功能，自拟表格填写测试结果。

② 自己连接电路，将两片 74LS85 组成 8 位比较器，自拟表格填写测试结果。

③ 自己连接电路，将五片 74LS85 组成 16 位比较器，自拟表格填写测试结果。

5. 实验报告

① 整理实验数据，将测试结果填写表格，并加以分析。

② 通过本次实验，对不同集成门电路的衔接得出什么结论？

6. 预习要求与问题思考

① 熟悉所用中规模集成电路的引脚功能。

② 自拟各实验记录用的数据表格及逻辑电平记录表格。

③ 请思考回答中规模集成电路 74LS283、74LS85 的用途。

4.2.5 集成编码器、译码器及其逻辑功能测试

1. 实验目的

① 掌握编码、译码、显示电路的工作原理。

② 掌握集成译码器及数字显示器件的逻辑功能和使用方法。

③ 熟悉学习编码器、译码器的功能及测试方法。

④ 熟悉数据分配器的用途及原理。

⑤ 掌握译码电路构成数据分配器的方法。

2. 实验原理

(1) 8-3 线优先编码器 74LS148

在优先编码器中，允许几个信号同时输入，但是电路只对其中优先级别最高的进行编码，

不理睬级别低的信号，或者说级别低的信号不起作用，这样的电路叫做优先编码器。至于优先级别的高低，则完全是由设计人员根据各个输入信号轻重缓急情况决定的。如图 4-26(a)、(b)所示是集成 8-3 线优先编码器 74LS148 的逻辑符号和外引线功能端排列图。小圆圈表示低电平有效。图中，$\overline{I_7}\sim\overline{I_0}$为输入信号端，$\overline{S}$是使能输入端，$\overline{Y_2Y_1Y_0}$是三个代码(反码)输出端，其中$\overline{Y_2}$为最高位，$\overline{Y_S}$和$\overline{Y_{EX}}$是用于扩展功能的输出端，主要用于级联和扩展。

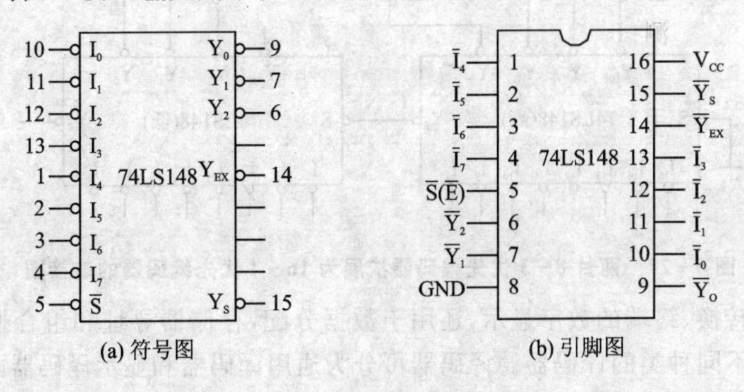

图 4-26 74LS148 优先编码器

74LS148 的输入为低电平有效，$\overline{I}_7$ 优先级最高，$\overline{I}_0$ 优先级最低。即只要$\overline{I}_7=0$，不管其他输入端是 0 还是 1，输出只对$\overline{I}_7$ 编码，且对应的输出为反码有效，$\overline{Y_2Y_1Y_0}=000$。$\overline{S}$为使能(允许)输入端，低电平有效，只有$\overline{S}=0$ 时编码器工作，允许编码；$\overline{S}=1$ 时编码器不工作，电路禁止编码，输出$\overline{Y_2Y_1Y_0}$均为高电平。$\overline{Y}_S$ 为使能输出端，当$\overline{S}=0$ 允许工作时，如果$\overline{I}_7\sim\overline{I}_0$ 端有信号输入，$\overline{Y}_S=1$；若$\overline{I}_7\sim\overline{I}_0$ 端无信号输入时，$\overline{Y}_S=0$。$\overline{Y}_{EX}$为扩展输出端(标志输出端)，当$\overline{S}=0$ 时，只要有编码信号输入，$\overline{Y}_{EX}=0$；无编码信号输入，$\overline{Y}_{EX}=1$。$\overline{S}=1$ 时编码器不工作，电路禁止编码，$\overline{Y}_S=1$，$\overline{Y}_{EX}=1$。

综合以上可以看出，$\overline{S}=0$(允许编码)时，若有编码信号输入，$\overline{Y}_S=1$，$\overline{Y}_{EX}=0$；若无编码信号输入，$\overline{Y}_S=0$，$\overline{Y}_{EX}=1$。根据此二输出端值可判断编码器是否有码可编。

利用$\overline{S}$、$\overline{Y}_S$ 和$\overline{Y}_{EX}$可以实现优先编码器的扩展。用两块 74LS148 可以扩展成为一个 16-4 线优先编码器，电路连接图如图 4-27 所示。

图 4-27 中，高位片$\overline{S}=0$，则高位片允许对输入 $I_8\sim I_{15}$ 编码。若 $I_8\sim I_{15}$ 有编码请求，则高位片$\overline{Y_S}=0$，使得低位片$\overline{S}=1$，低位片禁止编码；但若 $I_8\sim I_{15}$ 都是高电平，即均无编码请求，则高位片$\overline{Y_S}$使得低位片$\overline{S}=0$，允许低位片对输入 $I_0\sim I_7$ 编码。显然，高位片的编码级别优先于低位片。自己进行扩展时，要注意输入端数、输出端数的确定以及芯片间的连接等若干问题。

(2) 集成 3-8 线译码器

译码器是一个多输入、多输出的组合逻辑电路。它的作用是把给定的代码进行“翻译”，变成相应的状态，使输出通道中相应的一路有信号输出。译码器在数字系统中有着广泛的用途，

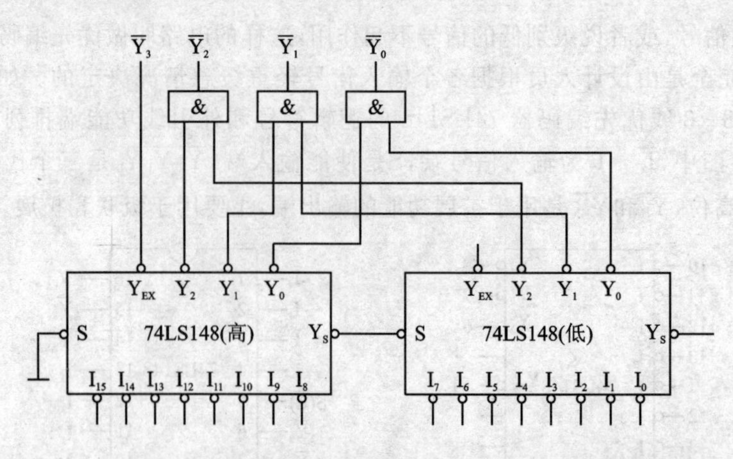

图 4-27　两片 8-3 优先编码器扩展为 16-4 优先编码器的连接图

不仅用于代码的转换、终端的数字显示，还用于数据分配，存储器寻址和组合控制信号等。不同的功能可选用不同种类的译码器。译码器可分为通用译码器和显示译码器两大类。前者又分为变量译码器和代码变换译码器。

变量译码器（又称二进制译码器、最小项译码器），用于表示输入变量的状态，如 2-4 线、3-8 线和 4-16 线译码器。若有 n 个输入变量，则有 2^n 个不同的组合状态，就有 2^n 个输出端供其使用。而每一个输出所代表的函数对应于 n 个输入变量的最小项。

如图 4-28(a)、(b)所示是集成 3-8 线译码器 74LS138 的逻辑符号及引脚排列图，其中 A_2、A_1、A_0 为地址输入端，$\overline{Y}_0 \sim \overline{Y}_7$ 为译码输出端，E_1（或 S_1）、$\overline{E}_{2A}$（或 $\overline{S}_2$）、$\overline{E}_{2B}$（或 $\overline{S}_3$）为使能端。

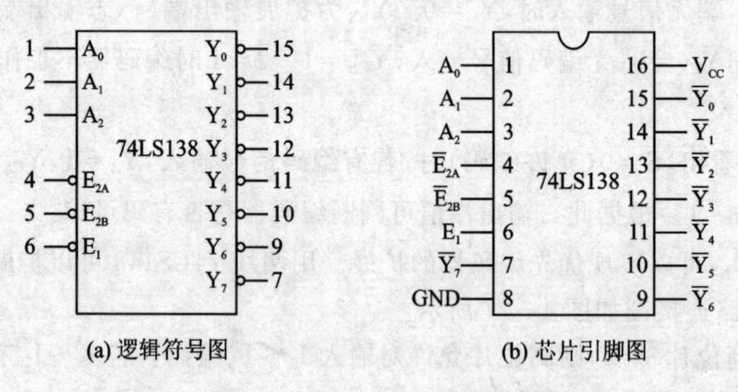

图 4-28　74LS138 的符号图和引脚图

表 4-7 为 74LS138 功能表。当 $E_1=1, \overline{E}_{2A}+\overline{E}_{2B}=0$ 时，器件使能，地址码所指定的输出端有信号（为 0）输出，其他所有输出端均无信号（全为 1）输出。当 $E_1=0, \overline{E}_{2A}+\overline{E}_{2B}=X$ 时，或 $E_1=X, \overline{E}_{2A}+\overline{E}_{2B}=1$ 时，译码器被禁止，所有输出同时为 1。

表4-7 74LS138功能表

输入					输出							
E_1	$\bar{E}_{2A}+\bar{E}_{2B}$	A_2	A_1	A_0	$\bar{Y}_0$	$\bar{Y}_1$	$\bar{Y}_2$	$\bar{Y}_3$	$\bar{Y}_4$	$\bar{Y}_5$	$\bar{Y}_6$	$\bar{Y}_7$
1	0	0	0	0	0	1	1	1	1	1	1	1
1	0	0	0	1	1	0	1	1	1	1	1	1
1	0	0	1	0	1	1	0	1	1	1	1	1
1	0	0	1	1	1	1	1	0	1	1	1	1
1	0	1	0	0	1	1	1	1	0	1	1	1
1	0	1	0	1	1	1	1	1	1	0	1	1
1	0	1	1	0	1	1	1	1	1	1	0	1
1	0	1	1	1	1	1	1	1	1	1	1	0
0	×	×	×	×	1	1	1	1	1	1	1	1
×	1	×	×	×	1	1	1	1	1	1	1	1

利用使能端能方便地将两个3-8译码器组合成一个4-16译码器,如图4-29所示。利用译码器的使能端作为高位输入端,4位输入变量A_3、A_2、A_1、A_0的最高位A_3接到高位片的E_1和低位片的E_{2A}和E_{2B},其他3位输入变量A_2、A_1、A_0分别接两块74LS138的变量输入端A_2、A_1、A_0。

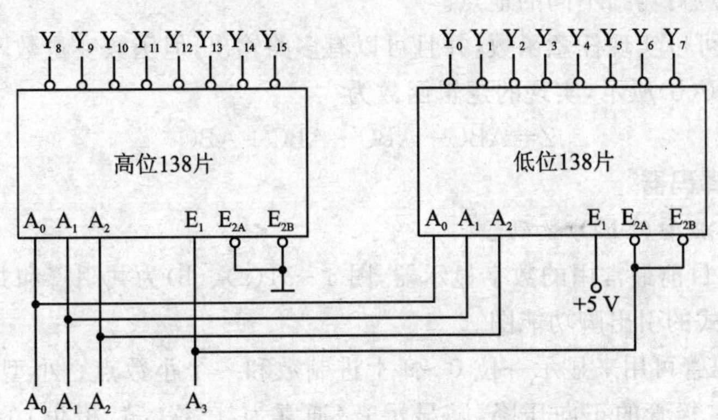

图4-29 3-8译码器扩展为4-16译码器的连接图

当$A_3=0$时,低位片74LS138工作,对输入A_3、A_2、A_1、A_0进行译码,还原出$Y_0\sim Y_7$,此时高位禁止工作;当$A_3=1$时,高位片74LS138工作,还原出$Y_8\sim Y_{15}$,而低位片禁止工作。

二进制译码器实际上也是负脉冲输出的脉冲分配器。若利用使能端中的一个输入端输入数据信息,器件就成为一个数据分配器(又称多路分配器),如图4-30(a)所示。若在S_1输入端输入数据信息,$\bar{S}_2=\bar{S}_3=0$,地址码所对应的输出是S_1数据信息的反码;若从$\bar{S}_2$端输入数据信息，令 $S_1=1$、$\bar{S}_3=0$，地址码所对应的输出就是 $\bar{S}_2$ 端数据信息的原码。若数据信息是时钟脉冲，则数据分配器便成为时钟脉冲分配器。

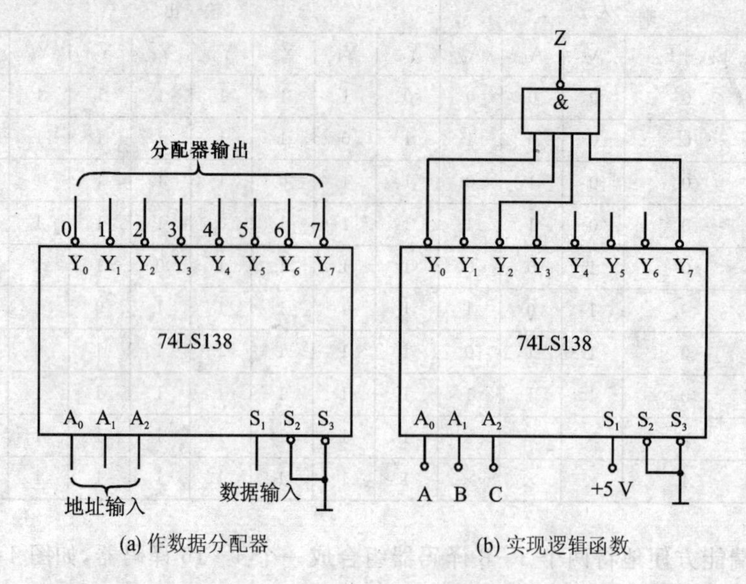

(a) 作数据分配器　　(b) 实现逻辑函数

图 4-30　3-8 译码器的应用

根据输入地址的不同组合译出唯一地址，故可用作地址译码器。接成多路分配器，可将一个信号源的数据信息传输到不同的地点。

二进制译码器可以实现任意函数，并且可以有多路输出，但函数变量数不能超过译码器地址端数。如图 4-30(b)所示，实现的逻辑函数为

$$Z=\overline{A}\overline{B}\overline{C}+\overline{A}B\overline{C}+A\overline{B}\overline{C}+ABC$$

(3) 数码显示译码器

1) 七段发光二极管(LED)数码管

LED 数码管是目前最常用的数字显示器，图 4-31(a)、(b)为共阴管和共阳管的电路，(c)为两种不同出线形式的引出脚功能图。

一个 LED 数码管可用来显示一位 0～9 十进制数和一个小数点。小型数码管(0.5 寸和 0.36 寸)每段发光二极管的正向压降，随显示光(通常为红、绿、黄、橙色)的颜色不同略有差别，通常约为 2～2.5 V，每个发光二极管的点亮电流在 5～10 mA。LED 数码管要显示 BCD 码所表示的十进制数字就需要有一个专门的译码器，该译码器不但要完成译码功能，还要有相当的驱动能力。

2) BCD 码七段译码驱动器

此类译码器型号有 74LS47(共阳)，74LS48(共阴)，CC4511(共阴)等，本实验建议采用 CC4511 BCD 码锁存/七段译码/驱动器。驱动共阴极 LED 数码管。

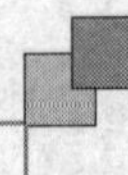

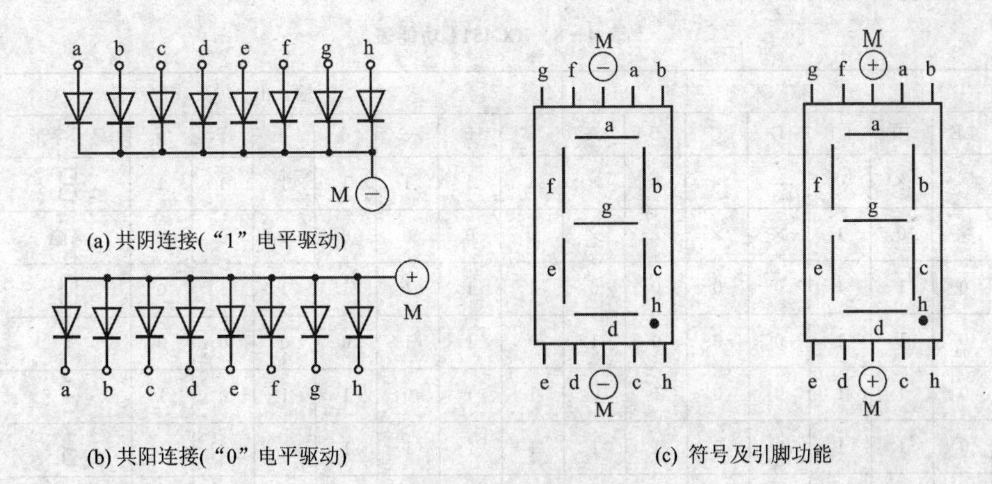

图 4-31　LED 数码管

图 4-32(a)为 CC4511 引脚排列图。其中：A、B、C、D——BCD 码输入端；a、b、c、d、e、f、g——译码输出端，输出"1"有效，用来驱动共阴极 LED 数码管；$\overline{LT}$——测试输入端，$\overline{LT}$为"0"时，译码输出全为"1"；$\overline{BI}$——消隐输入端，$\overline{BI}$为"0"时，译码输出全为"0"；LE——锁定端，LE 为"1"时译码器处于锁定（保持）状态，译码输出保持在 LE 为 0 时的数值，LE 为 0 为正常译码。

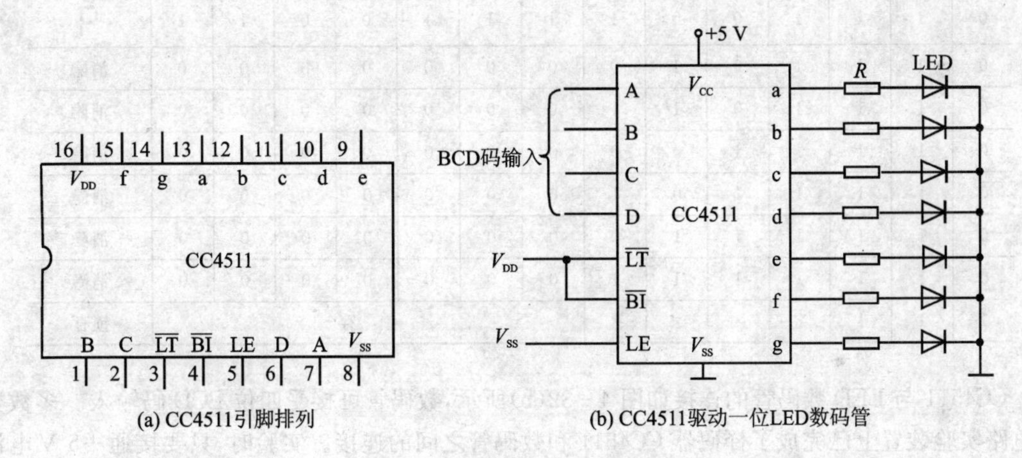

图 4-32　CC4511 引脚排列图及驱动 LED 数码管连接方式

表 4-8 为 CC4511 功能表。CC4511 内接有上拉电阻，故只需在输出端与数码管笔段之间串入限流电阻即可工作。译码器还有拒伪码功能，当输入码超过 1001 时，输出全为"0"，数码管熄灭。

表4-8 CC4511功能表

输入							输出							
LE	$\overline{BI}$	$\overline{LT}$	D	C	B	A	a	b	c	d	e	f	g	显示字形
×	×	0	×	×	×	×	1	1	1	1	1	1	1	8
×	0	1	×	×	×	×	0	0	0	0	0	0	0	消隐
0	1	1	0	0	0	0	1	1	1	1	1	1	0	0
0	1	1	0	0	0	1	0	1	1	0	0	0	0	1
0	1	1	0	0	1	0	1	1	0	1	1	0	1	2
0	1	1	0	0	1	1	1	1	1	1	0	0	1	3
0	1	1	0	1	0	0	0	1	1	0	0	1	1	4
0	1	1	0	1	0	1	1	0	1	1	0	1	1	5
0	1	1	0	1	1	0	0	0	1	1	1	1	1	6
0	1	1	0	1	1	1	1	1	1	0	0	0	0	7
0	1	1	1	0	0	0	1	1	1	1	1	1	1	8
0	1	1	1	0	0	1	1	1	1	0	0	1	1	9
0	1	1	1	0	1	0	0	0	0	0	0	0	0	消隐
0	1	1	1	0	1	1	0	0	0	0	0	0	0	消隐
0	1	1	1	1	0	0	0	0	0	0	0	0	0	消隐
0	1	1	1	1	0	1	0	0	0	0	0	0	0	消隐
0	1	1	1	1	1	0	0	0	0	0	0	0	0	消隐
0	1	1	1	1	1	1	0	0	0	0	0	0	0	消隐
1	1	1	×	×	×	×	锁存							锁存

CC4511与LED数码管的连接如图4-32(b)所示，数码管可接受四位BCD码输入。多数数字电路实验装置上已完成了译码器CC4511和数码管之间的连接。实验时，只要接通+5 V电源和将十进制数的BCD码接至译码器的相应输入端A、B、C、D即可显示0～9的数字。

3. 实验设备与器件

① +5 V直流电源、双踪示波器、连续脉冲源、逻辑电平开关、逻辑电平显示器。

② 译码显示器(数码管)、74LS148×2、74LS138×2、CC4511。

③ 数字电子技术实验仪。

4. 实验内容

(1) 8-3 线优先编码器 74LS148 的功能测试

自拟测试步骤和测试表格，测试 74LS148 的功能，并记录。

(2) BCD-七段译码器/驱动器逻辑功能测试

将四位 A_i、B_i、C_i、D_i（共有 0000～1111 十六种组合，由数字实验仪的逻辑开关输出高低电平或由 5 V 电源和地线输出）分别接至显示译码/驱动器 CC4511 的 4 个对应输入口，LE、$\overline{BI}$、$\overline{LT}$接至三个逻辑开关的输出插口，接上+5 V 显示器的电源，然后按功能表 4-8 输入的要求输入 0000～1111 和操作与 LE、$\overline{BI}$、$\overline{LT}$对应的三个逻辑开关，观测输入的四位数与 LED 数码管显示的对应数字是否一致及译码显示是否正常。

(3) 74LS138 译码器逻辑功能测试

将译码器使能端 S_1、$\bar{S}_2$、$\bar{S}_3$ 及地址端 A_2、A_1、A_0 分别接至逻辑电平开关输出口，8 个输出端 $\bar{Y}_7$～$\bar{Y}_0$ 依次连接在逻辑电平显示器的 8 个输入口上，拨动逻辑电平开关，按表 4-7 逐项测试 74LS138 的逻辑功能。

(4) 用 74LS138 构成时序脉冲分配器

参照图 4-30(a)和实验原理说明，时钟脉冲 CP 频率约为 10 kHz，要求分配器输出端 $\bar{Y}_0$～$\bar{Y}_7$ 的信号与 CP 输入信号同相。

画出分配器的实验电路，用示波器观察和记录在地址端 A_2、A_1、A_0 分别取 000～111 八种不同状态时 $\bar{Y}_0$～$\bar{Y}_7$ 端的输出波形，注意输出波形与 CP 输入波形之间的相位关系。

(5) 用两片 74LS138 组合成一个 4-16 线译码器

用两片 74LS138 组合成一个 4-16 线译码器并进行实验。

5. 实验报告

① 画出实验线路，记录并整理实验数据。

② 对实验结果进行分析、讨论，分析实验结果是否正确。

6. 实验预习要求与问题思考

① 复习有关编码器、译码器和分配器的原理。

② 熟悉各集成芯片的引脚排列与功能。

③ 根据实验任务，画出所需的实验线路及记录表格。

④ 已知 CD4511 输出高电平为 5 V，LED 数码显示器发光时压降为 2 V，R=510 Ω，试求显示器发光时每段的工作电流.若要使每段工作电流限制在 10 mA，R 应选取多大？

⑤ 想一想编码器、译码器在实际中的各种用途。

4.2.6 集成数据选择器及其应用

1. 实验目的

① 掌握数据选择器、分配器的工作原理。掌握中规模集成数据选择器的逻辑功能及使用方法。

② 学习用数据选择器构成组合逻辑电路的方法。

③ 熟悉多路信号传输的设计方法。

2. 实验原理

数据选择器又叫“多路开关”。数据选择器在地址码(或叫选择控制)电位的控制下,从几个数据输入中选择一个并将其送到一个公共的输出端。数据选择器的功能类似一个多掷开关,如图 4-33 所示,图中有四路数据 $D_0 \sim D_3$,通过选择控制信号 A_1、A_0(地址码)从四路数据中选中某一路数据送至输出端 Q。

数据选择器为目前逻辑设计中应用十分广泛的逻辑部件,它有 2 选 1,4 选 1,8 选 1,16 选 1 等类别。

数据选择器的电路结构一般由与或门阵列组成,也有用传输门开关和门电路混合而成的。

(1) 八选一数据选择器 74LS151

74LS151 为互补输出的 8 选 1 数据选择器,引脚排列如图 4-34 所示,功能如表 4-9 所列。

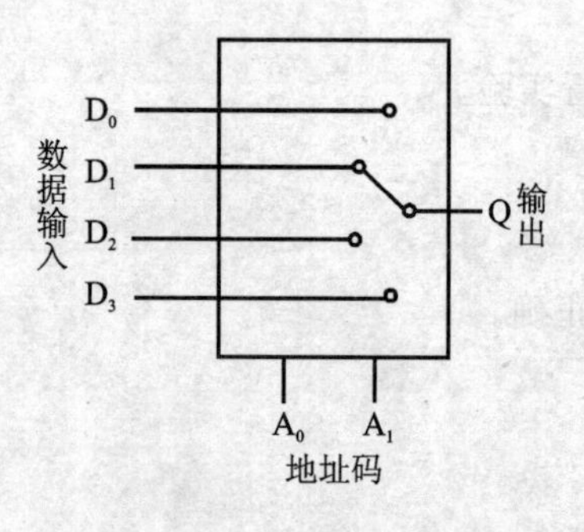

图 4-33 4 选 1 数据选择器示意图

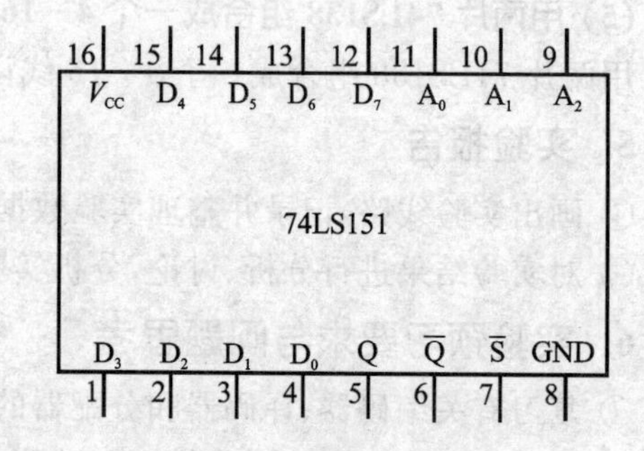

图 4-34 74LS151 引脚排列

选择控制端(地址端)为 $A_2 \sim A_0$,按二进制译码,从 8 个输入数据 $D_0 \sim D_7$ 中,选择一个需要的数据送到输出端 Q,$\bar{S}$ 为使能端,低电平有效。

当使能端 $\bar{S}=1$ 时,不论 $A_2 \sim A_0$ 状态如何,均无输出($Q=0,\bar{Q}=1$),多路开关被禁止;当使能端 $\bar{S}=0$ 时,多路开关正常工作,根据地址码 A_2、A_1、A_0 的状态选择 $D_0 \sim D_7$ 中某一个通道的数据输送到输出端 Q。如:$A_2A_1A_0=000$,则选择 D_0 数据到输出端,即 $Q=D_0$。如:$A_2A_1A_0=001$,则选择 D_1 数据到输出端,即 $Q=D_1$,其余类推。

(2) 双四选一数据选择器 74LS153

所谓双 4 选 1 数据选择器，就是在一块集成芯片上有两个 4 选 1 数据选择器。引脚排列如图 4－35 所示，功能如表 4－10 所列。

$1\bar{S}$、$2\bar{S}$ 为两个独立的使能端；A_1、A_0 为公用的地址输入端；$1D_0$～$1D_3$ 和 $2D_0$～$2D_3$ 分别为两个 4 选 1 数据选择器的数据输入端；Q_1、Q_2 为两个输出端。

当使能端 $1\bar{S}(2\bar{S})=1$ 时，多路开关被禁止，无输出，Q＝0；当使能端 $1\bar{S}(2\bar{S})=0$ 时，多路开关正常工作，根据地址码 A_1、A_0 的状态，将相应的数据 D_0～D_3 送到输出端 Q。如：$A_1A_0=00$ 则选择 D_0 数据到输出端，即 $Q=D_0$；$A_1A_0=01$ 则选择 D_1 数据到输出端，即 $Q=D_1$，其余类推。

16	15	14	13	12	11	10	9
V_{CC}	$2\bar{S}$	A_0	$2D_3$	$2D_2$	$2D_1$	$2D_0$	2Q
74LS153							
$1\bar{S}$	A_1	$1D_3$	$1D_2$	$1D_1$	$1D_1$	1Q	GND
1	2	3	4	5	6	7	8

图 4－35　74LS153 引脚功能

表 4－9　74LS151 功能表

输入				输出	
$\bar{S}$	A_2	A_1	A_0	Q	$\bar{Q}$
1	×	×	×	0	1
0	0	0	0	D_0	$\bar{D}_0$
0	0	0	1	D_1	$\bar{D}_1$
0	0	1	0	D_2	$\bar{D}_2$
0	0	1	1	D_3	$\bar{D}_3$
0	1	0	0	D_4	$\bar{D}_4$
0	1	0	1	D_5	$\bar{D}_5$
0	1	1	0	D_6	$\bar{D}_6$
0	1	1	1	D_7	$\bar{D}_7$

表 4－10　双四选一数据选择器 74LS153 功能表

输入			输出
$\bar{S}$	A_1	A_0	Q
1	×	×	0
0	0	0	D_0
0	0	1	D_1
0	1	0	D_2
0	1	1	D_3

数据选择器的用途很多，例如多通道传输，数码比较，并行码变串行码以及实现逻辑函数等。

(3) 用数据选择器实现逻辑函数

数据选择器的应用很广泛，典型应用之一就是可以作为函数发生器实现逻辑函数。可以知道，逻辑函数可以写成最小项之和的标准形式，数据选择器的输出正好包含了地址变量的所有最小项，根据这一特点，可以方便地实现逻辑函数。但要注意以下几点：

① MUX 的地址输入数，可以等于、小于、大于待实现函数的输入变量数，MUX 只适合实现单输出函数。

② 当 MUX 的地址输入数等于待实现函数的输入变量数，输入变量 A、B、C、…依次接到 MUX 的地址输入端，根据函数所需要的最小项，确定 MUX 中 D_i 的值(0 或 1)即可。

③ 当函数输入变量数小于数据选择器的地址端(A)时，应将不用的地址端及不用的数据输入端(D)都接地。

④ 当函数输入变量大于数据选择器地址端(A)时，可能随着选用函数输入变量作地址的方案不同，而使其设计结果不同，需对几种方案比较，以获得最佳方案。

⑤ 因为函数中各最小项的标号是按 A、B、C 的权为 4、2、1 写出的，因此 A、B、C 必须依次加到 A_2、A_1、A_0 端。

3. 实验设备与器件

① +5 V 直流电源、逻辑电平开关、逻辑电平显示器、万用表。

② 数字电子技术实验仪。

③ 74LS151(或 CC4512)、74LS153(或 CC4539)。

4. 实验内容

(1) 测试数据选择器 74LS151 的逻辑功能

按图 4-36 接线，地址端 A_2、A_1、A_0、数据端 D_0～D_7、使能端 $\bar{S}$ 接逻辑开关，输出端 Q 接逻辑电平显示器，按 74LS151 功能表逐项进行测试，记录测试结果。

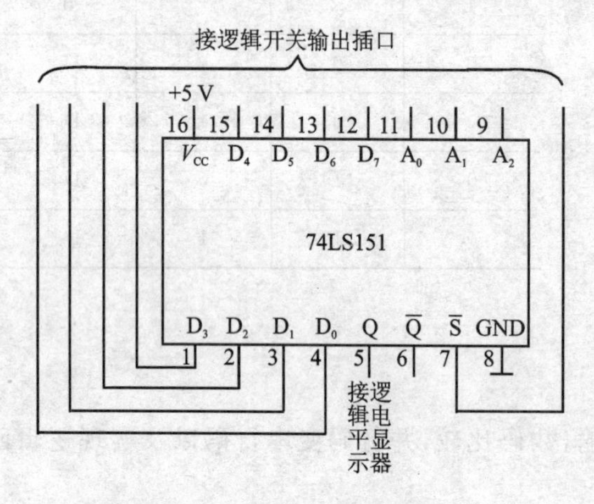

图 4-36 74LS151 逻辑功能测试

(2) 测试 74LS153 的逻辑功能

测试方法及步骤同上，记录之。

(3) 用 8 选 1 数据选择器 74LS151 设计三输入多数表决电路

要求：①写出设计过程；②画出接线图；③验证逻辑功能。

5. 实验报告

用数据选择器对实验内容进行设计、写出设计全过程、画出接线图、进行逻辑功能测试；总结实验收获、体会。

6. 预习内容与问题思考

① 复习数据选择器的工作原理。用数据选择器对实验内容中各函数式进行预设计。

② 用数据选择器能否实现多输出电路？

③ 数据选择器在实际中都有哪些用途？如何对数据选择器进行扩展？

4.2.7　触发器及其应用

1. 实验目的

① 掌握基本RS触发器、边沿JK、D和T触发器的逻辑功能。

② 掌握集成触发器的逻辑功能及使用方法。

③ 熟悉触发器之间相互转换的方法。

2. 实验原理

触发器具有两个稳定状态，用以表示逻辑状态“1”和“0”，在一定的外界信号作用下，可以从一个稳定状态翻转到另一个稳定状态，它是一个具有记忆功能的二进制信息存储器件，是构成各种时序电路的最基本逻辑单元。

(1) 基本RS触发器

图4-37为由两个与非门交叉耦合构成的基本RS触发器，它是无时钟控制低电平直接触发的触发器。基本RS触发器具有置“0”、置“1”和“保持”三种功能。通常称$\bar{S}$为置“1”端，因为$\bar{S}=0(\bar{R}=1)$时触发器被置“1”；$\bar{R}$为置“0”端，因为$\bar{R}=0(\bar{S}=1)$时触发器被置“0”，当$\bar{S}=\bar{R}=1$时状态保持；$\bar{S}=\bar{R}=0$时，触发器状态不定，应避免此种情况发生，表4-11为基本RS触发器的功能表。基本RS触发器也可以用两个“或非门”组成，此时为高电平触发有效。

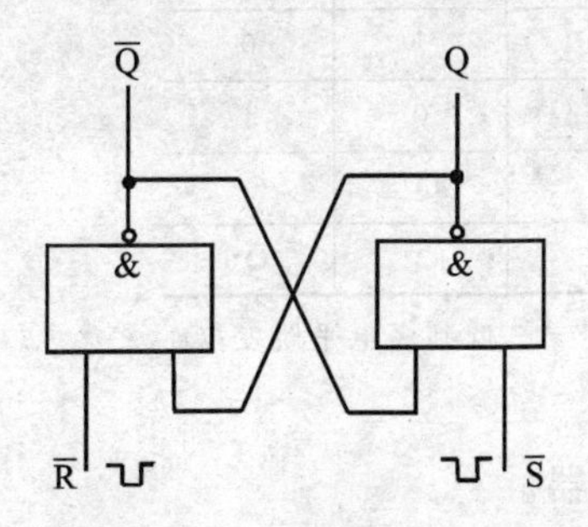

图4-37　基本RS触发器

表4-11　基本RS触发器的功能表

输入		输出	
$\bar{S}$	$\bar{R}$	Q^{n+1}	$\bar{Q}^{n+1}$
0	1	1	0
1	0	0	1
1	1	Q^n	$\bar{Q}^n$
0	0	φ	φ

(2) JK触发器

在输入信号为双端的情况下，JK触发器是功能完善、使用灵活和通用性较强的一种触发器。本实验采用74LS112双JK触发器，是下降边沿触发的边沿触发器。引脚功能及逻辑符号如图4-38所示。

JK触发器的状态方程为

$$Q^{n+1}=J\bar{Q}^n+\bar{K}Q^n$$

J和K是数据输入端，是触发器状态更新的依据，若J、K有两个或两个以上输入端时，组成“与”的关系。Q与$\bar{Q}$为两个互补输出端。通常把$Q=0$、$\bar{Q}=1$的状态定为触发器“0”状态；

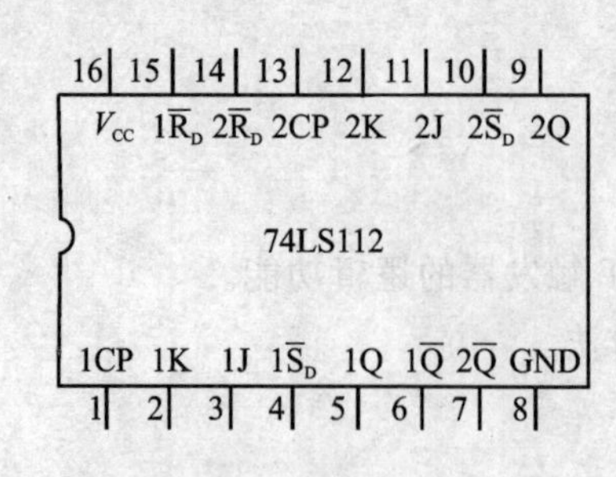

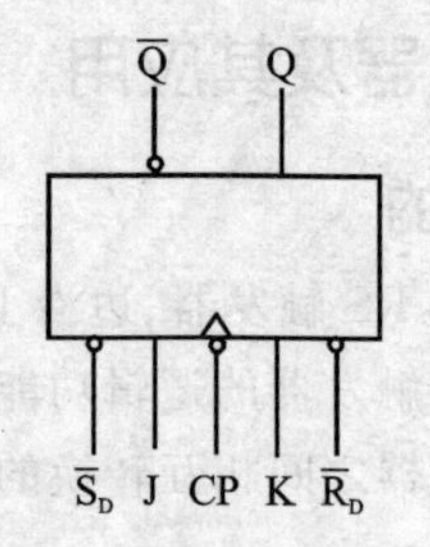

图 4-38　74LS112 双 JK 触发器引脚排列及逻辑符号

而把 Q=1，$\overline{Q}$=0 定为“1”状态。下降沿触发 JK 触发器的功能如表 4-12 所列。

表 4-12　下降沿触发 JK 触发器的功能表

输　入					输　出	
$\overline{S}_D$	$\overline{R}_D$	CP	J	K	Q^{n+1}	$\overline{Q}^{n+1}$
0	1	×	×	×	1	0
1	0	×	×	×	0	1
0	0	×	×	×	φ	φ
1	1	↓	0	0	Q^n	$\overline{Q}^n$
1	1	↓	1	0	1	0
1	1	↓	0	1	0	1
1	1	↓	1	1	$\overline{Q}^n$	Q^n
1	1	↑	×	×	Q^n	$\overline{Q}^n$

注：×——任意态；↓——高到低电平跳变；↑——低到高电平跳变；Q^n($\overline{Q}^n$)——现态；Q^{n+1}($\overline{Q}^{n+1}$)——次态；φ——不定态。

JK 触发器常被用作缓冲存储器、移位寄存器和计数器。

(3) D 触发器

在输入信号为单端的情况下，D 触发器用起来最为方便，其状态方程为 $Q^{n+1}=D^n$，其输出状态的更新发生在 CP 脉冲的上升沿，故又称为上升沿触发的边沿触发器，触发器的状态只取决于时钟到来前 D 端的状态，D 触发器的应用很广，可用作数字信号的寄存、移位寄存、分频和波形发生等。有很多种型号可供各种用途的需要而选用。如双 D74LS74、四 D74LS175、六 D74LS174 等。图 4-39 为双 D74LS74 的引脚排列及逻辑符号。功能如表 4-13 所列。

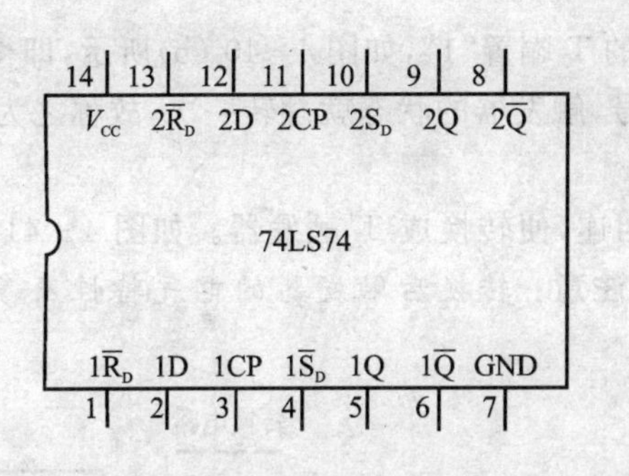

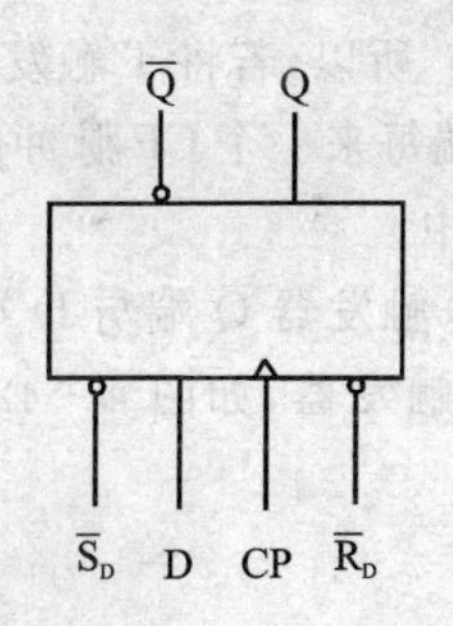

图 4-39 双 D74LS74 的引脚排列及逻辑符号

(4) 触发器之间的相互转换

在集成触发器的产品中，每一种触发器都有自己固定的逻辑功能。但可以利用转换的方法获得具有其他功能的触发器。例如将 JK 触发器的 J、K 两端连在一起，并认它为 T 端，就得到所需的 T 触发器。如图 4-40(a)所示，其状态方程为：$Q^{n+1}=T\overline{Q}^n+\overline{T}Q^n$。T 触发器的功能如表 4-14 所列。

表 4-13 双 D74LS74 的功能表

输入				输出	
$\overline{S}_D$	$\overline{R}_D$	CP	D	Q^{n+1}	$\overline{Q}^{n+1}$
0	1	×	×	1	0
1	0	×	×	0	1
0	0	×	×	φ	φ
1	1	↑	1	1	0
1	1	↑	0	0	1
1	1	↓	×	Q^n	$\overline{Q}^n$

表 4-14 T 触发器的功能表

输入				输出
$\overline{S}_D$	$\overline{R}_D$	CP	T	Q^{n+1}
0	1	×	×	1
1	0	×	×	0
1	1	↓	0	Q^n
1	1	↓	1	$\overline{Q}^n$

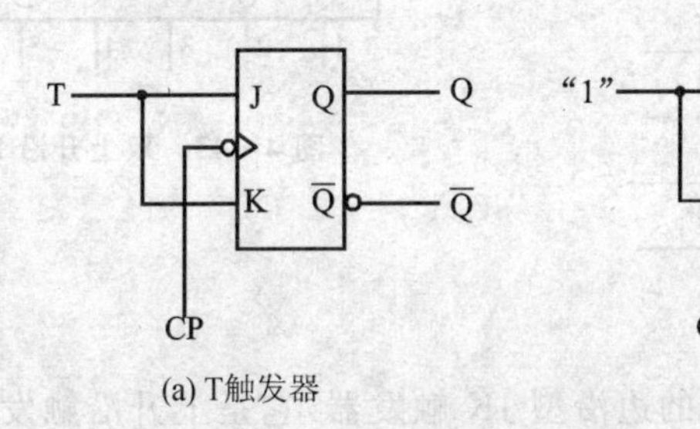

图 4-40 JK 触发器转换为 T、T′触发器

由功能表可见，当 T=0 时，时钟脉冲作用后，其状态保持不变；当 T=1 时，时钟脉冲作用后，

触发器状态翻转。所以，若将 T 触发器的 T 端置“1”，如图 4－40（b）所示，即得 T′触发器。在 T′触发器的 CP 端每来一个 CP 脉冲信号，触发器的状态就翻转一次，故称之为反转触发器，广泛用于计数电路中。

同样，若将 D 触发器 $\overline{Q}$ 端与 D 端相连，便转换成 T′触发器。如图 4－41 所示。JK 触发器也可转换为 D 触发器，如图 4－42。**注意：**转换后触发器的电气特性及参数取决于原触发器。

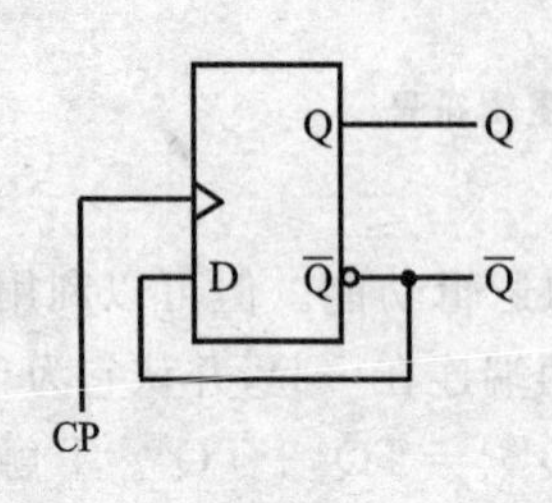

图 4－41　D 触发器转成 T′

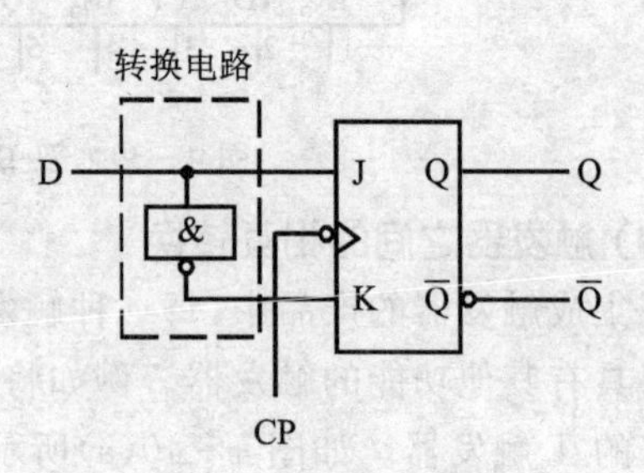

图 4－42　JK 触发器转成 D

(5) CMOS 触发器

1) CMOS 边沿型 D 触发器

CC4013 是由 CMOS 传输门构成的边沿型 D 触发器。它是上升沿触发的双 D 触发器，表 4－15 为其功能表，图 4－43 为引脚排列。

表 4－15　升沿触发的双 D 触发器功能表

输入				输出
S	R	CP	D	Q^{n+1}
1	0	×	×	1
0	1	×	×	0
1	1	×	×	φ
0	0	↑	1	1
0	0	↑	0	0
0	0	↓	×	Q^n

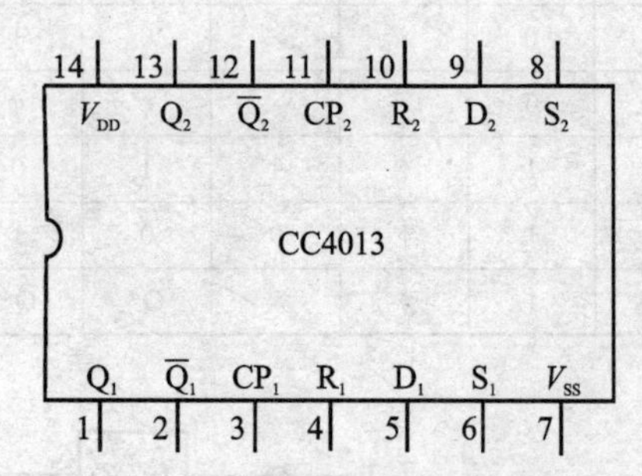

图 4－43　双上升沿 D 触发器

2) CMOS 边沿型 JK 触发器

CC4027 是由 CMOS 传输门构成的边沿型 JK 触发器，它是上升沿触发的双 JK 触发器，表 4－16 为其功能表，图 4－44 为引脚排列。

表 4-16　上升沿触发的双 JK 触发功能表

输入					输出
S	R	CP	J	K	Q^{n+1}
1	0	×	×	×	1
0	1	×	×	×	0
1	1	×	×	×	φ
0	0	↑	0	0	Q^n
0	0	↑	1	0	1
0	0	↑	0	1	0
0	0	↑	1	1	$\overline{Q}^n$
0	0	↓	×	×	Q^n

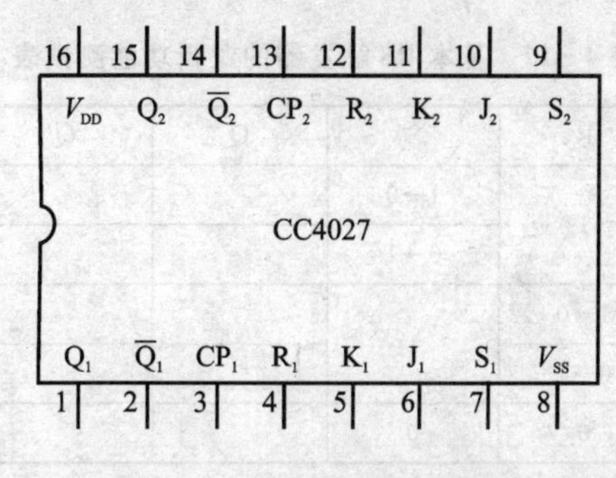

图 4-44　双上升沿 JK 触发器

CMOS 触发器的直接置位、复位输入端 S 和 R 是高电平有效，当 S＝1（或 R＝1）时，触发器将不受其他输入端所处状态的影响，使触发器直接置 1（或置 0）。但直接置位、复位输入端 S 和 R 必须遵守 RS＝0 的约束条件。CMOS 触发器在按逻辑功能工作时，S 和 R 必须均置 0。

3. 实验设备与器件

① ＋5 V 直流电源、双踪示波器、连续脉冲源、单次脉冲源、逻辑电平显示器、逻辑电平开关。

② 数字电子技术实验仪。

③ 74LS112（或 CC4027）、74LS00（或 CC4011）、74LS74（或 CC4013）。

4. 实验内容

(1) 测试基本 RS 触发器的逻辑功能

按图 4-37，用两个与非门组成基本 RS 触发器，输入端 $\overline{R}$、$\overline{S}$ 接逻辑开关的输出插口，输出端 Q、$\overline{Q}$ 接逻辑电平显示输入插口，按表 4-17 要求测试，记录之。

(2) 测试双 JK 触发器 74LS112 逻辑功能

① 测试 $\overline{R}_D$、$\overline{S}_D$的复位、置位功能。任取一只 JK 触发器，$\overline{R}_D$、$\overline{S}_D$、J、K 端接逻辑开关输出插口，CP 端接单次脉冲源，Q、$\overline{Q}$ 端接至逻辑电平显示输入插口。要求改变 $\overline{R}_D$，$\overline{S}_D$（J、K、CP 处于任意状态），并在 $\overline{R}_D$＝0（$\overline{S}_D$＝1）或 $\overline{S}_D$＝0（$\overline{R}_D$＝1）作用期间任意改变 J、K 及 CP 的状态，观察 Q、$\overline{Q}$ 状态。自拟表格并记录之。

② 测试 JK 触发器的逻辑功能。按表 4-18 的要求改变 J、K、CP 端状态，观察 Q、$\overline{Q}$ 状态变化，观察触发器状态更新是否发生在 CP 脉冲的下降沿（即 CP 由 1→0），记录之。

③ 将 JK 触发器的 J、K 端连在一起，构成 T 触发器。

在 CP 端输入 1 Hz 连续脉冲，观察 Q 端的变化。

在 CP 端输入 1 kHz 连续脉冲，用双踪示波器观察 CP、Q、$\overline{Q}$ 端波形，注意相位关系，描绘之。

表 4-17　基本 RS 触发器的逻辑功能测试表

$\overline{R}$	$\overline{S}$	Q	$\overline{Q}$
1	1→0		
	0→1		
1→0	1		
0→1			
0	0		

表 4-18　JK 触发器的逻辑功能测试表

J	K	CP	Q^{n+1}	
			$Q^n=0$	$Q^n=1$
0	0	0→1		
		1→0		
0	1	0→1		
		1→0		
1	0	0→1		
		1→0		
1	1	0→1		
		1→0		

(3) 测试双 D 触发器 74LS74 的逻辑功能

① 测试 $\overline{R}_D$、$\overline{S}_D$ 的复位、置位功能。测试方法同实验内容(2)的①，自拟表格记录。

② 测试 D 触发器的逻辑功能。按表 4-19 要求进行测试，并观察触发器状态更新是否发生在 CP 脉冲的上升沿(即由 0→1)，记录之。

③ 将 D 触发器的 $\overline{Q}$ 端与 D 端相连接，构成 T′触发器。测试并记录之。

(4) 双相时钟脉冲电路

用 JK 触发器及与非门构成的双相时钟脉冲电路如图 4-45 所示，此电路是用来将时钟脉冲 CP 转换成两相时钟脉冲 CP_A 及 CP_B，其频率相同、相位不同。

分析电路工作原理，并按图 4-45 接线，用双踪示波器同时观察 CP、CP_A，CP、CP_B 及 CP_A、CP_B 波形，并描绘之。

表 4-19　双 D 触发器 74LS74 的逻辑功能测试表

D	CP	Q^{n+1}	
		$Q^n=0$	$Q^n=1$
0	0→1		
	1→0		
1	0→1		
	1→0		

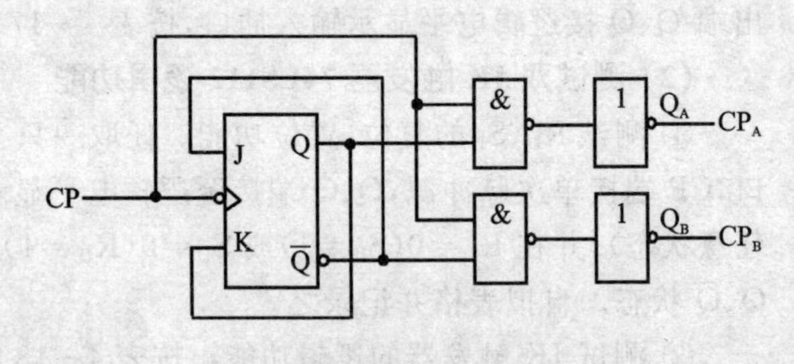

图 4-45　双相时钟脉冲电路

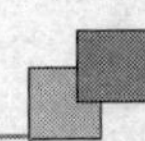

5. 实验报告

① 列表整理各类触发器的逻辑功能。

② 总结观察到的波形，说明触发器的触发方式。

③ 体会触发器的应用。

6. 实验预习要求与问题思考

① 复习有关触发器内容。

② 列出各触发器功能测试表格。

③ 利用普通的机械开关组成的数据开关所产生的信号是否可作为触发器的时钟脉冲信号，为什么？是否可以用作触发器的其他输入端的信号，又是为什么？

4.2.8　集成计数器及其应用

1. 实验目的

① 掌握中规模集成计数器的使用及功能测试方法。

② 学习用集成触发器构成计数器的方法。

③ 运用集成计数器构成 $1/N$ 分频器。

2. 实验原理

计数器是一个用以实现计数功能的时序部件，它不仅可用来计脉冲数，还常用作数字系统的定时、分频和执行数字运算以及其他特定的逻辑功能。

计数器种类很多。按构成计数器中的各触发器是否使用一个时钟脉冲源来分，有同步计数器和异步计数器。根据计数制的不同，分为二进制计数器，十进制计数器和任意进制计数器。根据计数的增减趋势，又分为加法、减法和可逆计数器。还有可预置数和可编程序功能计数器等。目前，无论是 TTL 还是 CMOS 集成电路，都有品种较齐全的中规模集成计数器。使用者只要借助于器件手册提供的功能表和工作波形图以及引出端的排列，就能正确地运用这些器件。

(1) 用 D 触发器构成异步二进制加/减计数器

图 4-46 是用四只 D 触发器构成的四位二进制异步加法计数器，它的连接特点是将每只 D 触发器接成 T′触发器，再由低位触发器的 $\overline{Q}$ 端和高一位的 CP 端相连接。

若将图 4-46 稍加改动，即将低位触发器的 Q 端与高一位的 CP 端相连接，即构成了一个四位二进制减法计数器。

(2) 中规模十进制计数器

CC40192 是同步十进制可逆计数器，具有双时钟输入，并具有清除和置数等功能，其引脚排列及逻辑符号如图 4-47 所示。

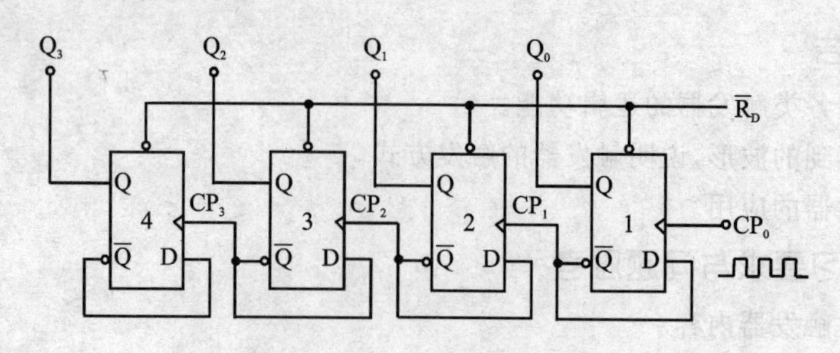

图 4-46　四位二进制异步加法计数器

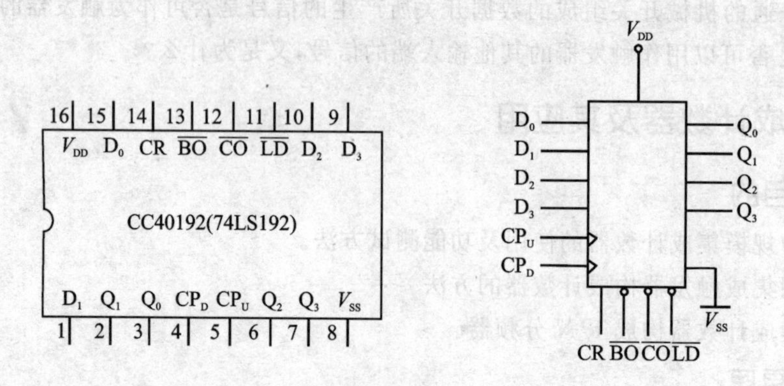

图 4-47　CC40192 引脚排列及逻辑符号

图 4-47 中$\overline{LD}$——置数端；CP_U——加计数端；CP_D——减计数端；$\overline{CO}$——非同步进位输出端；$\overline{BO}$——非同步借位输出端；D_0、D_1、D_2、D_3——计数器输入端；Q_0、Q_1、Q_2、Q_3——数据输出端；CR——清除端。

CC40192（同 74LS192，二者可互换使用）的功能如表 4-20 所列。

表 4-20　CC40192(74LS192)的功能表

输　入								输　出			
CR	$\overline{LD}$	CP_U	CP_D	D_3	D_2	D_1	D_0	Q_3	Q_2	Q_1	Q_0
1	×	×	×	×	×	×	×	0	0	0	0
0	0	×	×	d	c	b	a	d	c	b	a
0	1	↑	1	×	×	×	×	加　计　数			
0	1	1	↑	×	×	×	×	减　计　数			

当清除端 CR 为高电平“1”时，计数器直接清零；CR 置低电平则执行其他功能。当 CR 为低电平，置数端$\overline{LD}$也为低电平时，数据直接从置数端 D_0、D_1、D_2、D_3 置入计数器。当 CR 为低电平，$\overline{LD}$为高电平时，执行计数功能。执行加计数时，减计数端 CP_D 接高电平，计数脉冲由

CP_U输入；在计数脉冲上升沿进行8421码十进制加法计数。执行减计数时，加计数端CP_U接高电平，计数脉冲由减计数端CP_D输入，在计数脉冲上升沿进行8421码十进制减法计数。

(3) 计数器的级联使用

一个十进制计数器只能表示0～9十个数，为了扩大计数器范围，常用多个十进制计数器级联使用。

同步计数器往往设有进位(或借位)输出端，故可选用其进位(或借位)输出信号驱动下一级计数器。

图4-48是由CC40192利用进位输出$\overline{CO}$控制高一位的CP_U端构成的加计数级联图。

(4) 实现任意进制计数

1) 用复位法获得任意进制计数器

假定已有N进制计数器，而需要得到一个M进制计数器时，只要$M<N$，用复位法使计数器计数到M时置"0"，即获得M进制计数器。如图4-49所示为一个由CC40192十进制计数器接成的六进制计数器。

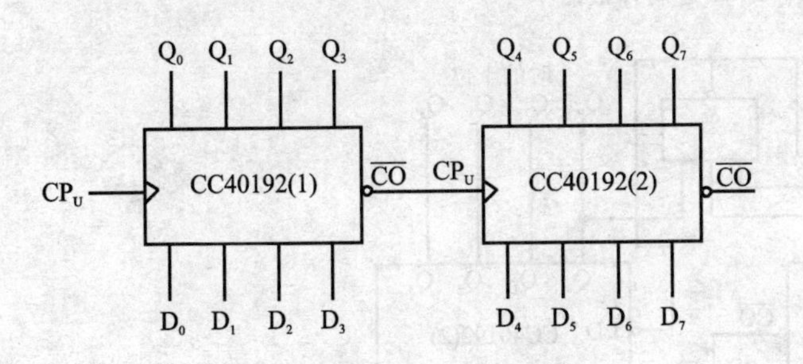

图4-48 CC40192级联电路

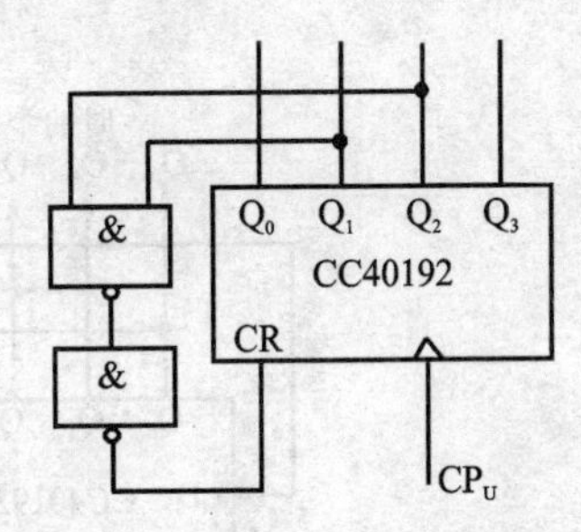

图4-49 六进制计数器

2) 利用预置功能获M进制计数器

图4-50为用三个CC40192组成的421进制计数器。外加的由与非门构成的锁存器可以克服器件计数速度的离散性，保证在反馈置"0"信号作用下计数器可靠置"0"。采用同步预置或清零更为可靠。

图4-51是一个特殊十二进制的计数器电路方案。在数字钟里，对时位的计数序列是1、2、…11，12、1、…是十二进制的，且无0数。如图4-51所示，当计数到13时，通过与非门产生一个复位信号，使CC40192(2)〔时十位〕直接置成0000，而CC40192(1)〔时的个位〕直接置成0001，从而实现了1～12计数。

3. 实验设备与器件

① +5 V直流电源、双踪示波器、连续脉冲源、单次脉冲源逻辑电平开关、逻辑电平显示器、译码显示器。

② 数字电子技术实验仪。

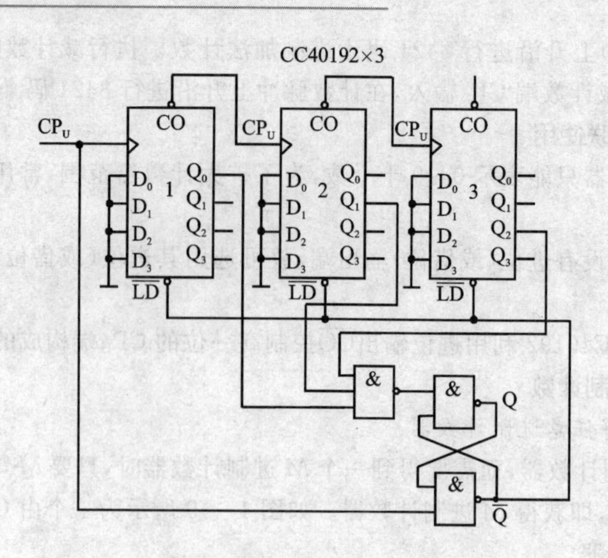

图 4-50　421 进制计数器

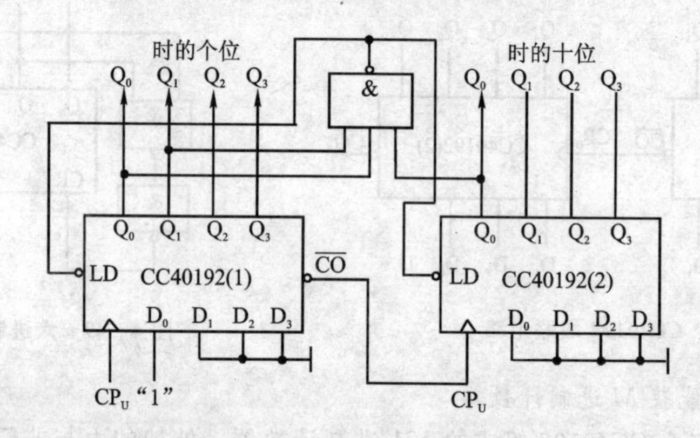

图 4-51　特殊十二进制计数器

③ CC4013×2(74LS74)、CC40192×3(74LS192)、CC4011(74LS00)、CC4012(74LS20)。

4. 实验内容

① 用 CC4013 或 74LS74 D 触发器构成 4 位二进制异步加法计数器。

第一步，按图 9-46 接线，$\bar{R}_D$ 接至逻辑开关输出插口，将低位 CP_0 端接单次脉冲源，输出端 Q_3、Q_2、Q_3、Q_0 接逻辑电平显示输入插口，各 $\bar{S}_D$ 接高电平“1”。

第二步，清零后，逐个送入单次脉冲，观察并列表记录 Q_3～Q_0 状态。

第三步，将单次脉冲改为 1 Hz 的连续脉冲，观察 Q_3～Q_0 的状态。

第四步，将 1 Hz 的连续脉冲改为 1 kHz，用双踪示波器观察 CP、Q_3、Q_2、Q_1、Q_0 端波形，描绘之。

② 将图4-46电路中的低位触发器的Q端与高一位的CP端相连接，构成减法计数器，按实验内容第一步至第三步进行实验，观察并列表记录$Q_3 \sim Q_0$的状态。

③ 测试CC40192或74LS192同步十进制可逆计数器的逻辑功能。

计数脉冲由单次脉冲源提供，清除端CR、置数端$\overline{LD}$、数据输入端D_3、D_2、D_1、D_0分别接逻辑开关，输出端Q_3、Q_2、Q_1、Q_0接实验设备的一个译码显示输入相应插口A、B、C、D；$\overline{CO}$和$\overline{BO}$接逻辑电平显示插口。按表4-20逐项测试并判断该集成块的功能是否正常。

清除：令CR=1，其他输入为任意态，这时$Q_3Q_2Q_1Q_0=0000$，译码数字显示为0。清除功能完成后，置CR=0。

置数：CR=0，CP_U、CP_D任意，数据输入端输入任意一组二进制数，令$\overline{LD}=0$，观察计数译码显示输出，预置功能是否完成，此后置$\overline{LD}=1$。

加计数：CR=0，$\overline{LD}=CP_D=1$，CP_U接单次脉冲源。清零后送入10个单次脉冲，观察译码数字显示是否按8421码十进制状态转换表进行；输出状态变化是否发生在CP_U的上升沿。

减计数：CR=0，$\overline{LD}=CP_U=1$，CP_D接单次脉冲源。参照加计数进行实验。

④ 如图4-48所示，用两片CC40192组成两位十进制加法计数器，输入1 Hz连续计数脉冲，进行由00～99累加计数，记录之。

⑤ 将两位十进制加法计数器改为两位十进制减法计数器，实现由99～00递减计数，记录之。

⑥ 按图4-49电路进行实验，记录之。

⑦ 按图4-50，或图4-51进行实验，记录之。

⑧ 设计一个六十进制计数器并进行实验(分别采用74LS161和CC40192设计)。

⑨ 组成一位计数、译码、显示电路，并进行测试，填写自制测试表格。要求：

- 用74LS192计数器、CD4511译码器/驱动器、CL-C5013SR数码管构成，画出电路。
- 观察计数器输出状态的显示及数码管显示的字形，将结果记入自制表中。

5. 实验报告

① 画出实验线路图，记录、整理实验现象及实验所得的有关波形。对实验结果进行分析。

② 总结使用集成计数器的体会。

6. 实验预习要求与问题思考

① 复习有关计数器部分内容。

② 绘出各实验内容的详细线路图。

③ 拟出各实验内容所需的测试记录表格。

④ 预置和清零有同步和异步之分，两种方法各有何特点？

⑤ 查手册，给出并熟悉实验所用各集成块的引脚排列图。

4.2.9　集成移位寄存器及其应用

1. 实验目的

① 掌握中规模4位双向移位寄存器逻辑功能及使用方法。

② 熟悉移位寄存器的扩展与应用。

2. 实验原理

移位寄存器是一个具有移位功能的寄存器，是指寄存器中所存的代码能够在移位脉冲的作用下依次左移或右移。既能左移又能右移的称为双向移位寄存器，只需要改变左、右移的控制信号便可实现双向移位要求。根据移位寄存器存取信息的方式不同分为：串入串出、串入并出、并入串出、并入并出四种形式。

(1) CC40194 或 74LS194 逻辑符号及引脚排列

本实验选用的4位双向通用移位寄存器，型号为CC40194或74LS194，两者功能相同，可互换使用，其逻辑符号及引脚排列如图4-52所示。

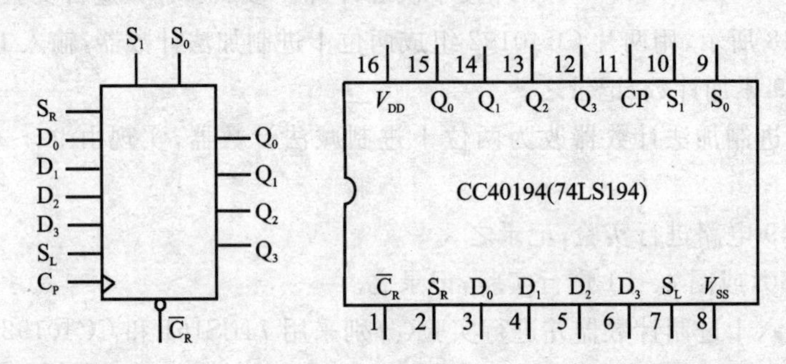

图4-52　CC40194 的逻辑符号及引脚功能

其中 D_0、D_1、D_2、D_3 为并行输入端；Q_0、Q_1、Q_2、Q_3 为并行输出端；S_R 为右移串行输入端，S_L 为左移串行输入端；S_1、S_0 为操作模式控制端；$\overline{C}_R$ 为直接无条件清零端；CP为时钟脉冲输入端。

CC40194有5种不同操作模式：即并行送数寄存，右移（方向由 $Q_0 \rightarrow Q_3$），左移（方向由 $Q_3 \rightarrow Q_0$），保持及清零。S_1、S_0 和 $\overline{C}_R$ 端的控制作用如表4-21所列。

表4-21　CC40194 的逻辑功能表

功能	输入										输出			
	CP	$\overline{C}_R$	S_1	S_0	S_R	S_L	D_O	D_1	D_2	D_3	Q_0	Q_1	Q_2	Q_3
清除	×	0	×	×	×	×	×	×	×	×	0	0	0	0
送数	↑	1	1	1	×	×	a	b	c	d	a	b	c	d

续表 4-21

功 能	输 入										输 出			
	CP	$\overline{C}_R$	S_1	S_0	S_R	S_L	D_O	D_1	D_2	D_3	Q_0	Q_1	Q_2	Q_3
右移	↑	1	0	1	D_{SR}	×	×	×	×	×	D_{SR}	Q_0	Q_1	Q_2
左移	↑	1	1	0	×	D_{SL}	×	×	×	×	Q_1	Q_2	Q_3	D_{SL}
保持	↑	1	0	0	×	×	×	×	×	×	Q_0^n	Q_1^n	Q_2^n	Q_3^n
保持	↓	1	×	×	×	×	×	×	×	×	Q_0^n	Q_1^n	Q_2^n	Q_3^n

(2) 移位寄存器的应用

移位寄存器应用很广，可构成移位寄存器型计数器、顺序脉冲发生器、串行累加器，可用作数据转换，即把串行数据转换为并行数据，或把并行数据转换为串行数据等。本实验研究移位寄存器用作环形计数器和数据的串、并行转换。

1) 环形计数器

把移位寄存器的输出反馈到它的串行输入端，就可以进行循环移位，如图 4-53 所示，把输出端 Q_3 和右移串行输入端 S_R 相连接，设初始状态 $Q_0Q_1Q_2Q_3=1000$，则在时钟脉冲作用下 $Q_0Q_1Q_2Q_3$ 将依次变为 0100→0010→0001→1000→0100→……，可见它是一个具有 4 个有效状态的计数器，这种类型的计数器通常称为环形计数器。图 4-53 电路可以由各个输出端输出在时间上有先后顺序的脉冲，因此也可作为顺序脉冲发生器。

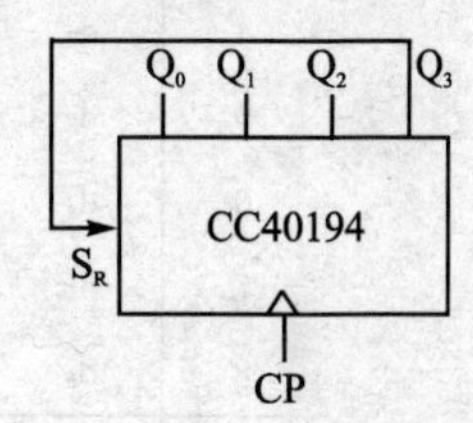

图 4-53　环形计数器

如果将输出 Q_0 与左移串行输入端 S_L 相连接，即可达左移循环移位。

2) 实现数据串、并行转换

① 串行/并行转换器。

串行/并行转换是指串行输入的数码，经转换电路之后变换成并行输出。图 4-54 是用两片 CC40194(74LS194)四位双向移位寄存器组成的 7 位串/并行数据转换电路。

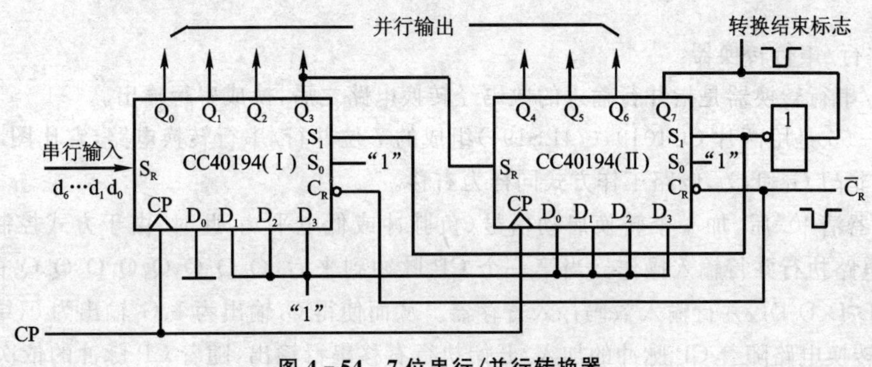

图 4-54　7 位串行/并行转换器

电路中 S_0 端接高电平1，S_1 受 Q_7 控制，两片寄存器连接成串行输入右移工作模式。Q_7 是转换结束标志。当 $Q_7=1$ 时，$S_1=0$，使之成为 $S_1S_0=01$ 的串入右移工作方式；当 $Q_7=0$ 时，$S_1=1$，有 $S_1S_0=10$，则串行送数结束，标志着串行输入的数据已转换成并行输出了。

串行/并行转换的具体过程如下。

转换前，$\bar{C}_R$ 端加低电平，使1、2两片寄存器的内容清0，此时 $S_1S_0=11$，寄存器执行并行输入工作方式。当第一个CP脉冲到来后，寄存器的输出状态 $Q_0\sim Q_7$ 为01111111，与此同时 S_1S_0 变为01，转换电路变为执行串入右移工作方式，串行输入数据由一片的 S_R 端加入。随着CP脉冲的依次加入，输出状态的变化如表4-22所列。

表4-22　串行/并行转换工作过程

CP	Q_0	Q_1	Q_2	Q_3	Q_4	Q_5	Q_6	Q_7	说　明
0	0	0	0	0	0	0	0	0	清零
1	0	1	1	1	1	1	1	1	送数
2	d_0	0	1	1	1	1	1	1	右移操作七次
3	d_1	d_0	0	1	1	1	1	1	
4	d_2	d_1	d_0	0	1	1	1	1	
5	d_3	d_2	d_1	d_0	0	1	1	1	
6	d_4	d_3	d_2	d_1	d_0	0	1	1	
7	d_5	d_4	d_3	d_2	d_1	d_0	0	1	
8	d_6	d_5	d_4	d_3	d_2	d_1	d_0	0	
9	0	1	1	1	1	1	1	1	送数

由表4-22可见，右移操作七次之后，Q_7 变为0，S_1S_0 又变为11，说明串行输入结束。这时，串行输入的数码已经转换成了并行输出了。

当再来一个CP脉冲时，电路又重新执行一次并行输入，为第二组串行数码转换作好了准备。

② 并行/串行转换器。

并行/串行转换器是指并行输入的数码经转换电路之后，换成串行输出。

图4-55是用两片CC40194(74LS194)组成的7位并行/串行转换电路，它比图4-54多了两只与非门 G_1 和 G_2，电路工作方式同样为右移。

寄存器清“0”后，加一个转换启动信号(负脉冲或低电平)。此时，由于方式控制 S_1S_0 为11，转换电路执行并行输入操作。当第一个CP脉冲到来后，$Q_0Q_1Q_2Q_3Q_4Q_5Q_6Q_7$ 的状态为 $0D_1D_2D_3D_4D_5D_6D_7$，并行输入数码存入寄存器。从而使得 G_1 输出为1，G_2 输出为0，结果，S_1S_2 变为01，转换电路随着CP脉冲的加入，开始执行右移串行输出，随着CP脉冲的依次加入，输

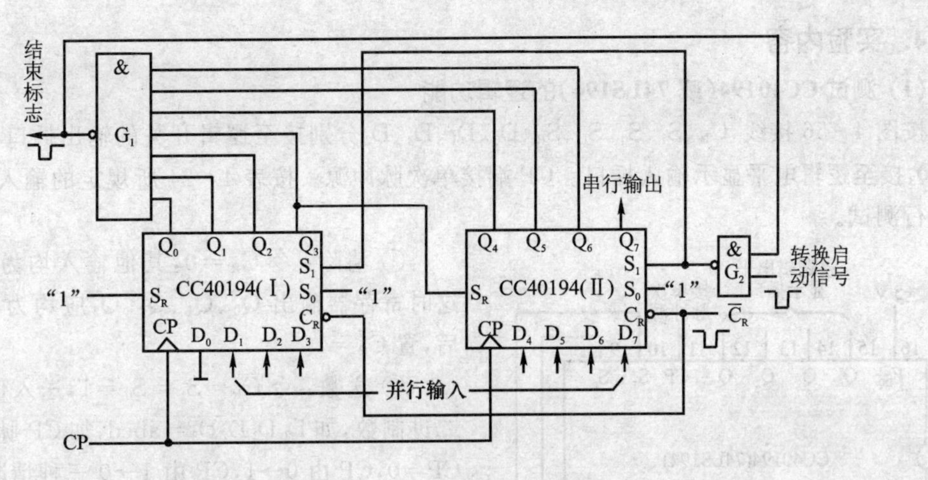

图 4-55 7位并行/串行转换器

出状态依次右移，待右移操作七次后，$Q_0 \sim Q_6$ 的状态都为高电平1，与非门 G_1 输出为低电平，G_2 门输出为高电平，S_1S_2 又变为11，表示并/串行转换结束，且为第二次并行输入创造了条件。转换过程如表4-23所列。

表 4-23 并行/串行转换工作过程

CP	Q_0	Q_1	Q_2	Q_3	Q_4	Q_5	Q_6	Q_7	串行输出						
0	0	0	0	0	0	0	0	0							
1	0	D_1	D_2	D_3	D_4	D_5	D_6	D_7							
2	1	0	D_1	D_2	D_3	D_4	D_5	D_6	D_7						
3	1	1	0	D_1	D_2	D_3	D_4	D_5	D_6	D_7					
4	1	1	1	0	D_1	D_2	D_3	D_4	D_5	D_6	D_7				
5	1	1	1	1	0	D_1	D_2	D_3	D_4	D_5	D_6	D_7			
6	1	1	1	1	1	0	D_1	D_2	D_3	D_4	D_5	D_6	D_7		
7	1	1	1	1	1	1	0	D_1	D_2	D_3	D_4	D_5	D_6	D_7	
8	1	1	1	1	1	1	1	0	D_1	D_2	D_3	D_4	D_5	D_6	D_7
9	0	D_1	D_2	D_3	D_4	D_5	D_6	D_7							

中规模集成移位寄存器，其位数往往以4位居多，当需要的位数多于4位时，可把几片移位寄存器用级连的方法来扩展位数。级连扩展位数的方法理论课程已有介绍。

3. 实验设备及器件

① +5 V直流电源、单次脉冲源、逻辑电平开关、逻辑电平显示器、数字电子技术实验仪。

② CC40194×2(74LS194)、CC4011(74LS00)、CC4068(74LS30)。

4. 实验内容

(1) 测试CC40194(或74LS194)的逻辑功能

按图4-56接线，$\bar{C}_R$、S_1、S_0、S_L、S_R、D_0、D_1、D_2、D_3分别接至逻辑开关的输出插口；Q_0、Q_1、Q_2、Q_3接至逻辑电平显示输入插口。CP端接单次脉冲源。按表4-24所规定的输入状态，逐项进行测试。

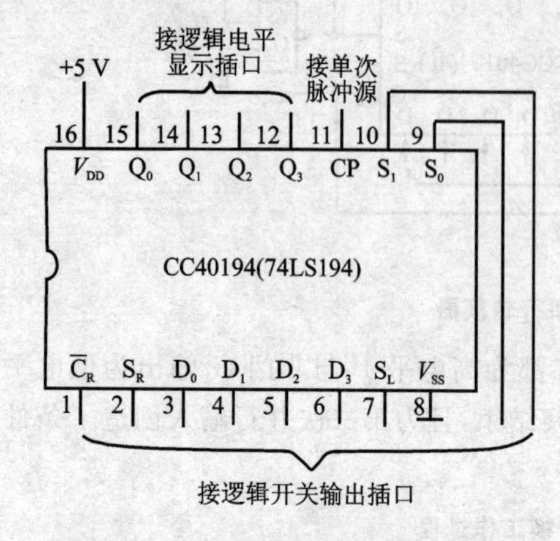

图4-56　CC40194逻辑功能测试

① 清除：令$\bar{C}_R=0$，其他输入均为任意态，这时寄存器输出Q_0、Q_1、Q_2、Q_3应均为0。清除后，置$\bar{C}_R=1$。

② 送数：令$\bar{C}_R=S_1=S_0=1$，送入任意4位二进制数，如$D_0D_1D_2D_3=abcd$，加CP脉冲，观察CP=0，CP由0→1，CP由1→0三种情况下寄存器输出状态的变化，观察寄存器输出状态变化是否发生在CP脉冲的上升沿。

③ 右移：清零后，令$\bar{C}_R=1$，$S_1=0$，$S_0=1$，由右移输入端S_R送入二进制数码如0100，由CP端连续加4个脉冲，观察输出情况，记录之。

④ 左移：先清零或预置，再令$\bar{C}_R=1$，$S_1=1$，$S_0=0$，由左移输入端S_L送入二进制数码如1111，连续加4个CP脉冲，观察输出端情况，记录之。

表4-24　CC40194(或74LS194)的逻辑功能测试

清除	模式		时钟	串行		输入	输出	功能总结
$\bar{C}_R$	S_1	S_0	CP	SL	SR	D_0 D_1 D_2 D_3	Q_0 Q_1 Q_2 Q_3	
0	×	×	×	×	×	××××		
1	1	1	↑	×	×	a b c d		
1	0	1	↑	×	0	××××		
1	0	1	↑	×	1	××××		
1	0	1	↑	×	0	××××		
1	0	1	↑	×	0	××××		
1	1	0	↑	1	×	××××		
1	1	0	↑	1	×	××××		
1	1	0	↑	1	×	××××		
1	1	0	↑	1	×	××××		
1	0	0	↑	×	×	××××		

⑤ 保持：寄存器预置任意4位二进制数码abcd，令$\bar{C}_R=1$，$S_1=S_0=0$，加CP脉冲，观察寄存器输出状态，记录之。

(2) 环形计数器

自拟实验线路用并行送数法预置寄存器为某二进制数码(如0100)，然后进行右移循环，观察寄存器输出端状态的变化，记入表4-25中。

(3) 实现数据的串、并行转换

① 串行输入、并行输出。按图4-54接线，进行右移串入、并出实验，串入数码自定；改接线路用左移方式实现并行输出。自拟表格，记录之。

② 并行输入、串行输出。按图4-55接线，进行右移并入、串出实验，并入数码自定。再改接线路用左移方式实现串行输出。自拟表格，记录之。

表4-25　环形计数器测试表

CP	Q_0	Q_1	Q_2	Q_3
0	0	1	0	0
1				
2				
3				
4				

5. 实验报告

① 分析表4-23的实验结果，总结移位寄存器CC40194的逻辑功能并写入表格功能总结一栏中。

② 根据实验内容“环形计数器”的结果，画出4位环形计数器的状态转换图及波形图，并分析这种计数器的特点。

③ 分析串/并、并/串转换器所得结果的正确性。

6. 实验预习要求与问题思考

① 复习有关寄存器及串行、并行转换器内容。

② 查阅CC40194、CC4011及CC4068逻辑线路。熟悉其逻辑功能及引脚排列。

③ 在对CC40194进行送数后，若要使输出端改成另外的数码，是否一定要使寄存器清零？

④ 使寄存器清零，除采用$\bar{C}_R$输入低电平外，可否采用右移或左移的方法？可否使用并行送数法？若可行，如何进行操作？

⑤ 若进行循环左移，图4-55接线应如何改接？

⑥ 画出用两片CC40194构成的7位左移串/并行转换器线路及7位左移并/串行转换器线路。

4.2.10　集成555时基电路及其应用

1. 实验目的

① 熟悉555型集成时基电路结构、工作原理及其特点。

② 掌握555型集成时基电路的基本应用。

2. 实验原理

集成时基电路又称为集成定时器或555电路，是一种数字、模拟混合型的中规模集成电路，应用十分广泛。它是一种产生时间延迟和多种脉冲信号的电路，由于内部电压标准使用了三个5 kΩ电阻，故取名555电路。其电路类型有双极型和CMOS型两大类，二者的结构与工作原理类似。几乎所有的双极型产品型号最后的三位数码都是555或556；所有的CMOS产品型号最后四位数码都是7555或7556，二者的逻辑功能和引脚排列完全相同，易于互换。555和7555是单定时器。556和7556是双定时器。双极型的电源电压V_{CC}为+5～+15 V，输出的最大电流可达200 mA，CMOS型的电源电压为+3～+18 V。

(1) 555电路的工作原理

555电路的内部电路方框图如图4－57所示。它含有两个电压比较器，一个基本RS触发器，一个放电开关管T，比较器的参考电压由三只5 kΩ的电阻器构成的分压器提供。分压器使高电平比较器A_1的同相输入端和低电平比较器A_2的反相输入端的参考电平为$\frac{2}{3}V_{CC}$和$\frac{1}{3}V_{CC}$。

$\overline{R}_D$是复位端(4脚)，当$\overline{R}_D=0$，555输出低电平。平时$\overline{R}_D$端开路或接V_{CC}。T为放电管，当T导通时，将给接于脚7的电容器提供低阻放电通路。

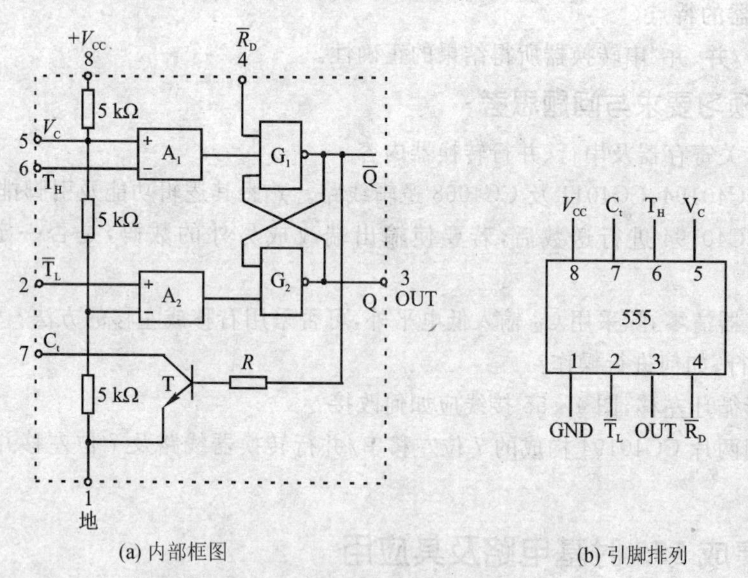

(a) 内部框图　　(b) 引脚排列

图4－57　555定时器内部框图及引脚排列

V_C是控制电压端(5脚)，平时输出$\frac{2}{3}V_{CC}$作为比较器A_1的参考电平，当5脚外接一个输入电压时，即改变了比较器的参考电平，从而实现对输出的另一种控制，在不接外加电压时，通常接一个 0.01 μF 的电容器到地，起滤波作用，以消除外来的干扰，确保参考电平的稳定。

当输入信号自 6 脚（高电平触发输入端）输入并高于参考电平$\frac{2}{3}V_{CC}$时，比较器 A_1的输出为低电平，反之，输出为高电平；当输入信号自 2 脚输入并高于$\frac{1}{3}V_{CC}$时，比较器 A_2的输出为高电平，反之，输出为低电平。

A_1 与 A_2 的输出端控制 RS 触发器状态和放电管开关状态。A_1 与 A_2 的输出为 0、1 时，触发器复位，555 的输出端 3 脚输出低电平，同时放电开关管导通；A_1 与 A_2 的输出为 1、0 时，触发器置位，555 的 3 脚输出高电平，同时放电开关管截止。

(2) 555 定时器的典型应用

555 定时器主要是与电阻、电容构成充放电电路，并由两个比较器来检测电容器上的电压，以确定输出电平的高低和放电开关管的通断。这就很方便地构成从微秒到数十分钟的延时电路，可方便地构成单稳态触发器，多谐振荡器，施密特触发器等脉冲产生或波形变换电路。

1) 构成单稳态触发器

图 4-58 为由 555 定时器和外接定时元件 R、C 构成的单稳态触发器及其波形图。触发电路由 C_1、R_1、D 构成，其中 D 为钳位二极管，稳态时 555 电路输入端处于电源电平，内部放电开关管 T 导通，输出端 F 输出低电平，当有一个外部负脉冲触发信号经 C_1加到 2 端。并使 2 端电位瞬时低于$\frac{1}{3}V_{CC}$，低电平比较器动作，单稳态电路即开始一个暂态过程，电容 C 开始充电，V_C按指数规律增长。当 V_C充电到$\frac{2}{3}V_{CC}$时，高电平比较器动作，比较器 A_1翻转，输出 V_O从高电平返回低电平，放电开关管 T 重新导通，电容 C 上的电荷很快经放电开关管放电，暂态结束，恢复稳态，为下个触发脉冲的来到作好准备。

暂稳态的持续时间 t_w（即为延时时间）决定于外接元件 R、C 值的大小。即

$$t_w = 1.1RC$$

通过改变 R、C 的大小，可使延时时间在几个微秒到几十分钟之间变化。当这种单稳态电路作为计时器时，可直接驱动小型继电器，并可以使用复位端（4 脚）接地的方法来中止暂态，重新计时。此外尚须用一个续流二极管与继电器线圈并接，以防继电器线圈反电势损坏内部功率管。

2) 构成多谐振荡器

由 555 定时器和外接元件 R_1、R_2、C 可构成多谐振荡器，脚 2 与脚 6 直接相连，其电路及波形如图 4-59 所示。电路没有稳态，仅存在两个暂稳态，电路亦不需要外加触发信号，利用电源通过 R_1、R_2 向 C 充电，以及 C 通过 R_2 向放电端 C_t放电，使电路产生振荡。电容 C 在

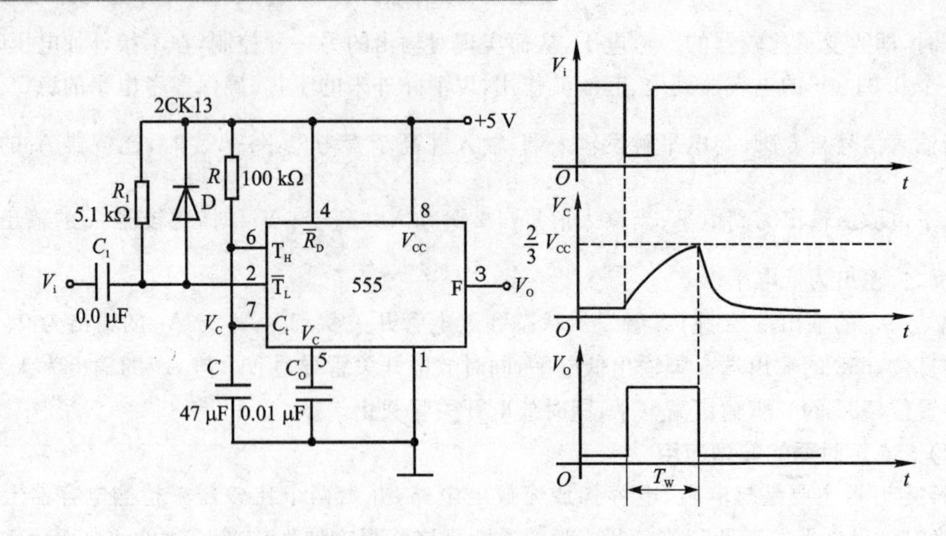

图 4－58　单稳态触发器及其波形

$\frac{1}{3}V_{CC}$ 和$\frac{2}{3}V_{CC}$之间充电和放电，输出信号的时间参数是 $T=t_{w1}+t_{w2}$，$t_{w1}=0.7(R_1+R_2)C$，$t_{w2}=0.7R_2C$。555 电路要求 R_1 与 R_2 均应大于或等于 1 kΩ，但 R_1+R_2 应小于或等于 3.3 MΩ。

外部元件的稳定性决定了多谐振荡器的稳定性，555 定时器配以少量的元件即可获得较高精度的振荡频率和具有较强的功率输出能力。因此这种形式的多谐振荡器应用很广。

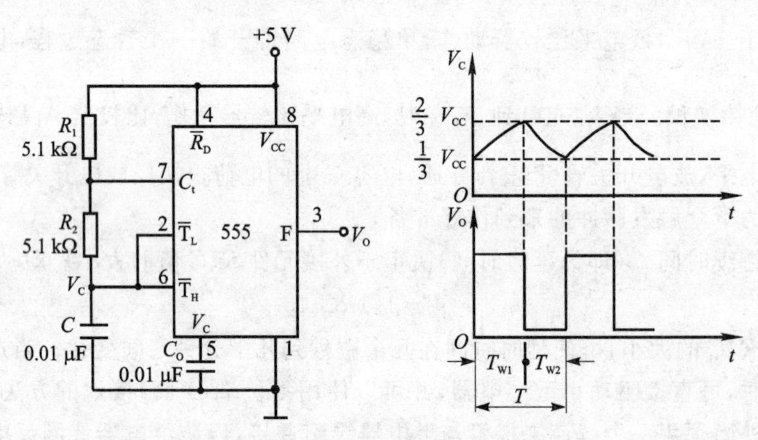

图 4－59　多谐振荡器及其波形

3）组成占空比可调的多谐振荡器

电路如图 4－60 所示，它比图 4－59 所示电路增加了一个电位器和两个二极管。D_1、D_2用来决定电容充、放电电流流经电阻的途径（充电时 D_1 导通，D_2 截止；放电时 D_2 导通，D_1 截止）。占空比为

$$P=\frac{t_{w1}}{t_{w1}+t_{w2}}\approx\frac{0.7R_AC}{0.7C(R_A+R_B)}=\frac{R_A}{R_A+R_B}$$

可见，若取 $R_A=R_B$ 电路即可输出占空比为50%的方波信号。

4）组成占空比连续可调并能调节振荡频率的多谐振荡器

电路如图4-61所示。对 C_1 充电时，充电电流通过 R_1、D_1、R_{W2} 和 R_{W1}；放电时通过 R_{W1}、R_{W2}、D_2、R_2。当 $R_1=R_2$、R_{W2} 调至中心点，因充放电时间基本相等，其占空比约为50%，此时调节 R_{W1} 仅改变频率，占空比不变。如 R_{W2} 调至偏离中心点，再调节 R_{W1}，不仅振荡频率改变，而且对占空比也有影响。R_{W1} 不变，调节 R_{W2}，仅改变占空比，对频率无影响。因此，当接通电源后，应首先调节 R_{W1} 使频率至规定值，再调节 R_{W2}，以获得需要的占空比。若频率调节的范围比较大，还可以用波段开关改变 C_1 的值。

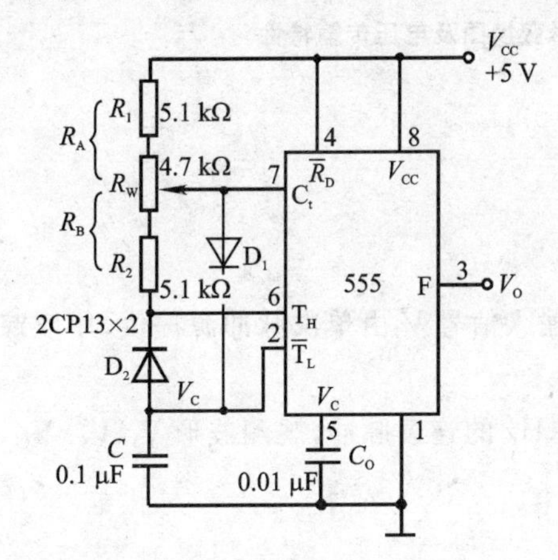

图4-60　占空比可调的多谐振荡器

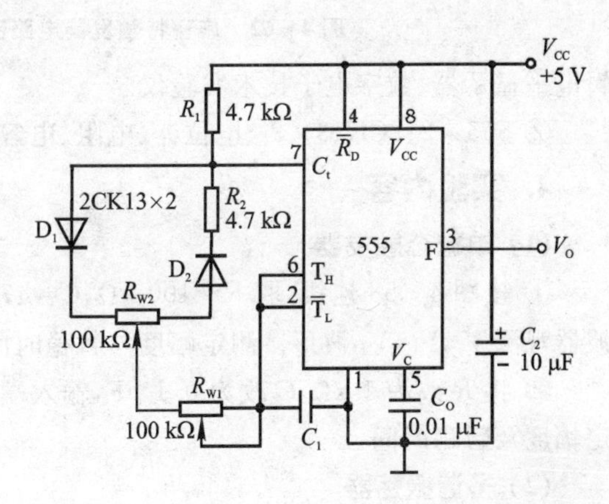

图4-61　占空比与频率均可调的多谐振荡器

5）组成施密特触发器

只要将脚2、6连在一起作为信号输入端，即得到施密特触发器。图4-62所示为施密特触发器的电路图、V_S，V_i 和 V_O 的波形图以及电压传输特性曲线。

设被整形变换的电压为正弦波 V_S，其正半波通过二极管D同时加到555定时器的2脚和6脚，得 V_i 为半波整流波形。当 V_i 上升到 $\frac{2}{3}V_{CC}$ 时，V_O 从高电平翻转为低电平；当 V_i 下降到 $\frac{1}{3}V_{CC}$ 时，V_O 又从低电平翻转为高电平。电路的电压传输特性曲线如图4-62所示。回差电压 $\Delta V=\frac{2}{3}V_{CC}-\frac{1}{3}V_{CC}=\frac{1}{3}V_{CC}$。

3. 实验设备与器件

① +5 V直流电源、双踪示波器、音频信号源、数字频率计、连续脉冲源、单次脉冲源、逻

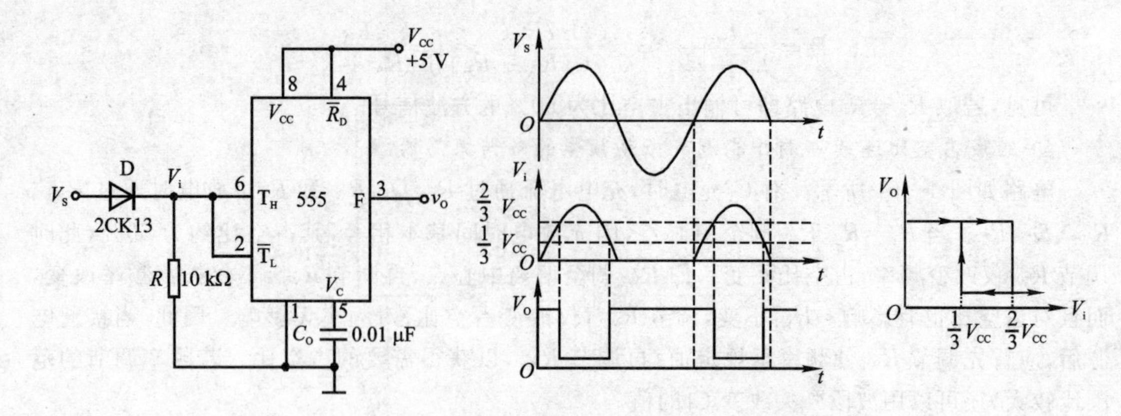

图 4-62　施密特触发器电路图、波形变换图及电压传输特性

辑电平显示器、数字电子技术实验仪。

② 555×2、2CK13×2 、电位器、电阻、电容若干。

4. 实验内容

(1) 单稳态触发器

① 按图 4-58 连线，取 $R=100\ \mathrm{k\Omega}$，$C=47\ \mu\mathrm{F}$，输入信号 V_i 由单次脉冲源提供，用双踪示波器观测 V_i，V_C，V_O 波形。测定幅度与暂稳时间。

② 将 R 改为 1 kΩ，C 改为 0.1 μF，输入端加 1 kHz 的连续脉冲，观测波形 V_i、V_C、V_O，测定幅度及暂稳时间。

(2) 多谐振荡器

① 按图 4-59 接线，用双踪示波器观测 V_C 与 V_O 的波形，测定频率。

② 按图 4-60 接线，组成占空比为 50% 的方波信号发生器。观测 V_C、V_O 波形，测定波形参数。

③ 按图 4-61 接线，通过调节 R_{W1} 和 R_{W2} 来观测输出波形。

(3) 施密特触发器

按图 4-62 接线，输入信号由音频信号源提供，预先调好 V_S 的频率为 1 kHz，接通电源，逐渐加大 V_S 的幅度，观测输出波形，测绘电压传输特性，算出回差电压 ΔU。

(4) 模拟声响电路

按图 4-63 接线，组成两个多谐振荡器，调节定时元件，使Ⅰ输出较低频率，Ⅱ输出较高频率，连好线，接通电源，试听音响效果。调换外接阻容元件，再试听音响效果。

5. 实验报告

① 绘出详细的实验线路图，定量绘出观测到的波形。

② 分析、总结实验结果。

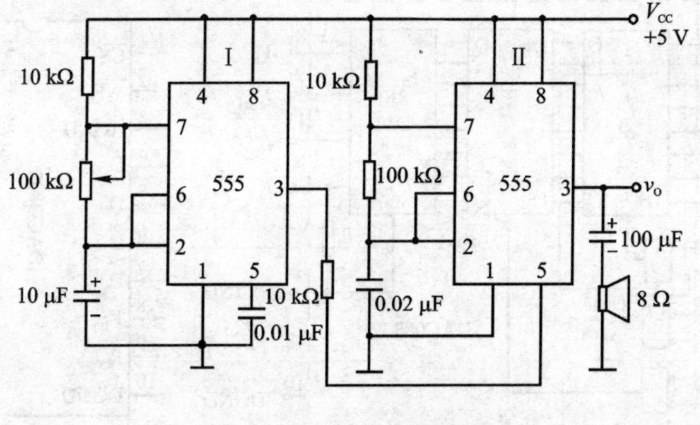

图 4-63　模拟声响电路

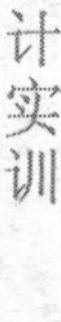

6. 实验预习要求与问题思考

① 复习有关 555 定时器的工作原理及其应用。

② 拟定实验中所需的数据、表格等。

③ 如何用示波器测定施密特触发器的电压传输特性曲线?

④ 拟定各次实验的步骤和方法。

⑤ 救护车及消防车声音警示电路是如何构成的?发声频率有何要求?

4.2.11　集成 D/A、A/D 转换器及其应用

1. 实验目的

① 了解 D/A 和 A/D 转换器的基本工作原理和基本结构。

② 掌握大规模集成 D/A 和 A/D 转换器的功能及其典型应用。

③ 掌握集成 D/A 转换器 DAC0832 和 A/D 转换器 ADC0809 的性能和使用方法。

2. 实验原理

在数字电子技术的很多应用场合往往需要把模拟量转换为数字量,称为模/数转换器(A/D转换器,简称 ADC);或把数字量转换成模拟量,称为数/模转换器(D/A 转换器,简称 DAC)。完成这种转换的线路有多种,特别是单片大规模集成 A/D、D/A 转换器问世,为实现上述的转换提供了极大的方便。使用者可借助于手册提供的器件性能指标及典型应用电路,即可正确使用这些器件。本实验将采用大规模集成电路 DAC0832 实现 D/A 转换,ADC0809 实现 A/D 转换。

(1) D/A 转换器 DAC0832

DAC0832 是采用 CMOS 工艺制成的单片电流输出型 8 位数/模转换器。图 4-64 是 DAC0832 的逻辑框图及引脚排列。

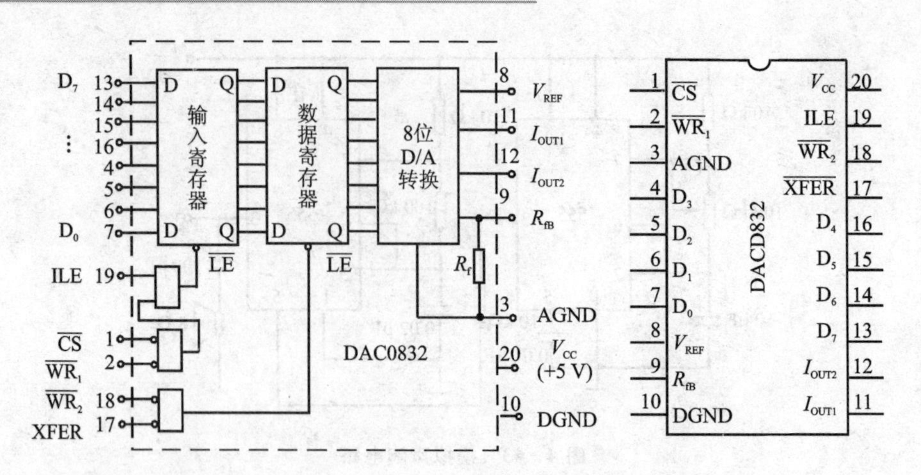

图 4-64 DAC0832 单片 D/A 转换器逻辑框图和引脚排列

器件的核心部分采用倒 T 型电阻网络的 8 位 D/A 转换器，如图 4-65 所示。它是由倒 T 型 R-2R 电阻网络、模拟开关、运算放大器和参考电压 V_{REF} 四部分组成。运放的输出电压为

$$V_O=\frac{V_{REF}\cdot R_f}{2^nR}(D_{n-1}\cdot 2^{n-1}+D_{n-2}\cdot 2^{n-2}+\cdots+D_0\cdot 2^0)$$

由上式可见，输出电压 V_O 与输入的数字量成正比，这就实现了从数字量到模拟量的转换。

一个 8 位的 D/A 转换器，它有 8 个输入端，每个输入端是 8 位二进制数的一位，有一个模拟输出端，输入可有 $2^8=256$ 个不同的二进制组态，输出为 256 个电压之一，即输出电压不是整个电压范围内任意值，而只能是 256 个可能值。

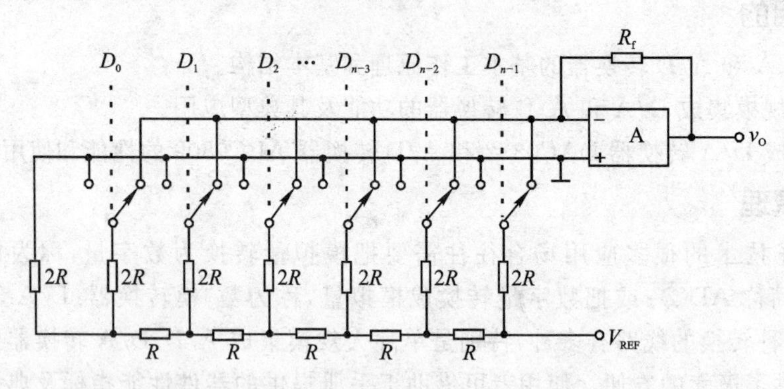

图 4-65 倒 T 型电阻网络 D/A 转换电路

DAC0832 的引脚功能说明如下：

➢ D_0～D_7 数字信号输入端；

➢ ILE 输入寄存器允许，高电平有效；

➢ $\overline{CS}$ 片选信号，低电平有效；

- $\overline{WR_1}$ 写信号1,低电平有效;
- $\overline{XFER}$传送控制信号,低电平有效;
- $\overline{WR_2}$ 写信号2,低电平有效;
- I_{OUT1}、I_{OUT2} DAC电流输出端;
- R_{fB}反馈电阻,是集成在片内的外接运放的反馈电阻,若不足还可外接反馈电阻;
- V_{REF}基准电压−10～+10 V;
- V_{CC}电源电压+5～+15 V;
- AGND模拟地;
- NGND数字地。模拟地和数字地可接在一起使用。

DAC0832输出的是电流,要转换为电压,还必须经过一个外接的运算放大器,实验线路如图4-66所示。

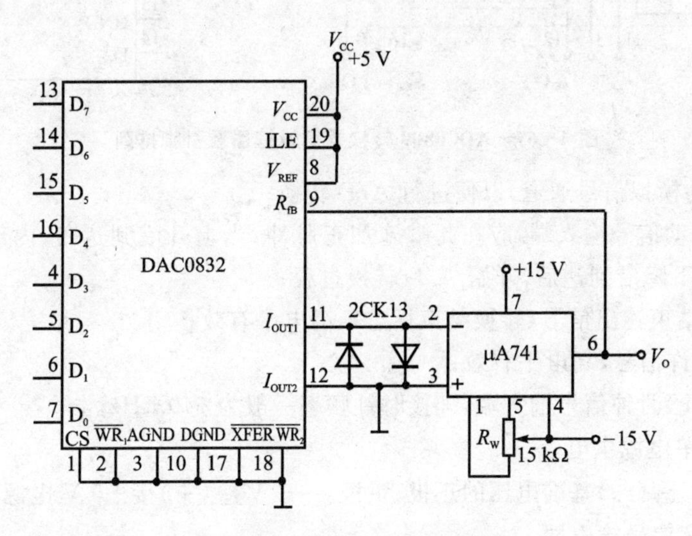

图4-66 D/A转换器实验线路

(2) A/D转换器ADC0809

ADC0809是采用CMOS工艺制成的单片8位8通道逐次渐近型模/数转换器,其逻辑框图及引脚排列如图4-67所示。

器件的核心部分是8位A/D转换器,它由比较器、逐次渐近寄存器、D/A转换器及控制和定时5部分组成。

ADC0809的引脚功能说明如下:

- IN_0～IN_7八路模拟信号输入端;
- A_2、A_1、A_0地址输入端;
- ALE地址锁存允许输入信号,在此脚施加正脉冲,上升沿有效,此时锁存地址码,从而

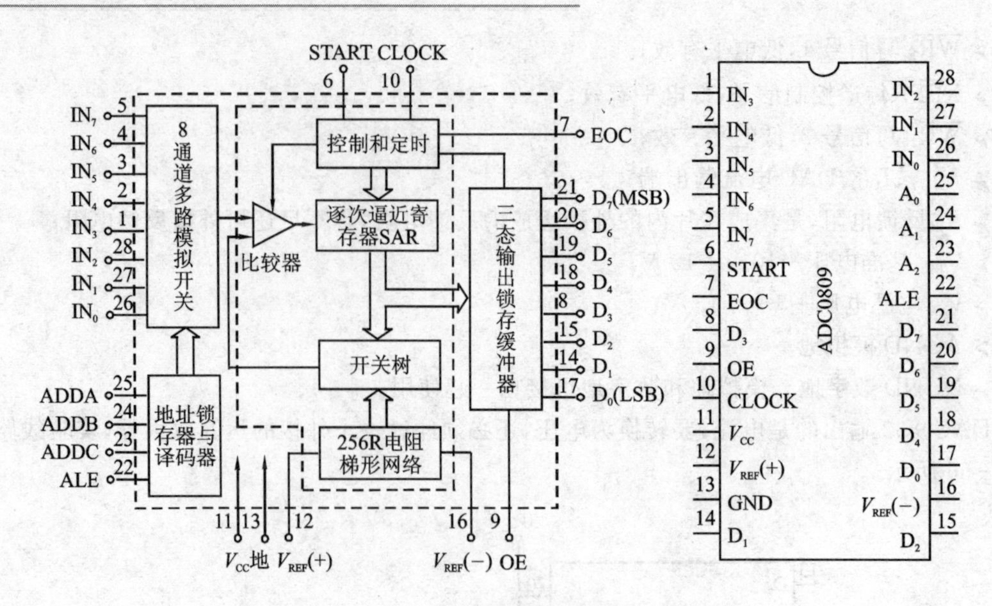

图 4-67 ADC0809 转换器逻辑框图及引脚排列

选通相应的模拟信号通道，以便进行 A/D 转换；

- START 启动信号输入端，应在此脚施加正脉冲，当上升沿到达时，内部逐次逼近寄存器复位，在下降沿到达后，开始 A/D 转换过程；
- EOC 转换结束输出信号(转换结束标志)，高电平有效；
- OE 输入允许信号，高电平有效；
- CLOCK(CP)时钟信号输入端，外接时钟频率一般为 640 kHz；
- V_{CC} +5 V 单电源供电；
- V_{REF}(+)、V_{REF}(−)基准电压的正极、负极，一般 V_{REF}(+)接+5 V 电源，V_{REF}(−)接地；
- D_7～D_0 数字信号输出端。

1) 模拟量输入通道选择

8 路模拟开关由 A_2、A_1、A_0 三地址输入端选通 8 路模拟信号中的任何一路进行 A/D 转换，地址译码与模拟输入通道的选通关系如表 4-26 所列。

表 4-26 地址译码与模拟输入通道的选通关系表

被选模拟通道		IN_0	IN_1	IN_2	IN_3	IN_4	IN_5	IN_6	IN_7
地　址	A_2	0	0	0	0	1	1	1	1
	A_1	0	0	1	1	0	0	1	1
	A_0	0	1	0	1	0	1	0	1

2) D/A 转换过程

在启动端(START)加启动脉冲(正脉冲),D/A 转换即开始。如将启动端(START)与转换结束端(EOC)直接相连,转换将是连续的,在用这种转换方式时,开始应在外部加启动脉冲。

3. 实验设备及器件

① +5 V、±15 V 直流电源,数字万用表,双踪示波器,计数脉冲源,逻辑电平开关,逻辑电平显示器,数字电路实验仪。

② DAC0832、ADC0809、μA741、10K 电位器、电阻、电容若干。

4. 实验内容

(1) D/A 转换器——DAC0832

① 按图 4-66 接线,电路接成直通方式,即$\overline{CS}$、$\overline{WR_1}$、$\overline{WR_2}$、$\overline{XFER}$接地;ILE、V_{CC}、V_{REF}接+5 V 电源;运放电源接±15 V;D_0~D_7接逻辑开关的输出插口,输出端V_O接直流数字电压表。

② 调零,令D_0~D_7全置零,调节运放的电位器使 μA741 输出为零。

③ 按表 4-27 所列的输入数字信号,用数字电压表测量运放的输出电压V_O,并将测量结果填入表中,并与理论值进行比较。

表 4-27　D/A 转换器——DAC0832 的功能测试表

输入数字量								输出模拟量 V_O/V
D_7	D_6	D_5	D_4	D_3	D_2	D_1	D_0	$V_{CC}=+5$ V
0	0	0	0	0	0	0	0	
0	0	0	0	0	0	0	1	
0	0	0	0	0	0	1	0	
0	0	0	0	0	1	0	0	
0	0	0	0	1	0	0	0	
0	0	0	1	0	0	0	0	
0	0	1	0	0	0	0	0	
0	1	0	0	0	0	0	0	
1	0	0	0	0	0	0	0	
1	1	1	1	1	1	1	1	

(2) A/D 转换器——ADC0809

按图 4-68 接线。

① 八路输入模拟信号 1~4.5 V,由+5 V 电源经电阻 R 分压组成;变换结果D_0~D_7接逻

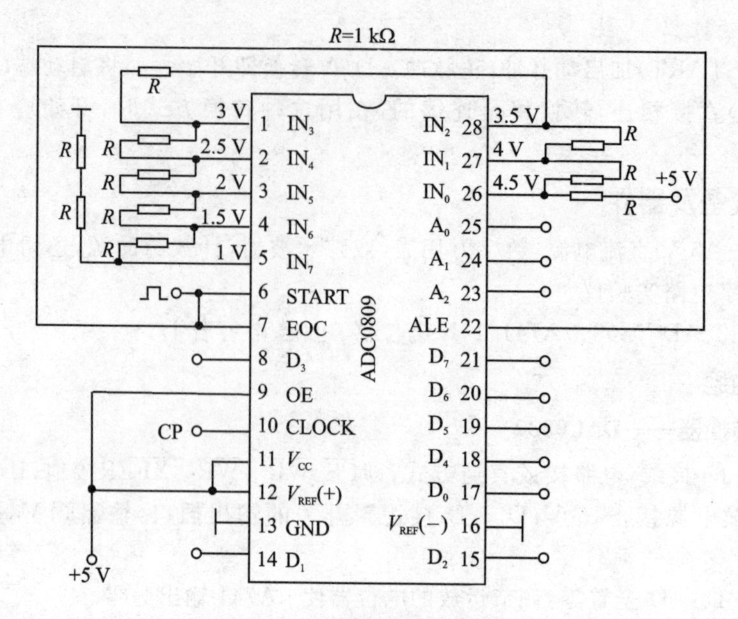

图 4-68 ADC0809实验线路

辑电平显示器输入插口，CP时钟脉冲由计数脉冲源提供，取 $f=100\ \text{kHz}$；$A_0 \sim A_2$ 地址端接逻辑电平输出插口。

② 接通电源后，在启动端(START)加一正单次脉冲，下降沿一到即开始A/D转换。

③ 按表4-28的要求观察，记录 $IN_0 \sim IN_7$ 八路模拟信号的转换结果，并将转换结果换算成十进制数表示的电压值，并与数字电压表实测的各路输入电压值进行比较，分析误差原因。

表 4-28 A/D转换器——ADC0809的功能测试表

被选模拟通道	输入模拟量	地址			输出数字量								
IN	v_i/V	A_2	A_1	A_0	D_7	D_6	D_5	D_4	D_3	D_2	D_1	D_0	十进制
IN_0	4.5	0	0	0									
IN_1	4.0	0	0	1									
IN_2	3.5	0	1	0									
IN_3	3.0	0	1	1									
IN_4	2.5	1	0	0									
IN_5	2.0	1	0	1									
IN_6	1.5	1	1	0									
IN_7	1.0	1	1	1									

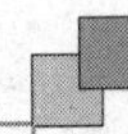

5. 实验报告

① 画出实验电路，记录并整理实验数据，分析实验结果。

② 由测得的V_{REF}(+)计算A/D转换器分辨的最小模拟电压值，计算出表4-28中每个模拟输入电压对应的数字输出值，并与实测值比较，求出误差。

6. 实验预习要求与问题思考

① 复习A/D、D/A转换的工作原理。理解转换器的主要技术指标。

② 熟悉ADC0809、DAC0832各引脚功能，使用方法。

③ 绘好完整的实验线路和所需的实验记录表格。

④ 拟定各个实验内容的具体实验方案。

⑤ 熟悉其他转换芯片的使用方法及本实验两种芯片的另外连接方法。

4.2.12 随机存取存储器2114A及其应用

1. 实验目的

了解集成随机存取存储器2114A的工作原理，通过实验熟悉它的工作特性、使用方法及其应用。

2. 实验原理

(1) 随机存取存储器(RAM)

随机存取存储器(RAM)，又称读/写存储器，它能存储数据、指令、中间结果等信息。在该存储器中，任何一个存储单元都能以随机次序迅速地存入(写入)信息或取出(读出)信息。随机存取存储器具有记忆功能，但停电(断电)后，所存信息(数据)会消失，不利于数据的长期保存，所以多用于中间过程暂存信息。

1) RAM的结构和工作原理

图4-69是RAM的基本结构图，它主要由存储单元矩阵、地址译码器和读/写控制电路三部分组成。

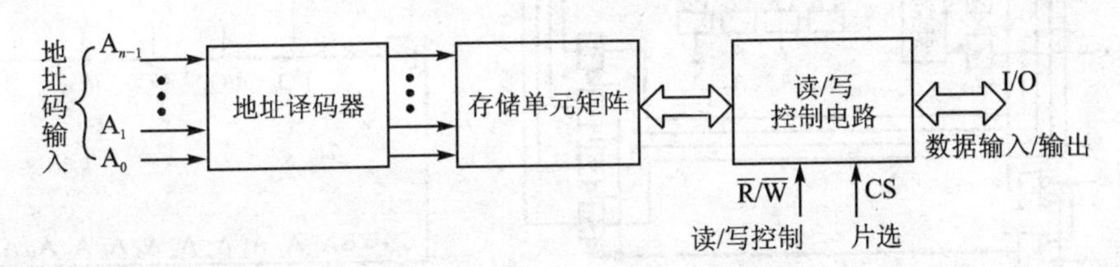

图4-69 RAM的基本结构图

存储单元矩阵：存储单元矩阵是RAM的主体，一个RAM是由若干个存储单元组成，每个存储单元可存放1位二进制数或1位二元代码。为了存取方便，通常将存储单元设计成矩阵形式，所以称为存储矩阵。存储器中的存储单元越多，存储的信息就越多，表示该存储器容量就越大。

地址译码器：为了对存储矩阵中的某个存储单元进行读出或写入信息，必须首先对每个存储单元的所在位置(地址)进行编码，然后当输入一个地址码时，就可利用地址译码器找到存储矩阵中相应的一个(或一组)存储单元，以便通过读/写控制，对选中的一个(或一组)单元进行读出或写入信息。

片选与读/写控制电路：由于集成度的限制，大容量的 RAM 往往由若干片 RAM 组成。当需要对某一个(或一组)存储单元进行读出或写入信息时，必须首先通过片选 CS，选中某一片(或几片)，然后利用地址译码器才能找到对应的具体存储单元，以便读/写控制信号对该片(或几片)RAM 的对应单元进行读出或写入信息操作。

除了上面介绍的三个主要部分外，RAM 的输出常采用三态门作为输出缓冲电路。

随机存储器有双极型和 MOS 两类。其中，MOS 随机存储器有静态 RAM(SRAM)和动态 RAM(DRAM)两种。DRAM 靠存储单元中的电容暂存信息，由于电容上的电荷要泄漏，故需定时充电(通称刷新)，SRAM 的存储单元是触发器，记忆时间不受限制，无需刷新。

2) 2114A 静态随机存取存储器

2114A 是一种 1024 字×4 位的静态随机存取存储器，采用 HMOS 工艺制作，它的逻辑框图、引脚排列及逻辑符号如图 4-70 所示，表 4-29 是引出端功能表。

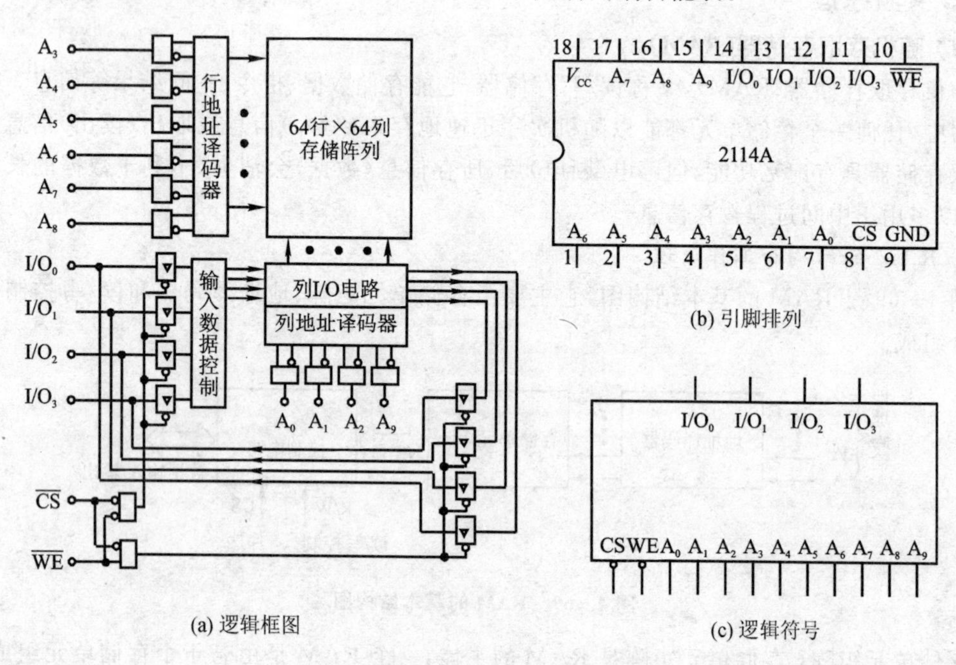

图 4-70 2114A 随机存取存储器

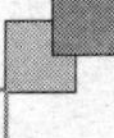

其中，有 4 096 个存储单元排列成 64×64 矩阵。采用两个地址译码器，行译码（$A_3 \sim A_8$）输出 $X_0 \sim X_{63}$，从 64 行中选择指定的一行，列译码（A_0、A_1、A_2、A_9）输出 $Y_0 \sim Y_{15}$，再从已选定的一行中选出 4 个存储单元进行读/写操作。$I/O_0 \sim I/O_3$ 既是数据输入端，又是数据输出端，$\overline{CS}$为片选信号，$\overline{WE}$是写使能，控制器件的读/写操作，表 4－30 是器件的功能表。

表 4－29　2114A 引出端功能

端　名	功　能
$A_0 \sim A_9$	地址输入端
$\overline{WE}$	写选通
$\overline{CS}$	芯片选择
$I/O_0 \sim I/O_3$	数据输入/输出端
V_{CC}	+5 V

表 4－30　2114A 功能表

地　址	$\overline{CS}$	$\overline{WE}$	$I/O_0 \sim I/O_3$
有效	1	×	高阻态
有效	0	1	读出数据
有效	0	0	写入数据

① 当器件要进行读操作时，首先输入要读出单元的地址码（$A_0 \sim A_9$），并使$\overline{WE}=1$，给定的地址的存储单元内容（4 位）就经读/写控制传送到三态输出缓冲器，而且只能在$\overline{CS}=0$ 时才能把读出数据送到引脚（$I/O_0 \sim I/O_3$）上。

② 当器件要进行写操作时，在 $I/O_0 \sim I/O_3$ 端输入要写入的数据，在 $A_0 \sim A_9$ 端输入要写入单元的地址码，然后再使$\overline{WE}=0$，$\overline{CS}=0$。必须注意，在$\overline{CS}=0$ 时，$\overline{WE}$输入一个负脉冲，则能写入信息；同样，$\overline{WE}=0$ 时，$\overline{CS}$输入一个负脉冲，也能写入信息。因此，在地址码改变期间，$\overline{WE}$或$\overline{CS}$必须至少有一个为 1，否则会引起误写入，冲掉原来的内容。为了确保数据能可靠地写入，写脉冲宽度 t_{WP} 必须大于或等于手册所规定的时间区间，当写脉冲结束时，就标志这次写操作结束。

2114A 具有下列特点：

- 采用直接耦合的静态电路，不需要时钟信号驱动，也不需要刷新。
- 不需要地址建立时间，存取特别简单。
- 输入、输出同极性，读出是非破坏性的，使用公共的 I/O 端，能直接与系统总线相连接。
- 使用单电源+5 V 供电，输入、输出与 TTL 电路兼容，输出能驱动一个 TTL 门和 $C_L=100$ pF 的负载（$I_{OL} \approx 2.1 \sim 6$ mA、$I_{OH} \approx -1.0 \sim -1.4$ mA）。
- 具有独立的片选功能和三态输出。
- 器件具有高速与低功耗性能。
- 读/写周期均小于 250 ns。

随机存取存储器种类很多，2114A 是一种常用的静态存储器，是 2114 的改进型。实验中也可以使用其他型号的随机存储器。如 6116 是一种使用较广的 2 048×8 的静态随机存取存储器，它的使用方法与2114A相似，仅多了一个$\overline{DE}$输出使能端，当$\overline{DE}=0$、$\overline{CS}=0$、$\overline{WE}=1$时，读出存储器内信息；在$\overline{DE}=1$、$\overline{CS}=0$、$\overline{WE}=0$时，则把信息写入存储器。

(2) 只读存储器(ROM)

只读存储器(ROM)，只能进行读出操作，不能写入数据。只读存储器可分为固定内容只读存储器ROM、可编程只读存储器PROM和可抹编程只读存储器EPROM三大类，可抹编程只读存储器又分为紫外光抹除可编程EPROM、电可抹编程E^2PROM和电改写编程EAPROM等种类。由于E^2PROM的改写编程更方便，所以深受用户欢迎。

1) 固定内容只读存储器(ROM)

ROM的结构与随机存取存储器(RAM)相类似，主要由地址译码器和存储单元矩阵组成，不同之处是ROM没有写入电路。在ROM中，地址译码器构成一个与门阵列，存储矩阵构成一个或门阵列。输入地址码与输出之间的关系是固定不变的，出厂前厂家已采用掩模编程的方法将存储矩阵中的内容固定，用户无法更改，所以只要给定一个地址码，就有一个相应的固定数据输出。只读存储器往往还有附加的输入驱动器和输出缓冲电路。

2) 可编程PROM

可编程PROM只能进行一次编程，一经编程后，其内容就是永久性的，无法更改，用户进行设计时，常常带来很大风险。

3) 可抹编程只读存储

可抹编程只读存储器，可多次将存储器的存储内容抹去，再写入新的信息。

EPROM可多次编程，但每次再编程写入新的内容之前，都必须采用紫外光照射以抹除存储器中原有的信息，给用户带来了一些麻烦。而另一种电可抹编程只读存储器(E^2PROM)，它的编程和抹除是同时进行的，因此每次编程，就以新的信息代替原来存储的信息。特别是一些E^2PROM可在工作电压下进行随时改写，该特点可类似随机存取存储器(RAM)的功能，只是写入时间长些(大约20 ms)。断电后，写入E^2PROM中的信息可长期保持不变。这些优点使得E^2PROM广泛应用于产品开发设计，特别是现场实时检测和记录，因此E^2PROM备受用户的青睐。

(3) 用2114A静态随机存取存储器实现数据的随机存取及顺序存取

图4-71为电路原理图，为实验接线方便，又不影响实验效果，2114A中地址输入端保留前4位($A_0 \sim A_3$)，其余输入端($A_4 \sim A_9$)均接地。

1) 用2114A实现静态随机存取

如图4-71中单元Ⅲ。电路由三部分组成：第一，由与非门组成的基本RS触发器与反相器，控制电路的读/写操作；第二，由2114A组成的静态RAM；第三，由74LS244三态门缓冲器组成的数据输入输出缓冲和锁存电路。

① 当电路要进行写操作时，输入要写入单元的地址码($A_0 \sim A_3$)或使单元地址处于随机状态；RS触发器控制端S接高电平，触发器置"0"，$Q=0$、$\overline{EA}_A=0$，打开了输入三态门缓冲器

74LS244,要写入的数据(abcd)经缓冲器送至2114A的输入端($I/O_0 \sim I/O_3$)。由于此时$\overline{CS}$=0,$\overline{WE}$=0,因此便将数据写入了2114A中,为了确保数据能可靠地写入,写脉冲宽度t_{WP}必须大于或等于手册所规定的时间区间。

② 当电路要进行读操作时,输入要读出单元的地址码(保持写操作时的地址码);RS触发器控制端S接低电平,触发器置“1”,Q=1,EN_B=0,打开了输出三态门缓冲器74LS244。由于此时$\overline{CS}$=0,$\overline{WE}$=1,要读出的数据(abcd)便由2114A内经缓冲器送至ABCD输出,并在译码器上显示出来。

注意: 如果是随机存取,可不必关注$A_0 \sim A_3$(或$A_0 \sim A_9$)地址端的状态,$A_0 \sim A_3$(或$A_0 \sim A_9$)可以是随机的,但在读/写操作中要保持一致性。

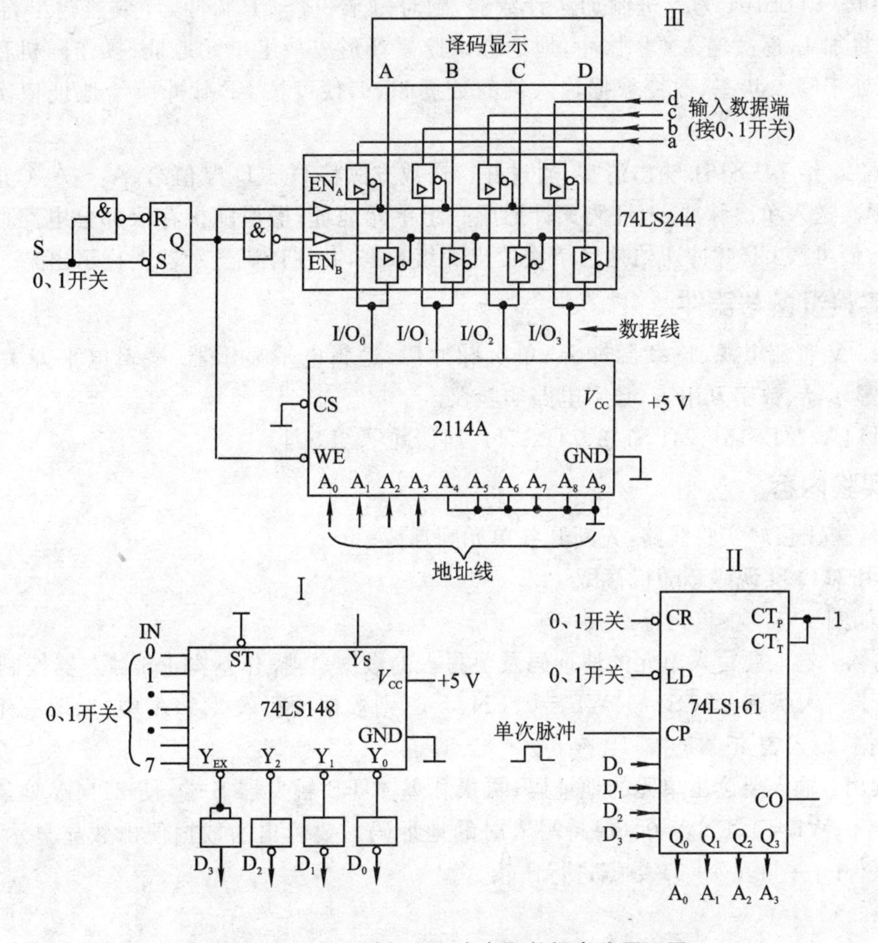

图4-71 2114A随机和顺序存取数据电路原理图

2) 2114A 实现静态顺序存取

如图 4-71,电路由三部分组成。单元Ⅰ:由 74LS148 组成的 8-3 线优先编码电路,主要是将 8 位的二进制指令进行编码形成 8421 码;单元Ⅱ:由 74LS161 二进制同步加法计数器组成的取址、地址累加等功能;单元Ⅲ:由基本 RS 触发器、2114A、74LS244 组成的随机存取电路。

由 74LS148 组成优先编码电路,将 8 位($IN_0 \sim IN_7$)的二进制指令编成 8421 码($D_0 \sim D_3$)输出,是以反码的形式出现的,因此输出端加了非门求反。

① 写入:令二进制计数器 74LS161 $\overline{CR}=0$,则该计数器输出清零,清零后置$\overline{CR}=1$;令$\overline{LD}=0$,加 CP 脉冲,通过并行送数法将 $D_0 \sim D_3$ 赋值给 $A_0 \sim A_3$,形成地址初始值,送数完成后置$\overline{LD}=1$。74LS161 为二进制加法计数器,随着每来一个 CP 脉冲,计数器输出将加 1,也即地址码将加 1,逐次输入 CP 脉冲,地址会以此累计形成一组单元地址;操作随机存取部分电路使之处于写入状态,改变数据输入端的数据 abcd,便可按 CP 脉冲所给地址依次写入一组数据。

② 读出:给 74LS161 输出清零,通过并行送数方法将 $D_0 \sim D_3$ 赋值给($A_0 \sim A_3$),形成地址初始值,逐次送入单次脉冲,地址码累计形成一组单元地址;操作随机存取部分电路使之处于读出状态,便可按 CP 脉冲所给地址依次读出一组数据,并在译码显示器上显示出来。

3. 实验设备与器件

① +5 V 直流电源、连续脉冲源、单次脉冲源、逻辑电平显示器、逻辑电平开关(0、1 开关)、译码显示器、数字万用表、数字电路实验仪。

② 2114A、74LS161、74LS148、74LS244、74LS00、74LS04。

4. 实验内容

按图 4-71 接好实验线路,先断开各单元间连线。

(1) 用 2114 实现静态随机存取

线路如图 4-71 中单元Ⅲ。

① 写入:输入要写入单元的地址码及要写入的数据;再操作基本 RS 触发器控制端 S,使 2114A 处于写入状态,即$\overline{CS}=0$、$\overline{WE}=0$、$\overline{EN_A}=0$,则数据便写入 2114A 中,选取三组地址码及三组数据,记入表 4-31 中。

② 读出:输入要读出单元的地址码;再操作基本 RS 触发器 S 端,使 2114A 处于读出状态,即$\overline{CS}=0$、$\overline{WE}=1$、$\overline{EN_B}=0$,(保持写入时的地址码),要读出的数据便由数显显示出来,记入表 4-32 中,并与表 4-31 数据进行比较。

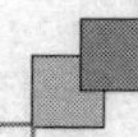

表 4-31 2114 实现静态随机写入

$\overline{WE}$	地址码 ($A_0 \sim A_3$)	数 据 (abcd)	2114A
0			
0			
0			

表 4-32 2114 实现静态随机读出

$\overline{WE}$	地址码 ($A_0 \sim A_3$)	数 据 (abcd)	2114A
1			
1			
1			

(2) 2114A 实现静态顺序存取

连接好图 4-71 中各单元间连线。

1) 顺序写入数据

假设 74LS148 的 8 位输入指令中，$IN_2=0$、$IN_0=1$、$IN_2 \sim IN_7=1$，经过编码得 $D_0D_1D_2D_3=1000$，这个值送至 74LS161 输入端；给 74LS161 输出清零，清零后用并行送数法，将 $D_0D_1D_2D_3=1000$ 赋值给 $A_0A_1A_2A_3=1000$，作为地址初始值；随后操作随机存取电路使之处于写入状态。至此，数据便写入了 2114A 中，如果相应输入几个单次脉冲，改变数据输入端的数据，则能依次写入一组数据，记入表 4-33 中。

2) 顺序读出数据

给 74LS161 输出清零，用并行送数法，将原有的 $D_0D_1D_2D_3=1000$ 赋值给 $A_0A_1A_2A_3$，操作随机存取电路使之处于读状态。连续输入几个单次脉冲，则依地址单元读出一组数据，并在译码显示器上显示出来，记入表 4-34 中，并比较写入与读出数据是否一致。

表 4-33 顺序写入数据

CP 脉冲	地址码($A_0 \sim A_3$)	数据(abcd)	2114A
↑	1000		
↑	0100		
↑	1100		

表 4-34 顺序读出数据

CP 脉冲	地址码($A_0 \sim A_3$)	数据(abcd)	2114A	显 示
↑	1000			
↑	0100			
↑	1100			

5. 实验报告

记录电路检测结果，并对结果进行分析。

6. 实验预习要求与问题思考

① 复习随机存储器 RAM 和只读储器 ROM 的基本工作原理。

② 双极型和 MOS 型随机存储器各有何特点？

③ 查阅 2114A、74LS161、74LS148 有关资料，熟悉其逻辑功能及引脚排列。

④ 2114A 有 10 个地址输入端，实验中仅变化其中一部分，对于其他不变化的地址输入端

应该如何处理？

⑤ 为什么静态 RAM 无需刷新，而动态 RAM 需要定期刷新？

⑥ 何为"闪存"，有何特点？

7. 本实验相关知识

(1) 8－3 线优先编码器 74LS148 的引脚排列及功能

8－3 线优先编码器 74LS148 的引脚排列见图 4－72。各引脚功能如下：

- $\overline{IN}_0 \sim \overline{IN}_7$ 编码输入端(低电平有效)；
- $\overline{ST}$ 选通输入端(低电平有效)；
- $\overline{Y}_0 \sim \overline{Y}_2$ 编码输出端(低电平有效)；
- $\overline{Y}_{EX}$ 扩展端(低电平有效)；
- Y_S 选通输出端。

(2) 4 位二进制同步计数器 74LS161 的引脚排列及功能

4 位二制同步计数器 74LS161 的引脚排列见图 4－73。各引脚功能如下：

- CO 进位输出端；
- CP 时钟输入端(上升沿有效)；
- $\overline{CR}$ 异步清除输入端(低电平有效)；
- CT_P 计数控制端；
- CT_T 计数控制端；
- $D_0 \sim D_3$ 并行数据输入端；
- $\overline{LD}$ 同步并行输入控制端(低电平有效)；
- $Q_0 \sim Q_3$ 输出端，见表 4－35。

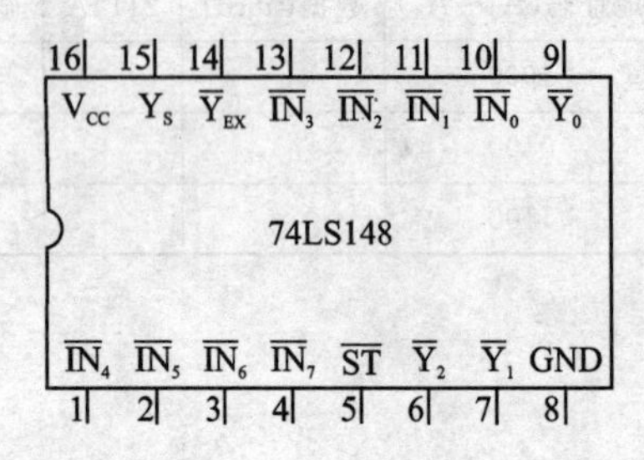

图 4－72 74LS148 的引脚排列

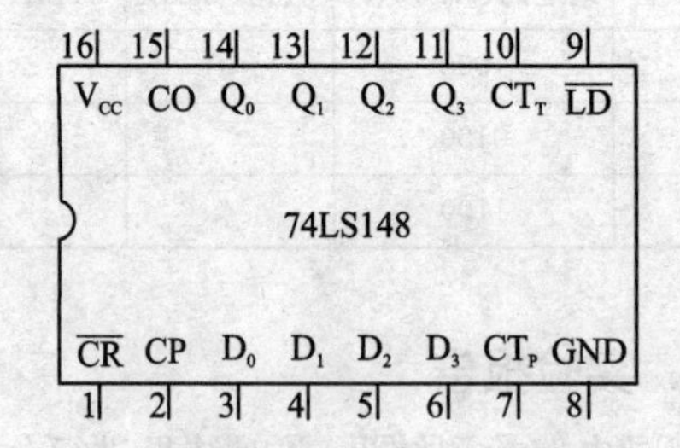

图 4－73 同步计数器 74LS161 的引脚排列

(3) 八缓冲器/线驱动器/线接收器 74LS244 的引脚排列及功能

八缓冲器/线驱动器/线接收器 74LS244 的引脚排列见图 4－74。各引脚功能如下：

- 1A～8A 输入端；
- 1Y～8Y 输出端；

➢ $\overline{EN}_A$、$\overline{EN}_B$ 三态允许端(低电平有效)。

当$\overline{EN}$=0,Y=A;

当$\overline{EN}$=1,Y=高阻态(A=×)。

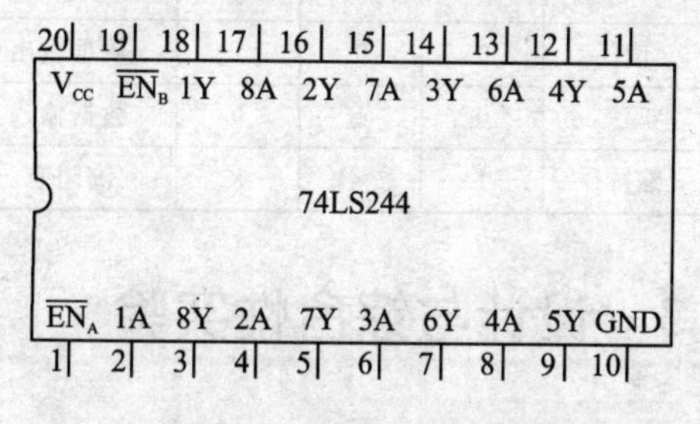

图 4-74 74LS244 的引脚排列

表 4-35 常用 SRAM 的主要技术特性

型 号	6116	6264	62256
容量/KB	2	8	32
引脚数	24	28	28
工作电压/V	5	5	5
典型工作电流/mA	35	40	8
典型维持电流/mA	5	2	0.9
存取时间/ns	由产品型号而定		

(4) 静态 SRAM 数据存储器介绍

静态 RAM 具有存取速度快、使用方便等特点,但系统一旦掉电,内部所存数据便会丢失。所以,要使内部数据不丢失,必须不间断供电(断电后电池供电)。为此,多年来人们一直致力于非易失随机存取存储器(NV-SRAM)的开发,数据在掉电时自保护,强大的抗冲击能力,连续上电两万次数据不丢失。这种 NV-SRAM 的引脚与普通 SRAM 全兼容,目前已得到广泛应用。

常用的 SRAM 有:6116(2K×8)、6264(8K×8)、62256(32K×8)等,它们引脚如图 4-75 所示。

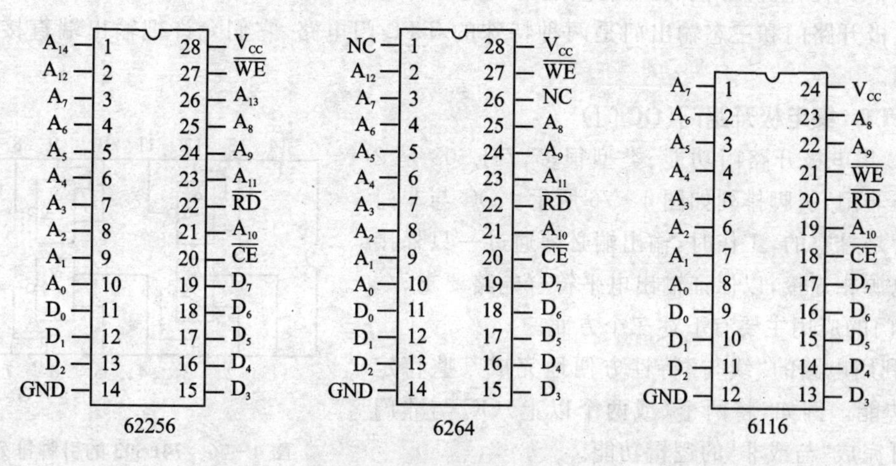

图 4-75 6116、6264、62256SRAM 的芯片引脚

图中有关引脚的含义如下:

表 4-36　常用 SRAM 操作方式

方式＼信号	$\overline{CE}$	$\overline{RD}$	$\overline{WE}$	$D_0\sim D_7$
读	0	0	1	数据输出
写	0	1	0	数据输入
维持	1	×	×	高阻态

- $A_0\sim A_i$　地址输入端；
- $D_0\sim D_7$　双向三态数据端；
- $\overline{CE}$　片选信号输入端(低电平有效)；
- $\overline{RD}$　读选通信号输入端(低电平有效)；
- $\overline{WE}$　写选通信号输入端(低电平有效)；
- V_{CC}　工作电源+5 V；
- GND　地线。

4.3　设计与综合性实验

4.3.1　TTL 集电极开路门与三态门的应用

1. 实验目的

① 掌握集电极开路门(OC 门)的逻辑功能及应用。

② 了解集电极负载电阻 R_L 对集电极开路门的影响。

③ 掌握 TTL 三态输出门(3S 门)的逻辑功能及应用。

2. 实验原理

数字系统中有时需要把两个或两个以上集成逻辑门的输出端直接并接在一起完成一定的逻辑功能。对于普通的 TTL 门电路，由于输出级采用了推拉式输出电路，无论输出是高电平还是低电平，输出阻抗都很低。因此，通常不允许将它们的输出端并接在一起使用。

集电极开路门和三态输出门是两种特殊的 TTL 门电路，它们允许把输出端直接并接在一起使用。

(1) TTL 集电极开路门(OC 门)

TTL 集电极开路门功能、类型很多，74LS03 是 2 输入四与非门，引脚排列如图 4-76 所示。OC 与非门的输出管是悬空的，工作时，输出端必须通过一只外接电阻和电源相连接，以保证输出电平符合电路要求。

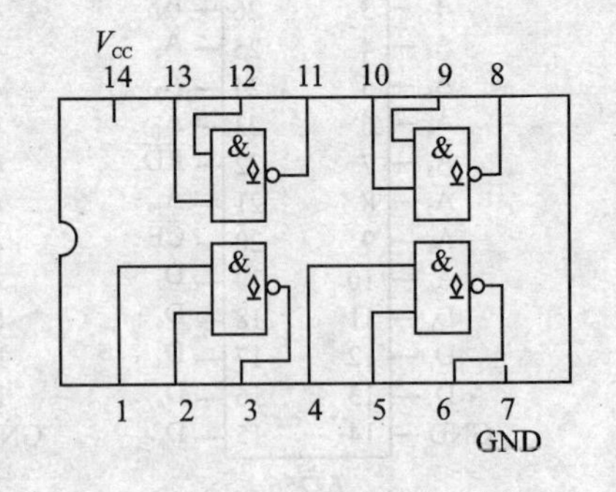

图 4-76　74LS03 的引脚排列

OC 门的应用主要有下述三个方面。

① 利用电路的"线与"特性方便地完成某些特定的逻辑功能。例如，将两个(或两个以上)OC 与非门"线与"可完成"与或非"的逻辑功能。

② 实现多路信息采集，使两路以上的信息共用一个传输通道(总线)。

③ 实现逻辑电平的转换，以推动数码管、继电器、MOS器件等多种数字集成电路。

注意： OC门输出并联运用时，需外接的上拉负载电阻R_L应根据实际需要选择。要保证OC门输出电平符合逻辑要求，又能驱动负载。一般可计算出一个范围$R_{Lmin}\sim R_{Lmax}$，R_L值须小于R_{Lmax}，否则V_{OH}将下降，R_L值须大于R_{Lmin}，否则V_{OL}将上升，又因R_L的大小会影响输出波形的边沿时间，在工作速度较高时，R_L应尽量选取接近R_{Lmin}。所有类型的OC器件，R_L的选取方法也与此类同。

(2) TTL三态输出门(3S门)

TTL三态输出门是一种特殊的门电路，它与普通的TTL门电路结构不同，它的输出端除了通常的高电平、低电平两种状态外（这两种状态均为低阻状态），还有第三种输出状态——高阻状态，处于高阻状态时，电路与负载之间相当于开路。

三态输出门按逻辑功能及控制方式来分有各种不同类型，三态输出四总线缓冲器74LS125是一种常见三态门，其引脚排列见图4-77。它有一个控制端（又称禁止端或使能端）$\overline{E}$，$\overline{E}=0$为正常工作状态，实现Y＝A的逻辑功能；$\overline{E}=1$为禁止状态，输出Y呈现高阻状态。这种在控制端加低电平时电路才能正常工作的工作方式称低电平使能。

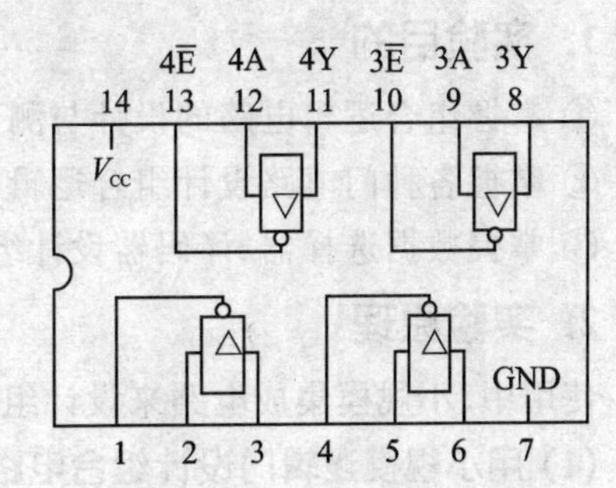

图4-77 74LS125三态四总线缓冲器的引脚排列

三态电路主要用途之一是实现总线传输，即用一个传输通道（称总线），以选通方式传送多路信息。电路中把若干个三态TTL电路输出端直接连接在一起构成三态门总线，使用时，要求只有需要传输信息的三态控制端处于使能状态（$\overline{E}=0$）其余各门皆处于禁止状态（$\overline{E}=1$）。由于三态门输出电路结构与普通TTL电路相同，显然，若同时有两个或两个以上三态门的控制端处于使能状态，将出现与普通TTL门"线与"运用时同样的问题，因而是绝对不允许的。另外，三态电路还经常用于双向传输。

3. 实验设备与器件

① +5 V直流电源、逻辑电平开关、逻辑电平显示器、数字万用表。

② 74LS03×1、74LS125×1、电阻、导线若干。

4. 实验内容

(1) 集电极开路门的应用设计

① 用OC门实现$F_1=\overline{AB+CD+EF}$，$F_2=AB+CD+EF$，上拉电阻自定。

② 用OC电路作为TTL电路驱动CMOS电路的接口电路，实现电平转换。

(2) 三态输出门的应用

利用三态门实现数据传送，将4个数据按要求传输到数据总线上去。

5. 实验报告要求

① 设计实验电路，并画出测试图，选择元器件型号。

② 计算并确定上拉电阻。

③ 整理并分析实验结果，总结开路们与三态门的特点。

6. 实验预习与问题思考

① 预习集电极开路们和三态门的电路结构及工作原理。

② 在总线应用中，总线上所接三态门能否同时选通？为什么？

4.3.2　组合逻辑电路的设计与测试

1. 实验目的

① 掌握组合逻辑电路的设计与测试方法

② 掌握各种门电路设计组合逻辑电路的方法。利用门电路组成实际应用电路。

③ 掌握数据选择器、译码器设计组合逻辑电路的方法。

2. 实验原理

使用中、小规模集成电路来设计组合电路是最常见的逻辑电路设计方法。

(1) 用小规模逻辑门设计组合电路

数字系统中有各种逻辑门，每种逻辑门都具有特定的逻辑功能，利用逻辑门可以组成各种完成特定功能的简单数字电路，如半加器、全加器、抢答器、数字密码锁等。

用小规模逻辑门设计组合电路的一般方法是：根据设计任务的要求建立输入、输出变量，并列出真值表。然后用逻辑代数或卡诺图化简法求出简化的逻辑表达式。并按实际选用逻辑门的类型修改逻辑表达式。根据简化后的逻辑表达式，画出逻辑图，用标准器件构成逻辑电路。最后，用实验来验证设计的正确性。

(2) 用中规模数据选择器、译码器设计组合电路

① 数据选择器的输出包含地址输入变量的所有最小项，可以实现逻辑电路及逻辑函数，具体方法请查阅理论教程。**注意：**只能实现单输出逻辑电路及函数。

② 二进制译码器的输出包含地址输入变量的所有最小项，可以实现逻辑电路及逻辑函数，具体方法请查阅理论教程。**注意：**能实现多输出逻辑电路及函数。

3. 实验设备与器件

① +5 V直流电源、逻辑电平开关、逻辑电平显示器、数字万用表。

② 集成逻辑门 CC4011×2(74LS00)、CC4012×3(74LS20)、CC4030(74LS86)、CC4081(74LS08)、74LS54×2(CC4085)、CC4001 (74LS02)。

③ 集成译码器与选择器 74LS138×2、74LS151×2、74LS153×2。

4. 实验内容

① 用“与非”门设计一个表决电路。当四个输入端中有三个或四个为“1”时，输出端才为“1”。要求：画出电路，并用实验验证逻辑功能。

② 用与非门、异或门设计半加器电路。要求：画出电路，并用实验验证逻辑功能。

③ 用异或门、与门、或门设计一个一位全加器。要求：画出电路，并用实验验证逻辑功能。

④ 用与非门、异或门设计一位全加器。要求：画出电路，并用实验验证逻辑功能。

⑤ 用与或非门设计一位全加器。要求：画出电路，并用实验验证逻辑功能。

注：四路 2－3－3－2 输入与或非门 74LS54 的引脚排列及逻辑图如图 4－78 所示，其逻辑表达式为

$$Y=\overline{A\cdot B+C\cdot D\cdot E+F\cdot G\cdot H+I\cdot J}$$

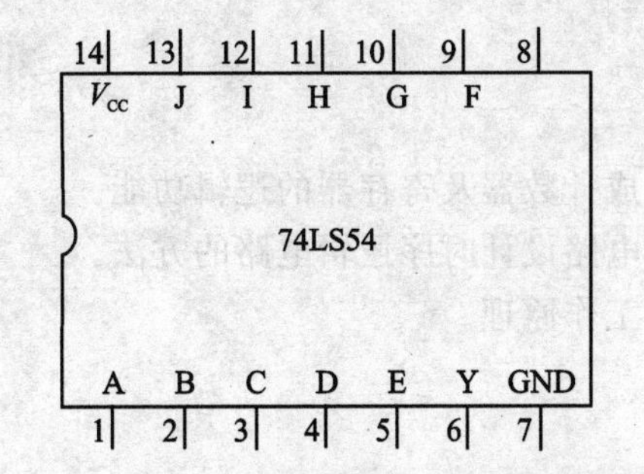

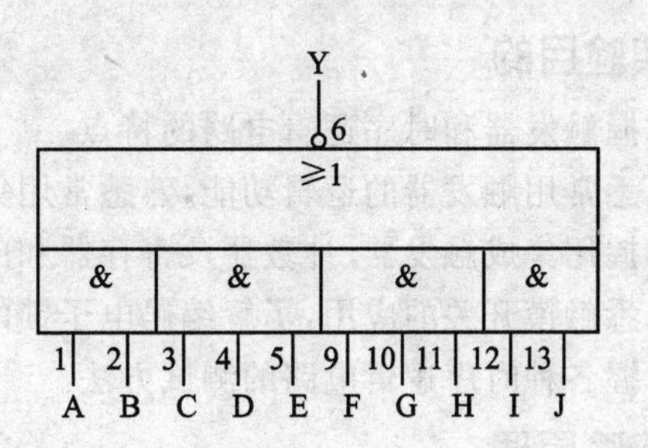

图 4－78　四路 2－3－3－2 输入与或非门 74LS54 的引脚排列及逻辑图

⑥ 设计一个对两个两位无符号的二进制数进行比较的电路。根据第一个数是否大于、等于、小于第二个数，使相应的三个输出端中的一个输出为“1”。要求：用与门、与非门及或非门实现。并用实验验证逻辑功能。

⑦ 用集成译码器 74LS138 设计一位全加器，可以附加逻辑门电路。要求：画出电路，并用实验验证逻辑功能。

⑧ 分别用集成选择器 74LS151、74LS153 设计一位全加器，可以附加逻辑门电路。要求：画出电路，并用实验验证逻辑功能。

⑨ 用集成选择器 74LS151、集成译码器 74LS138 设计多路信号传输数据选择器。

设计提示：在地址作用下，能将 8 路数据传送到对应的输出端，74LS138 应设计成数据分配器。

要求：画出多路信号传输电路，并用实验验证逻辑功能。观察多路信号传输，自拟表格记录。

5. 实验报告

① 列写实验任务的设计过程,画出设计的电路图。

② 对所设计的电路进行实验测试,记录测试结果。

③ 总结组合电路设计体会。

6. 实验预习要求

① 根据实验任务要求设计组合电路,并根据所给的标准器件画出逻辑图。

② 如何用最简单的方法验证"与或非"门的逻辑功能是否完好?"与或非"门中,当某一组与端不用时,应如何处理?

③ 对比逻辑门设计与集成译码器设计的全加器各有何特点?

4.3.3　时序逻辑电路的设计与测试

1. 实验目的

① 掌握触发器和时序逻辑电路的特点。

② 熟悉常用触发器的逻辑功能,熟悉常用集成计数器及寄存器的逻辑功能。

③ 掌握用集成触发器、计数器及寄存器和门电路设计时序逻辑电路的方法。

④ 熟悉触摸开关的应用,了解编码电子锁的工作原理。

⑤ 掌握各种时序逻辑电路的测试方法。

2. 实验原理

使用中、小规模集成时序逻辑电路来设计实际时序逻辑电路是最常见的逻辑电路设计方法。

(1) 用集成触发器与小规模集成逻辑门设计时序逻辑电路

触发器是构成时序逻辑电路的最基本存储单元,是最简单的时序逻辑电路。理论上可以用触发器和逻辑门电路设计任何时序逻辑电路,实际中,经常设计一些简单的应用电路。要求画出逻辑图,构成逻辑电路,用实验来验证设计的正确性。最常用的是边沿 D 和 JK 触发器,详细设计方法,理论课程已有介绍。

(2) 用中规模集成计数器、寄存器及集成逻辑门设计时序逻辑电路

集成计数器、寄存器是常见的中规模集成时序逻辑电路。其中,集成计数器主要用于计数、定时和分频,例如可编程分频器就是利用程序控制预置数端的数据变化实现可编程计数,从而实现可编程分频的。

集成移位寄存器具有寄存数据、左移、右移、保持等功能,可以构成移位寄存型计数器,可以进行串、并行数据转换,还可以设计成一些实用电路,例如彩灯控制电路等。

用集成计数器、寄存器及集成逻辑门构成一些实用电路更加方便、快捷,因此在电路实际中应用广泛。

3. 实验内容

① 总线数据锁存器的设计。

数据传输与锁存在计算机和数字通信中被广泛应用，总线数据传输利用门电路的一些特殊功能按实际要求进行传送；而数据锁存利用触发器记忆功能实现寄存，并利用控制电路实施定时寄存和输出，供整个系统电路使用。

设计一个四路数据锁存器，用4个二输入与门中的一端作为数据输入端，另一端作为数据选通控制端；用触发器寄存数据，并用三态门缓冲器作隔离用。

要求：电路能完成数据输入、锁存和输出等功能。

② 简易编码电子锁的设计。

触摸式编码电子锁不需要钥匙，只要记住一组十进制数字组成的密码(一般为四位数)，顺着数字的先后从高位数到低位，用手指逐个触及相应的触摸按钮，锁便自动打开。若操作顺序不对，锁就打不开。

设计题目：设计一个四位触摸式编码电子锁。

设计提示：用两个芯片(74LS74)设置四位密码，开锁信号可用发光二极管代替三极管和继电器。

③ 自定指标要求，用集成触发器和门电路组成一个自动冷饮售货机。

④ 自定指标要求，用计数器(74LS192)和门电路组成一个可调分频电路。

⑤ 自定指标要求，利用双向移位寄存器组成一个彩灯控制电路。

4. 实验报告要求

① 设计实验电路，画出电路原理图，确定元器件及参数。

② 组装电路并测试，记录实验结果。

③ 总结时序逻辑电路的特点及设计方法。

5. 实验预习与问题思考

① 复习触发器、计数器及移位寄存器的有关知识。

② 准备实验设计电路和测试表格。

③ 时序电路的设计有何特点？

4.3.4　集成555定时器应用电路设计

1. 实验目的

① 掌握集成555定时器的逻辑功能及特点。

② 掌握集成555定时器用于实际控制的方法。

③ 熟悉触摸开关的应用，熟悉延时电路和报警电路的组成及工作原理。

④ 会使用集成555定时器设计延时电路和报警电路。

⑤ 掌握各种555定时器应用电路的测试方法。

2. 实验原理

集成555定时器是一种模拟与数字电路混合的中规模集成电路。只要适当外接电阻、电容等元件,即可方便地构成单稳态触发器、多谐振荡器、施密特触发器等波形产生和变换电路。常用于定时、延时和报警等场合。

① 集成555定时器用作单稳态电路,可设计成各种延时、定时等电路,触摸和声控双延时电路是典型的单稳态电路应用。

② 集成555定时器用作多谐振荡器,可设计成各种报警控制电路。防盗报警控制电路和水位报警控制电路就是两种常见的应用电路。

3. 实验内容

(1) 触摸和声控双延时灯电路

① 设计要求:设计一个触摸、声控双功能延时灯电路,当击掌声传至压电陶瓷片(HTD)时,HTD将声音信号转换成电信号,使电灯亮;同样,当触摸金属片时,人体感应电信号触发555集成定时器,使电灯亮。

② 设计提示:其电路由电容降压整流电路、声控放大器、555触发定时器和控制器组成,具有声控和触摸控制灯亮的双功能。

(2) 设计一个防盗报警控制电路

电路用导线作为控制线,正常时集成定时器构成的多谐振荡器不振荡(控制端为地,被导线短路),当有人把导线碰掉后,多谐振荡器工作,扬声器发出尖响,实现报警。

(3) 设计一个水位报警控制电路

水位报警控制电路把水位的变化转变为时基电路控制端的电压变化,从而通过控制电路实现报警。

电路用导线作为控制线,正常时集成定时器构成的多谐振荡器不振荡(控制端接一个电容,电容两端各接一个导线放入储水容器上方),当水位超出规定线后,多谐振荡器工作,扬声器发出尖响,实现报警。

4. 实验报告

① 根据实验要求,完成理论设计,画出电路图,确定元器件及参数。

② 组装电路,测试电路,并记录整理实验结果。

5. 实验预习与问题思考

① 预习555定时器的相关知识。

② 完成电路理论设计,制作相关测试步骤及表格。

③ 自己选择“气电”传感器,用555定时器设计一个可燃气体报警电路。

4.3.5　脉冲分配器的应用及其设计

1. 实验目的

① 熟悉脉冲分配器的电路及工作原理。

② 熟悉集成时序脉冲分配器的使用方法及其应用。

③ 掌握脉冲分配器的设计方法及应用。

④ 掌握用脉冲分配器组成步进电动机控制电路的方法。

2. 实验原理

(1) 脉冲分配器

脉冲分配器(顺序脉冲发生器)的作用是产生多路顺序脉冲信号,可以实现整机电路的协调工作。依据电路结构不同,脉冲分配器分为计数型和移位型两大类。它可以由触发器和门电路构成、可以由移位寄存型计数器和门电路构成(如环形计数器)、也可以由集成计数器和集成译码器构成,另外还有一些集成产品。

图 4-79 是由计数器和译码器组成的框图,图 4-79 中 CP 端上的系列脉冲经 N 位二进制计数器和相应的译码器,可以转变为 2^N 路顺序输出脉冲。

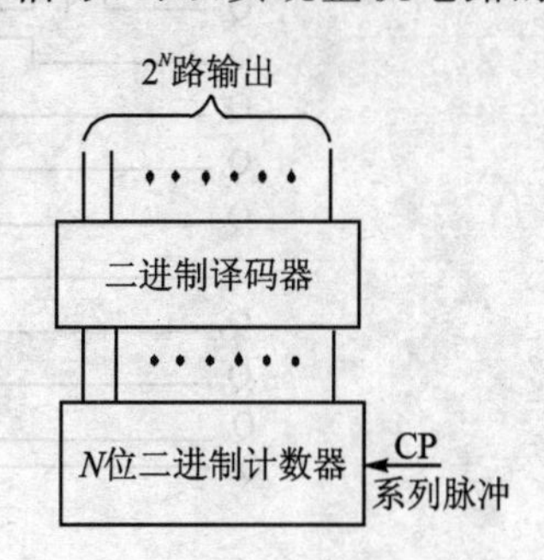

图 4-79　脉冲分配器的组成

(2) 集成时序脉冲分配器 CC4017

CC4017 是按 BCD 计数/时序译码器组成的分配器。其逻辑符号及引脚如图 4-80 所示,功能如表 4-37 所列。引脚功能如下:

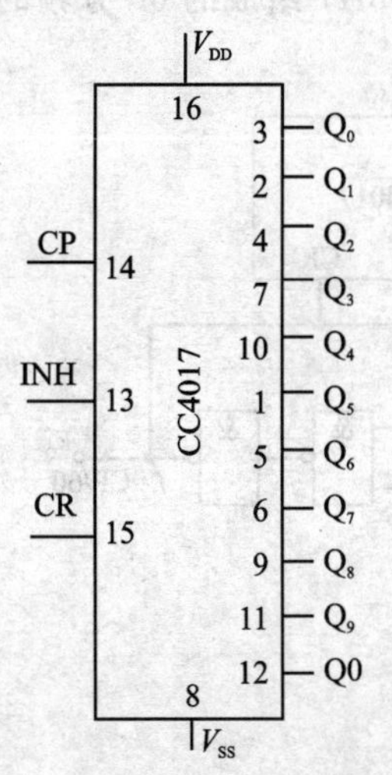

图 4-80　CC4017 的逻辑符号

表 4-37　集成时序脉冲分配器 CC4017 功能表

<table>
<tr><th colspan="3">输　入</th><th colspan="2">输　出</th></tr>
<tr><th>CP</th><th>INH</th><th>CR</th><th>Q0～Q9</th><th>CO</th></tr>
<tr><td>×</td><td>×</td><td>1</td><td>Q_0</td><td rowspan="3">计数脉冲为Q0～Q4 时:CO=1</td></tr>
<tr><td>↑</td><td>0</td><td>0</td><td rowspan="2">计　数</td></tr>
<tr><td>1</td><td>↓</td><td>0</td></tr>
<tr><td>0</td><td>×</td><td>0</td><td rowspan="4">保　持</td><td rowspan="4">计数脉冲为Q5～Q9 时:CO=0</td></tr>
<tr><td>×</td><td>1</td><td>0</td></tr>
<tr><td>↓</td><td>×</td><td>0</td></tr>
<tr><td>×</td><td>↑</td><td>0</td></tr>
</table>

➤ CO 进位脉冲输出端；

➤ CP 时钟输入端；

➤ CR 清除端；

➤ INH 禁止端；

➤ Q_0～Q_9 计数脉冲输出端。

CC4017 的输出波形如图 4－81 所示。

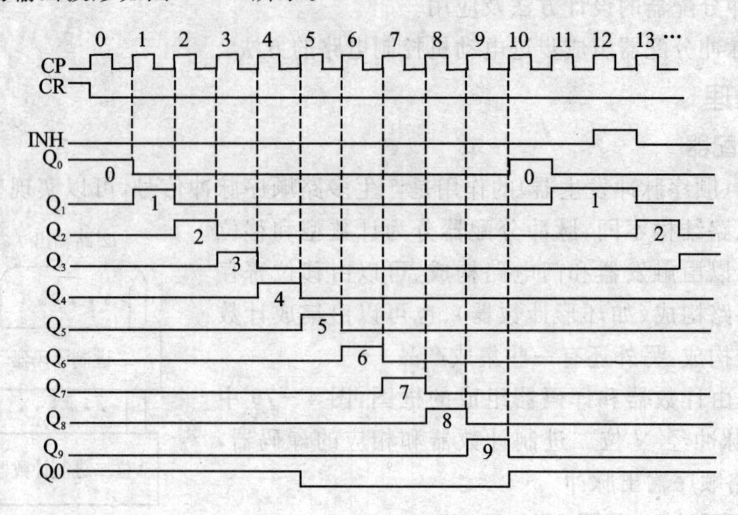

图 4－81 CC4017 的输出波形图

CC4017 应用十分广泛，可用于十进制计数、分频，N 进制计数、分频（N＝2～10 只需用一块，N＞10 可用多块器件级连）。图 4－82 所示为由两片 CC4017 组成的 60 分频的电路。

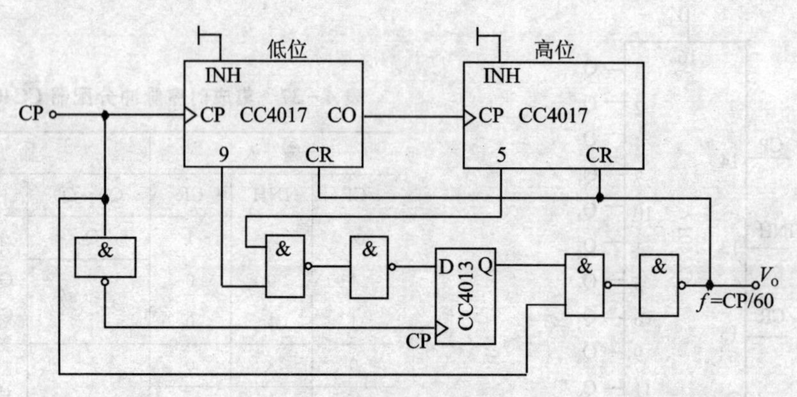

图 4－82 60 分频电路

(3) 步进电动机的环形脉冲分配器

脉冲分配器常用于步进电机控制电路，图 4－83 所示为某一三相步进电动机的驱动电路示意图。

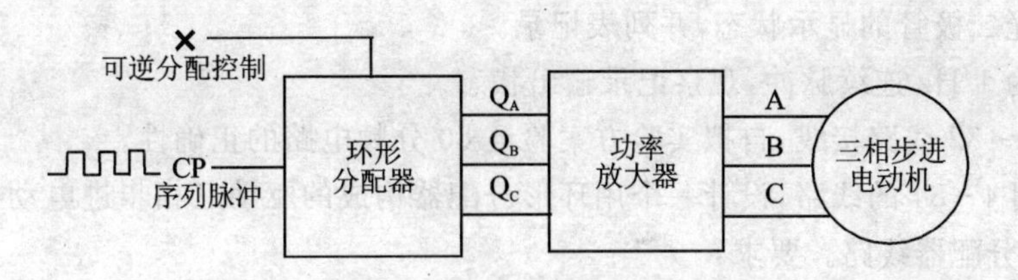

图 4－83　三相步进电动机的驱动电路示意图

A、B、C 分别表示步进电机的三相绕组。步进电机按三相六拍方式运行，即要求步进电机正转时，控制端 X＝1，使电机三相绕组的通电顺序为 A→AB→B→BC→C→CA；要求步进电机反转时，图 4－84 所示为由三个 JK 触发器构成的脉冲环形分配器，为六拍通电方式，供设计参考。

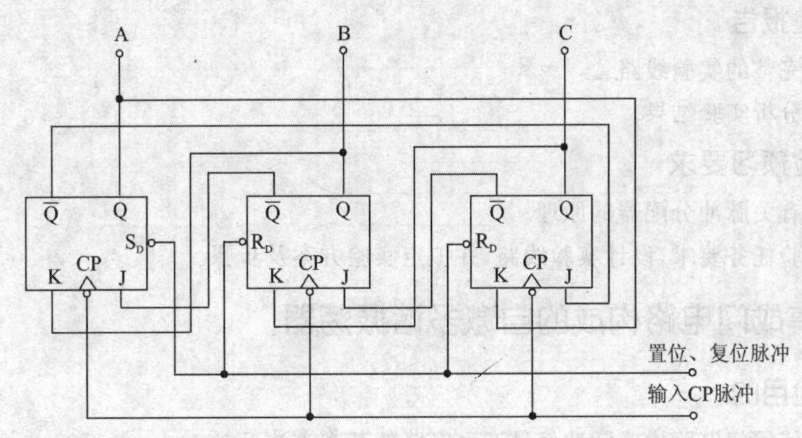

图 4－84　六拍通电方式的脉冲环行分配器逻辑图

要使步进电机反转，通常应加有正转脉冲输入控制和反转脉冲输入控制端。此外，由于步进电机三相绕组任何时刻都不得出现 A、B、C 三相同时通电或同时断电的情况，所以，脉冲分配器的三路输出不允许出现 111 和 000 两种状态，为此，可以给电路加初态预置环节。

3. 实验设备与器件

① ＋5 V 直流电源、双踪示波器、连续脉冲源、单次脉冲源、逻辑电平开关、逻辑电平显示器。

② CC4017×2、CC4013×2、CC4027×2、CC4011×2、CC4085×2。

4. 实验内容

① CC4017 逻辑功能测试。

参照图 4－80，EN、CR 接逻辑开关的输出插口。CP 接单次脉冲源，0～9 十个输出端接至逻辑电平显示输入插口，按功能表要求操作各逻辑开关。清零后，连续送出 10 个脉冲信号，观察 10 个发光二极管的显示状态，并列表记录。

CP 改接为 1 Hz 连续脉冲，观察记录输出状态。

② 按图 4－82 线路接线，自拟实验方案验证 60 分频电路的正确性。

③ 参照图 4－84 的线路，设计一个用环形分配器构成的驱动三相步进电动机可逆运行的三相六拍环形分配器线路。要求：

- 环形分配器用 CC4013 双 D 触发器，CC4085 与或非门组成。
- 由于电动机三相绕组在任何时刻都不应出现同时通电同时断电情况，在设计中要做到这一点。
- 电路安装好后，先用手控送入 CP 脉冲进行调试，然后加入系列脉冲进行动态实验。
- 整理数据，分析实验中出现的问题，做出实验报告。

5. 实验报告

① 画出完整的实验线路。

② 总结分析实验结果。

6. 实验预习要求

① 复习有关脉冲分配器的原理。

② 按实验任务要求，设计实验线路，并拟定实验方案及步骤。

4.3.6　集成门电路构成的自激多谐振荡器

1. 实验目的

① 掌握使用门电路构成脉冲信号产生电路的基本方法。

② 掌握影响输出脉冲波形参数的定时元件数值的计算方法。

③ 学习石英晶体稳频原理和使用石英晶体构成振荡器的方法。

2. 实验原理

集成与非门是一个常用开关倒相器件，可用以构成各种脉冲波形的产生电路。电路的基本工作原理是利用电容器的充放电，当输入电压达到与非门的阈值电压 V_T 时，门的输出状态即发生变化。因此，电路输出的脉冲波形参数直接取决于电路中阻容元件的数值。

(1) 非对称型多谐振荡器

如图 4－85 所示，非门 3 用于输出波形整形，TTL、CMOS 与非门均可以。为了保证电路能够振荡，反向器 1、2 必须工作在电压传输特性的转折区，即工作在放大区。合理选择 R 可以满足工作在放大区的要求。

非对称型多谐振荡器的输出波形是不对称的，当用 TTL 与非门组成时，输出脉冲宽度

$t_{w1}=RC$、$t_{w2}=1.2RC$；$T=2.2RC$（在特定条件下得出，不精确仅供参考）。调节 R 和 C 值，可改变输出信号的振荡频率，通常用改变 C 实现输出频率的粗调，改变电位器 R 实现输出频率的细调。

(2) 对称型多谐振荡器

如图 4－86 所示，由于电路完全对称，电容器的充放电时间常数相同，故输出为对称的方波。改变 R 和 C 的值，可以改变输出振荡频率。非门 3 用于输出波形整形。

一般取 $R\leqslant 1\ \text{k}\Omega$，当 $R=1\ \text{k}\Omega$，$C=100\ \text{pF}\sim 100\ \mu\text{F}$ 时，$f=n\text{Hz}\sim n\text{MHz}$，脉冲宽度 $t_{w1}=t_{w2}=0.7RC$，$T=1.4RC$。

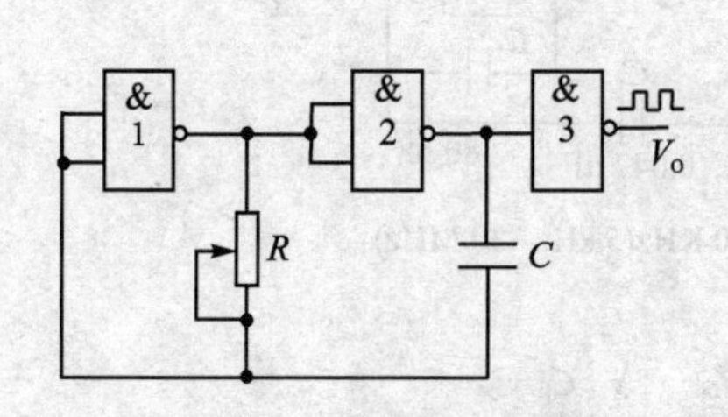

图 4－85 非对称型振荡器

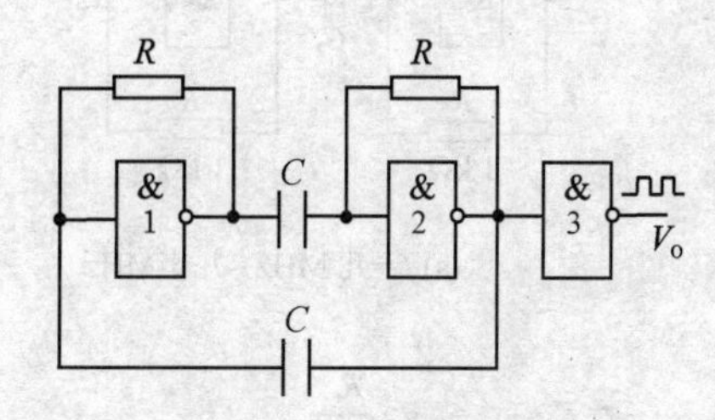

图 4－86 对称型振荡器

(3) 带 *RC* 电路的环形振荡器

电路如图 4－87 所示，非门 4 用于输出波形整形，R 为限流电阻，一般取 100 Ω，电位器 R_w 要求 $\leqslant 1\ \text{k}\Omega$，电路利用电容 C 的充放电过程，控制 D 点电压 V_D，从而控制与非门的自动启闭，形成多谐振荡，电容 C 的充电时间 t_{w1}、放电时间 t_{w2} 和总的振荡周期 T 分别为 $t_{w1}\approx 0.94RC$，$t_{w2}\approx 1.26RC$，$T\approx 2.2RC$。调节 R 和 C 的大小可改变电路输出的振荡频率。

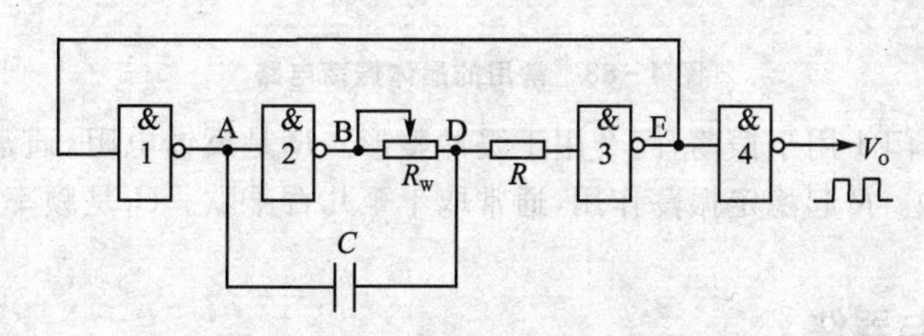

图 4－87 带有 *RC* 电路的环形振荡器

以上这些电路的状态转换都发生在与非门输入电平达到门的阈值电平 V_T 的时刻。在 V_T 附近电容器的充放电速度已经缓慢，而且 V_T 本身也不够稳定，易受温度、电源电压变化等因素以及干扰的影响。因此，电路输出频率的稳定性较差。

(4) 石英晶体稳频的多谐振荡器

当要求多谐振荡器的工作频率稳定性很高时，上述几种多谐振荡器的精度已不能满足要求。为此常用石英晶体作为信号频率的基准。用石英晶体与门电路构成的多谐振荡器常用来为微型计算机等提供时钟信号。

图 4－88 所示为常用的晶体稳频多谐振荡器。图 4－88 的(a)和(b)为 TTL 器件组成的晶体振荡电路；图 4－88 的(c)和(d)为 CMOS 器件组成的晶体振荡电路，一般用于电子表中，其中晶体的 f_O＝32 768 Hz。

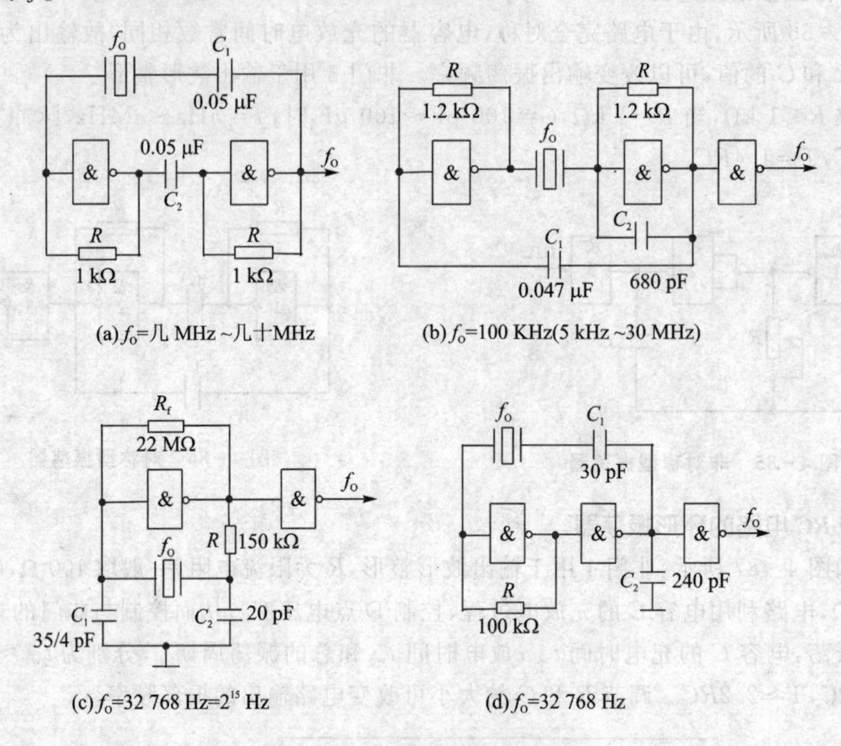

图 4－88　常用的晶体振荡电路

图 4－88(c)中，门 1 用于振荡，门 2 用于缓冲整形。R_f是反馈电阻，通常在几十兆欧之间选取，一般选 22 MΩ。R 起稳定振荡作用，通常取十至几百千欧。C_1是频率微调电容器，C_2用于温度特性校正。

3. 实验设备与器件

① ＋5 V 直流电源、双踪示波器、数字频率计等。

② 74LS00(或 CC4011)，晶振 32 768 Hz，电位器、电阻、电容若干。

4. 实验内容

① 用与非门 74LS00 按图 4－85 构成多谐振荡器，其中 R 为 10 kΩ 电位器，C 为 0.01 μF。

➤ 用示波器观察输出波形及电容 C 两端的电压波形，列表记录之。

➤ 调节电位器观察输出波形的变化，测出上、下限频率。

➤ 用一只 100 μF 电容器跨接在 74LS00 的 14 脚与 7 脚的最近处，观察输出波形的变化及

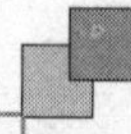

电源上纹波信号的变化，记录之。

② 用74LS00按图4-86接线，取$R=1\ k\Omega$，$C=0.047\ \mu F$，用示波器观察输出波形，记录之。

③ 用74LS00按图4-87接线，其中定时电阻R_W用一个510 Ω与一个1 kΩ的电位器串联，取$R=100\ \Omega$，$C=0.1\ \mu F$。

➢ R_W调到最大时，观察并记录A、B、D、E及v_O各点电压的波形，测出v_O的周期T和负脉冲宽度（电容C的充电时间）并与理论计算值比较。

➢ 改变R_W值，观察输出信号v_O波形的变化情况。

④ 按图4-88(c)接线，晶振选用电子表晶振32 768 Hz，与非门选用CC4011，用示波器观察输出波形，用频率计测量输出信号频率，记录之。

5. 实验报告

① 画出实验电路，整理实验数据与理论值进行比较。

② 画出实验观测到的工作波形图，对实验结果进行分析。

6. 实验预习要求与问题思考

① 复习自激多谐振荡器的工作原理。

② 画出实验用的详细实验线路图。

③ 拟好记录、实验数据表格等。

4.3.7　简单智力竞赛抢答装置的设计与调试

1. 实验目的

① 学习数字电路中D触发器、分频电路、多谐振荡器、CP时钟脉冲源等单元电路的综合运用。

② 熟悉智力竞赛抢赛器的工作原理。

③ 了解简单数字系统实验、调试及故障排除方法。

2. 实验原理

图4-89为供四人用的智力竞赛抢答装置线路，用以判断抢答优先权。图4-89中的F_1为四D触发器74LS175，它具有公共置0端和公共CP端，引脚排列见附录；F_2为双4输入与非门74LS20；F_3是由74LS00组成的多谐振荡器；F_4是由74LS74组成的四分频电路，F_3、F_4组成抢答电路中的CP时钟脉冲源，抢答开始时，由主持人清除信号，按下复位开关S，74LS175的输出Q_1～Q_4全为0，所有发光二极管LED均熄灭，当主持人宣布“抢答开始”后，首先做出判断的参赛者立即按下开关，对应的发光二极管点亮，同时，通过与非门F_2送出信号锁住其余三个抢答者的电路，不再接受其他信号，直到主持人再次清除信号为止。

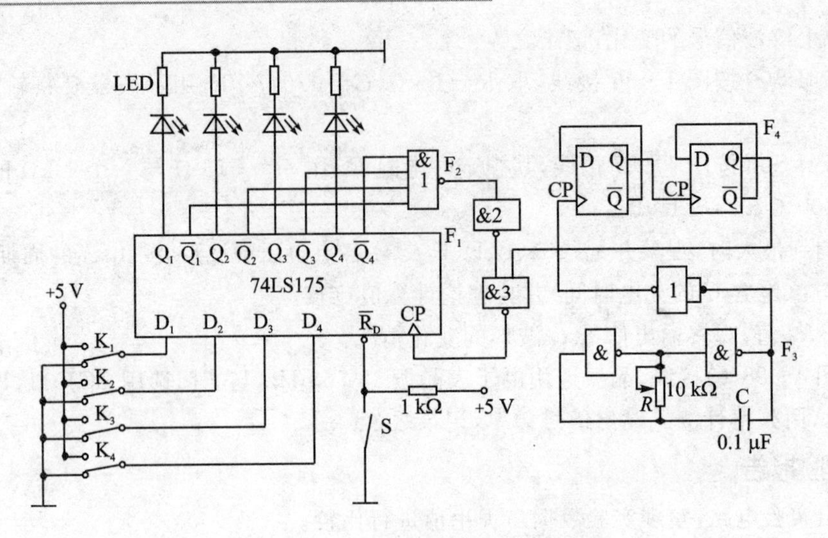

图 4-89 智力竞赛抢答装置原理图

3. 实验设备与器件

① +5 V直流电源、双踪示波器、逻辑电平开关、逻辑电平显示器、数字频率计、数字万用表等。

② 74LS175、74LS20、74LS74、74LS00 等。

4. 实验内容

① 测试各触发器及各逻辑门的逻辑功能。测试方法参照门电路测试实验及触发器测试实验有关内容，判断器件的好坏。

② 按图 4-89 接线，抢答器五个开关接实验装置上的逻辑开关，发光二极管接逻辑电平显示器。

③ 断开抢答器电路中 CP 脉冲源电路，单独对多谐振荡器 F_3 及分频器 F_4 进行调试，调整多谐振荡器 10K 电位器，使其输出脉冲频率约 4 kHz，观察 F_3 及 F_4 输出波形及测试其频率。

④ 测试抢答器电路功能。接通+5 V电源，CP 端接实验装置上连续脉冲源，取重复频率约 1 kHz。

第一步，抢答开始前，开关 K_1、K_2、K_3、K_4 均置“0”，准备抢答，将开关 S 置“0”，发光二极管全熄灭，再将 S 置“1”。抢答开始，K_1、K_2、K_3、K_4 某一开关置“1”，观察发光二极管的亮、灭情况，然后再将其他三个开关中任一个置“1”，观察发光二极的亮、灭是否有改变。

第二步，重复第一步的内容，改变 K_1、K_2、K_3、K_4 任一个开关状态，观察抢答器的工作情况。

第三步，整体测试。

断开实验装置上的连续脉冲源，接入 F_3 及 F_4，再进行实验。

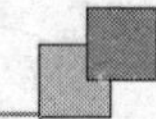

⑤ 参考图4-89电路设计一个八路抢答器。

5. 实验报告

① 分析智力竞赛抢答装置各部分功能及工作原理。

② 总结数字系统的设计、调试方法。

③ 分析实验中出现的故障及解决办法。

6. 实验预习要求与问题思考

① 复习门电路、触发器、分频器、振荡器等有关内容。

② 若在图4-89电路中加一个计时功能，要求计时电路显示时间精确到秒，最多限制为2 min，一旦超出限时，则取消抢答权，电路如何改进。

4.3.8　电子秒表的设计与调试

1. 实验目的

① 学习数字电路中基本RS触发器、单稳态触发器、时钟发生器及计数、译码显示等单元电路的综合应用。

② 学习电子秒表的调试方法。

2. 实验原理

图4-90为电子秒表的电原理图，译码、显示部分可以由CD4511和数码管构成(图中未画出)。按功能分成四个单元电路进行分析。

(1) 基本RS触发器

图4-90中单元Ⅰ为用集成与非门构成的基本RS触发器，低电平直接触发，有直接置位、复位的功能。它的一路输出$\overline{Q}$作为单稳态触发器的输入，另一路输出Q作为与非门5的输入控制信号。

按动按钮开关K_2(接地)，则门1输出$\overline{Q}=1$；门2输出$Q=0$，K_2复位后Q、$\overline{Q}$状态保持不变。再按动按钮开关K_1，则Q由0变为1，门5开启，为计数器启动做好准备。$\overline{Q}$由1变0，送出负脉冲，启动单稳态触发器工作。

基本RS触发器在电子秒表中的职能是启动和停止秒表的工作。

(2) 单稳态触发器

图4-90中单元Ⅱ为用集成与非门构成的微分型单稳态触发器，图4-91为各点波形图。单稳态触发器在电子秒表中的职能是为计数器提供清零信号。

单稳态触发器的输入触发负脉冲信号V_i由基本RS触发器$\overline{Q}$端提供，输出负脉冲V_O通过非门加到计数器的清除端R。

静态时，门4应处于截止状态，故电阻R必须小于门的关门电阻R_{Off}。定时元件RC取值

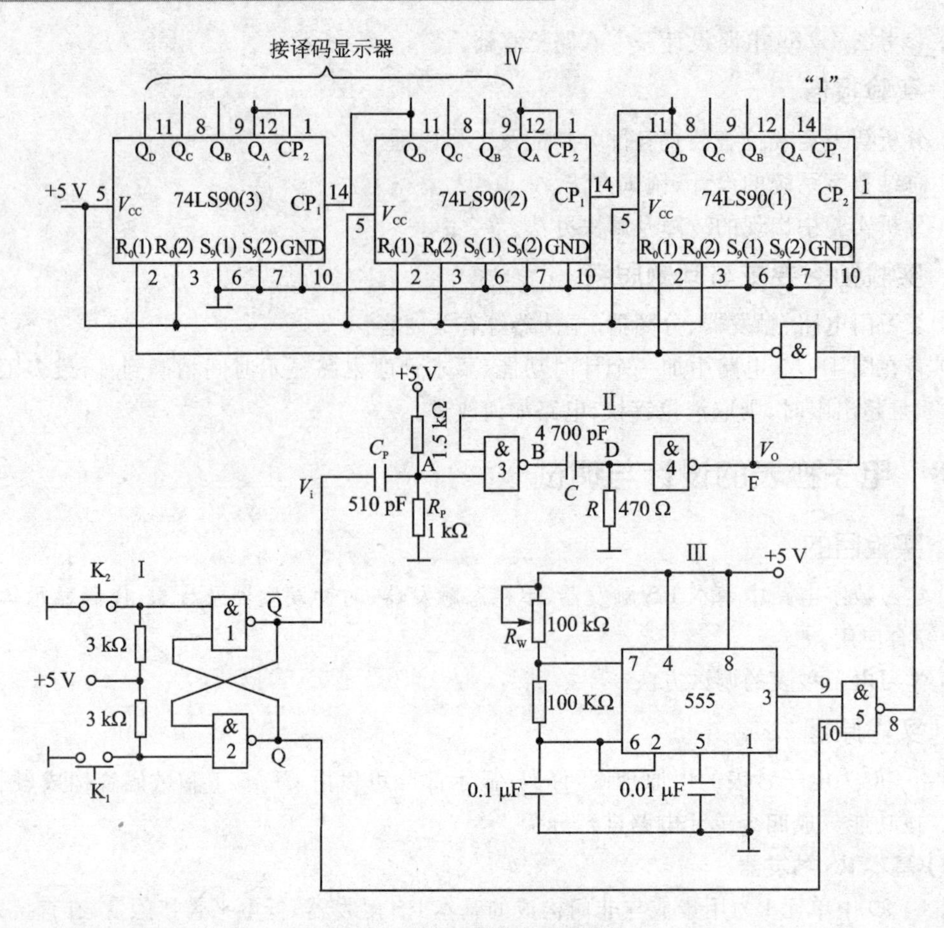

图 4－90　电子秒表原理图

不同，输出脉冲宽度也不同。当触发脉冲宽度小于输出脉冲宽度时，可以省去输入微分电路的 R_P 和 C_P。

(3) 时钟发生器

图 4－90 中单元Ⅲ为用 555 定时器构成的多谐振荡器，是一种性能较好的时钟源。调节电位器 R_W，使在输出端 3 获得频率为 50 Hz 的矩形波信号，当基本 RS 触发器 Q＝1 时，门 5 开启，此时 50 Hz 脉冲信号通过门 5 作为计数脉冲加于计数器 74LS90(1)的计数输入端 CP_2。

(4) 计数及译码显示

二-五-十进制加法计数器 74LS90 构成电子秒表的计数单元，如图 4－90 中单元Ⅳ所示。其中计数器 74LS90 (1)接成五进制形式，对频率为 50 Hz 的时钟脉冲进行五分频，在输出端 Q_D 取得周期为 0.1 s 的矩形脉冲，作为计数器(2)的时钟输入。计数器(2)及计数器(3)接成 8421 码十进制形式，其输出端与译码器、数码管(或利用实验装置上译码显示单元)的相应输入端连接，可显示 0.1～0.9 s;1～9.9 s 计时。

集成异步计数器 74LS90 是异步二-五-十进制加法计数器，它既可以做二进制加法计数器，又可以做五进制和十进制加法计数器。

图 4-92 为 74LS90 引脚排列，通过不同的连接方式，74LS90 可以实现四种不同的逻辑功能，而且还可借助 $R_0(1)$、$R_0(2)$ 对计数器清零，借助 $S_9(1)$、$S_9(2)$ 将计数器置 9。其具体功能详述如下：

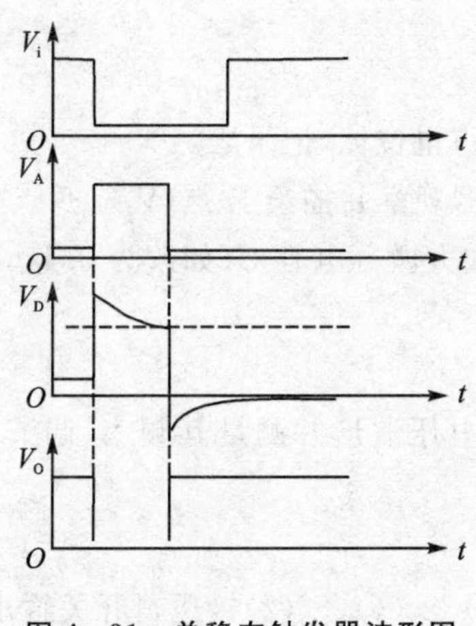

图 4-91 单稳态触发器波形图

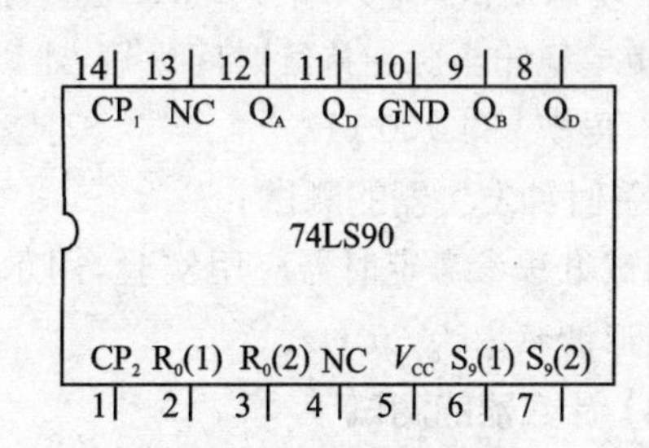

图 4-92 74LS90 引脚排列

① 计数脉冲从 CP_1 输入，Q_A 作为输出端，为二进制计数器。

② 计数脉冲从 CP_2 输入，Q_D、Q_C、Q_B 作为输出端，为异步五进制加法计数器。

③ 若将 CP_2 和 Q_A 相连，计数脉冲由 CP_1 输入，Q_D、Q_C、Q_B、Q_A 作为输出端，则构成异步 8421 码十进制加法计数器。

④ 若将 CP_1 与 Q_D 相连，计数脉冲由 CP_2 输入，Q_A、Q_D、Q_C、Q_B 作为输出端，则构成异步 5421 码十进制加法计数器。

⑤ 异步清零、异步置 9 功能：当 $R_0(1)$、$R_0(2)$ 均为“1”、$S_9(1)$、$S_9(2)$ 中有“0”时，实现异步清零功能，即 $Q_DQ_CQ_BQ_A=0000$；当 $S_9(1)$、$S_9(2)$ 均为“1”、$R_0(1)$、$R_0(2)$ 中有“0”时，实现置 9 功能，即 $Q_DQ_CQ_BQ_A=1001$。

3. 实验设备及器件

① +5 V 直流电源、双踪示波器、数字万用表、数字频率计、单次脉冲源、连续脉冲源、逻辑电平开关、逻辑电平显示器等。

② 译码显示器、74LS00×2、555×1、74LS90×3，电位器、电阻、电容若干。

4. 实验内容

由于实验电路中使用器件较多，实验前必须合理安排各器件在实验装置上的位置，使电路逻辑清楚，接线较短。

实验时，应按照实验任务的次序，将各单元电路逐个进行接线和调试，即分别测试基本 RS 触发器、单稳态触发器、时钟发生器及计数器的逻辑功能，待各单元电路工作正常后，再将有关电路逐级连接起来进行测试……，直到测试电子秒表整个电路的功能。

这样的测试方法有利于检查和排除故障，保证实验顺利进行。

(1) 基本 RS 触发器的测试

测试方法同触发器实验。

(2) 单稳态触发器的测试

① 静态测试：用直流数字电压表测量 A、B、D、F 各点电位值，记录之。

② 动态测试：输入端接 1 kHz 连续脉冲源，用示波器观察并描绘 D 点(V_D、)F 点(V_O)波形，如嫌单稳输出脉冲持续时间太短，难以观察，可适当加大微分电容 C(如改为 0.1 μF)待测试完毕，再恢复 4 700 pF。

(3) 时钟发生器的测试

测试方法参考定时器应用实验，用示波器观察输出电压波形并测量其频率，调节 R_W，使输出矩形波频率为 50 Hz。

(4) 计数器的测试

① 计数器 74SL90(1)接成五进制形式，$R_0(1)$、$R_0(2)$、$S_9(1)$、$S_9(2)$接逻辑开关输出插口，CP_2接单次脉冲源，CP_1接高电平“1”，Q_D～Q_A接译码器、显示数码管(实验设备上译码显示)输入端 D、C、B、A，测试其逻辑功能，自制表格记录。

② 计数器 74SL90(2)及 74SL90(3)接成 8421 码十进制形式，同内容①进行逻辑功能测试，自制表格记录。

③ 将计数器 74SL90(1)、(2)、(3)级连，进行逻辑功能测试。自制表格记录。

(5) 电子秒表的整体测试

各单元电路测试正常后，按图 4－90 把几个单元电路连接起来，进行电子秒表的总体测试。译码显示部分可借助实验装置，若无还要另外设计连接。

先按一下按钮开关 K_2，此时电子秒表不工作，再按一下按钮开关 K_1，则计数器清零后便开始计时，观察数码管显示计数情况是否正常，如不需要计时或暂停计时，按一下开关 K_2，计时立即停止，但数码管保留所计时之值。

(6) 电子秒表准确度的测试

利用电子钟或手表的秒计时对电子秒表进行校准。

5. 实验报告

① 总结电子秒表整个调试过程。

② 分析调试中发现的问题及故障排除方法。

6. 预习与问题思考

① 复习数字电路中RS触发器、单稳态触发器、时钟发生器及计数器等部分内容。

② 除了本实验中所采用的时钟源外，选用另外两种不同类型的时钟源，可供本实验用。画出电路图，选取元器件。

③ 列出电子秒表单元电路的测试表格。

④ 列出调试电子秒表的步骤。

4.3.9　三位半直流数字电压表的设计与调试

1. 实验目的

① 了解双积分式A/D转换器的工作原理。

② 熟悉 $3\frac{1}{2}$ 位A/D转换器CC14433的性能及其引脚功能。

③ 掌握用CC14433构成直流数字电压表的方法及调试方法。

2. 实验原理

直流数字电压表的核心器件是一个间接型A/D转换器，它首先将输入的模拟电压信号变换成易于准确测量的时间量，然后在这个时间宽度里用计数器计时，计数结果就是正比于输入模拟电压信号的数字量。

(1) V－T变换型双积分A/D转换器

1) 双积分ADC的控制逻辑框图及转换过程

图4－93是双积分ADC的控制逻辑框图。它由积分器(包括运算放大器 A_1 和RC积分网络)、过零比较器 A_2，N 位二进制计数器，开关控制电路，门控电路，参考电压 V_R 与时钟脉冲源CP组成。

转换开始前，先将计数器清零，并通过控制电路使开关 S_O 接通，将电容 C 充分放电。由于计数器进位输出 $Q_C=0$，控制电路使开关S接通 V_i，模拟电压与积分器接通，同时，门G被封锁，计数器不工作。积分器输出 V_A 线性下降，经零值比较器 A_2 获得一方波 V_C，打开门G，计数器开始计数，当输入 2^n 个时钟脉冲后 $t=T_1$，各触发器输出端 $D_{n-1}\sim D_0$ 由111…1回到000…0，其进位输出 $Q_C=1$，作为定时控制信号，通过控制电路将开关S转换至基准电压源——V_R，积分器向相反方向积分，V_A 开始线性上升，计数器重新从0开始计数，直到 $t=T_2$，V_A 下降到0，比较器输出的正方波结束，此时计数器中暂存二进制数字就是 V_i 相对应的二进制数码。

2) $3\frac{1}{2}$ 位双积分A/D转换器CC14433的性能特点

CC14433是CMOS双积分式 $3\frac{1}{2}$ 位A/D转换器，它是将构成数字和模拟电路的约7 700

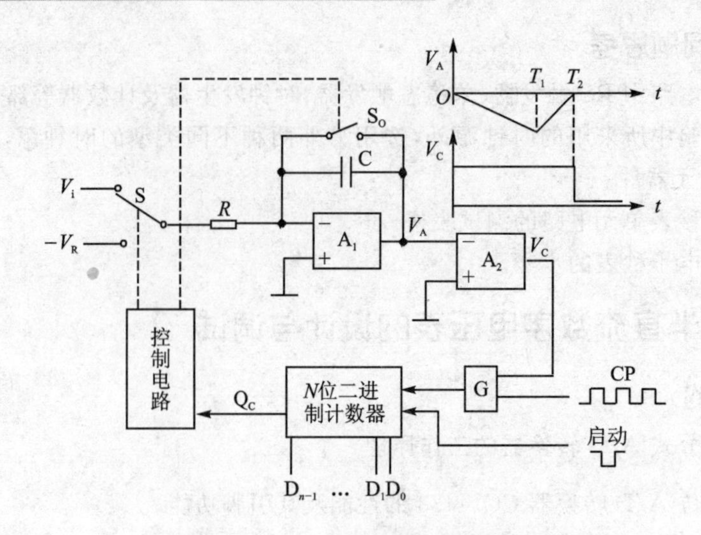

图 4-93 双积分 ADC 原理框图

多个 MOS 晶体管集成在一个硅芯片上，芯片有 24 只引脚，采用双列直插式，其引脚排列与功能如图 4-94 所示。

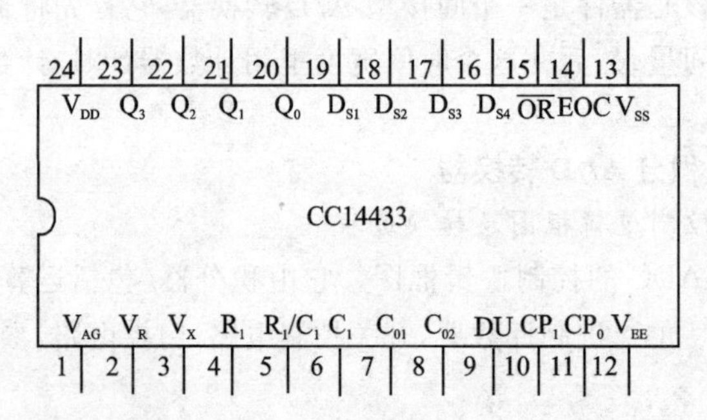

图 4-94 CC14433 引脚排列

引脚功能说明如下：

V_{AG}(1 脚) 被测电压 V_X和基准电压 V_R的参考地。

V_R(2 脚) 外接基准电压(2 V 或 200 mV)输入端。

V_X(3 脚) 被测电压输入端。

R_1(4 脚)、R_1/C_1(5 脚)、C_1(6 脚) 外接积分阻容元件端。$C_1=0.1\ \mu F$(聚酯薄膜电容器)，$R_1=470\ k\Omega$(2 V 量程)；$R_1=27\ k\Omega$(200 mV 量程)。

C_{01}(7 脚)、C_{02}(8 脚) 外接失调补偿电容端，典型值 0.1 μF。

DU(9 脚) 实时显示控制输入端。若与 EOC(14 脚)端连接，则每次 A/D 转换均显示。

CP_1(10 脚)、CP_0(11 脚) 时钟振荡外接电阻端，典型值为 470 kΩ。

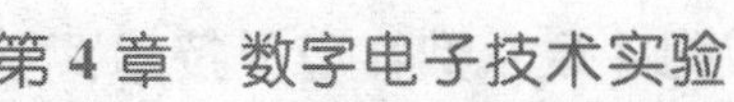

V_{EE}(12 脚) 电路的电源最负端，接−5 V。

V_{SS}(13 脚) 除 CP 外所有输入端的低电平基准(通常与 1 脚连接)。

EOC(14 脚) 转换周期结束标记输出端，每一次 A/D 转换周期结束，EOC 输出一个正脉冲，宽度为时钟周期的二分之一。

$\overline{OR}$(15 脚) 过量程标志输出端，当$|V_X|>V_R$时，$\overline{OR}$输出为低电平。

DS_4～DS_1(16～19 脚) 多路选通脉冲输入端，DS_1对应于千位，DS_2对应于百位，DS_3对应于十位，DS_4对应于个位。

Q_0～Q_3(20～23 脚) BCD 码数据输出端，DS_2、DS_3、DS_4选通脉冲期间，输出三位完整的十进制数，在DS_1选通脉冲期间，输出千位 0 或 1 及过量程、欠量程和被测电压极性标志信号。

CC14433 具有自动调零，自动极性转换等功能。可测量正或负的电压值。当CP_1、CP_0端接入 470 kΩ 电阻时，时钟频率≈66 kHz，每秒钟可进行 4 次 A/D 转换。它的使用调试简便，能与微处理机或其他数字系统兼容，广泛用于数字面板表，数字万用表，数字温度计，数字量具及遥测、遥控系统。

(2) $3\frac{1}{2}$位直流数字电压表的组成

参考实验线路如图 4-95 所示。

① 被测直流电压V_X经 A/D 转换后以动态扫描形式输出，数字量输出端Q_0 Q_1 Q_2 Q_3上的数字信号(8421 码)按照时间先后顺序输出。位选信号DS_1，DS_2，DS_3，DS_4通过位选开关 MC1413 分别控制着千位、百位、十位和个位上的 4 只 LED 数码管的公共阴极。数字信号经七段译码器 CC4511 译码后，驱动 4 只 LED 数码管的各段阳极。这样就把 A/D 转换器按时间顺序输出的数据以扫描形式在 4 只数码管上依次显示出来，由于选通重复频率较高，工作时从高位到低位以每位每次约 300 μs 的速率循环显示。即一个 4 位数的显示周期是 1.2 ms，所以人的肉眼就能清晰地看到四位数码管同时显示三位半十进制数字量。

② 当参考电压V_R=2 V 时，满量程显示 1.999 V；V_R=200 mV 时，满量程为 199.9 mV。可以通过选择开关来控制千位和十位数码管的 h 笔经限流电阻实现对相应的小数点显示的控制。

③ 最高位(千位)显示时只有 b、c 两根线与 LED 数码管的 b、c 脚相接，所以千位只显示 1 或不显示，用千位的 g 笔段来显示模拟量的负值(正值不显示)，即由 CC14433 的Q_2端通过 NPN 晶体管 9013 来控制 g 段。

④ 精密基准电源 MC1403。A/D 转换需要外接标准电压源做参考电压。标准电压源的精度应当高于 A/D 转换器的精度。本实验采用 MC1403 集成精密稳压源作参考电压，MC1403 的输出电压为 2.5 V，当输入电压在 4.5～15 V 范围内变化时，输出电压的变化不超过 3 mV，一般只有 0.6 mV 左右，输出最大电流为 10 mA。MC1403 引脚排列见图 4-96。

⑤ 实验中使用 CMOS BCD 七段译码/驱动器 CC4511，参考译码器实验有关部分。

⑥ 七路达林顿晶体管列阵 MC1413。MC1413 采用 NPN 达林顿复合晶体管的结构，因此

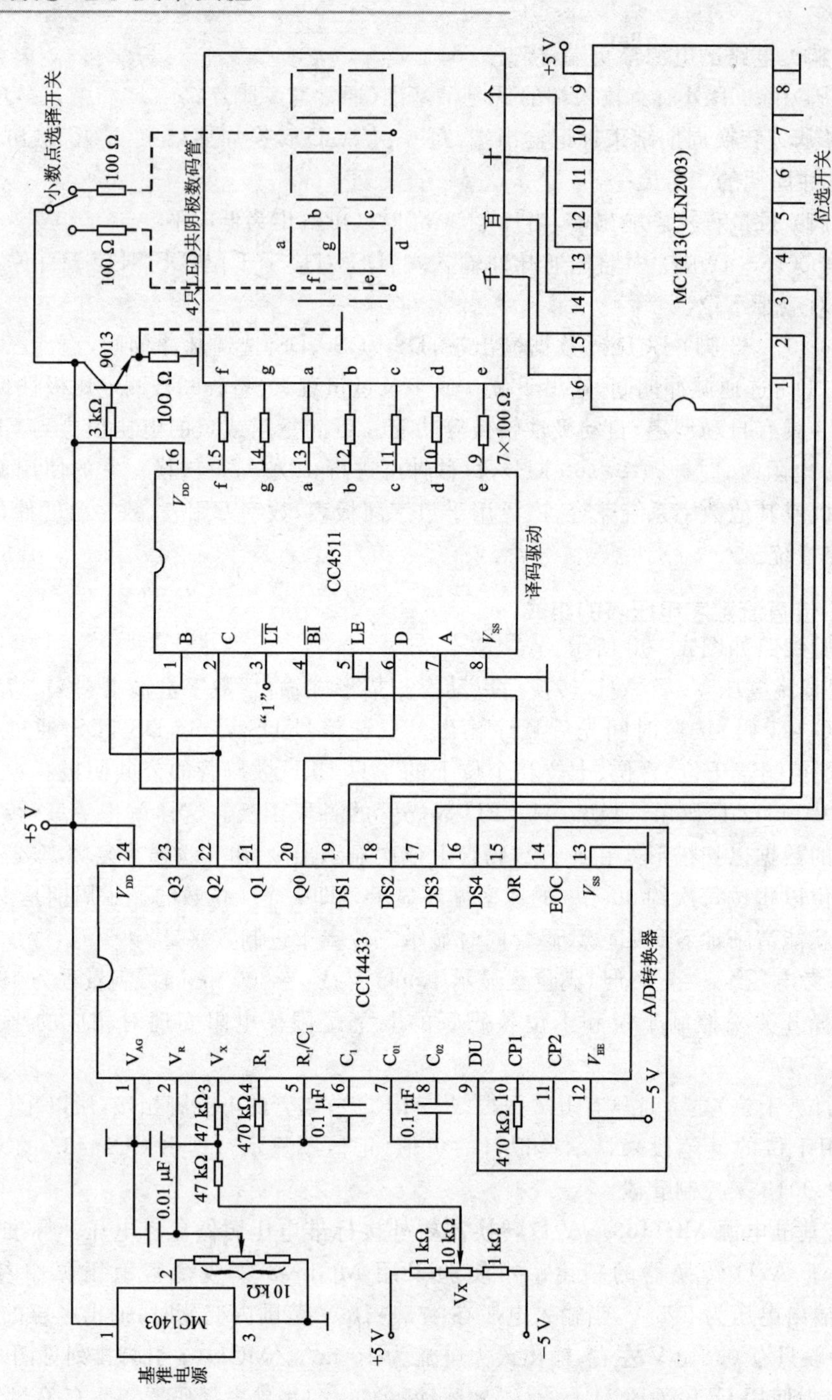

图4-95　三位半直流数字电压表的电路原理图

有很高的电流增益和很高的输入阻抗，可直接接受MOS或CMOS集成电路的输出信号，并把电压信号转换成足够大的电流信号驱动各种负载。该电路内含有7个集电极开路反相器（也称OC门）。MC1413电路结构和引脚排列如图4-97所示，它采用16引脚的双列直插式封装。每一驱动器输出端均接有一释放电感负载能量的抑制二极管。

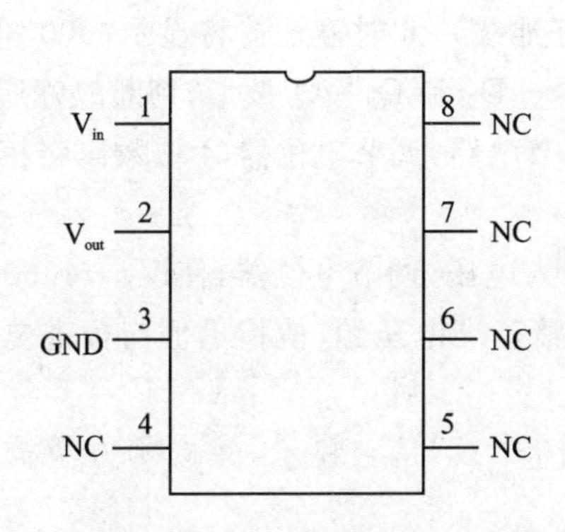

图4-96　MC1403引脚排列

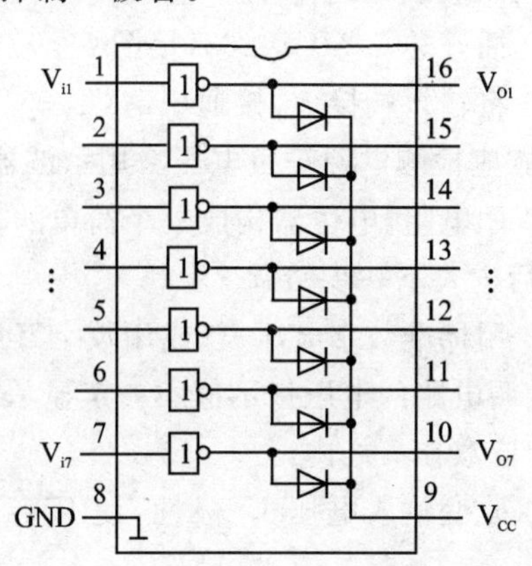

图4-97　MC1413引脚排列和电路结构图

3. 实验设备及器件

① ±5 V直流电源、双踪示波器、数字万用表等。

② 按线路图4-95要求自拟元器件清单。

4. 实验内容

本实验要求按图4-95组装并调试好一台三位半直流数字电压表，实验时应一步步地进行。

(1) 数码显示部分的组装与调试

① 建议将4只数码管插入40P集成电路插座上，将4个数码管同名笔划段与显示译码的相应输出端连在一起，其中最高位只要将b、c、g三笔划段接入电路，按图4-95接好连线，但暂不插所有的芯片，待用。

② 插好芯片CC4511与MC1413，并将CC4511的输入端A、B、C、D接至拨码开关对应的A、B、C、D四个插口处；将MC1413的1、2、3、4脚接至逻辑开关输出插口上。

③ 将MC1413的2脚置“1”，1、3、4脚置“0”，接通电源，拨动码盘（按“+”或“-”键）自0～9变化，检查数码管是否按码盘的指示值变化。

④ 按实验原理说明(2)⑤项的要求，检查译码显示是否正常。

⑤ 分别将MC1413的3、4、1脚单独置“1”，重复③的内容。

如果所有4位数码管显示正常，则去掉数字译码显示部分的电源，备用。

(2) 标准电压源的连接和调整

插上 MC1403 基准电源,用标准数字电压表检查输出是否为 2.5 V,然后调整 10 kΩ 电位器,使其输出电压为 2.00 V,调整结束后去掉电源线,供总装时备用。

(3) 总装、总调

① 插好芯片 MC14433,接图 4-95 接好全部线路。

② 将输入端接地,接通+5 V、-5 V 电源(先接好地线),此时显示器将显示“000”值,如果不是,应检测电源正负电压。用示波器测量、观察 D_{S1}～D_{S4} 和 Q_0～Q_3 波形,判断故障所在。

③ 用电阻、电位器构成一个简单的输入电压 V_X 调节电路,调节电位器,4 位数码将相应变化,然后进入下一步精调。

④ 用标准数字电压表(或用数字万用表代)测量输入电压,调节电位器,使 V_X=1.000 V,这时被调电路的电压指示值不一定显示“1.000”,应调整基准电压源,使指示值与标准电压表误差个位数在 5 之内。

⑤ 改变输入电压 V_X 极性,使 V_i=-1.000 V,检查“-”是否显示,并按④方法校准显示值。

⑥ 在+1.999 V～0～-1.999 V 量程内再一次仔细调整(调基准电源电压)使全部量程内的误差均不超过个位数在 5 之内。

至此一个测量范围在±1.999 的三位半数字直流电压表调试成功。

(4) 记　录

记录输入电压为±1.999,±1.500,±1.000,±0.500,0.000 时(标准数字电压表的读数)被调数字电压表的显示值,列表记录之。

(5) 测　量

用自制数字电压表测量正、负电源电压,如何测量?试设计扩程测量电路。

***(6) 电容改变**

若积分电容 C_1、C_{02}(0.1 μF)换用普通金属化纸介电容时,观察测量精度的变化。

5. 实验报告

① 绘出三位半直流数字电压表的电路接线图。

② 阐明组装、调试步骤。说明调试过程中遇到的问题和解决的方法。

③ 组装、调试数字电压表的心得体会。

6. 实验预习要求与问题思考

① 本实验是一个综合性实验,应做好充分准备。

② 仔细分析图 4-95 各部分电路的连接及其工作原理。

③ 参考电压 V_R 上升,显示值是增大还是减少?

④ 要使显示值保持某一时刻的读数,电路应如何改动?

*7. CC7107 A/D 转换器组成的 $3\frac{1}{2}$ 位直流数字电压表

用CC7107型A/D转换器设计 $3\frac{1}{2}$ 位直流数字电压表更加简洁方便，下面进行简单介绍。

(1) CC7107 型 A/D 转换器

CC7107型A/D转换器是把模拟电路与数字电路集成在一块芯片上的大规模的CMOS集成电路，它具有功耗低、输入阻抗高、噪声低、能直接驱动共阳极LED显示器，不需另加驱动器件，使转换电路简化等特点。图4－98是它的引脚排列及功能，各引出端功能如下。

V＋和V－：电源的正极和负极。

aU～gU、aT～gT、aH～gH：个位、十位、百位笔画的驱动信号，依次接个位、十位、百位数码管的相应笔画电极。

abk：千位笔画驱动信号，接千位数码管的a、b两个笔画电极。

PM：负极性指示的输出端，接千位数码管的g段。PM为低电位时显示负号。

INT：积分器输出端，接积分电容。

BUF：缓冲放大器的输出端，接积分电阻。

AZ：积分器和比较器的反相输入端，接自动调零电容。

IN＋、IN－：模拟量输入端，分别接输入信号的正端与负端。

COM：模拟信号公共端，即模拟地。

C_{REF}：外接基准电容端。

V_{REF}＋、V_{REF}－：基准电压的正端和基准电压的负端。

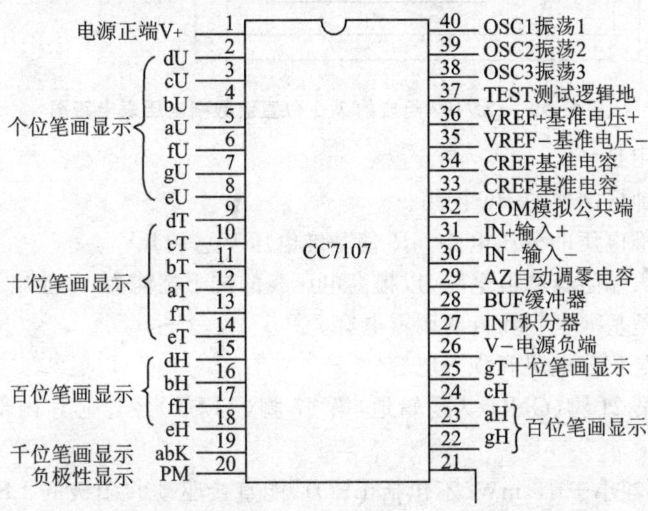

图4－98 CC7107引脚及功能

TEST 测试端：该端经 500 Ω 电阻接至逻辑线路的公共地。当作“测试指示”时，把它与 V+短接后，LED 全部笔画点亮，显示数 1888。

OSC_1～OSC_2：时钟振荡器的引出端，外接阻容元件组成多谐振荡器。

(2) CC7107 组成的 $3\frac{1}{2}$ 位直流数字电压表

由 CC7107 组成的 $3\frac{1}{2}$ 位直流数字电压表接线图如图 4-99 所示。

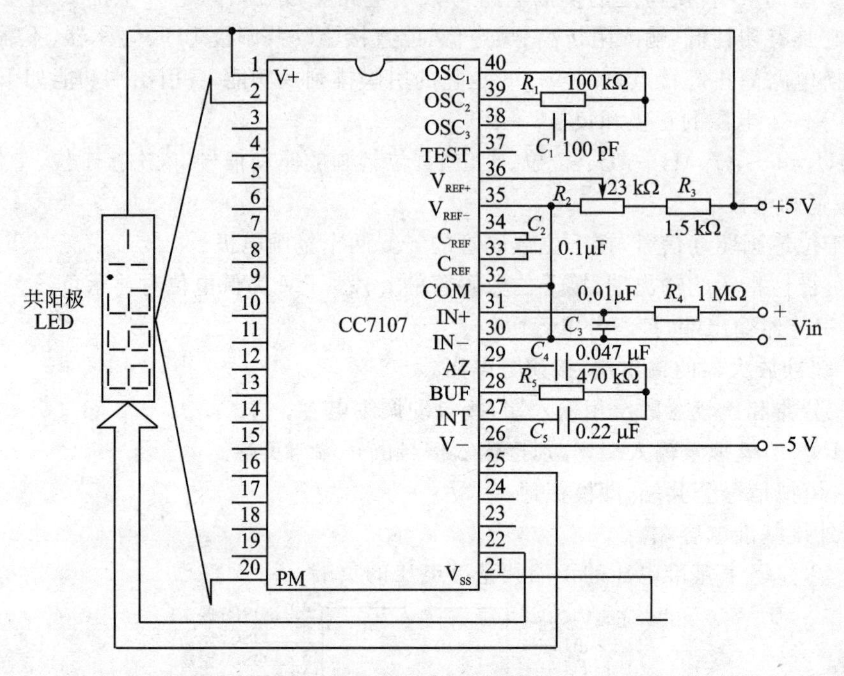

图 4-99 CC7107 组成的 $3\frac{1}{2}$ 位直流数字电压表电路图

外围元件的作用是：

① R_1、C_1 为时钟振荡器的 RC 网络。

② R_2、R_3 是基准电压的分压电路。R_2 使基准电压 $V_{REF}=1$ V

③ R_4、C_3 为输入端阻容滤波电路，以提高电压表的抗干扰能力，并能增强它的过载能力。

④ C_2、C_4 分别是基准电容和自动调零电容。

⑤ R_5、C_5 分别是积分电阻和积分电容。

⑥ CC7107 的第 21 脚(GND)为逻辑地，第 37 脚(TEST)经过芯片内部的 500 Ω 电阻与 GND 接通。

⑦ 芯片本身功耗小于 15 mW(不包括 LED)，能直接驱动共阳极的 LED 显示器，不需要另加驱动器件，在正常亮度下每个数码管的全亮笔画电流大约为 40～50 mA。

CC7107 没有专门的小数点驱动信号，使用时可将共阳极数码管的公共阳极接 V+，小数

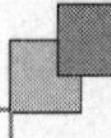

点接 GND 时点亮，接 V+时熄灭。

4.3.10　红外线自动水龙头控制电路的设计与调试

1. 实验目的

① 熟悉集成运放的使用方法。

② 熟悉反射式红外传感器的使用方法。

③ 熟悉锁相环音频译码器 LM567 的应用。

2. 设计任务

设计红外线自动水龙头控制电路，并进行安装调试。

① 采用反射式红外传感器进行光电信号变换。

② 传感器输出信号要经过电压放大后送入锁相环音频译码器，驱动继电器控制电路。

③ 继电器驱动电磁阀打开或关闭水龙头。

3. 设计内容与说明

① 采用集成运放 LM741 作为电压放大器，电压放大倍数根据实际要求确定。

② 采用反射式红外传感器。这种传感器的发射与接收对管是一体化的，当有物体靠近时，一部分红外光被反射到接收管，从而产生控制信号，如图 4 - 100 所示。

③ 锁相环音频译码器 LM567 是一种模拟与数字电路组合器件，图 4 - 101 为 LM567 引脚图。其电路内部有一个矩形波发生器，矩形波的频率由 5、6 脚外接的 R、C 值决定。输入信号从 3 脚进入 LM567 后，与内部矩形波进行比较，若信号相位一致，则 8 脚输出低电平，否则输出高电平。需要注意的是，8 脚是集电极开路输出，使用时必须外接上拉电阻。

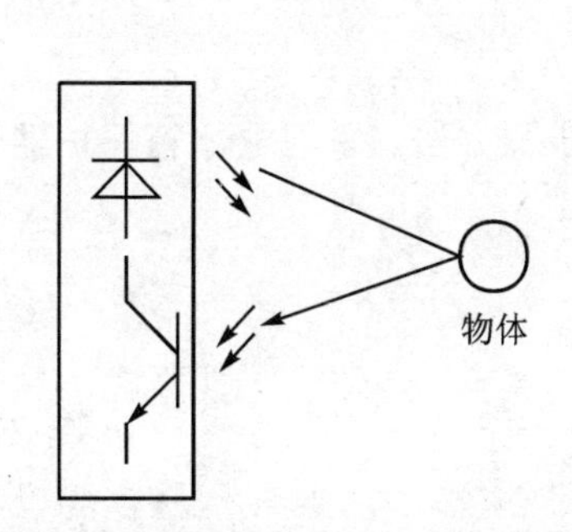

图 4 - 100　反射式红外传感器示意图

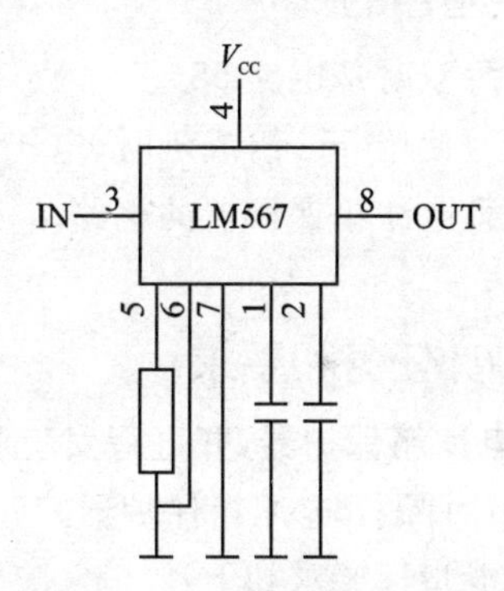

图 4 - 101　LM567 的引脚图

电路的工作原理是：LM567 产生标准矩形波送给红外发射管，红外发射管导通向周围发出调制红外光。当有人洗手或接水时，接近水龙头的手或盛水器就将红外光反射回一部分，被红外接收管接收并转换为相应的交变电压信号,使继电器吸合,继电器控制安装在水龙头上的电磁阀得电吸合放水,当手或容器离开后电路又恢复等待状态。

红外线自动水龙头具有人或物体靠近时,自动产生控制信号控制继电器动作,使电磁阀得电吸合放水。它具有安装方便、灵敏度高、抗干扰能力强,可在强光下工作,广泛用于家庭、工厂、医院、车站、餐馆等。

4. 电路设计与元器件选择

① 根据任务选择总体方案,画出设计框图。

② 根据设计框图进行单元电路设计。

③ 画出总体电路原理图。

④ 选择元器件,列出元器件清单。

5. 安装与调试

① 自己拟定实验步骤及调试方法。

② 参照原理图自行完成器件在印制板或插接板的放置。检查元器件放置合理与规范后,进行正确的组装;确认焊接安装正确无误后,方可通电测试。

③ 先单元调试,再总体调试,并作记录。

6. 实验报告要求

写出实验报告,包括设计、安装与测试的全部内容。附上有关资料和图纸以及心得体会。

4.3.11 电冰箱保护器的设计与调试

1. 实验目的

① 熟悉双时基电路556。

② 学习使用556组成延时、电压上下限报警电路。

③ 熟悉电冰箱保护器的电路结构、工作原理及设计步骤方法。掌握电冰箱保护器性能指标的调试方法。

2. 设计任务和要求

设计电冰箱保护器,并进行安装调试。

① 设计课题:电冰箱保护器。

② 性能指标要求如下:

- 电冰箱保护器应有过压、欠压和上电延时功能。
- 供电电压在正常范围或不正常范围内应有指示。供电电压正常范围应该能根据需要进行调节,本设计建议为180～250 V。
- 过压、欠压保护。当电压高于设定允许最高电压或低于设定允许最低电压时,自动切断电源，且用红灯亮指示。

- 上电以及过压、欠压保护或瞬间断电时，需延迟 3～5 min 才允许接通电源。
- 负载功率应大于 200 W。

3. 设计内容与说明

电冰箱保护器实质上是一个具有延时功能的电压上下限报警电路。一般由电源、采样电路、上电以及过压、欠压保护电路、延时电路、指示电路等部分组成。说明如下：

① 稳压电源电路为其他电路提供工作电压，建议采用桥堆整流、电容滤波和集成稳压器组成稳压电源电路。

② 采样电路将包括超压和欠压取样电路，取自需要检测的直流电压。

③ 用 556 定时器接成施密特触发器形式，设定和处理超压和欠压信号。采样电路将输出的直流电压送给施密特触发器，当电网电压波动超出正常范围时，实现断电保护。

④ 用 556 定时器接成单稳态触发器形式，实现延时。

⑤ 驱动电路采用三极管放大电路，指示电路用发光二极管电路。

4. 电路设计与元器件选择

① 根据任务选择总体方案，画出设计框图。

② 根据设计框图进行单元电路设计。

③ 画出总体电路原理图。

④ 选择元器件，列出元器件清单。

5. 安装与调试

① 自己拟定实验步骤及调试方法。

② 参照原理图自行完成器件在印制板或插接板的放置。检查元器件放置合理与规范后，进行正确的组装；确认焊接安装正确无误后，方可通电测试。

③ 先单元调试，再总体调试，并做记录。

6. 实验报告要求

写出实验报告，包括设计、安装与测试的全部内容。附上有关资料和图纸以及心得体会。

4.3.12 拔河游戏机的设计与调试

1. 实验目的

① 熟悉所用集成芯片的功能。

② 熟悉拔河游戏机的电路结构、工作原理及设计步骤方法。

③ 掌握拔河游戏机性能指标的调试方法。

2. 设计任务和要求

给定实验设备和主要元器件，按照电路的各部分组合成一个完整的拔河游戏机，并进行安装调试。

① 拔河游戏机需用15个(或9个)发光二极管排列成一行,开机后只有中间一个点亮,以此作为拔河的中心线,游戏双方各持一个按键,迅速、不断地按动产生脉冲,谁按得快,亮点向谁方向移动,每按一次,亮点移动一次。移到任一方终端二极管点亮,这一方就得胜,此时双方按键均无作用,输出保持,只有经复位后才使亮点恢复到中心线。

② 显示器显示胜者的盘数。

3. 实验设备及元器件

① +5 V直流电源、译码显示器、逻辑电平开关等。

② 4-16线译码/分配器CC4514,同步递增/递减二进制计数器CC40193,十进制计数器CC4518,与门CC4081,与非门CC4011×3,异或门CC4030,电阻1 kΩ×4及导线若干。

4. 设计步骤及参考实验电路

实验电路框图如图4-102所示,整机电路图如图4-103所示。

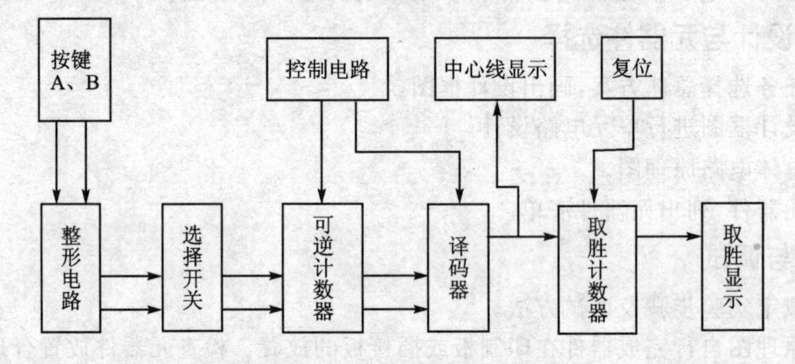

图4-102 拔河游戏机线路框图

可逆计数器CC40193原始状态输出4位二进制数0000,经译码器输出使中间的一只发光二极管点亮。当按动A、B两个按键时,分别产生两个脉冲信号,经整形后分别加到可逆计数器上,可逆计数器输出的代码经译码器译码后驱动发光二极管点亮并产生位移,当亮点移到任何一方终端后,由于控制电路的作用,使这一状态被锁定,而对输入脉冲不起作用。如按动复位键,亮点又回到中点位置,比赛又可重新开始。

将双方终端二极管的正端分别经两个与非门后接至2个十进制计数器CC4518的允许控制端EN,当任一方取胜,该方终端二极管点亮,产生一个下降沿使其对应的计数器计数。这样,计数器的输出即显示了胜者取胜的盘数。

(1) 编码电路

编码器有2个输入端,4个输出端,要进行加/减计数,因此选用CC40193双时钟二进制同步加/减计数器来完成。

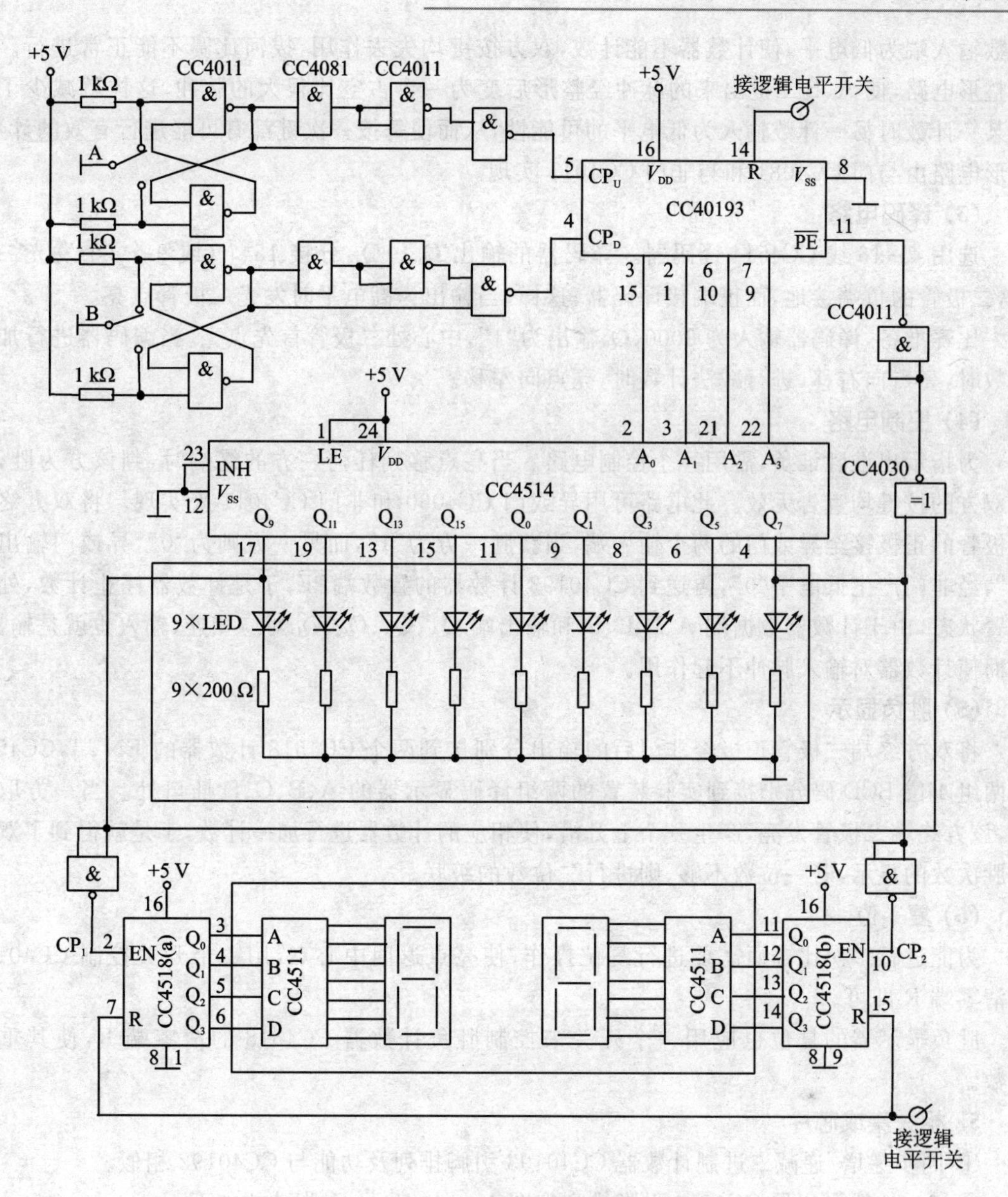

图 4－103　拔河游戏机整机电路图

(2) 整形电路

CC40193 是可逆计数器，控制加减的 CP 脉冲分别加至 5 脚和 4 脚，此时当电路要求进行加法计数时，减法输入端 CP_D 必须接高电平；进行减法计数时，加法输入端 CP_U 也必须接高电平，若直接由 A、B 键产生的脉冲加到 5 脚或 4 脚，那么就有很多时机在进行计数输入时另一计数输入端为低电平，使计数器不能计数，双方按键均失去作用，拔河比赛不能正常进行。加一整形电路，使A、B二键出来的脉冲经整形后变为一个占空比很大的脉冲，这样就减少了进行某一计数时另一计数输入为低电平的可能性，从而使每按一次键都有可能进行有效的计数。整形电路由与门CC4081和与非门CC4011实现。

(3) 译码电路

选用4－16线CC4514译码器。译码器的输出Q_0～Q_{14}分接15个(或9个)个发光二极管，二极管的负端接地，而正端接译码器，这样，当输出为高电平时发光二极管点亮。

比赛准备，译码器输入为0000，Q_0输出为"1"，中心处二极管首先点亮，当编码器进行加法计数时，亮点向右移，进行减法计数时，亮点向左移。

(4) 控制电路

为指示出谁胜谁负，需用一个控制电路。当亮点移到任何一方的终端时，判该方为胜，此时双方的按键均宣告无效。此电路可用异或门CC4030和非门CC4011来实现。将双方终端二极管的正极接至异或门的两个输入端，当获胜一方为"1"，而另一方则为"0"，异或门输出为"1"，经非门产生低电平"0"，再送到CC40193计数器的置数端$\overline{PE}$，于是计数器停止计数，处于预置状态，由于计数器数据端A、B、C、D和输出端Q_A、Q_B、Q_C、Q_D对应相连，输入也就是输出，从而使计数器对输入脉冲不起作用。

(5) 胜负显示

将双方终端二极管正极经非门后的输出分别接到两个CC4518计数器的EN端，CC4518的两组4位BCD码分别接到实验装置的两组译码显示器的A、B、C、D插口处。当一方取胜时，该方终端二极管发亮，产生一个上升沿，使相应的计数器进行加一计数，于是就得到了双方取胜次数的显示，若一位数不够，则进行二位数的级联。

(6) 复　位

为能进行多次比赛而需要进行复位操作，使亮点返回中心点，用一个开关控制CC40193的清零端R即可。

胜负显示器的复位也应用一个开关来控制胜负计数器CC4518的清零端R，使其重新计数。

5. 相关集成芯片

① 同步递增/递减二进制计数器CC40193引脚排列及功能与CC40192相似。

② 4－16线译码器CC4514引脚排列如图4－104所示，引脚功能如下：

- A_0～A_3　数据输入端，输入0000～1111；
- INH　输出禁止控制端，INH＝0，允许译码输出，INH＝1，禁止译码输出；
- LE　数据锁存控制端，LE＝1时，输出状态锁定在上一个LE＝1时，A_0～A_3的输入状态；
- Y_0～Y_{15}　数据输出端，输出译码高电平。

③ 双十进制同步计数器 CC4518 引脚排列如图 4－105 所示，引脚功能如下：

- 1CP、2CP 时钟输入端，上升沿计数；
- 1R、2R 清除端，高电平异步清零；
- 1EN、2EN 计数允许控制端，与 1CP、2CP 协作进行计数或保持；
- $1Q_0 \sim 1Q_3$、$2Q_0 \sim 2Q_3$ 计数器输出端。

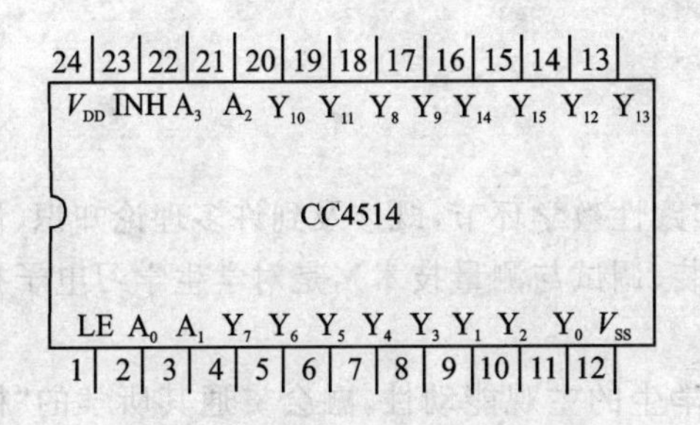

图 4－104 CC4514 引脚排列

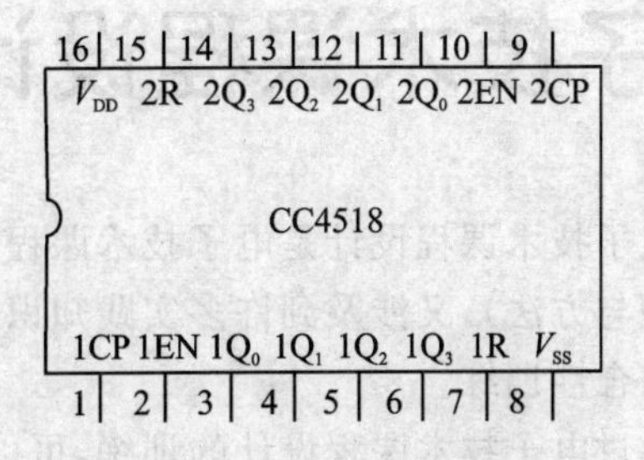

图 4－105 CC4518 引脚排列

6. 安装与调试

① 自己拟定实验步骤及调试方法。

② 参照原理图自行完成器件在印制板或插接板的放置。检查元器件放置合理与规范后，进行正确的组装；确认焊接安装正确无误后，方可通电测试。

③ 先单元调试，再总体调试，并做记录。

7. 实验报告要求

写出实验报告，包括设计、安装与测试的全部内容。附上有关资料和图纸以及心得体会。

第5章

电子技术课程设计

电子技术课程设计是电子技术课程中重要的实践性教学环节，既涉及到许多理论知识（设计原理与方法），又涉及到许多实践知识与技能（安装、调试与测量技术），是对学生学习电子技术的综合性训练。

通过电子技术课程设计的训练，可以全面调动学生的主观能动性，融会贯通其所学的“模拟电子技术”、“数字电子技术”和“电子技术实验”等课程的基本原理和基本分析方法，进一步把书本知识与工程实际需要结合起来，实现知识向技能的转化，以便毕业生走上工作岗位后能较快地适应社会的要求。

5.1 课程设计基础知识

5.1.1 电子技术课程设计的目的与基本要求

实验课、课程设计和毕业设计是大学阶段既相互联系又相互区别的三大实践性教学环节。实验课着眼于通过实验验证课程的基本理论，培养学生的初步实验技能；课程设计则是针对某一门课程的要求，对学生进行综合性训练，培养学生运用课程中所学到的理论与实践紧密结合，独立地解决实际问题；毕业设计虽然也是一种综合性训练，但它不是针对某一门课程，而是针对本专业的要求所进行的更为全面的综合训练。

1. 电子技术课程设计的目的

电子技术课程设计是一个必不可少的重要实践环节，它包括选择课题、电子电路设计、组装、调试和编写总结报告等实践内容。通过课程设计要实现以下目标：

① 通过课程设计巩固、深化和扩展学生的理论知识，提高综合运用知识的能力，逐步增强实际工程训练。

② 注重培养学生正确的设计思想，掌握课程设计的主要内容、步骤和方法。学生根据设计要求和性能参数，查阅文献资料，收集、分析类似电路的性能，并通过设计、组装、调试等实践活动，使电路达到性能指标。

③ 为后续的毕业设计打好基础。课程设计的着眼点是让学生开始从理论学习的轨道上

逐渐引向实际运用，从已学过的定性分析、定量计算的方法，逐步掌握工程设计的步骤和方法，了解科学实验的程序和实施方法；而毕业设计是系统的工程设计实践，通过课程设计的训练，可以使毕业设计变得更容易完成。

④ 培养学生获取信息和综合处理信息的能力，文字和语言表达能力以及协调工作能力。课程设计报告的书写，为今后从事技术工作撰写科技报告和技术资料打下基础。

⑤ 提高学生运用所学的理论知识和技能解决实际问题的能力及其基本工程素质。

2. 电子技术课程设计的基本要求

课程设计时要做到以下几点：

① 能够根据设计任务和指标要求，综合运用电子技术课程中所学到的理论知识与实践技能独立完成一个设计课题。

② 根据课题需要选择参考书籍，查阅手册、图表等有关文献资料。要求通过独立思考、深入钻研课程设计中所遇到的问题，培养自己分析、解决问题的能力。

③ 进一步熟悉常用电子器件的类型和特性，掌握合理选用的原则。

④ 学会电子电路的安装与调试技能，掌握常用仪器设备的正确使用方法。利用"观察、判断、实验、再判断"的基本方法，解决实验中出现的问题。

⑤ 学会撰写课程设计总结报告。

⑥ 通过课程设计，逐步形成严肃认真、一丝不苟、实事求是的工作作风和科学态度，培养学生树立一定的生产观点、经济观点和全局观点。要求学生在设计过程中，坚持勤俭节约的原则，从现有条件出发，力争少损坏元件。

⑦ 在课程设计过程中，要做到爱护公物、遵守纪律、团结协作、注意安全。

5.1.2　电子电路的设计方法和步骤

在科研和生产实践中，电子系统设计的最终目标是做出生产样机或定型产品。通常，电子技术课程设计的任务可以分成两种：一种是纯理论设计，即仅要求设计出电路图纸和写出设计报告；另一种是不仅要求设计出电路图纸和写出设计报告，还要求做出试验产品。

设计实际电子电路系统时，首先必须明确系统的设计任务及要求，根据任务进行方案选择，然后对方案中的各部分进行单元电路设计、参数计算和器件选择，最后将各部分连接在一起，画出一个符合设计要求的完整的系统电路图。

1. 设计任务及课题分析

根据课题设计要求和技术指标，对系统的设计任务进行具体分析，充分了解系统的性能、指标、内容及要求，以便明确系统应完成的任务。

首先，结合已掌握的基本理论，查阅文献资料，收集同类电路图作为参考，并分析同类电路的性能；然后，考虑这些参考电路中哪些元器件需要改动或替换，哪些参数需要另外计算才能达到设计要求等，从总体上把握设计方案，从而对课题的可行性做出准确判断。

2. 方案论证与选择

方案选择的重要任务是根据掌握的知识和资料，针对系统提出的任务、要求和条件，完成系统的功能设计，最后设计出一个完整框图。

框图必须正确反映系统应完成的任务和各组成部分功能，清楚表示系统的基本组成和相互关系。具体如下：

① 根据系统的总体要求，把电路划分成若干功能块，从而得到系统框图。每个框图里边可以是一个或几个基本单元电路，并将总体指标分配给每个单元电路，然后根据各单元电路所要完成的任务来决定电路的总体结构。

② 由系统框图到单元电路的具体结构是多种多样的，要对设计方案进行详细的比较和论证，力争做到设计方案合理、可靠、经济，功能齐全，技术先进，以技术上的可行性，使用上的安全可靠性和较高的性价比为主要依据，最后选定方案。

3. 方案实现

根据系统的指标和功能框图，对方案中单元电路进行选择和设计计算，然后画出总体电路图。

(1) 单元电路设计

单元电路是整机的一部分，只有把各单元电路设计好，才能提高整体设计水平。每个单元电路设计前都需明确本单元电路的任务，详细拟定出单元电路的性能指标，与前后级之间的关系，分析电路的组成形式。

具体设计时，可以参考成熟的电路，也可以进行创新或改进，但都必须保证性能要求。不仅单元电路设计要合理，而且各单元电路间也要互相配合，注意各部分的输入信号、输出信号和控制信号的关系。

(2) 电路参数计算

参数计算是选择元器件的依据，为保证单元电路达到规定要求，就需要对各种参数进行计算。例如，放大电路中各电阻值、放大倍数的计算；振荡器中电阻值、电容值、振动频率等参数的计算。只有熟悉电路工作原理，正确利用公式，计算的参数才能满足设计要求。

计算电路参数时应注意下列问题：

① 元器件的工作电流、电压、频率和功耗等参数应能满足电路指标的要求。

② 元器件的极限参数必须留有足够裕量，一般应大于额定值的1.5倍。

③ 电阻和电容的参数应选计算值附近的标称值。

(3) 元器件选择

元器件选择在第2章已有介绍，下面再说明几点。

1) 阻容元件的选择

电阻和电容种类很多，不同的电路对电阻、电容的性能要求有所不同。例如，滤波电路中常用大容量铝电解电容，为补偿通常还需并联小容量瓷片电容。设计时，必须根据实际情况正确选择性能和参数合适的电阻和电容，并要注意功耗、容量、频率和耐压范围是否满足要求。

2）半导体分立器件的选择

分立半导体器件种类很多，例如，二极管、三极管、MOS管、光电管、晶闸管等，应根据电路要求及其用途分别进行选择。首先要考虑器件类型，然后器件参数要满足电路设计要求。例如，选择三极管时，先考虑选择硅或锗管、NPN或PNP管、高频或低频管、大功率或小功率管，然后再根据要求选择极限参数和其他参数。

3）集成电路的选择

集成电路可以实现单元电路甚至整机电路的功能。选择集成电路设计单元电路和总体电路，既简洁又方便灵活，具有系统体积小、性能优良、可靠性高、便于调试及运用等优点，设计电路时经常使用。

集成电路有数字集成电路和模拟集成电路两大类，有大量的集成芯片可供选用，集成器件的原理、特性及型号可查阅相关手册。选择的集成电路不仅要在功能和特性上实现设计方案，而且要满足功耗、电压、速度、价格等方面的要求。

(4) 完整电路图的绘制

完整电路图详细表示整机各单元电路及元器件之间的连接关系，它是组装、调试和维护电路的依据。通常是在系统框图、单元电路设计、参数计算和元器件选择的基础上绘制的，完整电路图绘制要注意以下几点：

① 布局合理，排列均匀，图面清晰，便于看图。完整电路一般由多个部分组成，应尽量画在同一张图纸上，每一个功能单元电路的元器件应集中布置在一起，并尽可能按照工作顺序排列。

若电路较复杂，需绘制多张图纸，则应把主电路画在一张图纸上，而把一些比较独立或辅助部分画在另外的图纸上，并在图的接口两端做上标记，注明信号从一张图到另一张图的引出点和引入点，以此说明各图纸在电路联系上的关系。

② 注意信号的流向，一般从输入端或信号源画起，由左至右或由上至下按照信号的传输方向依次画出各单元电路，而反馈电路的信号传输方向则相反。

③ 图形符号表示器件的类型及意义，图形符号要标准，图中应加适当的标注。电路图中的中、大规模集成电路一般用方框图表示，在方框图中注明其型号，在方框的边线两则标明每根引出线的功能名称和引脚号。其余器件应采用标准化电路符号，例如集成门电路、二极管、三极管、电阻、电容、电感等。

④ 连接线应为直线，并且交叉和折弯应最少。通常连接线可以水平布线或垂直布线，一般不画斜线。互相连通的交叉线，应在交叉处用圆点表示。根据需要，可以在连接线上加注信号名或其他标记，表示其功能或趋向。有些连线可用符号表示，例如器件的电源一般标注电源电压的数值，地线用专用符号表示。

总之,在设计和选择电路及元器件时,要尽量选用市场上可以提供的中、大规模集成电路芯片和各种分立元件等电子器件,并通过应用性设计来实现各功能单元的要求以及各功能单元之间的协调关系。在整个设计过程中要做到:熟悉目前数字或模拟集成电路等电子器件的分类、特点,从而合理选择所需要的电子器件。要求工作可靠、价格低廉;对所选功能器件进行应用性设计时,要根据所用器件的技术参数和应完成的任务,正确估算外围电路的参数;要保证各功能器件协调一致的工作。对于模拟系统,按照需要采用不同耦合方式把它们连接起来,对于数字系统,协调工作主要通过控制器来完成,还要正确处理各功能输入端。

5.1.3 电子电路的组装与调试

电子电路设计好后,就可进行组装与调试,其目的是使所设计的电路达到任务书中的各项要求。由于实际电路的复杂性、电子元器件参数的分散性以及设计者经验不足等因素,所设计电路可能不十分理想,甚至达不到指标要求。通过电路装配、调试可以发现问题、进行整改、再装配、再调试,反复进行,不断完善设计方案,直至达到或超过规定的技术指标要求。

安装与调试过程应按照先局部后整机的原则,根据信号的流向逐个单元进行,使各功能单元都要达到各自技术指标的要求,然后把它们连接起来进行统调和系统测试。调试包括调整与测试两部分:调整主要是调节电路中可变元器件或更换元器件(部分电路的更改也是有的),使之达到性能的改善;测试是采用电子仪器测量电路相关节点的数据或波形,以便准确判断设计电路的性能。

1. 电子电路的组装

电子电路的组装通常采用焊接和实验板或实验箱上插接两种方式。焊接组装利于提高焊接技术,但器件可重复利用率低。在实验板或实验箱上组装,插接、调试方便,器件可重复利用率高。装配前必须对元器件进行性能参数测试。根据设计任务的不同,有时需要进行印制电路板设计制作,并在印制电路板上进行装配调试。

实验室一般采用插接组装法,若需做成产品,可在电路调试无误后,制作 PCB 板进行焊接。插接电路时,应注意以下几点:

① 应根据电路原理图确定元器件在插接板上的位置,并依据信号流向将元器件顺序连接,以便于调试。

② 插接集成电路时,应注意方向性,不得插错,不得随意弯曲引脚。

③ 导线选择要合理,尺寸要与插孔直径一致,一般以颜色区别不同用途,例如正电源用红色线,负电源用蓝色线,地线用黑色线,信号线用其他颜色等;导线布线要合理,要尽量横向和竖向布线,要避免接触不良,要注意共地问题,不要跨接在集成电路上(要从周围绕过)。

正确的组装方法和合理的布局,不仅使电路整齐美观,而且能提高电路工作的可靠性,便于检查和排除故障。

2. 电子电路的调试

电子电路的调试通常有：边安装边调试和一次性调试两种方法。边安装边调试方法是把整个电路按照功能分成若干单元电路(功能块)，分别进行安装和调试，最后完成整机调试。对于新设计的电路，此方法既便于调试，又可以及时发现问题和解决问题，特别适合在课程设计中采用。一次性调试是在整个电路安装完成后，进行一次性调试，这种调试电路的方法适合于定型产品。

调试时，应注意做好调试记录，准确记录电路各部分的测试数据和波形，以便于分析和运行时参考。电子电路的一般调试步骤如下：

(1) 通电前检查

电路安装完毕，首先直观检查电路各部分接线是否正确、元器件是否接错，有否短路或断路现象等。确信无误后，方可通电。

(2) 通电检查

在电路与电源连线检查无误后，方可接通电源。电源接通后，不要急于测量数据和观察结果，而要先检查有无异常，包括有无打火冒烟，是否闻到异常气味，用手摸元器件是否发烫，电源是否有短路现象等。如发现异常，应立即关断电源，等排除故障后方可重新通电。然后测量电路总电源电压及各元器件引脚的电压，以保证各元器件正常工作。

(3) 分块调试

分块调试是把电路按功能不同分成不同部分，把每个部分看作一个模块进行调试；在分块调试过程中逐渐扩大范围，最后实现整机调试。

在分块调试时应明确本部分的调试要求，依据调试要求测试性能指标和观察波形。分块调试顺序一般按信号流向进行，这样可把前面调试过的输出信号作为后一级的输入信号，为最后联调创造有利条件。

分块调试包括静态调试和动态调试。静态调试是指在无外加信号的条件下测试电路各点的电位并加以调整，以达到设计值。如模拟电路的静态工作点，数字电路的各输入端和输出端的高、低电平值和逻辑关系等。通过静态测试可及时发现已损坏和处于临界状态的元器件。静态调试的目的是保证电路在动态情况下正常工作，并达到设计指标。动态调试可以利用自身的信号，检查功能块的各种动态指标是否满足设计要求，包括信号幅值、波形形状、相位关系、频率、放大倍数等。

测试完毕后，要把静态和动态测试结果与设计指标加以比较，经细致分析后对电路参数进行调整，使之达标。

(4) 整机联调

在分块调试的过程中，因是逐步扩大调试范围的，实际上已完成某些局部电路间的联调工作。在联调前，先要做好各功能块之间接口电路的调试工作，再把全部电路连通，然后进行整机联调。

整机联调就是检测整机动态指标，把各种测量仪器及系统本身显示部分提供的信息与设计指标逐一对比，找出问题，然后进一步修改、调整电路的参数，直至完全符合设计要求为止。在有微机系统的电路中，先进行硬件和软件调试，最后通过软件、硬件联调实现目的。

调试中，若存在电路故障要进行排除，查找和排除电路故障的方法在模拟电子技术及数字电子技术实验中，已有介绍，在此不再赘述。

在 Multisim 软件平台上可直接设计、仿真和实现，直至达到设计要求。这部分内容请查阅相关资料。

5.1.4 课程设计总结报告

课程设计总结报告是学生对课程设计全过程的系统总结，借此可以训练学生撰写科学论文和科研总结报告的能力。通过撰写课程设计总结报告，不仅把设计、组装、调试的内容进行全面总结，而且把实践内容上升到理论高度。因此，完成安装调试，达到设计任务的各项技术指标后，一定要撰写设计报告，以便验收和评审。设计报告应包括以下内容。

① 课题名称、时间、班级、姓名、指导教师。

② 内容摘要，对整个设计进行言简意赅的介绍。

③ 设计内容及要求，一般给出设计任务及技术指标。

④ 电路设计，设计出符合实际要求的完整电路，具体内容如下：

- 比较考虑多种系统设计方案，选择最佳方案，画出系统框图；
- 单元电路的设计和元器件的选择；
- 画出完整的电路图、布线图和必要的波形图，并说明电路的工作原理；
- 计算出各元器件的主要参数，并标在电路图中恰当的位置。

⑤ 组装与调试的内容主要包括以下几个部分：

- 使用仪器与设备；
- 调试电路的方法与技巧；
- 记录、整理测试的数据和波形并与理论结果比较分析；
- 对调试中出现的问题进行分析，并说明解决的措施。

⑥ 总结设计电路的特点和方案的优缺点，指出课题的核心及实用价值，提出改进意见和展望。

⑦ 列出系统需要的元器件。

⑧ 收获、体会。

⑨ 列出参考文献。

注：理论性课程设计可以不写第⑤部分。

5.1.5 电子技术课程设计的成绩评定

课程设计完成后，要将设计报告交给指导老师，必要时还要将制作的实物交付老师，以供评定成绩参考。设计报告要求使用Word文档，图文并茂，用A4纸打印。应综合以下几个方面给出成绩。

① 设计方案的正确性与合理性。

② 实验动手能力(安装工艺水平、调试中分析解决问题的能力以及创新精神等)。

③ 总结报告。

④ 答辩情况(课题的论述和回答问题的情况)。

⑤ 设计过程中的学习态度、工作作风和科学精神。

综合评定课程设计总成绩分：优、良、中、及格和不及格5个档次。

5.2 课程设计实例及参考题目

5.2.1 数字电子钟的设计与调试

1. 课程设计目的

① 培养数字电路的设计能力。

② 熟悉集成电路的使用方法。

③ 掌握数字钟的设计、组装与调试方法。

2. 设计任务及要求

① 设计一个能直接以数字形式显示时、分、秒的数字电子钟。

➢ 小时计时采用二十四进制的计时方式，分、秒采用六十进制的计时方式。

➢ 具有快速校准时、分的功能，设计校“时”、校“分”控制电路，计时误差：≤10 s/天。

➢ 扩展部分：定时控制、整点报时、仿电台报时以及日历功能等。

② 用中、小规模集成电路组成电子钟，并进行组装、调试。

③ 画出各单元电路图、整机逻辑框图和逻辑电路图，写出设计、实验总结报告。

3. 数字电子钟的基本原理及设计方法

数字电子钟由基准频率源、分频器、计数器、译码器、数字显示器和校准电路等6部分组成。设计框图如图5-1所示。

基准频率源是数字电子钟的核心，它产生一个矩形波时间基准源信号，其稳定性和频率精确度决定了计时的准确度，振荡频率愈高，计时精度也就愈高。分频器采用计数器实现，以得到1 s(即频率为1 Hz)的标准秒脉冲。在计数器电路中，对秒、分计数器采用六十进制的计数

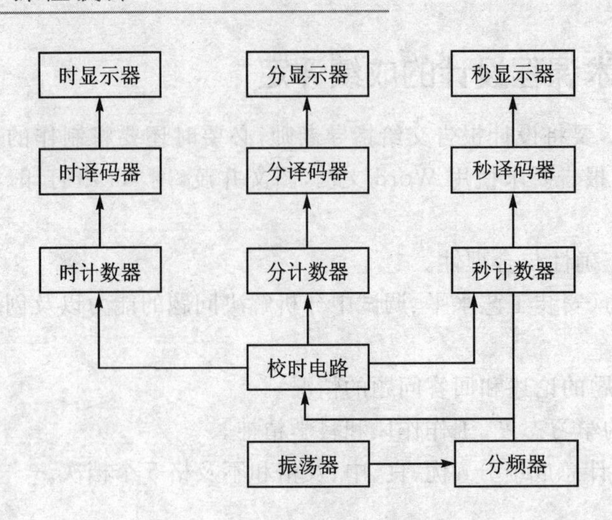

图 5-1　数字钟设计框图

器，对时计数器采用二十四进制计数器。译码器采用 BCD 码-七段显示译码驱动器。显示器采用 LED 七段数码管。校准电路可采用按键及门电路组成。还可以增加定时报时、日历等功能。

(1) 石英晶体振荡器

石英晶体振荡器的特点是振荡频率准确、电路结构简单、频率易调整。用反相器与石英晶体构成的振荡电路如图 5-2 所示。利用两个与非门 G_1 和 G_2 自我反馈，使它们工作在线性状态，然后利用石英晶体 JU 来控制振荡频率，同时用电容 C_1 来作为两个非门之间的耦合，两个非门输入和输出之间并接的电阻 R_1 和 R_2 作为负反馈元件用，由于反馈电阻很小，可以近似认为非门的输出输入压降相等。电容 C_2 是为了防止寄生振荡。例如：电路中的石英晶振荡频率是 4 MHz 时，则电路的输出频率为 4 MHz。

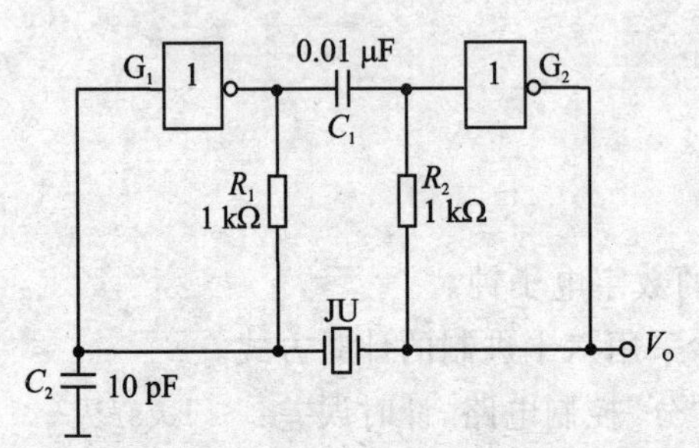

图 5-2　石英晶体振荡电路

(2) 分频器

由于石英晶体振荡器产生的频率很高，要得到秒脉冲，需要用分频电路。例如，振荡器输出 4 MHz 信号，通过 D 触发器(74LS74)进行 4 分频变成 1 MHz，然后送到 10 分频计数器(74LS90，该计数器可以用 8421 码制)，经过 6 次 10 分频而获得 1 Hz 的方波信号作为秒脉冲信号。

(3) 计数器

将秒脉冲信号送入秒计数器个位的 CP 输入端，秒脉冲信号经过 6 级计数器，分别得到

“秒”个位、十位，“分”个位、十位，“时”个位、十位的计时。“秒”、“分”计数器为六十进制，小时为二十四进制。

① 六十进制计数：“秒”计数器电路与“分”计数器电路都是六十进制，它由一级十进制计数器和一级六进制计数器连接构成，如图5-3所示，采用两片中规模集成电路74LS90串接起来构成的“秒”、“分”计数器。

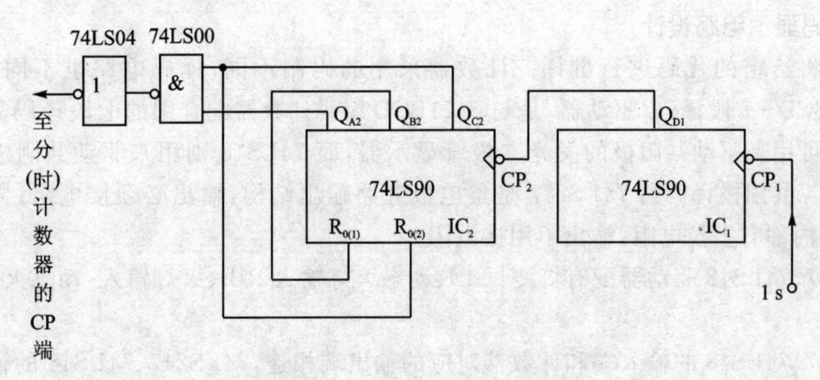

图5-3 六十进制计数器

74LS90计数器是异步二-五-十进制计数器，IC_1连接成十进制计数器，Q_{D1}作为十进制的进位信号，IC_2和与非门组成六进制计数(用反馈归零方法实现)，IC_1和IC_2级联构成六十进制计数。

74LS90是在CP信号的下降沿翻转计数，Q_{A2}和Q_{C2}相与0101的下降沿，作为“分”(“时”)计数器的输入信号。Q_{B2}和Q_{C2} 0110高电平1分别送到计数器的清零$R_{0(1)}$和$R_{0(2)}$，74LS90内部的$R_{0(1)}$和$R_{0(2)}$与非后清零而使计数器归零，完成六十进制数。由此可见IC_1和IC_2串联实现了六十进制计数。分和秒计数器共需4片74LS90。

② 二十四进制计数器：小时计数电路是由IC_5和IC_6组成的二十四进制计数电路，如图5-4所示。

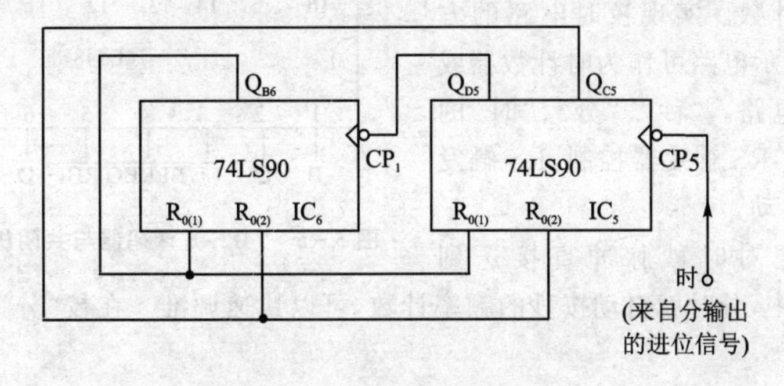

图5-4 二十四进制计数电路

当“时”个位IC_5计数输入端CP_5来到第10个触发信号时，IC_5计数器复零，进位端Q_{D5}向IC_6“时”十位计数器输出进位信号，当第24个“时”（来自“分”计数器输出的进位信号）脉冲到达时，IC_5计数器的状态为“0100”，IC_6计数器的状态为“0010”，此时“时”个位计数器的Q_{C5}和“时”十位计数器的Q_{B6}输出为“1”。把它们分别送到IC_5和IC_6计数器的清零端$R_{0(1)}$和$R_{0(2)}$，通过74LS90内部的$R_{0(1)}$和$R_{0(2)}$与非后清零，计数器归零，完成二十四进制计数。

(4) 译码显示电路设计

译码是将给定的代码进行翻译。计数器采用的码制不同，译码电路也不同。74LS47、74LS48为BCD-7段译码/驱动器，是与8421BCD编码计数器配合用的七段译码驱动器。其中，74LS47可用来驱动共阳极的发光二极管显示器，而74LS48则用来驱动共阴极的发光二极管显示器。共阳极译码器74LS247是集电极开路输出结构，输出必须接电阻；共阴极译码器74LS248内部有上拉电阻，输出不用接电阻。

74LS247、74LS48驱动器配有灯测试LI、动态灭灯输入RBI、灭灯输入/动态灭灯输出BI/RBO。

74LS247、74LS48的输入端和计数器对应的输出端相连，74LS247、74LS48的输出端和七段显示器的对应段相连。

本系统采用74LS48译码器驱动七段发光二极管来显示译码器输出的数字，显示器有共阳极或共阴极数码管。74LS48译码器对应的显示器是共阴极数码管。74LS48译码器与共阴极数码管的连接如图5-5所示。

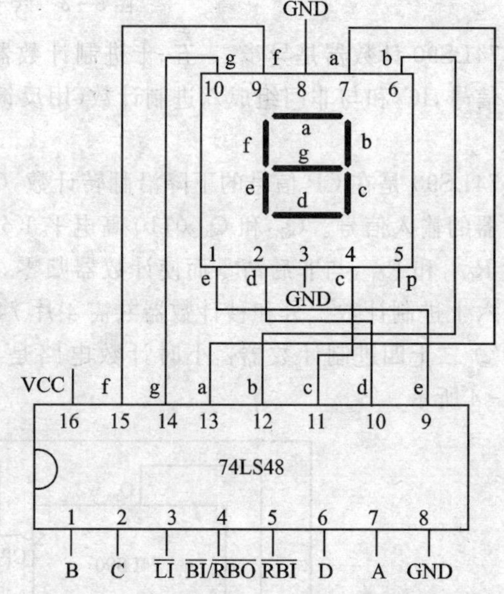

图5-5 74LS48译码器与共阴极数码管的连接

(5) 校时电路

校时电路实现对“时”、“分”、“秒”的校准。对校时电路的要求是：在小时校正时不影响分和秒的正常计数；在分校正时不影响秒和小时的正常计数。实现校时电路的方法很多，图5-6所示电路可作为时计数器或分计数器的校时电路。“秒”、“分”、“时”的校准开关分别通过RS触发器控制，RS触发器可以去除开关抖动。

拨动开关，把对时秒脉冲直接送到“分”、“时”计数器中，分时就自动按秒的频率计数，可以快速调准。在校“分”时，当计满60时会自动向时进位。

(6) 其　他

其他扩展功能，请参考选作。

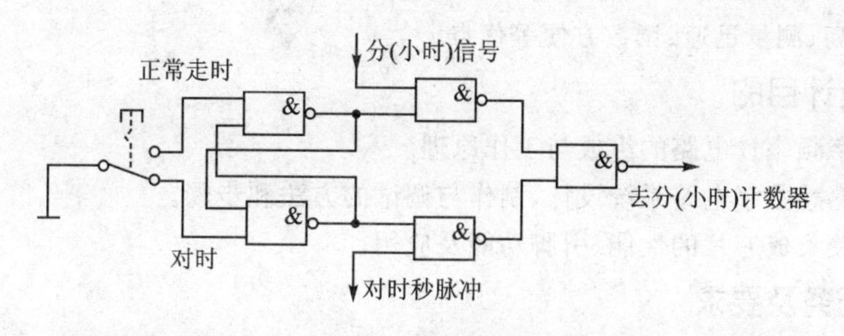

图5-6 校时电路

4. 供参考选择的元器件

① 二-五-十进制异步计数器 74LS90,12 片;共阴极七段显示器,6 只;二-十进制七段译码器 74LS48,6 片。

② 集成触发器 74LS74×1 片,4 MHz 石英晶体 1 片。

③ 集成逻辑门 74LS04、74LS20、74LS00 若干片以及电阻、电容、导线等。

5. 设计、调试要点

在面包板(或实验箱)上组装电子钟,注意,器件引脚的连接一定要准确,"悬空端"、"清 0 端"、"置 1 端"要正确处理,调试步骤和方法如下。

① 可以先将系统划分为振荡器、计数器、分频器、译码显示等部分,对它们分别进行设计与调试,最后联机统调。

② 各部件设计安装完毕后,用示波器或频率计观察石英晶体振荡器的输出频率及波形,晶振输出应为 4 MHz 的矩形波。

③ 将频率为 4 MHz 的脉冲信号送入分频器,用示波器或频率计观察分频器的输出频率是否达到设计要求。

④ 将频率为 1 Hz 的标准秒脉冲信号分别送入"时"、"分"、"秒"计数器,检查各级计数器的工作状况。若不正常,则依次检查显示器、译码器、计数器以及计数器的显示归零电路。

⑤ 将合适的 BCD 码分别送入各级译码显示器的输入端,检查数码显示是否正确。各部件调试正常后,进行组装联调,检查校准电路是否可以实现快速校时,最后对系统进行微调。

⑥ 当分频器和计数器调试正常后,观察电子钟是否正常地工作。

6. 课程设计报告要求

写出详细的总结报告。包括:题目,设计任务及要求,画出详细框图,整机逻辑电路,调试方法,故障分析,精度分析,有关波形以及功能评价,收获体会。

5.2.2 数字频率计的设计与调试

数字频率计是用于测量信号(方波、正弦波或其他脉冲信号)的频率,并用十进制数字显示，它具有精度高、测量迅速、读数方便等优点。

1. 课程设计目的

① 熟悉数字频率计电路的组成与工作原理。

② 进一步熟悉数字电路系统设计、制作与调试的方法和步骤。

③ 熟悉相关集成芯片的性能、引脚功能及应用。

2. 设计任务及要求

① 设计并制作出一种数字频率计，其技术指标如下。

➢ 频率测量范围：10～9 999 Hz；

➢ 输入电压幅度：300 mV～3 V；

➢ 输入信号波形：任意周期信号；

➢ 显示位数：4 位；

➢ 电源：220 V、50 Hz。

② 用中、小规模集成电路组成数字频率计，并进行组装、调试。

③ 画出各单元电路图、整机逻辑框图和逻辑电路图，写出设计、实验总结报告。

3. 数字频率计的基本原理及设计方法

(1) 数字频率计的基本原理

脉冲信号的频率就是在单位时间内所产生的脉冲个数，其表达式为 $f=N/T$，其中 f 为被测信号的频率，N 为计数器所累计的脉冲个数，T 为产生 N 个脉冲所需的时间。计数器所记录的结果，就是被测信号的频率。如在 1 s 内记录 1 000 个脉冲，则被测信号的频率为 1 000 Hz。数字频率计的主要功能是测量周期信号的频率。频率是在单位时间(1 s)内信号周期性变化的次数。如果能在给定的 1 s 时间内对信号波形计数，并将计数结果显示出来，就能读取被测信号的频率。

数字频率计首先必须获得相对稳定与准确的时间，同时将被测信号转换成幅度与波形均能被数字电路识别的脉冲信号，然后通过计数器计算这一段时间间隔内的脉冲个数，将其换算后显示出来。这就是数字频率计的基本原理。从数字频率计的基本原理出发，根据设计要求，可得到如图 5-7 所示的电路框图。

(2) 各单元电路设计

1) 电源与整流稳压电路

图 5-7 中的电源采用 50 Hz 的交流市电。市电被降压、整流、稳压后为整个系统提供直流电源。系统对电源的要求不高，可以采用串联式稳压电源电路来实现。

2) 全波整流与波形整形电路

本频率计采用市电频率作为标准频率，以获得稳定的基准时间。依据国家标准，市电的频率变化不能超过 0.5 Hz，即在 1%的范围内。用它做普通频率计的基准信号完全能够满足系

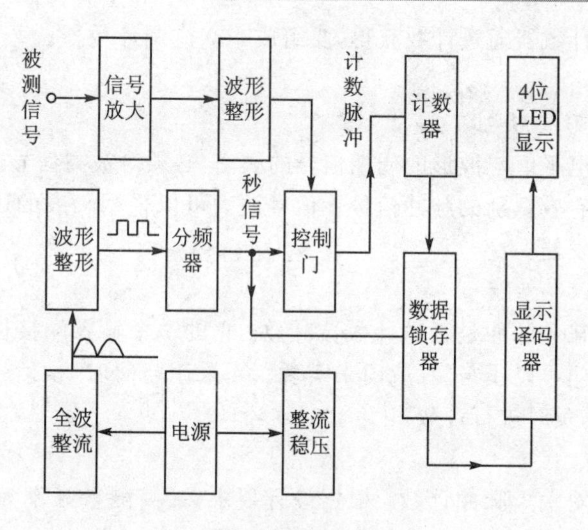

图5-7　数字频率计框图

统的要求。

整流滤波电路首先对50 Hz交流市电进行全波整流，得到如图5-8(a)所示的100 Hz全波整流波形。波形整形电路对100 Hz信号进行整形，使之成为如图5-8(b)所示的100 Hz矩形波。采用施密特触发器或单稳态触发器可将全波整流波形变为矩形波(可以由555定时器构成，亦可用集成施密特触发器或单稳态触发器)。

这部分目的是获得一个标准周期信号，也可以不从市电获得，这时需要设置一个信号产生电路。例如可以采用晶振电路，波形为理想方波，可以不用整形电路。

3) 分频器

分频器的作用是为了获得1 s的标准时间。首先对图5-8所示的100 Hz信号进行100分频，得到图5-9(a)周期为1 s的脉冲信号。然后再进行二分频，得到图5-9(b)占空比为50%，脉冲宽度为1 s的方波信号，由此获得测量频率的基准时间。利用此信号去打开与关闭控制门，可以获得在1 s时间内通过控制门的被测脉冲的数目。

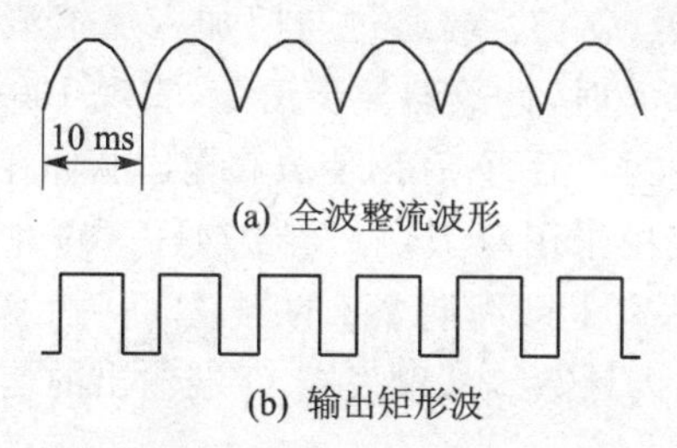

图5-8　全波整流与波形整形电路的输出波形

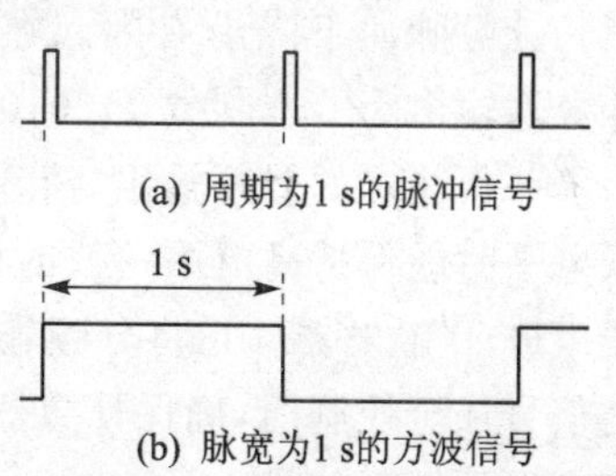

图5-9　分频器的输出波形

分频器可以采用计数器通过计数获得，要组成100进制计数器。2分频可以采用T′触发器来实现。

4）信号放大、波形整形电路

为了能测量不同电平值与波形的周期信号的频率，必须对被测信号进行放大与整形处理，使之成为能被计数器有效识别的脉冲信号。信号放大可以采用一般的运算放大电路，波形整形可以采用施密特触发器。

5）控制门

控制门用于控制输入脉冲是否送计数器计数。它的一个输入端接标准秒信号，一个输入端接被测脉冲。控制门可以用与门、或门来实现。当采用与门时，秒信号为正时进行计数；当采用或门时，秒信号为负时进行计数。

6）计数器

计数器的作用是对输入脉冲计数。根据设计要求，最高测量频率为9 999 Hz，应采用4位十进制计数器。可以选用现成的十进制集成计数器。

7）锁存器

在确定的时间(1 s)内计数器的计数结果(被测信号频率)必须经锁定后才能获得稳定的显示值。锁存器通过触发脉冲的控制，将测得的数据寄存起来，送显示译码器。锁存器可以采用一般的8位并行输入寄存器。为使数据稳定，最好采用边沿触发方式的器件。

8）显示译码器与数码管

显示译码器的作用是把用BCD码表示的十进制数转换成能驱动数码管正常显示的段信号，以获得数字显示。显示译码器的输出方式必须与数码管匹配。

(3) 实际电路及工作原理

根据系统框图，设计出的电路如图5-10所示。

图5-10中，稳压电源采用7805来实现，电路简单可靠，电源的稳定度与波纹系数均能达到要求。

对100 Hz全波整流输出信号，由7位二进制计数器74HC4024组成的100进制计数器进行分频。计数脉冲下降沿有效。在74HC4024的Q_7、Q_6、Q_3端通过与门加入反馈清零信号。当计数器输出为二进制数1100100(十进制数为100)时，计数器异步清零，实现100进制计数。为了获得稳定的分频输出，清零信号与输入脉冲“与”后再清零，使分频输出脉冲在计数脉冲为低电平时能保持高电平一段时间(10 ms)。电路中采用双JK触发器74HC109中的一个触发器组成T′触发器。它将分频输出脉冲整形为脉宽1 s、周期2 s的方波。从触发器Q端输出的信号加至控制门，确保计数器只在1 s的时间内计数。从触发器$\overline{Q}$端输出的信号作为数据寄存器的锁存信号。

被测信号通过741组成的运算放大器放大20倍后送施密特触发器整形，得到能被计数器有效识别的矩形波输出。通过由74HC11组成的控制门送计数器计数。为了防止输入信号太

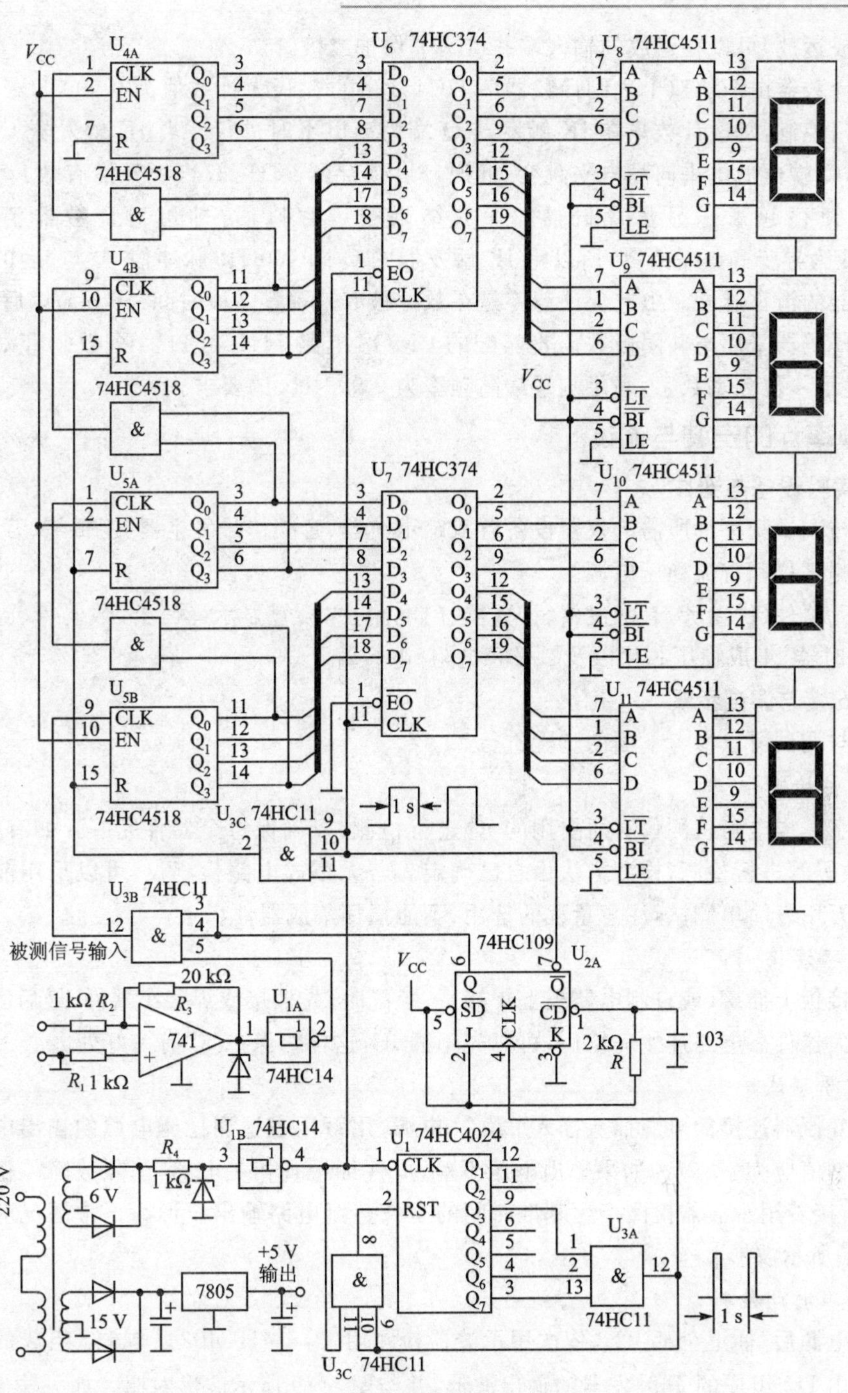

图 5－10　数字频率计电路图

强损坏集成运放，可以在运放的输入端并接两个保护二极管。

频率计数器由两块双十进制计数器 74HC4518 组成，最大计数值为 9 999 Hz。由于计数器受控制门控制，每次计数只在 JK 触发器 Q 端为高电平时进行。当 JK 触发器 Q 端跳变至低电平时，$\overline{Q}$ 端由低电平向高电平跳变，此时，8D 锁存器 74HC374（上升沿有效）将计数器的输出数据锁存起来送显示译码器。计数结果被锁存以后，即可对计数器清零。由于 74HC4518 为异步高电平清零，所以将 JK 触发器的 $\overline{Q}$ 同 100 Hz 脉冲信号“与”后的输出信号作为计数器的清零脉冲。由此保证清零是在数据被有效锁存一段时间（10 ms）以后再进行。

显示译码器采用与共阴极数码管匹配的 CMOS 电路 74HC4511，4 个数码管采用共阴极方式，以显示 4 位频率数字，满足测量最高频率为 9 999 Hz 的要求。

4. 频率计的安装与调试

(1) 实验设备与器件

安装与调试频率计所需的仪器设备有双踪示波器、音频信号发生器、逻辑笔、万用表、数字集成电路测试仪和直流稳压电源。

主要元器件（供参考）有触发器、计数器、门电路、二极管显示译码器、数码管、施密特触发器、555 定时器、集成稳压芯片以及二极管电阻、电容若干。

(2) 安装与调试步骤

制作与调试可以参考下面的步骤进行。

1）器件检测

用数字集成电路检测仪对所要用的 IC 进行检测，以确保每个器件完好。如有兴趣，也可对 LED 数码管进行检测，检测方法由自己确定。若无集成电路检测仪，可以采用前面所介绍的方法用万用表简单测试，注意量程的选用，不能损坏集成器件。

2）电路连接

在插接板上插接（或自制电路板上焊接）。装配时，先插接或焊接小器件，最后固定并焊接变压器等大器件。电路连接完毕后，可以先不插 IC，这样对保护 IC 有一好处。

3）电源测试

将与变压器连接的电源插头插入 220 V 电源，用万用表检测稳压电源的输出电压。输出电压的正常值应为＋5 V。如果输出电压不对，应仔细检查相关电路，消除故障。稳压电源输出正常后，接着用示波器检测产生基准时间的全波整流电路输出波形。正常情况应观测到如图 5－8(a)所示波形。

4）基准时间检测

关闭电源后，插上全部 IC。依次用示波器检测由 U_1（74HC4024）与 U_{3A} 组成的基准时间计数器与由 U_{2A} 组成的 T′触发器的输出波形，并与图 5－9 所示波形对照。如无输出波形或波形形状不对，则应对 U_1、U_{2A}、U_{3A} 各引脚的电平或信号波形进行检测，消除故障。

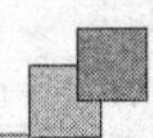

5）输入检测信号

从被测信号输入端输入幅值在1 V左右，频率为1 kHz左右的正弦信号，如果电路正常，数码管可以显示被测信号的频率。如果数码管没有显示，或显示值明显偏离输入信号频率，则做进一步检测。

6）输入放大与整形电路的检测

用示波器观测整形电路U_{12A}（74HC14）的输出波形。正常情况下，可以观测到与输入频率一致、信号幅值为5 V左右的矩形波。若观测不到输出波形，或观测到的波形形状和幅值不对，应检测这部分电路，消除故障。若该部分电路正常，或消除故障后频率计仍不能正常工作，则检测控制门。

7）控制门的检测

检测控制门U_{3C}（74HC11）输出信号波形。正常时，每间隔1 s，可以在荧屏上观测到被测信号的矩形波。如观测不到波形，则应检测控制门的两个输入端的信号是否正常，并通过进一步的检测找到故障电路，消除故障。如电路正常，或消除故障后频率计仍不能正常工作，则检测计数器电路。

8）计数器电路的检测

依次检测4个计数器74HC4518时钟端的输入波形。正常时，相邻计数器时钟端的波形频率依次相差10倍。正常情况时，各电平值或波形应与电路中给出的状态一致。如频率关系不一致或波形不正常，则应对计数器和反馈门的各引脚电平与波形进行检测，通过分析找出原因，消除故障。如电路正常，或消除故障后频率计仍不能正常工作，则检测锁存器电路。

9）锁存电路的检测

依次检测74HC374锁存器各引脚的电平与波形。正常情况时，各电平值应与电路中给出的状态一致。其中，第11脚的电平每隔1 s跳变一次。如不正常，则应检查电路，消除故障。如电路正常，或消除故障后频率计仍不能正常工作，则检测显示译码电路。

10）显示译码电路与数码管显示电路的检测

检测显示译码器74HC4511各控制端与电源端引脚的电平，同时检测数码管各段对应引脚的电平及公共端的电平。通过检测与分析找出故障。

一般情况下，依据上述步骤可以完成安装与调试，然后写出设计与调试报告。

5. 课程设计报告要求

写出详细的总结报告。包括：题目，设计任务及要求，画出数字频率计的详细框图，电路总图，调试方法，故障分析，精度分析，有关波形以及功能评价，收获体会。

5.2.3　多路可编程控制器的设计与调试

在实际应用中，常常需要一种能同时控制多组开关按一定的方式闭合与断开的装置，比如显示图样不断变化的各种霓虹灯或彩灯的电源控制系统。本课题设计与制作的多路可编程控制器就具有这种功能。

1. 课程设计目的

① 熟悉可编程控制器电路的组成与工作原理。

② 进一步熟悉数字电路系统设计、制作与调试的方法和步骤。

③ 熟悉相关集成芯片的性能、引脚功能及应用。

2. 设计任务及要求

① 设计并制作出一种用于控制霓虹灯的控制器，它具有如下功能：

- 可以控制每段霓虹灯的点亮或熄灭；
- 每段霓虹灯的点亮与熄灭可以通过编程来实现；
- 每间隔一段时间，霓虹灯的图样变化一次；
- 图样变化的间隔时间可以调节。

② 用中、小规模集成电路组成可编程控制器，并进行组装、调试。

③ 画出各单元电路图、整机逻辑框图和逻辑电路图，写出设计、实验总结报告。

3. 多路可编程控制器的基本原理及设计方法

(1) 霓虹灯受控显示的基本原理

以背景霓虹灯的 1 种显示效果为例，介绍控制霓虹灯显示的基本原理。设有 1 排 n 段水平排列的霓虹灯，某种显示方式为从左到右每间隔 0.2 s逐个点亮。其控制过程如下：

若以“1”代表霓虹灯点亮，以“0”代表霓虹灯熄灭，则开始时刻，n 段霓虹灯的控制信号均为“0”；随后，控制器将 1 帧 n 个数据送至 n 段霓虹灯的控制端，其中，最左边的 1 段霓虹灯对应的控制数据为“1”，其余的数据均为零，即 1000…000。

当 n 个数据送完以后，控制器停止送数，保留这种状态(定时)0.2 s，此时，第 1 段霓虹灯被点亮，其余霓虹灯熄灭。随后，控制器又在极短的时间内将数据 1100…000 送至霓虹灯的控制端，并定时 0.2 s，这段时间里前 2 段霓虹灯被点亮。由于送数过程很快，观测到的效果是第 1 段霓虹灯被点亮 0.2 s后，第 2 段霓虹灯接着被点亮，即每隔 0.2 s 显示一帧图样。如此下去，最后控制器将数据 1111…111 送至 n 段霓虹灯的控制端，则 n 段霓虹灯被全部点亮。只要改变送至每段霓虹灯的数据，即可改变霓虹灯的显示方式，显然，可以通过合理地组合数据(编程)来得到霓虹灯的不同显示方式。

根据设计要求，可以确定如图 5－11 所示系统框图。框图中，右边的 $D_0 \sim D_n$ 为 n 个发光二极管，它们与 n 段霓虹灯相对应，二极管亮，则霓虹灯亮。

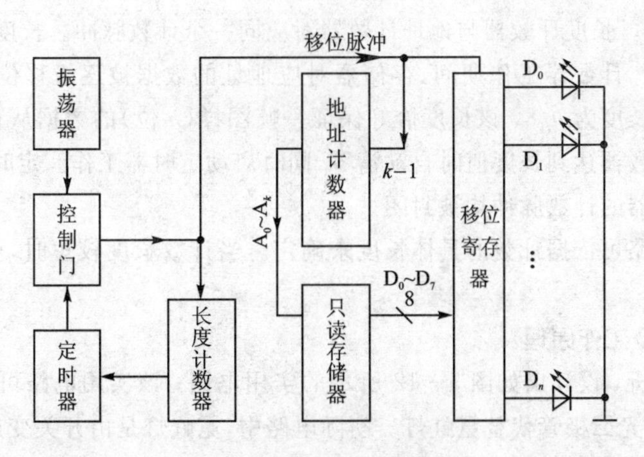

图 5-11 系统方框图

(2) 各单元电路设计

下面介绍框图中各部分的功能与实现方法。

① 移位寄存器。移位寄存器用于寄存控制发光二极管亮、灭的数据。对应 n 个发光二极管,移位寄存器有 n 位输出。移位寄存器的输入信号取自存储器输出的 8 位并行数据。为使电路简单,可以采用 8 位并入并出的移位寄存器,也可以采用并入串出的移位寄存器。

② 只读存储器。只读存储器内部通过编程已写入控制霓虹灯显示方式的数据。控制器每间隔一段时间(显示定时)将 n 位数据送移位寄存器,所送的数据内容由存储器的地址信号确定。

存储器的容量由霓虹灯的段数、显示方式及显示方式的种类确定。n 段霓虹灯,m 种显示方式(每种显示方式包含 k 帧画面),要求存储器的容量为

$$c=k\times n\times m(\text{bit})$$

只读存储器可以采用常用的 EPROM, 如 2764、27128、27256、27512 等,也可以采用 E^2PROM 以及闪存等。

③ 地址计数器。地址计数器产生由低到高连续变化的只读存储器的地址。存储器内对应地址的数据被送至寄存器。地址计数器输出的位数由存储器的大小决定。64 KB 容量的存储器对应的地址线为 16 根,因此要求 16 位计数器。其余可依次类推。地址计数器给出存储器的全部地址以后自动复位,重新从 0000H 开始计数。地址计数器可以采用一般的二进制计数器,如 7416、162 等。

④ 控制门与定时器。控制门用于控制计数脉冲是否到达地址计数器。控制门的控制信号来自定时器。定时器启动时,控制门被关闭,地址计数器停止计数,寄存器的数据被锁存,此段时间发光二极管发光。达到定时值时,定时器反相,计数器重新开始计数。控制门可以用一般的与门或者或门,定时器可以采用单稳态电路来实现,也可以用计数器实现。

⑤ 长度计数器。长度计数器与地址计数器对应同一个计数脉冲。长度计数器工作时，地址计数器也在工作。计数器工作期间，存储器对应地址的数据被逐级移位至对应的寄存器。长度计数器的计数长度为$n/8$，该长度恰好保证一帧图样（n位）的数据从存储器中读出送寄存器锁存。长度计数器达到长度值时自动清零，同时启动定时器工作。定时器启动期间，长度计数器与地址计数器的计数脉冲均被封闭。

长度计数器电路可依据计数的具体长度来确定。当计数长度较短时，可以采用移位寄存器来实现。

(3) 实际电路及工作原理

根据上面的分析，设计出如图5-12所示的实用电路。该实用电路可以控制32段霓虹灯。这里用32个发光二极管代替霓虹灯。实际电路中，霓虹灯是由开关变压器提供的电源点亮的。开关变压器通过光耦进行强、弱电隔离。从寄存器输出的点亮发光二极管的驱动信号完全可以驱动开关变压器工作。

电路中的移位寄存器采用74LS374。当与11脚相连的移位脉冲产生上升沿突变时，8位数据从上至下从一个寄存器移位至另一个寄存器，构成8位并行移位电路。显然，出现在11脚的移位脉冲，一次只能有4个。

电路中的存储器采用具有8K地址的EPROM 2764。电路中2764的最后两根地址线A_{11}、A_{12}接地。因此，实际只用到了前面2K地址的存储单元。由于只控制32段霓虹灯，它仍可以保证有足够多的显示方式。如有必要，可以通过接插的方式改变A_{11}、A_{12}的电平，选择其他6K地址对应的图样。

电路中的地址计数器由3块74LS161组成，它产生11位地址数据，计数输出直接与存储器的地址线相连。

定时器采用555组成的单稳态触发器来实现，改变可变电阻VR的数值。可以改变定时器的时间，即每帧画面显示的时间。显示时间一般定在0.1～1 s之间。振荡电路采用555组成的多谐振荡器来实现，其振荡频率可以在1 kHz～1 MHz之间取值。

长度计数器采用74LS194移位寄存器通过右移方式组成四进制计数器实现。每计4个数，Q_3输出为1，启动定时器工作，同时将长度计数器清零。

4. 可编程控制器的安装与调试

安装与调试频率计所需的仪器设备有双踪示波器、音频信号发生器、逻辑笔、万用表、数字集成电路测试仪和直流稳压电源；EPROM读/写软、硬件，EPROM擦除器。

主要元器件（供参考）有触发器、计数器、寄存器、门电路、二极管显示译码器、数码管、施密特触发器、555定时器、集成稳压芯片以及二极管电阻、电容若干。制作与调试可以参考下面的步骤进行。

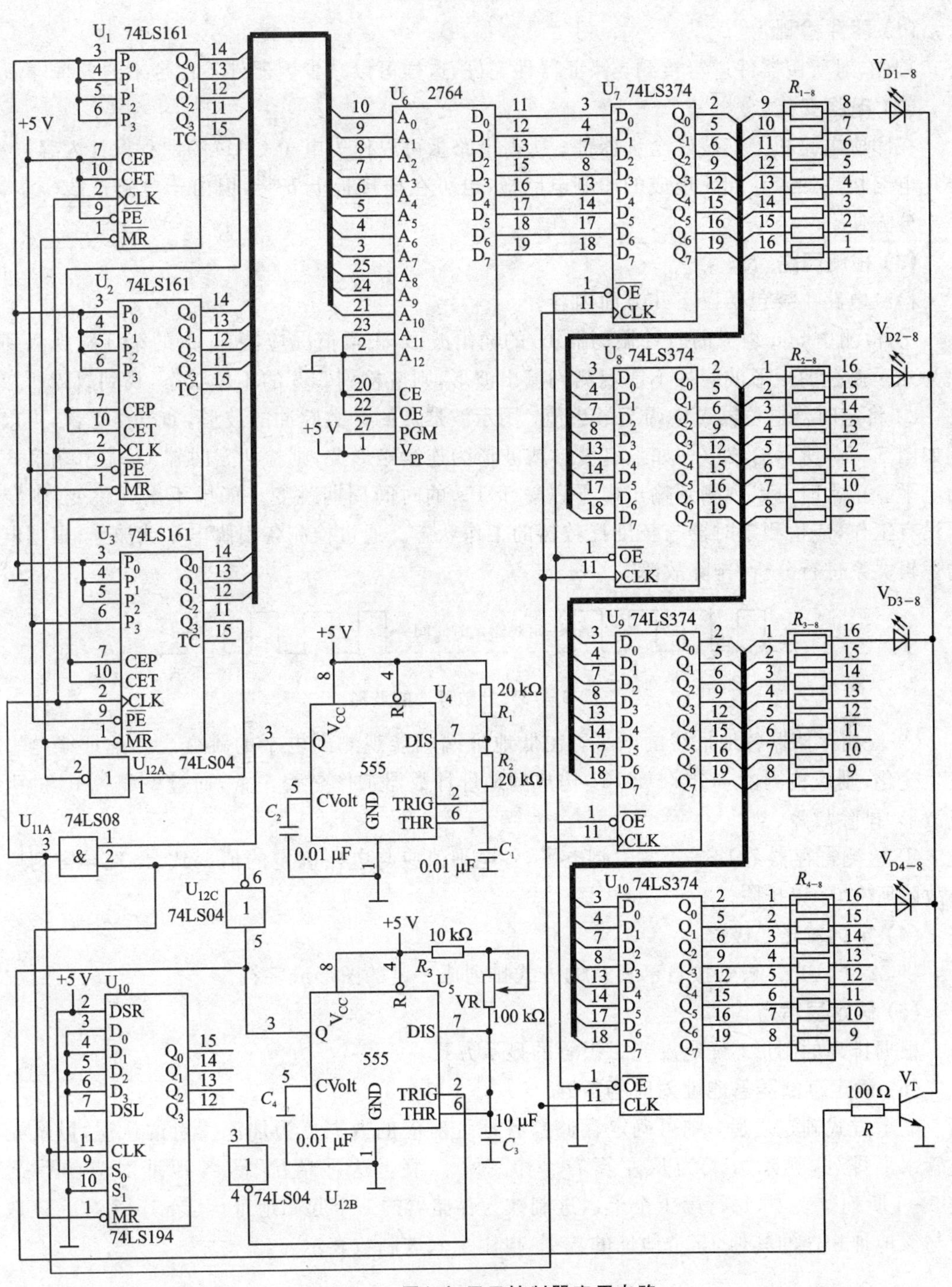

图 5-12　霓虹灯显示控制器实用电路

(1) 器件检测

首先，对所用器件进行检测，保证器件完好，这样可以减少因器件不良带来的各种麻烦。

(2) 电路安装

在印刷电路板上安装好全部器件。所需电路板可以作为电子CAD的课程设计内容，也可委托电路板厂加工。如无现成的印刷电路板，也可在插接板上安装，但由于电路连线较多，不是十分方便。

(3) 检测电路

检测电路主要包括以下几方面内容。

① 检测由555组成的时钟振荡器U_4的输出波形，正常情况应能在U_4的第3脚观测到频率为几千赫兹的矩形波。如不能观测到输出波形，则应检测555的工作状态，找到故障所在。

② 将定时器电位器VR调至最小值，用示波器观测计数脉冲的波形，如电路正常，可以得到如图5-13所示的波形。如没有波形或波形为连续矩形波，则检测定时器U_5输出端第3脚的电平。正常时可以观测到输出电平以短于1 s的时间周期跳变。如果不出现跳变，则定时器没有工作，应检测定时器与长度计数器的工作状态。通过检测各引脚电平或波形，根据电路的逻辑关系进行分析，排除故障。

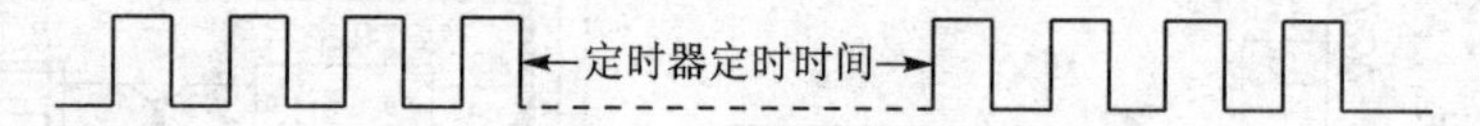

图5-13 计数脉冲的波形

③ 检测存储器各地址线的电平，在低地址端应能观测到电平的跳变。如地址线电平不发生变化，则应检测由4个74LS161构成的地址计数器工作是否正常，通过检测各IC的引脚或波形，排除故障。

④ 检测寄存器74LS374各引脚电平，各电平值应与电路确定的值一致，出现异常则应找出故障所在，予以排除。

(4) 排列发光二极管

将32个发光二极管按自己喜欢的方式排列成一定的图形或字符。

(5) 确定显示方式

根据排列的图形，确定发光二极管的显示方式。

(6) 确定存储器各地址对应的数据

显示方式确定之后，则可确定存储器各地址对应的数据。为加深读者的认识，设发光二极管水平排列，显示方式为从左至右一个一个点亮。这种情况下，各地址对应的数据如表5-1所列。表中，每行第1个十六进制数为存储器的一个起始地址，其余16个数为该地址及与该地址相连的其他15个地址的数据，也用十六进制数表示。

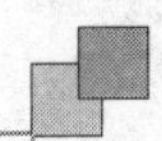

表 5－1　各地址对应的数据

地　址	数　据															
0000H	00H	00H	00H	01H	00H	00H	00H	03H	00H	00H	00H	07H	00H	00H	00H	0FH
0010H	00H	00H	00H	1FH	00H	00H	00H	3FH	00H	00H	00H	7FH	00H	00H	00H	FFH
0020H	00H	00H	01H	FFH	00H	00H	03H	FFH	00H	00H	07H	FFH	00H	00H	0FH	FFH
0030H	00H	00H	1FH	FFH	00H	00H	3FH	FFH	00H	00H	7FH	FFH	00H	00H	FFH	FFH
0040H	00H	01H	FFH	FFH	00H	03H	FFH	FFH	00H	07H	FFH	FFH	00H	0FH	FFH	FFH
0050H	00H	1FH	FFH	FFH	00H	3FH	FFH	FFH	00H	7FH	FFH	FFH	00H	FFH	FFH	FFH
0060H	01H	FFH	FFH	FFH	03H	FFH	FFH	FFH	07H	FFH	FFH	FFH	0FH	FFH	FFH	FFH
0070H	1FH	FFH	FFH	FFH	FFH	3FH	FFH	FFH	7FH	FFH	FFH	FFH	FFH	FFH	FFH	FFH

(7) 输入数据

读者可以利用任何读/写 EPROM 的软件及相关附件将编辑好的内容固化在 EPROM 中。固化时，必须注意使选择的编程电压与实际存储器的编程电压一致。

(8) 显示图样

将 EPROM 插入 IC 插座，接通电源，即可看到发光二极管依一定的规律点亮与熄灭。观看显示方式是否与自己设计的方式一致，如不一致，找出原因。如属数据编辑错误，可改写前面的数据。EPROM 具有光擦除功能，要修改内部数据，必须先用紫外线擦除器擦除后，才能重写全部内容。

一般情况下，依据上述步骤可以完成安装与调试，然后要写出设计与调试报告。

5. 课程设计报告要求

写出详细的总结报告。包括：题目，设计任务及要求，画出数字频率计的详细框图，电路总图，调试方法，故障分析，精度分析，有关波形以及功能评价，收获体会。

5.2.4　串联直流稳压电源的设计与调试

1. 课程设计目的

① 掌握直流稳压电源的设计、组装及调试技能。

② 熟悉集成稳压电路的应用，加深对模拟电子技术知识的理解。

③ 通过对直流稳压电源的安装和调试，提高学生综合运用电子技术知识的工程能力。

2. 课程设计内容及要求

① 设计一个串联可调式直流稳压电源。技术指标如下：

➤ 具有输出电压可调功能，输出电压范围 3～18 V；

➤ 具有一定的带负载能力，最大输出电流 $I_{omax}=1$ A；

➤ 输出纹波电压 $u_o \leqslant 3$ mV(有效值)；

➤ 所设计的电路具有一定的抗干扰能力，稳压系数为 $S_r \leqslant 0.002 \times 10^{-3}$。

➤ 电路具有自身保护功能。

② 设计串联可调式直流稳压电源电路，并进行组装、调试。

③ 画出各单元电路图、整机框图和电路图，写出设计、实验总结报告。

3. 串联可调式直流稳压电源的基本原理及设计方法

串联可调式直流稳压电源的电路框图如图 5-14 所示。交流电压通过变压器变压，全波整流滤波后得到较平滑的直流电压，提供给稳压电路部分进行稳压，以得到较理想的直流电压输出。稳压电路包括串联调整电路、比较放大电路、基准电压电路、取样电路以及保护电路等。

(1) 整流滤波电路的设计

整流滤波包括电源变压器、整流电路、滤波电路。本设计建议采用桥式整流、电容滤波，参考电路如图 5-15 所示，请自己根据指标要求，计算参数，选择元器件。

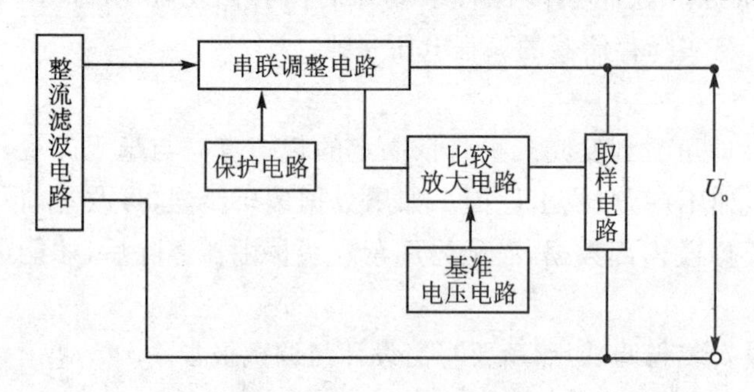

图 5-14 串联可调式直流稳压电源的电路框图

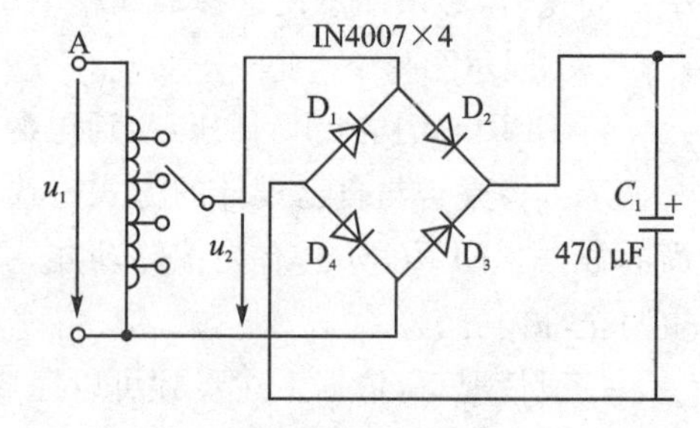

图 5-15 桥式整流、电容滤波的电路图

(2) 稳压电路的设计

稳压电路包括串联调整电路、比较放大电路、基准电压电路、取样电路以及保护电路等。可以采用分立器件设计，也可以选用三端点稳压器，本设计提示采用分立器件设计，参考电路如图 5-16 所示。请自己根据指标要求，分析工作原理，计算参数，选择元器件。

(3) 稳压电源完整电路

图 5-17 是由分立元件组成的串联型稳压电源的电路图。其整流部分为单相桥式整流、电容滤波电路。稳压部分为串联型稳压电路，它由调整元件(晶体管 T_1)，比较放大器 T_2、R_7，取样电路 R_1、R_2、R_W，基准电压 D_W、R_3 和过流保护电路 T_3 管及电阻 R_4、R_5、R_6 等组成。整个稳压电路是一个具有电压串联负反馈的闭环系统，其稳压过程为：当电网电压波动或负载变动引起输出直流电压发生变化时，取样电路取出输出电压的一部分送入比较放大器，并与基准电压进行比较，产生的误差信号经 T_2 放大后送至调整管 T_1 的基极，使调整管改变其管压降，

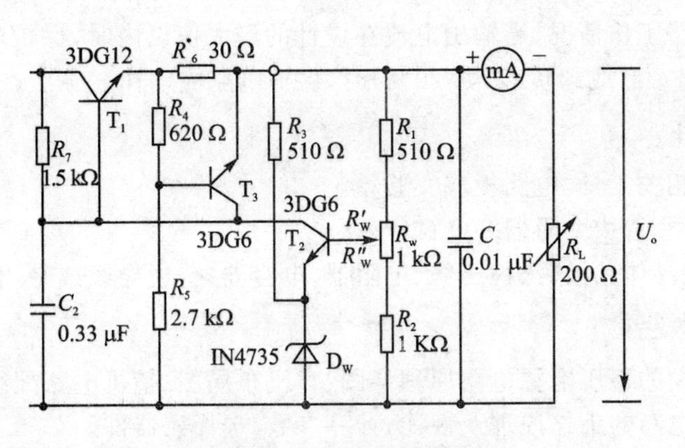

图 5－16　串联型稳压电路

以补偿输出电压的变化，从而达到稳定输出电压的目的。

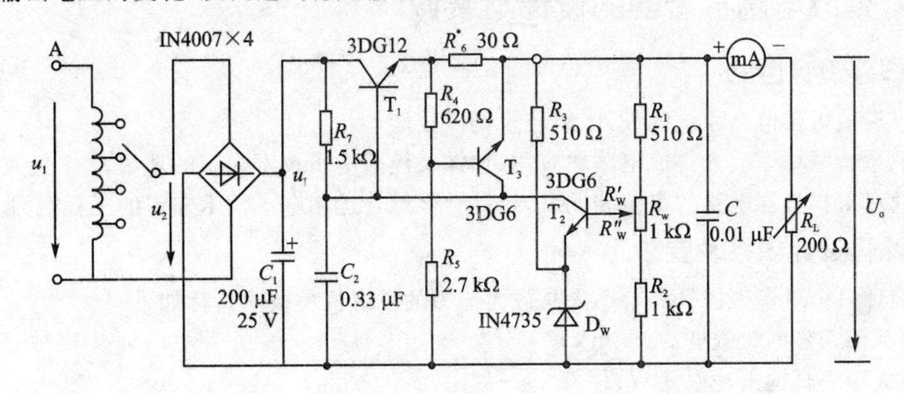

图 5－17　分立元件组成的串联型稳压电源的电路图

4. 串联型稳压电源的组装与调试

将稳压电源电路的各个部分安装起来，然后进行调试。

① 首先按电路图检查电路的接线和元件的安装是否正确可靠。

② 测试整流滤波电路是否符合要求，如果纹波过大，可能是滤波电容损坏。应调整滤波电路，使之达到设计要求。

③ 测试基准电压电路是否满足设计的基准电压。

④ 测试并调整取样和比较放大电路，使之满足负反馈要求。

⑤ 测试调整电路的工作情况，观察输出电压改变时调整管的管压降变化情况。看是否有短路击穿或开路故障。

⑥ 检查稳压系数、输出电阻和输出纹波电压是否能满足设计要求。

⑦ 进行功率测量，当输出电流是设计的最大值时，看此时的耗散功率是否小于调整管最大功耗。

⑧ 检查保护电路工作情况，当输出电流在设计的最大值以内时，保护电路不动作，稳压电路正常工作。当输出短路或超负载(如 20%)时，保护电路应动作。

5. 设备与器件

① 万用表以及相关工具，电路板或实验箱。

② 可调工频电源，滑线变阻器 200 Ω/1 A。

③ 晶体三极管、晶体二极管、稳压管、电阻器、电容器、普通导线或专用线若干。

6. 课程设计报告

① 画出本次实训的稳压电源电路原理详图、整机布局图、整机电路配线接线图。

② 分析各部分电路的工作原理及性能，计算参数，选择元器件。

③ 记录测量数据及调试过程，对出现的故障进行分析，写出体会。

5.2.5 集成电路扩音器的设计与装调

1. 课程设计目的

① 掌握放大器电路系统的设计、组装及调试技能。

② 熟悉音频功率放大集成电路的应用，加深对模拟电子技术知识的理解。

③ 通过对扩音器电路的安装和调试，提高学生综合运用电子技术知识的工程能力。

2. 课程设计内容及要求

① 设计一个对音频信号具有不失真放大能力的扩音机。技术指标如下：

- 对输入信号的灵敏度 0～5 mV；
- 最大不失真输出功率 8 W；
- 负载阻抗 8 Ω；
- 频带宽度 BW 为 80～20 000 Hz；
- 失真度 THD≤3%(在频带宽度内满功率)；
- 音调控制功能在 1 kHz 处为 0 dB，在 100 Hz 和 10 kHz 处各为±12 dB 的调节范围。

② 用集成运放与集成功放以及阻容器件组成扩音机电路，并进行组装、调试。

③ 画出各单元电路图、整机框图和电路图，写出设计、实验总结报告。

3. 扩音器基本原理及设计方法

扩音器可以将声音不失真地进行放大，其电路框图如图 5-18 所示。前置放大电路对输入的音频信号进行放大，主要是进行电压放大，可以由多级放大电路组成；音调网络主要是对不同频率信号的幅度进行调节；音量控制可以调节音量的大小；功率放大器将信号功率放大送入扬声器。

(1) 前置放大电路的设计

前置放大电路对输入的音频信号进行放大，对输入信号的灵敏度、输入阻抗、输出功率等

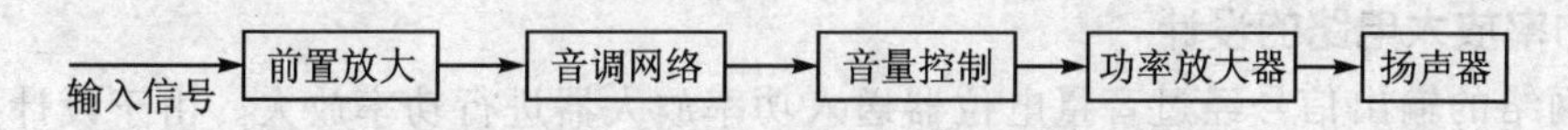

图 5－18　扩音器的电路框图

技术指标有较大影响。本设计建议采用两级运放电路，参考电路如图 5－19 所示，请自己根据指标要求，计算参数，选择元器件。

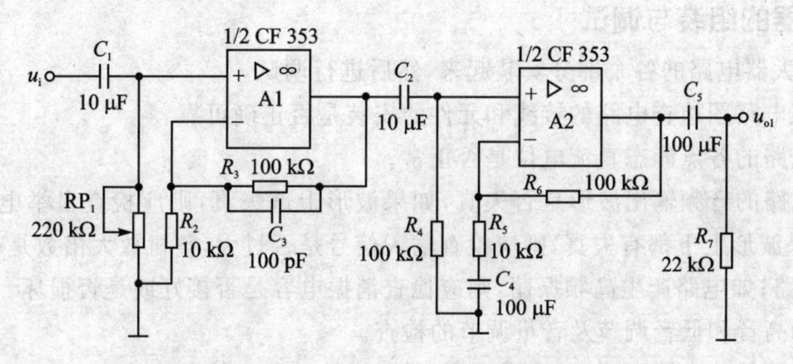

图 5－19　前置放大器的电路图

(2) 音调网络电路和音量电位器的设计

经过前置放大电路放大后的音频信号送入音调网络，信号经过音调网络，其幅度一般没有增加，整机电压放大倍数主要靠前置放大电路完成。一般音频网络应具有如下特性：中音 1 kHz时变化小于 3 dB，低音 100 Hz 和高音 10 kHz 处的调节范围为±12 dB。音调网络后面接音量电位器，信号经过音量电位器可以调节音量的大小。音调网络有两大类，一类是衰减式；另一类是反馈式。本设计提示采用反馈式，参考电路如图 5－20 所示。请自己根据指标要求，分析工作原理，计算参数，选择元器件。

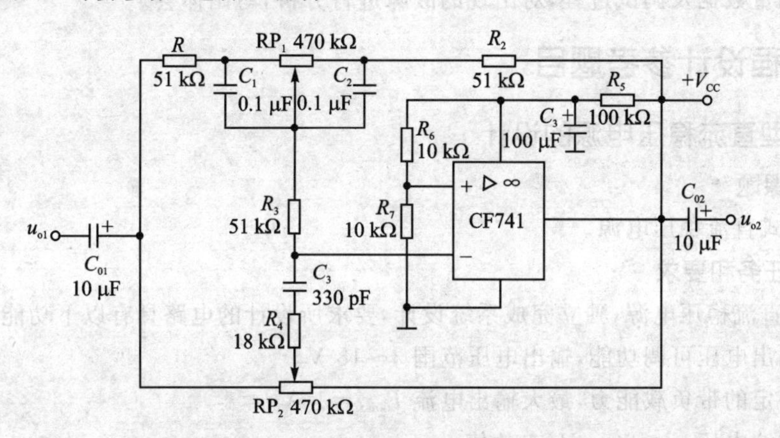

图 5－20　反馈式音调控制电路

(3) 功率放大电路的设计

音调网络的输出信号经过音量电位器送入功率放大器进行功率放大。由于设计指标功率较大,功率放大器应采用大功率三极管分立电路功放或大功率集成功放,并且接成OTL电路结构。本设计建议采用3.2.14小节中,图3-49所示OTL功放电路。请自己根据指标要求,分析工作原理,计算参数,选择元器件。

4. 扩音器的组装与调试

将功率放大器电路的各个部分安装起来,然后进行调试。

① 首先照电路图检查电路的接线和元件的安装是否正确可靠。

② 测试电路的各点静态直流电位是否正常。

③ 检查电路的音频输出波形是否失真,如果波形上部失真,则应检查自举电容是否接好或是损坏;如果波形上下都有失真,则应检查输入信号是否过大,整机放大倍数是否太大、负反馈回路是否开路;如电路产生高频振荡,则应检查消振电容是否接好或是否损坏。

④ 电路的高音和低音调节及音量调节的检查。

⑤ 检查电路的功率输出,如果输出功率不够,应检查功率等电路是否正常。

5. 实训器材与器件

① 模拟电子实验箱或电路板万用表、稳压电源、低频信号发生器。

② 集成运放、三极管及阻容元件、导线若干。

6. 课程设计报告

① 画出本次实训的扩音器电路原理详图、整机布局图、整机电路配线接线图。

② 分析各部分电路的工作原理及性能,计算参数,选择元器件。

③ 记录测量数据及调试过程,对出现的故障进行分析,写出体会。

5.2.6 课程设计参考题目

1. 并联型直流稳压电源的设计

(1) 设计课题

并联可调式直流稳压电源。

(2) 设计任务和要求

设计一个直流稳压电源,独立完成系统设计,要求所设计的电路具有以下功能:

① 具有输出电压可调功能,输出电压范围3~18 V。

② 具有一定的带负载能力,最大输出电流$I_{omax}=1$ A。

③ 输出纹波电压$u_o \leqslant 30$ mV(有效值)。

④ 所设计的电路具有一定的抗干扰能力。稳压系数$S_r \leqslant 0.002 \times 10^{-3}$。

⑤ 电路具有自身保护功能。

(3) 设计内容

① 说明并联稳压电源的电路组成及工作原理。

② 根据任务选择总体设计方案,画出设计框图。

③ 根据设计框图进行单元电路设计,画出总体电路原理图。

④ 选择电路元件,计算确定元件参数。

⑤ 有条件可进行电路模拟仿真。

(4) 组装与调试

在面包板上进行组装、调试,并测试其主要性能参数。有条件可自己制作印制板进行焊接装配。

(5) 编写设计报告

写出设计的全过程,附上有关资料和图纸,有总结体会。

(6) 答　辩

在规定时间内,完成叙述并回答问题。

2. 声光双控延时照明灯的设计

(1) 设计课题

声光双控延时照明灯。

(2) 设计任务和要求

设计一个声光双控延时照明灯,独立完成系统设计,要求所设计的电路具有以下功能:

① 白天光照充足时,声音不起作用,晚上光线暗淡时,受声音控制开灯,灯亮 1~2 min,自动关灯。

② 具有一定的带负载能力,电压为 220 V,最大输出功率 100 W。

③ 电路具有自身保护功能。

(3) 设计内容

① 说明声光双控延时开关的电路组成及工作原理。

② 根据任务选择总体设计方案,画出设计框图。

③ 根据设计框图进行单元电路设计,画出总体电路原理图。

④ 选择电路元件,计算确定元件参数。

⑤ 有条件可进行电路模拟仿真。

(4) 组装与调式

在面包板上进行组装、调试,并测试其主要性能参数。有条件可自己制作印制板进行焊接装配。

(5) 编写设计报告

写出设计的全过程,附上有关资料和图纸,有总结体会。

(6) 答 辩

在规定时间内,完成叙述并回答问题。

3. 无触点交流固态继电器的设计

(1) 设计课题

无触点交流固态继电器。

(2) 设计任务和要求

设计一个无触点交流固态继电器,独立完成系统设计,要求所设计的电路具有以下功能:

① 控制电压为220 V,50 Hz。

② 额定工作电压为800 V,50 Hz。

③ 额定工作电流为主开关电路10 A,辅助开关电路1 A。

④ 所设计的电路具有一定的抗干扰能力。

⑤ 电路具有自身保护功能。

(3) 设计内容

① 说明无触点交流固态继电器的电路组成及工作原理。

② 根据任务选择总体设计方案,画出设计框图。

③ 根据设计框图进行单元电路设计,画出总体电路原理图。

④ 选择电路元件,计算确定元件参数。

⑤ 有条件可进行电路模拟仿真。

(4) 组装与调试

在面包板上进行组装、调试,并测试其主要性能参数。有条件可自己制作印制板进行焊接装配。

(5) 编写设计报告

写出设计的全过程,附上有关资料和图纸,有总结体会。

(6) 答 辩

在规定时间内,完成叙述并回答问题。

4. 智力抢答器的设计

(1) 设计课题

八人智力抢答器。

(2) 设计任务和要求

设计一个八人智力竞赛抢答器,独立完成系统设计,要求所设计的电路具有以下功能:

① 设计8组参赛的抢答器,每组设置一个抢答按钮。电路具有第一抢答信号鉴别与锁存功能,抢答成功后,相应的显示灯亮并伴有声响提示,此时不再接收其他输入的抢答信号。

② 设置犯规电路,对提前抢答或超时抢答的组别,显示组别、发出声响警告。要求回答问

题的时间小于 100 s,采用倒计时方式显示。

③ 电源采用 5～10 V。

(3) 设计内容

① 说明八人智力竞赛抢答器的电路组成及工作原理。

② 根据任务选择总体设计方案,画出设计框图。

③ 根据设计框图进行单元电路设计,画出总体电路原理图。

④ 选择电路元件,计算确定元件参数。

⑤ 有条件可进行电路模拟仿真。

(4) 组装与调试

在面包板上进行组装、调试,并测试其主要性能参数。有条件可自己制作印制板进行焊接装配。

(5) 编写设计报告

写出设计的全过程,附上有关资料和图纸,有总结体会。

(6) 答　辩

在规定时间内,完成叙述并回答问题。

5. 水位控制电路的设计

(1) 设计课题

水位控制电路。

(2) 设计任务和要求

设计一个水塔或锅炉水位控制电路,独立完成系统设计,要求所设计的电路具有以下功能:

① 能够确定具体水位,当水位正确时,电路给予提示。当达到警戒水位(高水位或低水位)时,电路能够自动报警提示。

② 当水位低时,启动水泵自动加水,达到高水位时停止水泵。

③ 所设计的电路具有一定的抗干扰能力及过载保护能力。

(3) 设计内容

① 说明水位控制电路的电路组成及工作原理。

② 根据任务选择总体设计方案,画出设计框图。

③ 根据设计框图进行单元电路设计,画出总体电路原理图。

④ 选择电路元件,计算确定元件参数。

⑤ 有条件可进行电路模拟仿真。

(4) 组装与调试

在面包板上进行组装、调试,并测试其主要性能参数。有条件可自己制作印制板进行焊接装配。

(5) 编写设计报告

写出设计的全过程,附上有关资料和图纸,有总结体会。

(6) 答　辩

在规定时间内,完成叙述并回答问题。

6. 音频功率放大器的设计

(1) 设计课题

音频功率放大器。

(2) 设计任务和要求

设计一个音频功率放大器,独立完成系统设计,要求所设计的电路具有以下功能:

① 输入信号的灵敏度为 0～5 mV。

② 最大不失真输出功率 8 W,负载阻抗 8 Ω。

③ 频带宽度为 BW 为 20～20 000 Hz。

④ 失真度为 THD≤3%(在频带宽度内满功率)。

⑤ 所设计的电路具有一定的抗干扰能力,电路具有自身保护功能。

⑥ 原则上采用分立元件设计。

(3) 设计内容

① 说明音频功率放大器的电路组成及工作原理。

② 根据任务选择总体设计方案,画出设计框图。

③ 根据设计框图进行单元电路设计,画出总体电路原理图。

④ 选择电路元件,计算确定元件参数。

⑤ 有条件可进行电路模拟仿真。

(4) 组装与调试

在面包板上进行组装、调试,并测试其主要性能参数。有条件可自己制作印制板进行焊接装配。

(5) 编写设计报告

写出设计的全过程,附上有关资料和图纸,有总结体会。

(6) 答　辩

在规定时间内,完成叙述并回答问题。

7. 交通信号灯控制系统的设计

(1) 设计课题

交通信号灯控制系统。

(2) 设计任务和要求

设计一个交通信号灯控制系统,独立完成系统设计,要求所设计的电路具有以下功能:

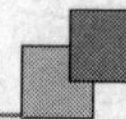

① 十字路口设有红、黄、绿灯；有数字显示通行时间，以秒单位做减法计数。

② 主、支干道交替通行，主干道每次绿灯亮 40 s；支干道每次绿灯亮 20 s。

③ 每次绿灯变红灯时，黄灯先亮 5 s(此时另一干道上的红灯不变)。

④ 在黄灯亮时，原红灯依据 1 Hz 频率闪烁。

⑤ 当主、支干道任意干道出现特殊情况时，进入特殊运行状态，两干道上所有车辆都禁止通行，红灯全亮，时钟停止工作。

⑥ 要求主、支干道通行时间及黄灯亮的时间均可在 0～99 s 内任意设定。

(3) 设计内容

① 说明交通信号灯控制系统的电路组成及工作原理。

② 根据任务选择总体设计方案，画出设计框图。

③ 根据设计框图进行单元电路设计，画出总体电路原理图。

④ 选择电路元件，计算确定元件参数。

⑤ 有条件可进行电路模拟仿真。

(4) 组装与调试

用发光二极管模拟交通灯，在面包板上进行组装、调试，并测试其主要性能参数。有条件可自己制作印制板进行焊接装配。

(5) 编写设计报告

写出设计的全过程，附上有关资料和图纸，有总结体会。

(6) 答　辩

在规定时间内，完成叙述并回答问题。

8. 出租车计价器的设计

(1) 设计课题

出租车计价器。

(2) 设计任务和要求

出租车计价器是根据客户用车情况而自动显示车费的数字仪表。仪表根据用车起价、行车里程计费和等候时间计费，求得客户用车的总费用。

设计出一个出租车计价器，独立完成系统设计，要求所设计的电路具有以下功能：

① 能够自动计费，用 4 位数码管显示总金额，最大值为 99.99 元。

② 里程单价、等候时间单价和起价均通过键盘输入。

(3) 设计内容

① 说明出租车计价器的电路组成及工作原理。

② 根据任务选择总体设计方案，画出设计框图。

③ 根据设计框图进行单元电路设计，画出总体电路原理图。

④ 选择电路元件，计算确定元件参数。

⑤ 有条件可进行电路模拟仿真。

(4) 组装与调试

在面包板上进行组装、调试，并测试其主要性能参数。有条件可自己制作印制板进行焊接装配。

(5) 编写设计报告

写出设计的全过程，附上有关资料和图纸，有总结体会。

(6) 答　辩

在规定时间内，完成叙述并回答问题。

9. 篮球倒计时牌的设计

(1) 设计课题

篮球倒计时牌。

(2) 设计任务和要求

设计出一个篮球倒计时牌，独立完成系统设计，要求所设计的电路具有以下功能：

① 设计的倒计时牌，能直接显示“分”、“秒”。

② 能同时实现1分钟暂停倒计时，每节暂停倒计时。

③ 终场和暂停的声音提示。注意3种倒计时之间的相互逻辑。

(3) 设计内容

① 说明篮球倒计时的电路组成及工作原理。

② 根据任务选择总体设计方案，画出设计框图。

③ 根据设计框图进行单元电路设计，画出总体电路原理图。

④ 选择电路元件，计算确定元件参数。

⑤ 有条件可进行电路模拟仿真。

(4) 组装与调试

在面包板上进行组装、调试，并测试其主要性能参数。有条件可自己制作印制板进行焊接装配。

(5) 编写设计报告

写出设计的全过程，附上有关资料和图纸，有总结体会。

(6) 答　辩

在规定时间内，完成叙述并回答问题。

10. 多路可编程控制器的设计

(1) 设计课题

多路可编程控制器。

(2) 设计任务和要求

设计出一个用于控制灯的控制器，独立完成系统设计，要求所设计的电路具有以下功能：

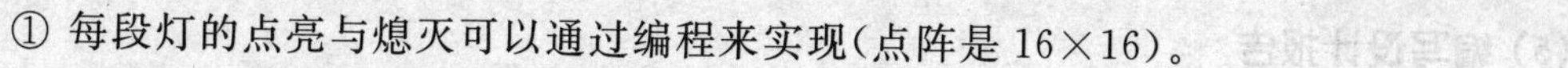

① 每段灯的点亮与熄灭可以通过编程来实现(点阵是16×16)。

② 每间隔一段时间,点亮灯的图样变化一次(自己设定或随机)。

③ 图样变化的间隔时间可以调节。

(3) 设计内容

① 说明多路可编程控制器的电路组成及工作原理。

② 根据任务选择总体设计方案,画出设计框图。

③ 根据设计框图进行单元电路设计,画出总体电路原理图。

④ 选择电路元件,计算确定元件参数。

⑤ 有条件可进行电路模拟仿真。

(4) 组装与调试

用发光二极管模拟彩灯,在面包板上进行组装、调试,并测试其主要性能参数。有条件可自己制作印制板进行焊接装配。

(5) 编写设计报告

写出设计的全过程,附上有关资料和图纸,有总结体会。

(6) 答　辩

在规定时间内,完成叙述并回答问题。

11. 简易数控直流电源的设计

(1) 设计课题

简易数控直流电源。

(2) 设计任务和要求

设计一个由数字量输入控制输出直流电压大小的直流电源,独立完成系统设计,要求所设计的电路具有以下功能:

① 输出电压范围0～+9.9 V,步进0.1 V,纹波不大于10 mV。

② 输出电流500 mA,输出电压值由数码管显示。

③ 由“+”、“-”两键分别控制输出电压步进增减。

(3) 设计内容

① 说明数控电源的电路组成及工作原理。

② 根据任务选择总体设计方案,画出设计框图。

③ 根据设计框图进行单元电路设计,画出总体电路原理图。

④ 选择电路元件,计算确定元件参数。

⑤ 有条件可进行电路模拟仿真。

(4) 组装与调试

在面包板上进行组装、调试,并测试其主要性能参数。有条件可自己制作印制板进行焊接装配。

(5) 编写设计报告

写出设计的全过程,附上有关资料和图纸,有总结体会。

(6) 答　辩

在规定时间内,完成叙述并回答问题。

12. 水温控制系统的设计

(1) 设计课题

水温控制系统。

(2) 设计任务和要求

设计并制作一个水温自动控制系统。水温可以在一定范围内由人工设定,并能在环境温度降低时实现自动控制,以保持设定的温度基本不变。要求独立完成系统设计,所设计的电路具有以下功能:

① 温度设定范围为 0～100 ℃;温度控制误差≤±1 ℃。

② 用十进制数码管显示水的实际温度。

③ 温控输出控制双向晶闸管或继电器。

(3) 设计内容

① 说明水温控制系统的组成及工作原理。

② 根据任务选择总体设计方案,画出设计框图。

③ 根据设计框图进行单元电路设计,画出总体电路原理图。

④ 选择电路元件,计算确定元件参数。

⑤ 有条件可进行电路模拟仿真。

(4) 组装与调试

在面包板上进行组装、调试,并测试其主要性能参数。有条件可自己制作印制板进行焊接装配。

(5) 编写设计报告

写出设计的全过程,附上有关资料和图纸,有总结体会。

(6) 答　辩

在规定时间内,完成叙述并回答问题。

13. 数字电子秤的设计

(1) 设计课题

数字电子秤。

(2) 设计任务和要求

数字电子秤具有精度高,性能稳定,测量准确,使用方便等优点,应用极为广泛。设计并制作一个数字电子秤,要求独立完成系统设计,所设计的电路应具有以下功能:

① 用中小规模集成电路及传感器设计数字电子秤电路。

② 测量范围为 0～1.999 kg、0～19.99 kg、0～199.9 kg、0～1 999 kg。

③ 手动或自动切换量程。

(3) 设计提示

数字电子秤通常由：传感器、信号放大系统、模/数转换系统、显示电路、量程切换电路五个组成部分。其原理框图如图 5－21 所示。

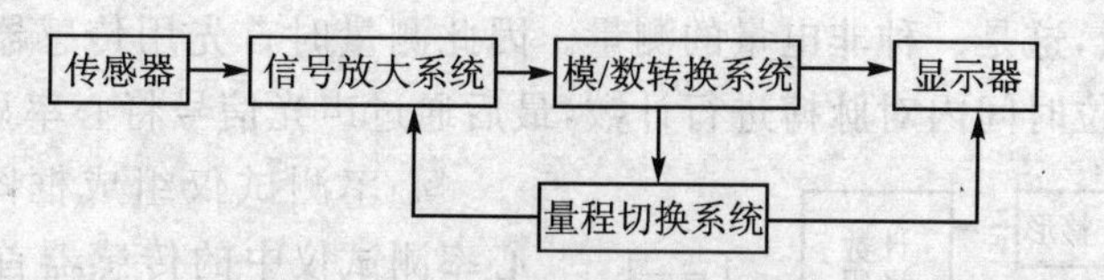

图 5－21 数字电子秤组成框图

数字电子秤的工作过程如下：传感器将被测物体的重量转换成电压信号输出；信号放大系统把来自传感器的微弱信号进行放大；模/数转换系统将放大后的电压信号转换为数字信号；数字信号通过显示电路显示质量。

由于被测物体的质量差别很大，应设置量程切换电路，根据不同的质量可以通过量程切换电路选择不同的量程，显示器的小数点对应不同的量程显示。

(4) 设计内容

① 说明数字电子秤的组成及工作原理。

② 根据任务选择总体设计方案，画出详细设计框图。

③ 根据设计框图进行单元电路设计，画出总体电路原理图。

④ 选择电路元件，计算确定元件参数。

⑤ 有条件可进行电路模拟仿真。

(5) 组装与调试

在面包板上进行组装、调试，并测试其主要性能参数。有条件可自己制作印制板进行焊接装配。

(6) 编写设计报告

写出详细的总结报告，包括：题目，设计任务及要求，画出数字电子秤的详细框图，电路总图，调试方法，故障分析，精度分析，收获体会。

(7) 答　辩

在规定时间内，完成叙述并回答问题。

14. 心率测试仪

(1) 设计课题

心率测试仪。

(2) 设计任务和要求

设计并制作一个心率测试仪。要求独立完成系统设计，所设计的电路具有以下功能：

① 用中小规模集成电路及传感器设计心率测试仪。

② 测量范围0～200，并自动显示。

(3) 设计提示

人体脉搏与自己的心率是一致的，只要测出脉搏就知道了相应的心率。心率测试仪用电子电路实现脉搏测量，这是一种非电量的测量。因此测量时首先用传感器将脉搏信号转换为数字脉冲，然后在单位时间内对脉搏进行计数，最后通过声光信号将心率显示出来。

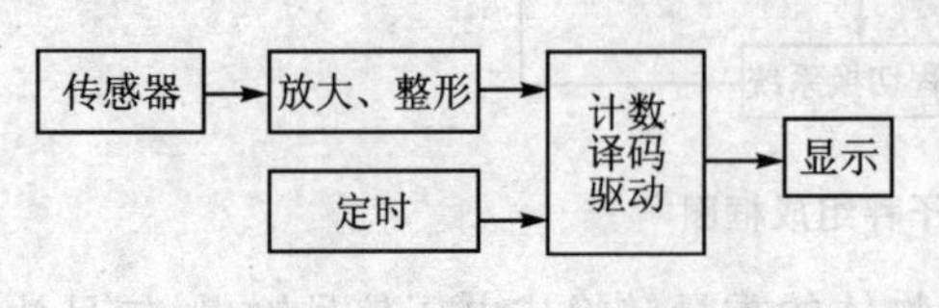

图5-22　心率测试仪组成框图

心率测试仪组成框图如图5-22所示。心率测试仪中的传感器首先对手臂上血流进行检测，将脉搏信号转换为电压信号，经整形、放大得到数字脉冲，数字脉冲送计数译码、驱动电路，最后由显示电路显示出相应的脉搏数值。

可用HTD压电陶瓷片做脉搏传感器；可用运算放大器组成脉搏信号放大器；可用集成计数器、显示译码器及数码管组成计数、译码、驱动和显示电路。

(4) 设计内容

① 说明心率测试仪的组成及工作原理。

② 根据任务选择总体设计方案，画出详细设计框图。

③ 根据设计框图进行单元电路设计，画出总体电路原理图。

④ 选择电路元件，计算确定元件参数。

⑤ 有条件可进行电路模拟仿真。

(5) 组装与调试

在面包板上进行组装、调试，并测试其主要性能参数。有条件可自己制作印制板进行焊接装配。

(6) 编写设计报告

写出详细的总结报告，包括：题目，设计任务及要求，画出心率测试仪的详细框图，电路总图，调试方法，故障分析，精度分析，收获体会。

(7) 答　辩

在规定时间内，完成叙述并回答问题。

15. 设计一个通用程控计数器

(1) 设计课题

通用程控计数器。

(2) 设计任务和要求

设计并制作一个通用程控计数器，要求独立完成系统设计，设计任务和要求如下：

① 用中小规模集成电路及传感器设计通用程控计数器。测量范围 999 999，系统可设置任意的起始数 6 位，终止数 6 位。

② 系统设置信号转换处理电路，使信号能被计数。

③ 计数器应具有加计数和减计数的可逆控制、清零和置数的功能。

④ 计数结果用 LED 显示，设置有完成任务的显示电路。

(3) 设计提示

通用程控计数器可以预先选定某个起始数或终止数，让计数器从起始数开始做加法计数，加到终止数时发出“程控信号”；或者让计数器从起始数开始做减法计数，减到终止数时发出“程控信号”。程控信号反映了电脉冲数，运用计数器可以将其记忆。电脉冲数由模拟量通过传感器转换得到。传感器首先将被测量转换为数字脉冲，然后进行计数显示或报警。

(4) 设计内容

① 说明通用程控计数器的组成及工作原理。

② 根据任务选择总体设计方案，画出详细设计框图。

③ 根据设计框图进行单元电路设计，画出总体电路原理图。

④ 选择电路元件，计算确定元件参数。

⑤ 有条件可进行电路模拟仿真。

(5) 组装与调试

在面包板上进行组装、调试，并测试其主要性能参数。有条件可自己制作印制板进行焊接装配。

(6) 编写设计报告

写出详细的总结报告，包括：题目，设计任务及要求，画出通用程控计数器的详细框图，电路总图，调试方法，故障分析，精度分析，收获体会。

(7) 答　辩

在规定时间内，完成叙述并回答问题。

16. 设计一个电机转速测量电路

(1) 设计课题

电机转速测量电路。

(2) 设计任务和要求

设计并制作一个电机转速测量电路。设计任务和要求如下：

① 设计一个用光电转换方式来测量电机转速的电路。

② 测速对象为一台额定电压为 5 V 的直流电机，其转速受电枢电压控制，用改变电枢电压的方式进行调速。

③ 电机转速的测量范围为600～6 000 r/min，测量相对误差小于1%。

④ 用4位七段数码管显示出相应的电机转速。

(3) 设计提示

本课题涉及光电转换、放大、整形、倍频、计数、译码显示以及控制等多种电路，是一种模拟和数字电路综合题目。

(4) 设计内容

① 说明电机转速测量电路的组成及工作原理。

② 根据任务选择总体设计方案，画出详细设计框图。

③ 根据设计框图进行单元电路设计，画出总体电路原理图。

④ 选择电路元件，计算确定元件参数。

⑤ 有条件可进行电路模拟仿真。

(5) 组装与调试

在面包板上进行组装、调试，并测试其主要性能参数。有条件可自己制作印制板进行焊接装配。

(6) 编写设计报告

写出详细的总结报告，包括：题目，设计任务及要求，画出电机转速测量的详细框图，电路总图，调试方法，故障分析，精度分析，收获体会。

(7) 答　辩

在规定时间内，完成叙述并回答问题。

附录 A

放大电路中干扰、噪声的抑制及自激振荡的消除

由于放大电路是一种弱电系统，具有很高的灵敏度，因此很容易接受外界和内部一些无规则信号的影响。也就是在放大器的输入端短路时，输出端仍有杂乱无规则的电压输出，这就是放大器的噪声和干扰电压。另外，由于安装、布线不合理，负反馈太深以及各级放大器共用一个直流电源造成级间耦合等，也能使放大器没有输入信号时，有一定幅度和频率的电压输出，例如收音机的尖叫声或“突突……”的汽船声，这就是放大器发生了自激振荡。噪声、干扰和自激振荡的存在都妨碍了对有用信号的观察和测量，严重时放大器将不能正常工作。所以必须抑制干扰、噪声和消除自激振荡，才能进行正常的调试和测量。

1. 干扰和噪声的抑制

把放大器输入端短路，在放大器输出端仍可测量到一定的噪声和干扰电压。其频率如果是 50 Hz(或 100 Hz)，一般称为 50 Hz 交流声，有时是非周期性的，没有一定规律，可以用示波器观察到如图 A-1 所示波形。50 Hz 交流声大都来自电源变压器或交流电源线，100 Hz 交流声往往是由于整流滤波不良所造成的。另外，由电路周围的电磁波干扰信号引起的干扰电压也是常见的。由于放大器的放大倍数很高(特别是多级放大器)，只要在它的前级引进一点微弱的干扰，经过几级放大，在输出端就可以产生一个很大的干扰电压。还有，电路中的地线接得不合理，也会引起干扰。

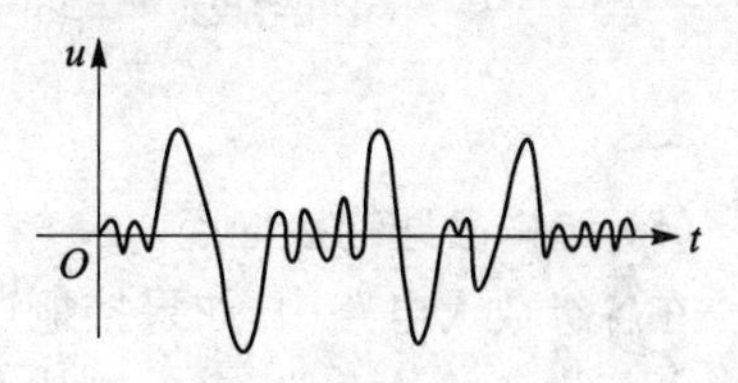

图 A-1　噪声信号

抑制干扰和噪声的措施一般有以下几种：

(1) 选用低噪声的元器件

如选用噪声小的三极管、场效应管、金属膜电阻以及低噪声集成运放等。另外还可加低噪声的前置差动放大电路。由于集成运放内部电路复杂，因此它的噪声较大。即使是“极低噪声”的集成运放，也不如某些噪声小的场效应对管，或双极型超 β 对管，所以在要求噪声系数极低的场合，以挑选噪声小对管组成前置差动放大电路为宜。也可加有源滤波器。

(2) 合理布线

放大器输入回路的导线和输出回路、交流电源的导线要分开，不要平行铺设或捆扎在一起，以免相互感应。

(3) 屏　蔽

小信号的输入线可以采用具有金属丝外套的屏蔽线，外套接地。整个输入级用单独金属盒罩起来，外罩接地。电源变压器的初、次级之间加屏蔽层。电源变压器要远离放大器前级，必要时可以把变压器也用金属盒罩起来，以利于隔离。

(4) 滤　波

为防止电源串入干扰信号，可在交(直)流电源线的进线处加滤波电路。

图 A－2(a)、(b)、(c)、(d)所示的无源滤波器可以滤除天电干扰(雷电等引起)和工业干扰(电机、电磁铁等设备启动、制动时引起)等干扰信号，而不影响 50 Hz 电源的引入。图中电感、电容元件，一般 L 为几～几十毫亨，C 为几千微微法。图(d)中阻容串联电路对电源电压的突变有吸收作用，以免其进入放大器。R 和 C 的数值可选 100 Ω 和 2 μF 左右。

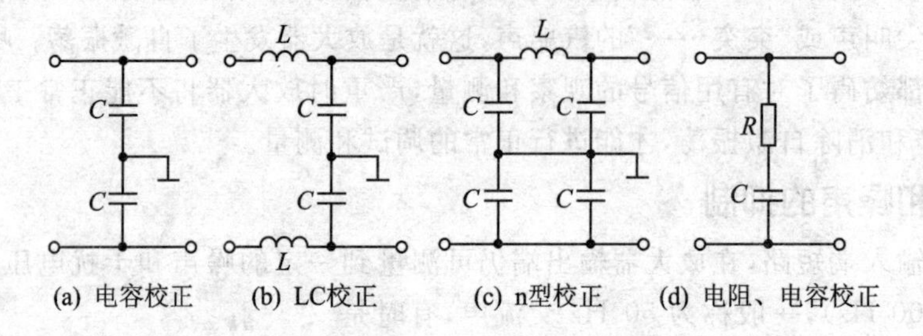

图 A－2　校正措施

(5) 选择合理的接地点

在各级放大电路中，如果接地点安排不当，也会造成严重的干扰。例如，在图 A－3 中，同一台电子设备的放大器，由前置放大级和功率放大级组成。当接地点如图 A－3 中实线所示时，功率级的输出电流是比较大的，此电流通过导线产生的压降，与电源电压一起作用于前置级，引起扰动，甚至产生振荡。还因负载电流流回电源时，造成机壳(地)与电源负端之间电压波动，而前置放大级的输入端接到这个不稳定的“地”上，会引起更为严重的干扰。如将接地点改成图 A－3 中虚线所示，则可克服上述弊端。

2. 自激振荡的消除

检查放大器是否发生自激振荡，可以把输入端短路，用示波器(或毫伏表)接在放大器的输出端进行观察看到如图 A－4 所示波形。自激振荡和噪声的区别是，自激振荡的频率一般为比较高的或极低的数值，而且频率随着放大器元件参数不同而改变(甚至拨动一下放大器内部导线的位置，频率也会改变)，振荡波形一般是比较规则的，幅度也较大，往往使三极管处于饱和和截止状态。

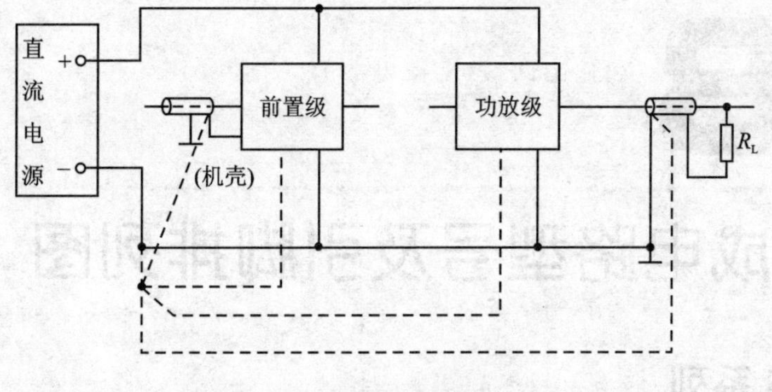

图 A-3 接线图

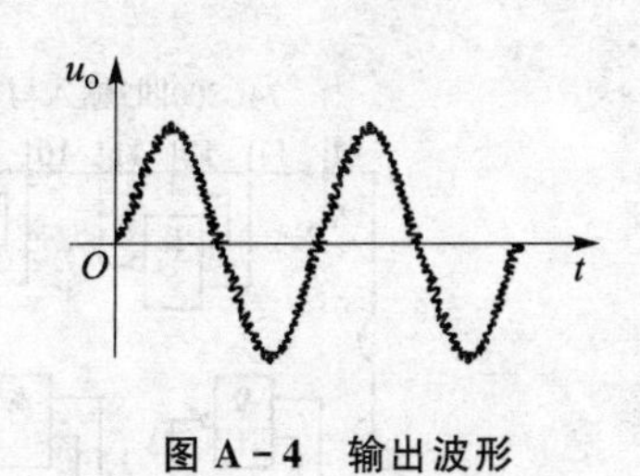

图 A-4 输出波形

高频振荡主要是由于安装、布线不合理引起的。例如输入和输出线靠得太近，产生正反馈作用。对此应从安装工艺方面解决，如元件布置紧凑，接线要短等。也可以用一个小电容(例如 1 000 pF 左右)一端接地，另一端逐级接触管子的输入端或电路中合适部位，找到抑制振荡的最灵敏的一点(即电容接此点时，自激振荡消失)，在此处外接一个合适的电阻电容或单一电容(一般 100 pF～0.1 μF，由试验决定)，进行高频滤波或负反馈，以压低放大电路对高频信号的放大倍数或移动高频电压的相位，从而抑制高频振荡(如图 A-5 所示)。

低频振荡是由于各级放大电路共用一个直流电源所引起。如图 A-6 所示，因为电源总有一定的内阻 R_O，特别是电池用得时间过长或稳压电源质量不高，使得内阻 R_O 比较大时，则会引起 U'_{CC} 处电位的波动，U'_{CC} 的波动作用到前级，使前级输出电压相应变化，经放大后，使波动更厉害，如此循环，就会造成振荡现象。最常用的消除办法是在放大电路各级之间加上"去耦电路"如图 A-6 中的 R 和 C，从电源方面使前后级减小相互影响。去耦电路 R 的值一般为几百欧，电容 C 选几十微法或更大一些。

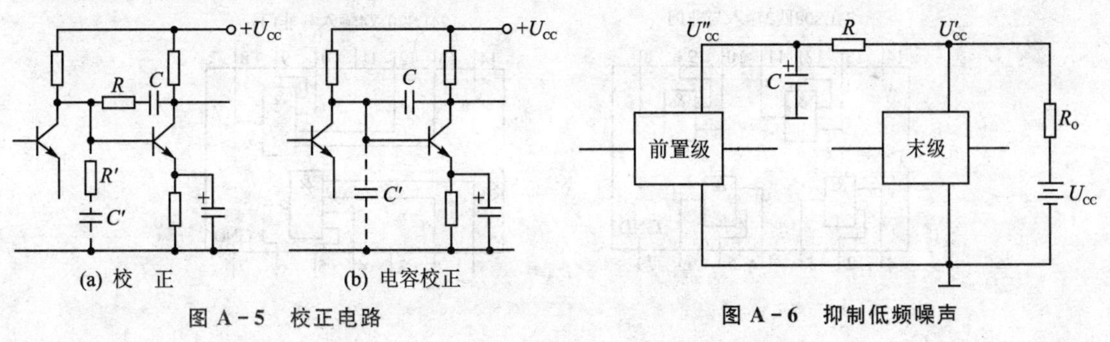

图 A-5 校正电路

图 A-6 抑制低频噪声

附录B

常用集成电路型号及引脚排列图

B.1 74LS 系列

74LS00四2输入与非门

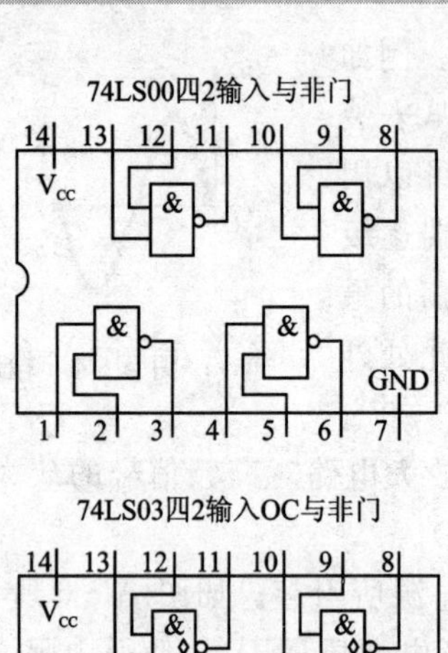

74LS86四2输入异或门

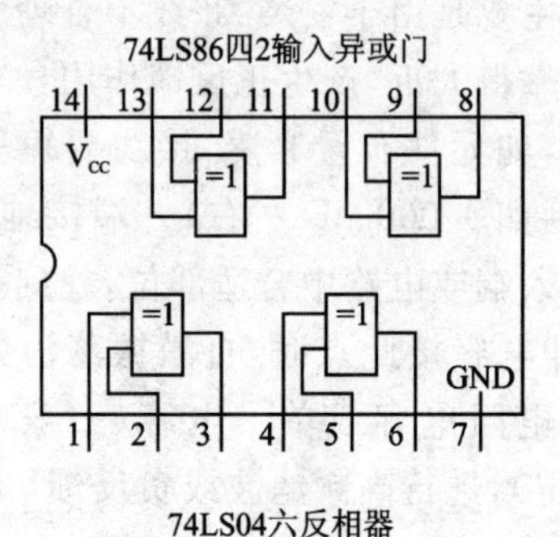

74LS03四2输入OC与非门

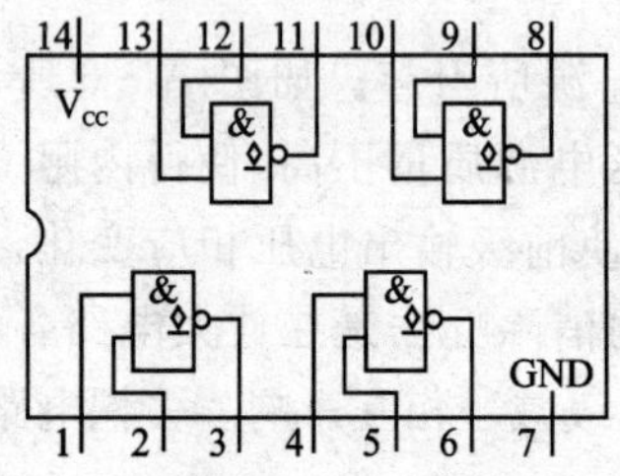

74LS04六反相器

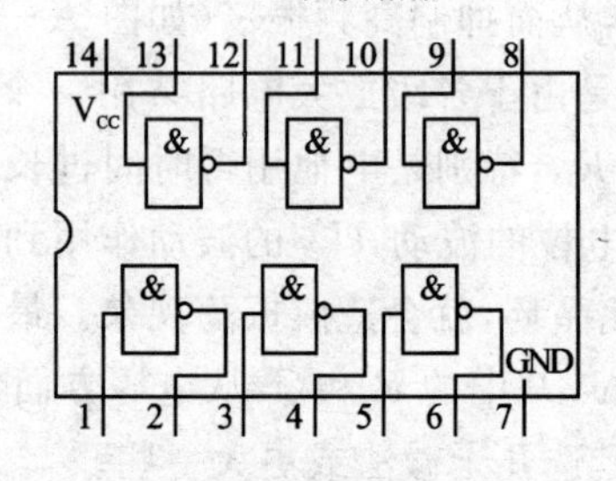

74LS08四2输入与非门

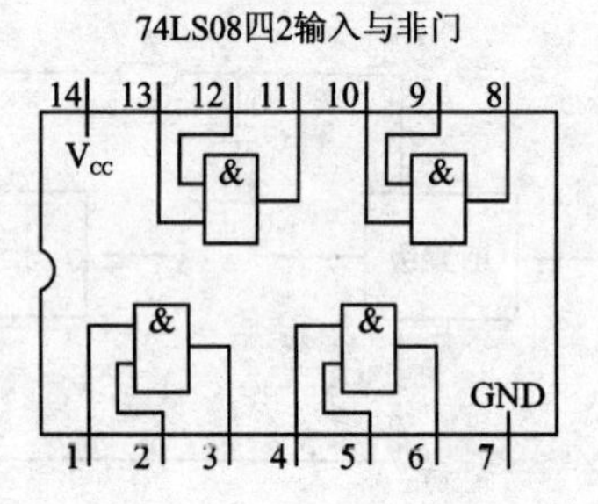

74LS20双4输入与非门

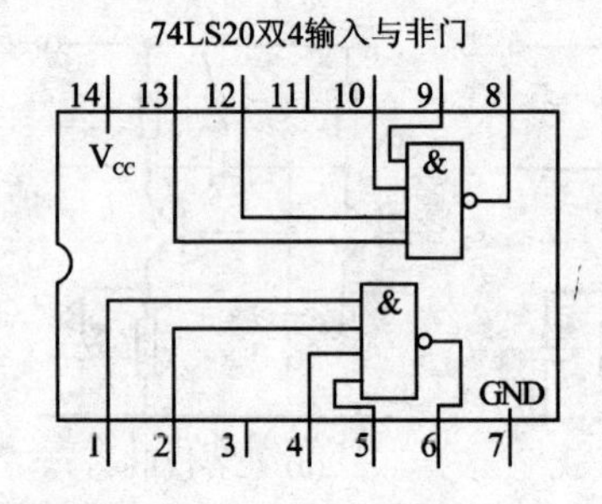

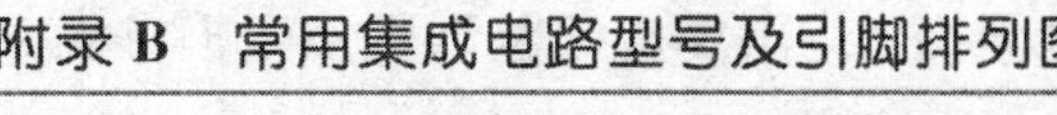

74LS32四2输入或门

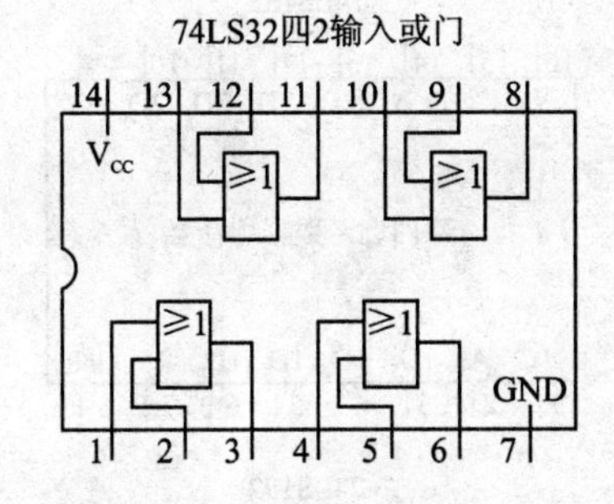

74LS54

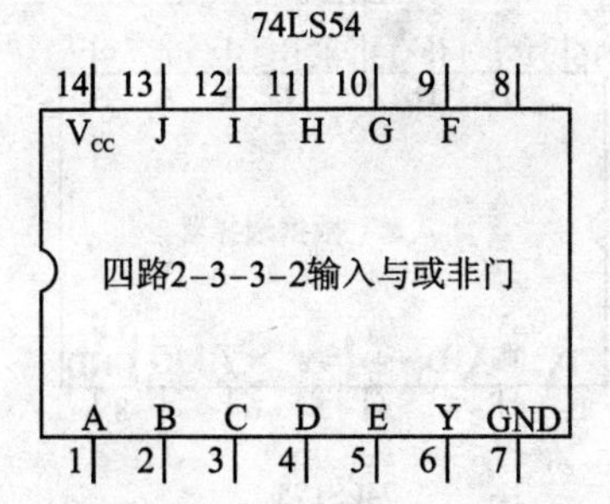

74LS74

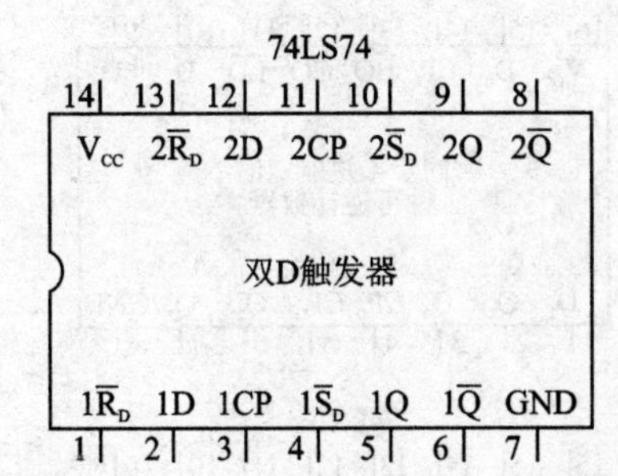

74LS02

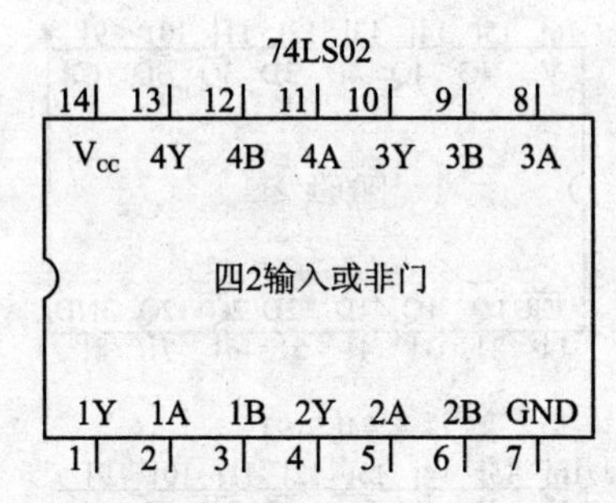

74LS90

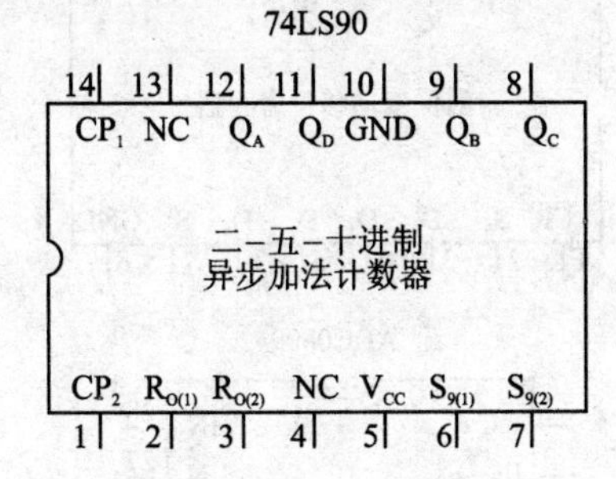

74LS112

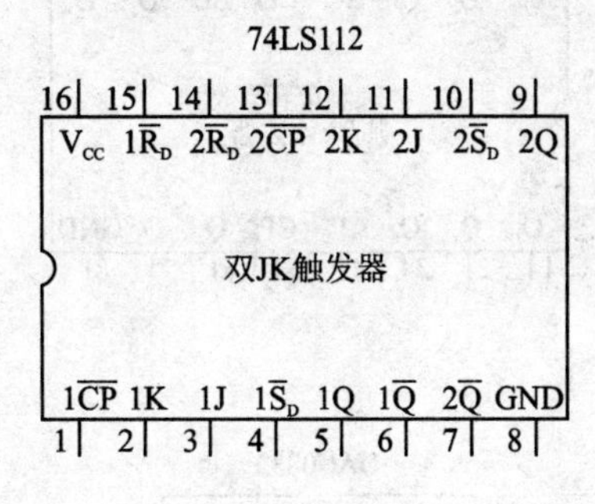

74LS125

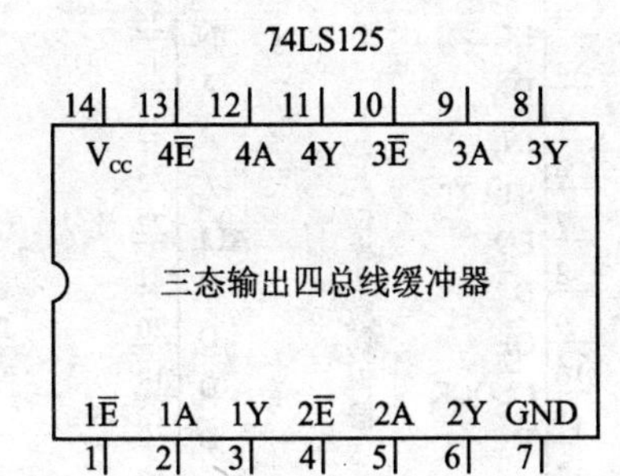

74LS138

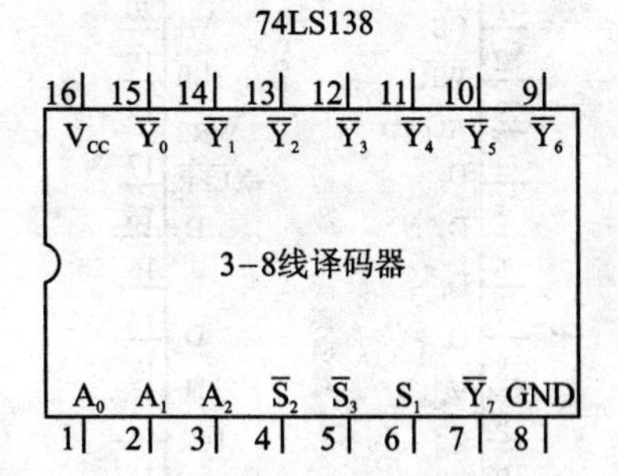

74LS151

16 15 14 13 12 11 10 9

V_{CC} D_4 D_5 D_6 D_7 A_0 A_1 A_2

八选一数据选择器

D_3 D_2 D_1 D_0 Y $\overline{Y}$ $\overline{G}$ GND

1 2 3 4 5 6 7 8

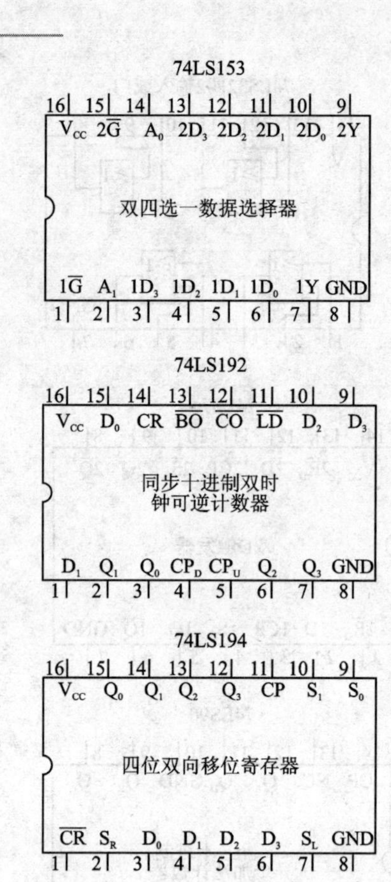

74LS175

16 15 14 13 12 11 10 9

V_{CC} 4Q $4\overline{Q}$ 4D 3D $3\overline{Q}$ 3Q CP

四D触发器

$\overline{CR}$ 1Q $1\overline{Q}$ 1D 2D $2\overline{Q}$ 2Q GND

1 2 3 4 5 6 7 8

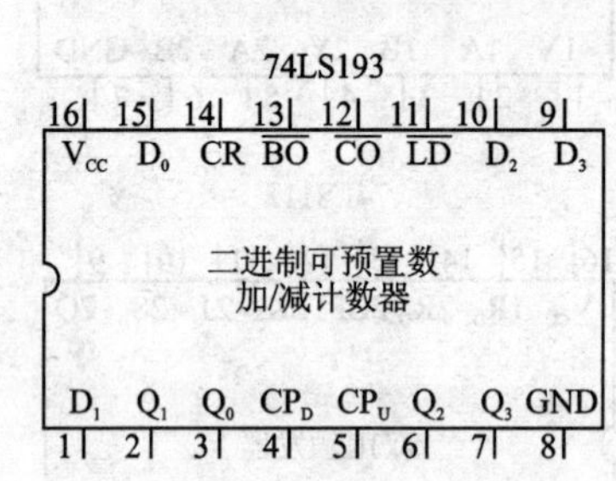

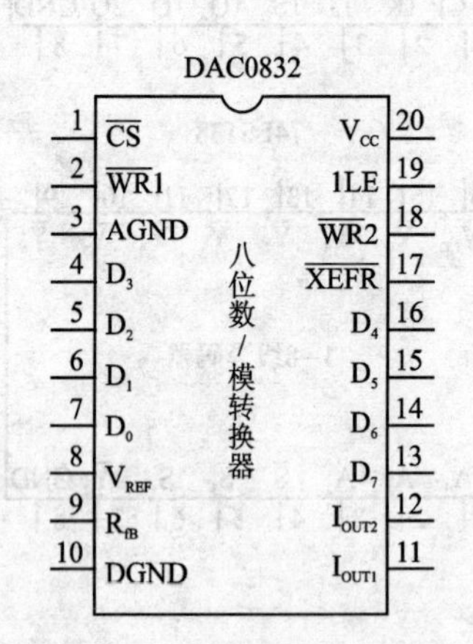

ADC0809

1 IN_3
2 IN_4
3 IN_5
4 IN_6
5 IN_7
6 START
7 EOC
8 D_3
9 OE
10 CLOCK
11 V_{CC}
12 V_{REF1-1}
13 GND
14 D1

28 IN_2
27 IN_1
26 IN_0
25 A_0
24 A_1
23 A_2
22 ALE
21 D_7
20 D_6
19 D_5
18 D_4
17 D_0
16 V_{REF1-1}
15 D_2

八路八位模/数转换器

μA741运算放大器

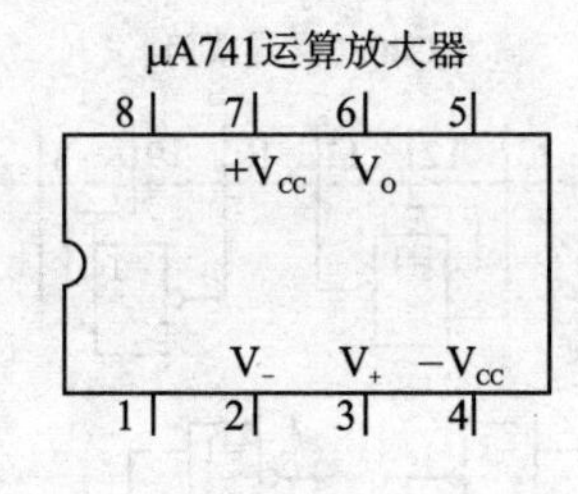

555时基电路

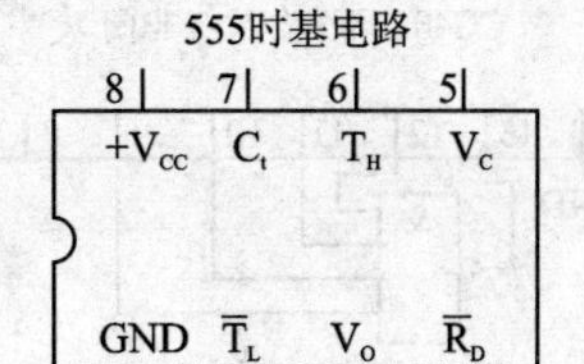

74LS161

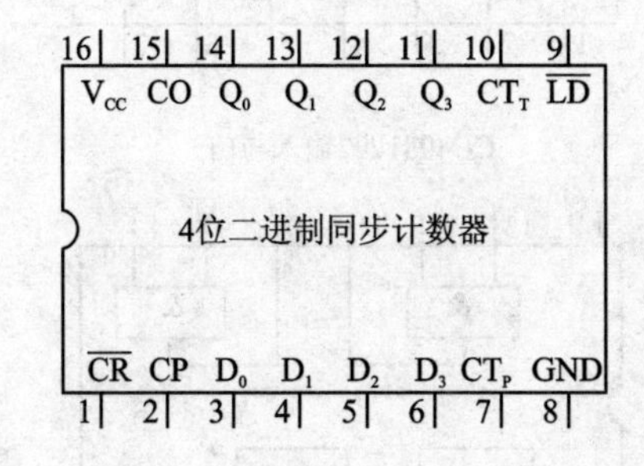

74LS148

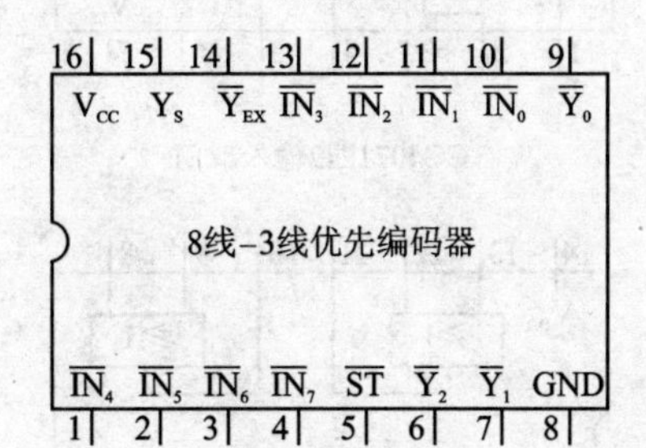

74LS30

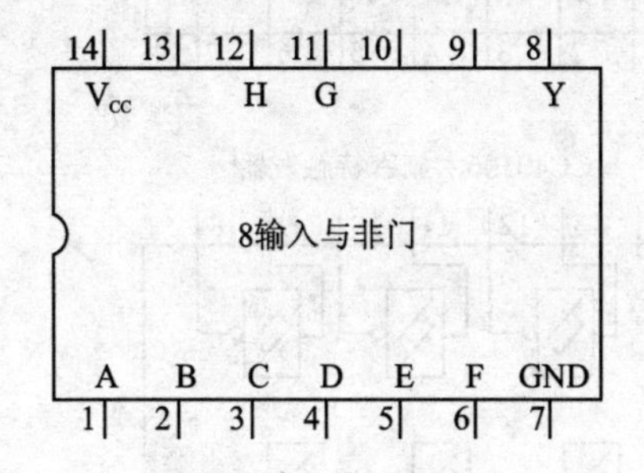

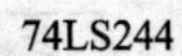

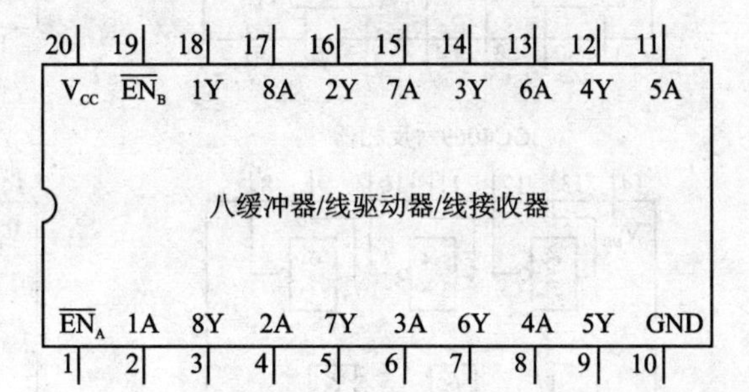

B. 2　CC4000系列

CC4001四2输入或非门

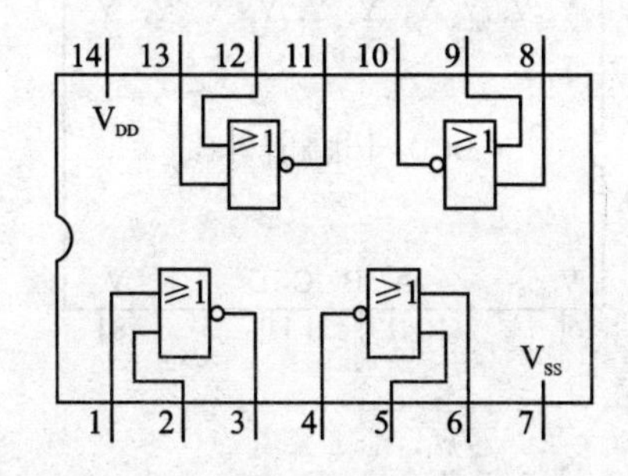

CC4011四2输入与非门

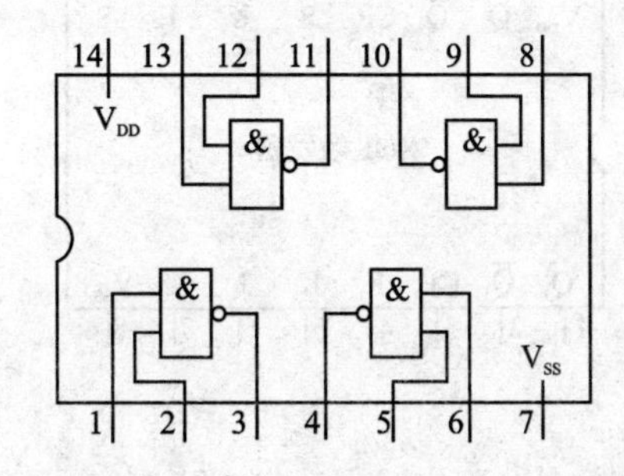

CC4012双4输入与非门

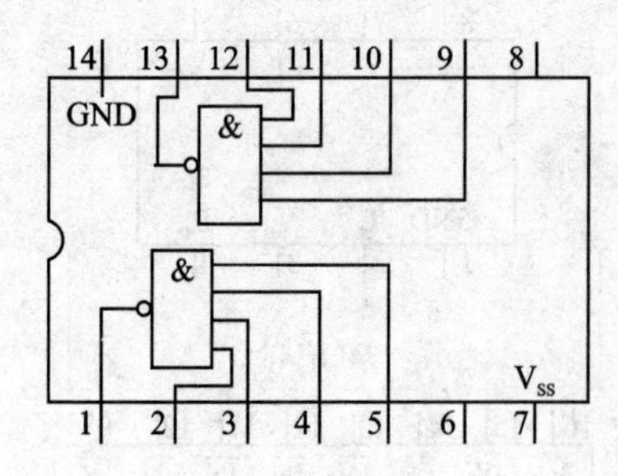

CC4030四异或门

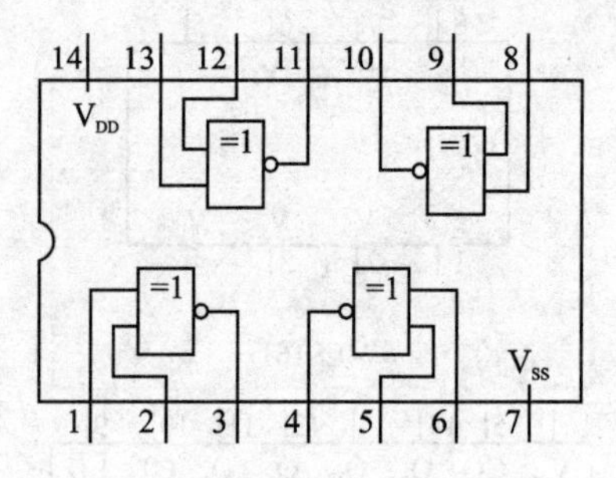

CC4071四2输入或门

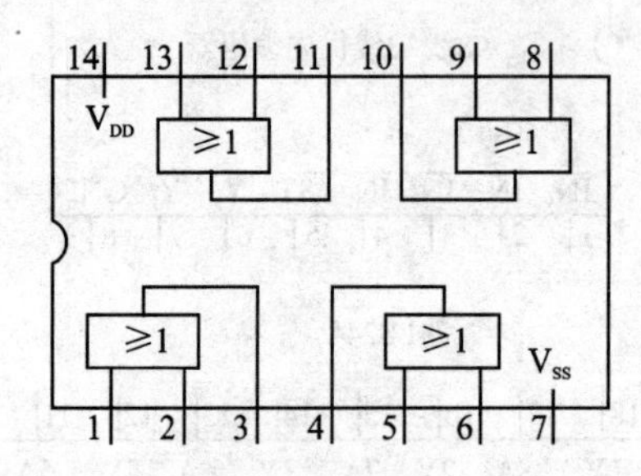

CC4081四2输入与门

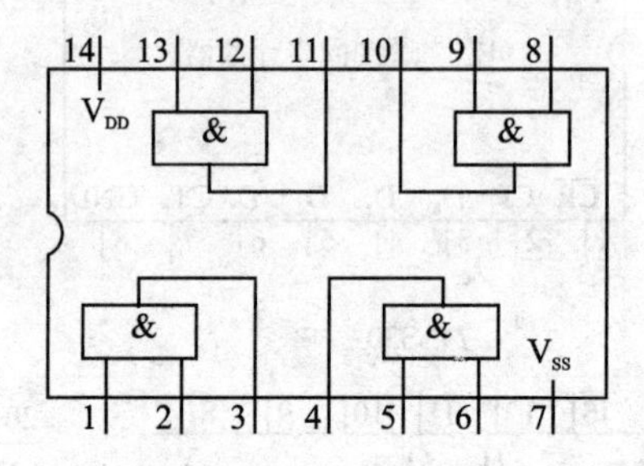

CC4069六反相器

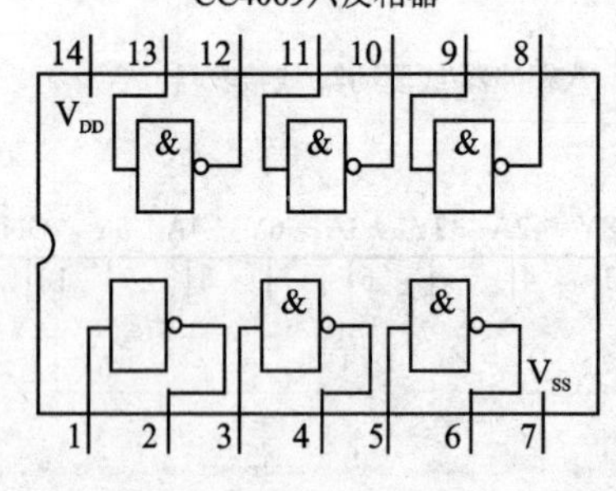

CC40106六施密特触发器

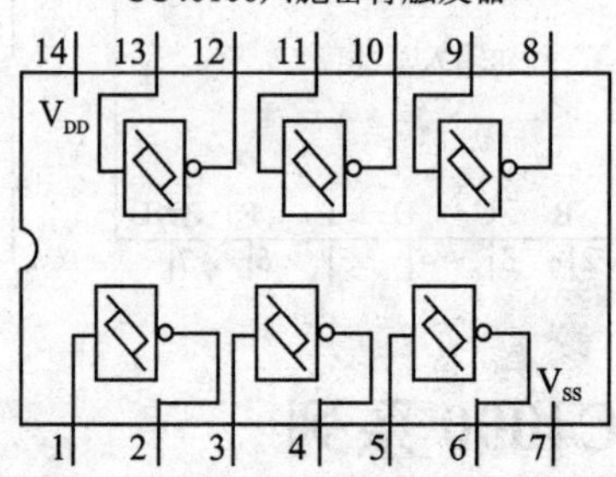

CC4027

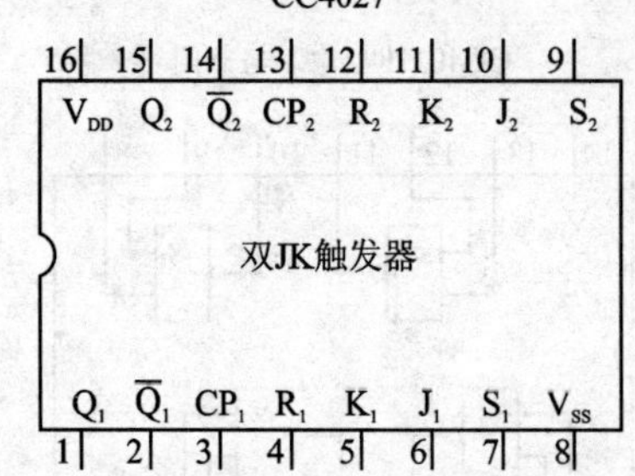

CC4028

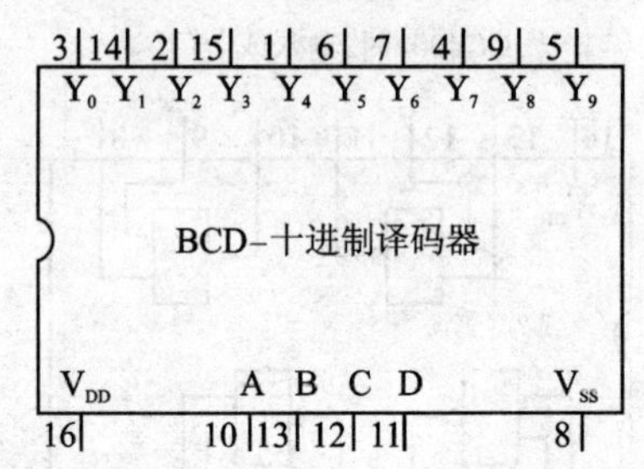

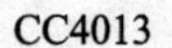

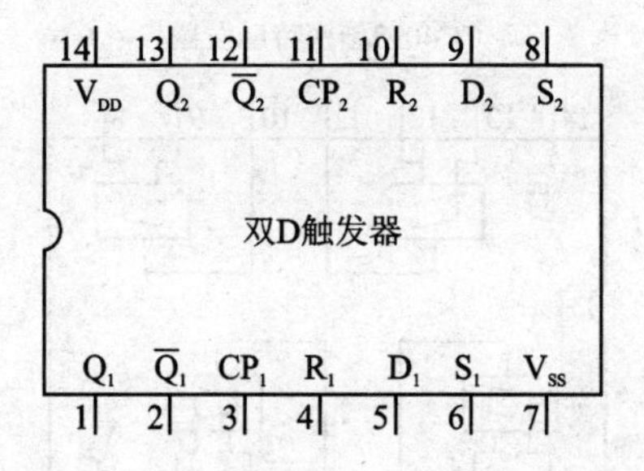

CC4042

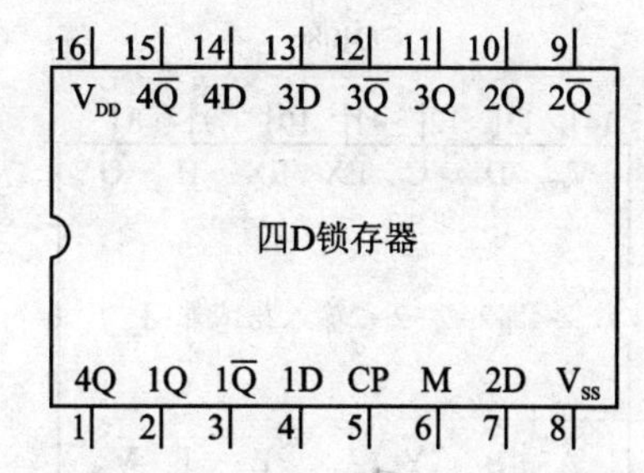

CC4068

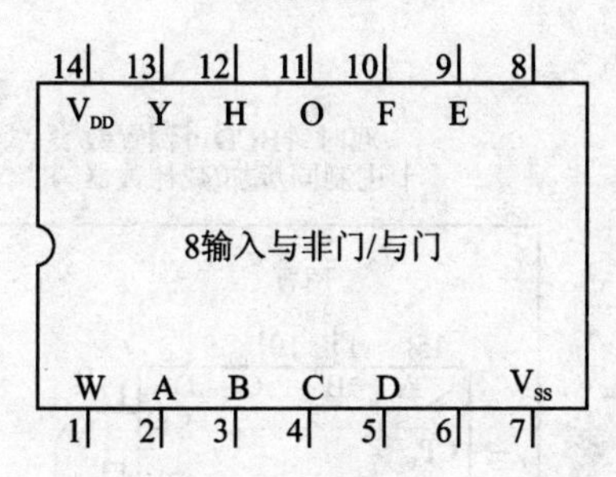

CC4020

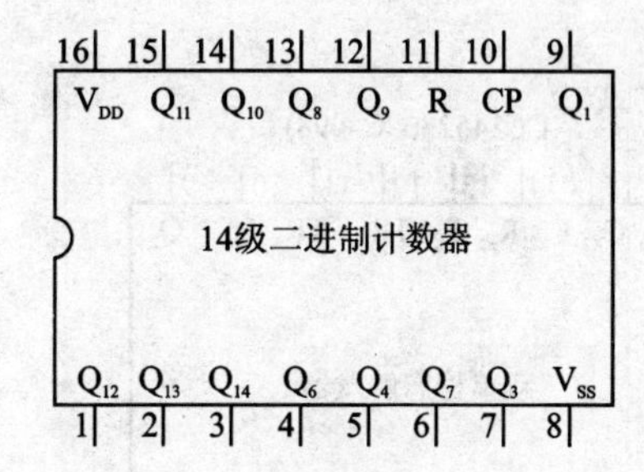

CC4017

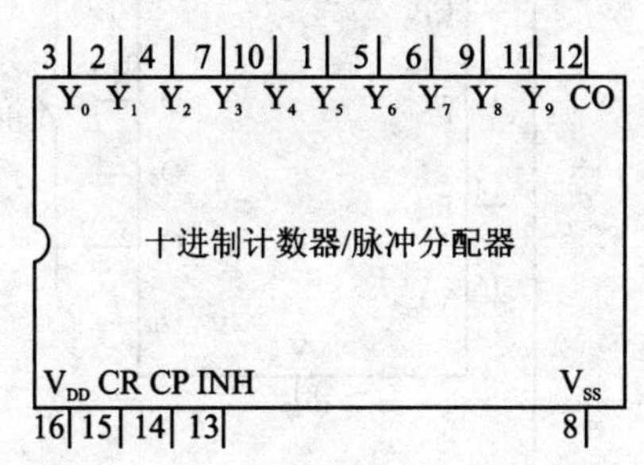

CC4022

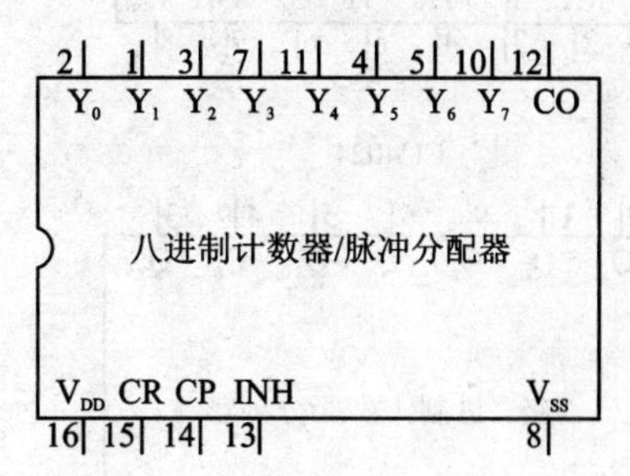

CC4082

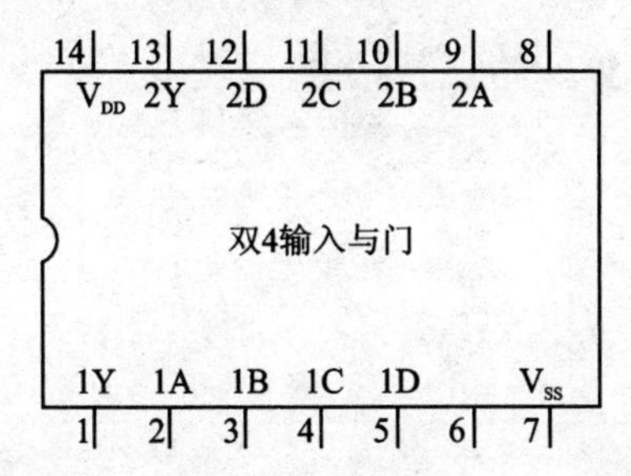

CC4085

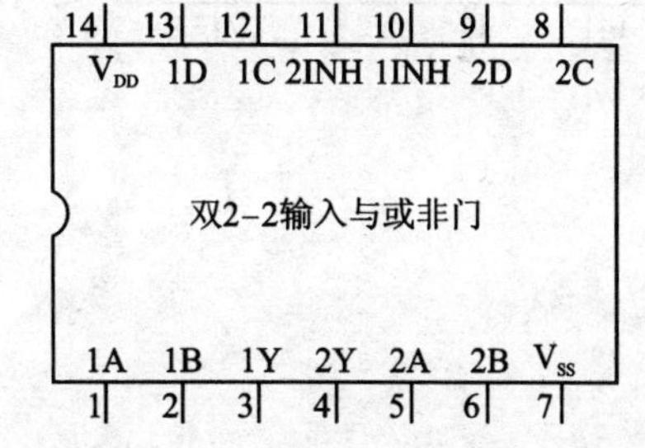

CC4086

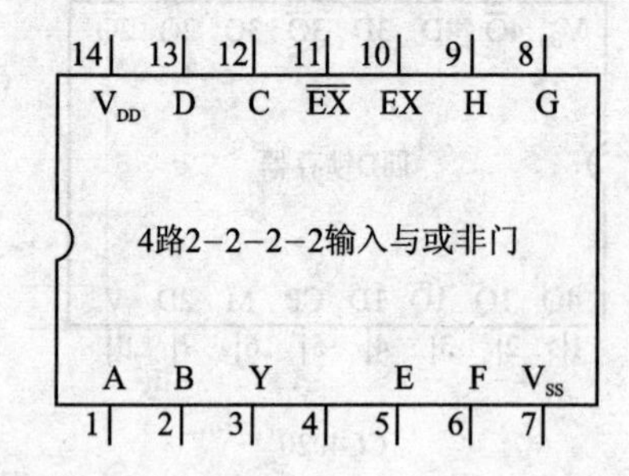

CC4093施密特触发器

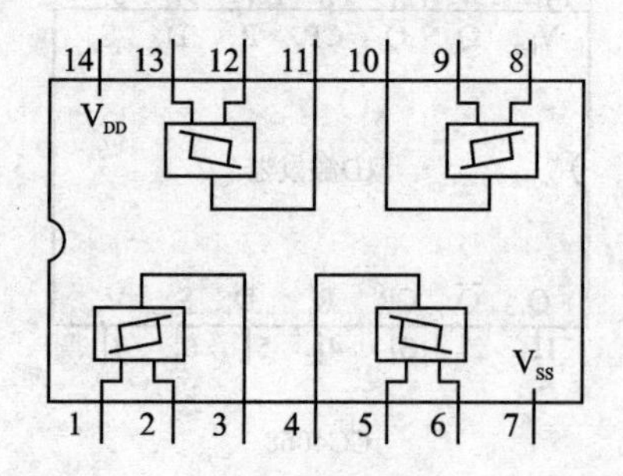

CC14528(CC4098)

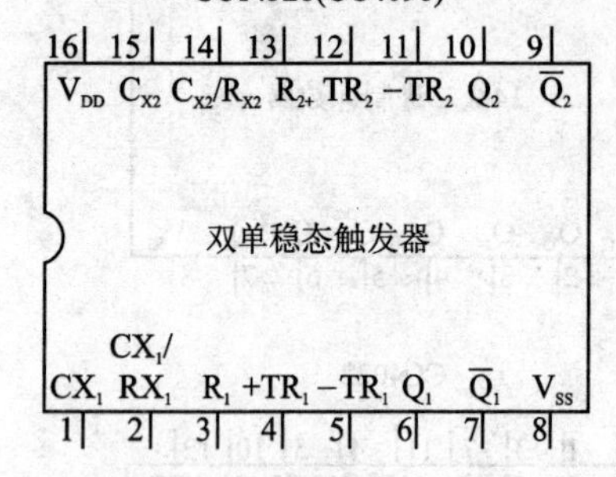

CC4024

12 11 9 6 5 4 3

Q_1 Q_2 Q_3 Q_4 Q_5 Q_6 Q_7

7级二进制计数器/分频器

V_{DD} CP R V_{SS}

14 1 2 7

双时钟BCD可预置数
十进制同步加/减计数器

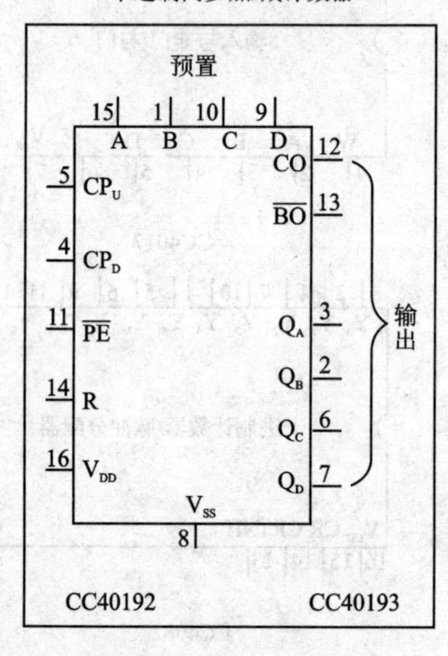

CC40194

16 15 14 13 12 11 10 9

V_{DD} Q_0 Q_1 Q_2 Q_3 CP S_1 S_0

4位双向移位寄存器

$\overline{CR}$ D_{SR} D_0 D_1 D_2 D_3 D_{SL} V_{SS}

1 2 3 4 5 6 7 8

CC14433

24 23 22 21 20 19 18 17 16 15 14 13

V_{DD} Q_3 Q_2 Q_1 Q_0 D_{S1} D_{S2} D_{S3} D_{S4} $\overline{OR}$ EOC V_{SS}

三位半双积分模/数转换器(A/D)

V_{AG} V_R V_X R_1 R_1/C_1 C_1 C_{01} C_{02} DU CLK_1 CLK_2 V_{EE}

1 2 3 4 5 6 7 8 9 10 11 12

CC7107

引脚	名称	名称	引脚
1	V+	OSC1	40
2	DU	OSC2	39
3	cU	OSC3	38
4	bU	TEST	37
5	aU	V_{REF+}	36
6	fU	V_{REF-}	35
7	gU	C_{REF}	34
8	eU	C_{REF}	33
9	dT	COM	32
10	cT	IN+	31
11	bT	IN−	30
12	aT	AZ	29
13	fT	BUF	28
14	eT	INT	27
15	dH	V	26
16	bH	GT	25
17	fH	cH	24
18	eH	aH	23
19	abK	gH	22
20	PM	GND	21

B.3 CC4500 系列

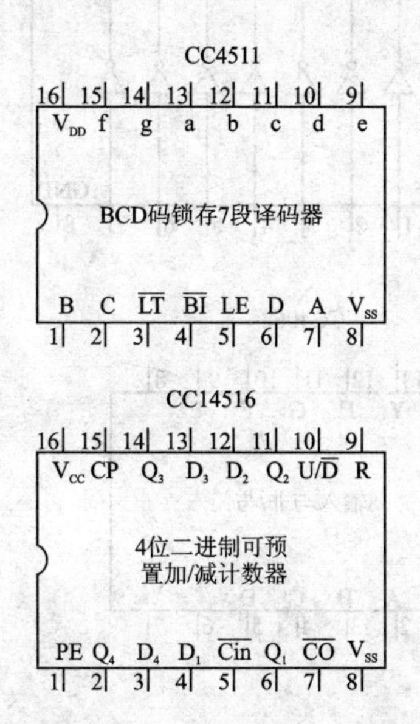

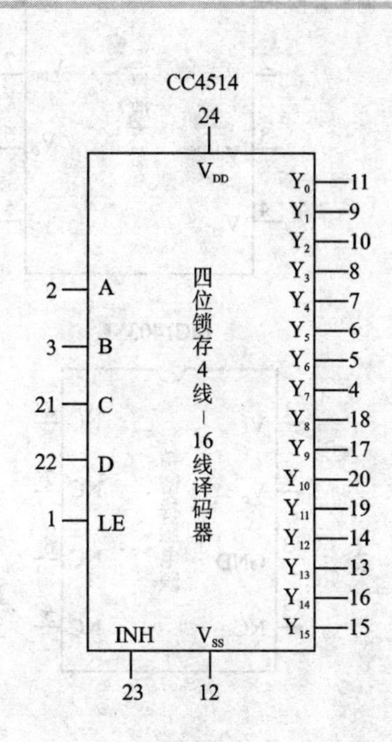

CC4518

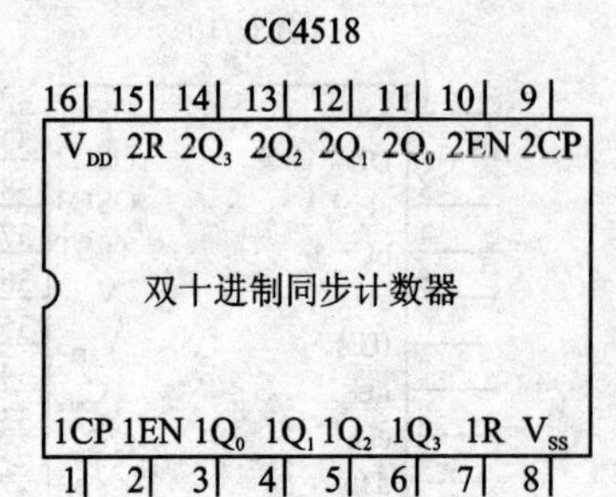

CC4553

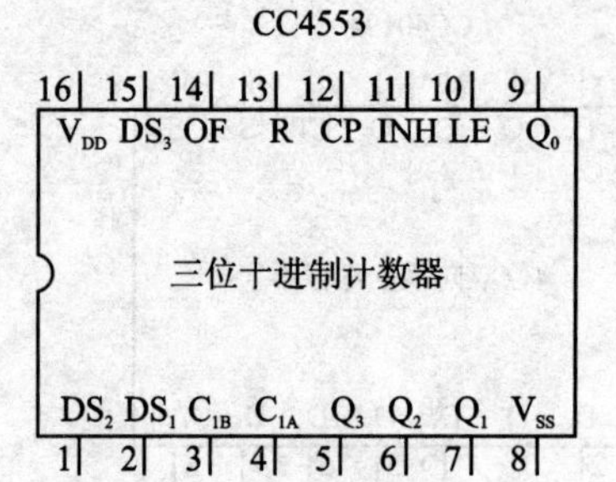

CC14512

16 15 14 13 12 11 10 9

V_{CC} $\overline{EN}$ Y A_2 A_1 A_0 INH D_7

八选一数据选择器

D_0 D_1 D_2 D_3 D_4 D_5 D_6 V_{SS}

1 2 3 4 5 6 7 8

CC14539

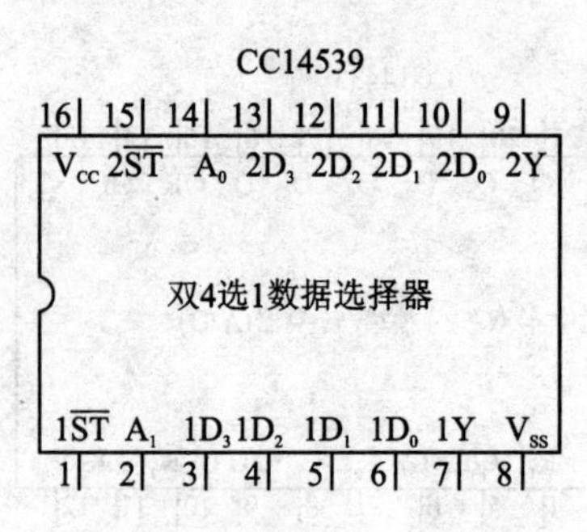

CC3130

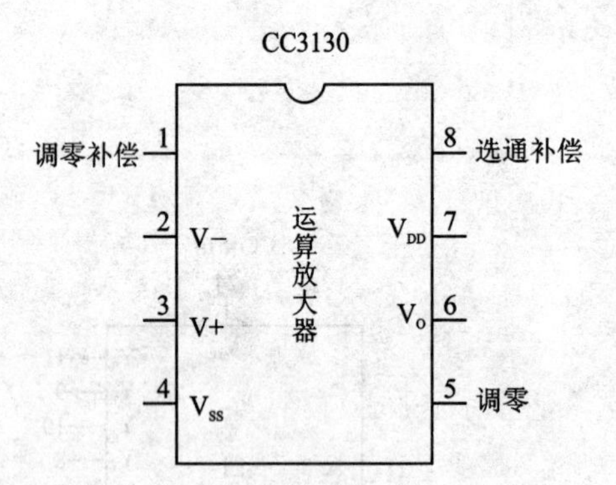

MC1413(ULN2003)
七路NPN达林顿列阵

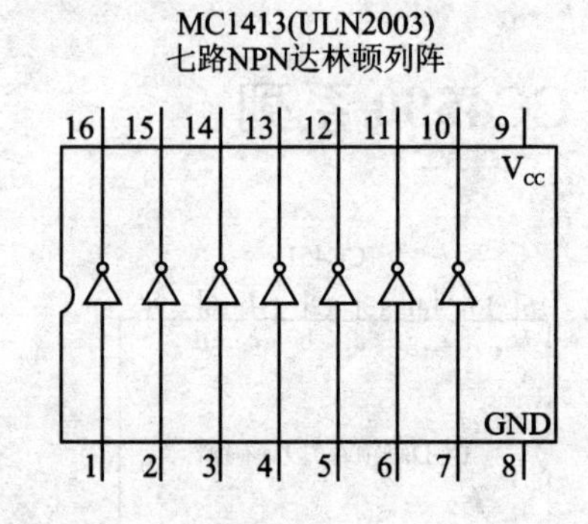

MC1403

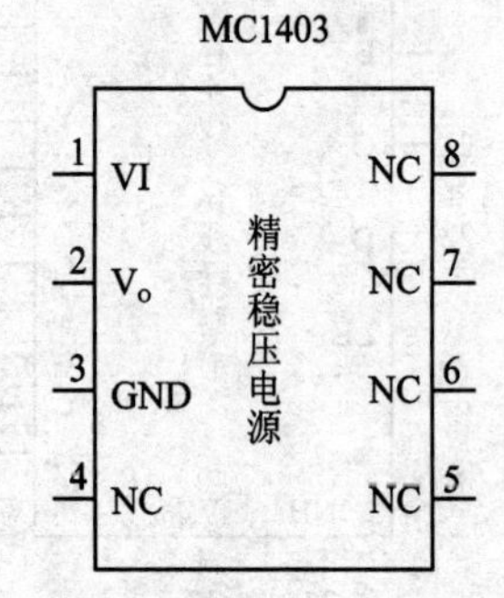

CC4068

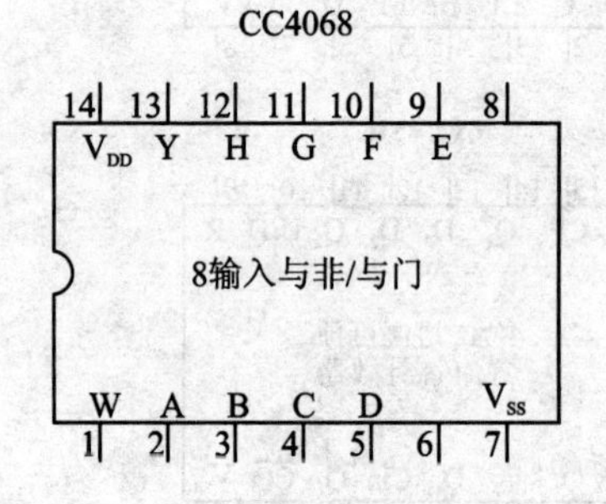

参考文献

[1] 童诗白,华成英.模拟电子技术基础.北京：高等教育出版社,2003.
[2] 清华大学电子学教研组编,阎石主编.数字电子技术基础(第 4 版).北京：高等教育出版社,1998.
[3] 华中工学院电子学教研组编,康华光主编.电子技术基础(第 4 版).北京：高等教育出版社,2000.
[4] 陈兆仁主编.电子技术基础实验研究与设计.北京：电子工业出版社,2000.
[5] 杨碧石,等.电子技术实训教程(第 2 版).北京：电子工业出版社,2009.
[6] 张庆双,等.电子元器件的选用与检测.北京：机械工业出版社,2002.
[7] 高吉祥.电子技术基础实验与课程设计.北京：电子工业出版社,2005.
[8] 赵淑范.电子技术实验与课程设计.北京：清华大学出版社,2006.
[9] 靳孝峰主编.数字电子技术(第 2 版).北京：北京航空航天大学出版社, 2010.
[10] 靳孝峰主编.模拟电子技术.北京：北京航空航天大学出版社, 2009.
[11] 杜虎林.用万用表检测电子元器件.沈阳：辽宁科学技术出版社,2002.
[12] 莫正康.半导体变流技术.北京：机械工业出版社(第 2 版),1997.